面向21世纪课程教材

环境规划学（第三版）

郭怀成　尚金城　张天柱　刘　永　主编

高等教育出版社·北京

内容提要

本书作为普通高等学校环境规划学的专业教材，是在《环境规划学》（第二版）的基础上修订的。在延续前两版的系统性、理论性和应用性的基础上，还融合了环境规划学理论、环境规划技术方法及环境规划对象的新进展。

本书主要包括环境规划概述、环境规划学的理论基础和技术方法、要素环境规划、综合环境规划及生态规划等。全书共 11 章，分别是：绪论、环境规划学的理论基础、环境规划的内容、环境规划的技术方法、水环境规划、大气环境规划、土壤污染防治规划、固体废物控制规划、生态规划、城镇环境规划及环境规划支持系统。

本书可作为高等学校环境类专业的教材，也可供有关专业及从事环境保护和环境科学研究的专业人员使用。

图书在版编目（CIP）数据

环境规划学 / 郭怀成等主编. -- 3版. -- 北京 : 高等教育出版社， 2021.9（2024.12 重印）
ISBN 978-7-04-056413-6

Ⅰ. ①环… Ⅱ. ①郭… Ⅲ. ①环境规划-高等学校-教材 Ⅳ. ①X32

中国版本图书馆 CIP 数据核字(2021)第 132803 号

Huanjing Guihuaxue

策划编辑 陈正雄　责任编辑 张梅杰　封面设计 张　志　版式设计 徐艳妮
插图绘制 邓　超　责任校对 刘　莉　责任印制 存　怡

出版发行 高等教育出版社
社　　址 北京市西城区德外大街 4 号
邮政编码 100120
印　　刷 三河市潮河印业有限公司
开　　本 787 mm×1092 mm 1/16
印　　张 21.25
字　　数 510 千字
购书热线 010-58581118
咨询电话 400-810-0598
网　　址 http://www.hep.edu.cn
http://www.hep.com.cn
网上订购 http://www.hepmall.com.cn
http://www.hepmall.com
http://www.hepmall.cn
版　　次 2001 年 6 月第 1 版
2021 年 9 月第 3 版
印　　次 2024 年 12 月第 3 次印刷
定　　价 42.40 元

物 料 号 56413-00

环境规划学

（第三版）

郭怀成 尚金城

张天柱 刘 永 主编

1 计算机访问http://abook.hep.com.cn/1232615，或手机扫描二维码、下载并安装Abook应用。

2 注册并登录，进入“我的课程”。

3 输入封底数字课程账号（20位密码，刮开涂层可见），或通过Abook应用扫描封底数字课程账号二维码，完成课程绑定。

4 单击“进入课程”按钮，开始本数字课程的学习。

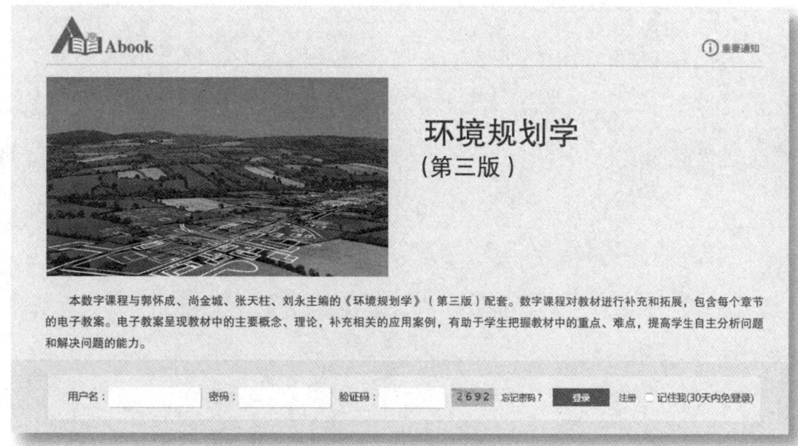

课程绑定后一年为数字课程使用有效期。受硬件限制，部分内容无法在手机端显示，请按提示通过计算机访问学习。

如有使用问题，请发邮件至abook@hep.com.cn。

http://abook.hep.com.cn/1232615

第三版前言

环境规划学是环境科学与工程学科体系中最早设立的重要分支之一，具有明显的多学科交叉特点。自20世纪70年代中期开始，随着我国生态环境问题的演变及保护和治理的进程变化，环境规划的内涵和范围也随之更新。尤其是党的十八大以来，随着生态文明、山水林田湖草沙生命共同体、绿色发展等新理念的提出及生态环境部的组建，大气、水和土壤三个污染防治行动计划和污染攻坚战取得显著成效，生态环境领域国家治理体系和治理能力现代化在加快推进，环境规划也进入生态环境统筹的新阶段。

在此背景下，环境规划学在理论基础、方法体系、规划对象以及决策支撑等方面也有较大的拓展。现阶段的环境规划以满足可持续发展对区域（流域、城市等）生态环境质量的需求为目标，从系统的角度考虑社会经济与生态环境间的协同发展，以生态环境空间管控、社会经济发展与污染排放的系统预测、污染源与生态环境质量响应关系定量表征、资源优化配置、污染减排量核算及时空优化分配、命令控制型与经济刺激型环境政策与制度设计、生态环境目标达成程度评估与适应性调整等为重点，综合运用制度和政策手段来约束和优化人为活动、协调社会经济发展与生态环境的关系，以成本最优和目标协同的规划方案来保护和改善生态环境质量。

本书自2001年出版以来，第一版为"面向21世纪课程教材"，第二版入选"普通高等教育'十一五'国家级规划教材"，在国内各高等学校的环境规划以及环境规划与管理课程中得到了广泛的选用。为进一步系统总结和梳理新时期环境规划的研究成果，更好适应国家生态环境保护对环境规划的需求，编者在充分吸收全国各地同行使用后提出的宝贵意见的基础上，对教材做出了相应的修订。

在延续前两版教材基本框架的基础上，对章节篇幅和案例做了压缩，修订后的《环境规划学》（第三版）具有以下三个特点：

（1）融合了环境规划学最新的理论进展。在修订后的教材中，将十八大以来在生态文明、绿色发展、人类生态学、生态功能区划及生态空间管控等方面的最新理论进展纳入其中，体现了新时期以山水林田湖草沙的系统思路以及生态环境统筹来保护和治理环境的基本思路。

（2）体现了环境规划技术方法的新进展。在修订后的教材中，将环境规划的实施评估、规划决策的不确定性分析、生态系统演变趋势分析、生态评价、环境信息技术等的新进展纳入其中，丰富和完善了环境规划的技术方法体系。

（3）涵盖了环境规划对象的新发展。在修订后的教材中，在大气和水的规划部分，完善补充了"大气十条"和"水十条"的相关规划、合并了流域规划的内容，删除了土地利用规划和生态城市规划的相关章节,新增加了土壤污染防治规划和生态规划的内容,使得规划体系更为完善,也更契合当前国家对生态环境保护的整体需求。

本书是集体智慧的结晶。参加编写的人员和分工如下:郭怀成、刘永、周丰(第一章),尚金城、包存宽(第二章),尚金城、包存宽、陈冲(第三章),张天柱、曾思育(第四章),刘永、郭怀成(第五章),任丽军、陈冲、王宪恩(第六章),毛国柱、郭怀成(第七章),黄凯、郭怀成(第八章),于书霞、尚金城(第九章),郭怀成、尚金城、包存宽(第十章),张天柱、李楠(第十一章)。全书由郭怀成、尚金城、张天柱、刘永主编并修改定稿。

在本书前两版的编写与修订过程中,得到了国内众多专家、学者的帮助与指导;国内相关高校、科研院所的教师和学生在使用前两版教材的过程中,反馈了大量宝贵的修改意见;高等教育出版社环境学科编辑们给予了大力协助,在此一并表示诚挚的感谢。

由于环境规划学涉及领域广泛且处于动态变化中,加之编者水平的限制,书中难免还存在缺点和错误,殷切希望广大读者能继续给予批评指正。敬请将您的意见发送至 hcguo@pku. edu. cn 或 yongliu@ pku. edu. cn,本书部分章节的规划案例请查阅北京大学流域科学实验室官方网站。谢谢!

编　者

2020 年 11 月

第二版前言

2001 年,《环境规划学》(第一版)作为"面向 21 世纪课程教材"在高等教育出版社出版;其后的几年中,该书已先后重印 15 次,并成为我国高等学校环境科学与工程学科环境规划相关课程选用最多的教材。

在此期间,我国的整体环境质量状况以及环境保护工作已经发生了巨大的变化。2008 年,十一届全国人大一次会议决定组建环境保护部,加大环境保护力度,并将"拟订并组织实施环境保护规划"作为环保部的重要职责之一。环保部的成立标志着环境保护在国家和地方综合决策中的地位越发重要,也对环境规划的科研、教学、实践以及人才培养提出了新的要求。尤其是"十一五"中期以来,我国的环境规划在规划目标与指标、规划实施评估、规划导向性以及规划投融资机制等方面有了更强的约束;从而更有效地促进了国家与地方环境与发展综合决策机制的建立、环境保护的定量管理、部门间环境保护的协调合作以及环境保护的投入力度。此外,2008 年 2 月,中国环境科学学会环境规划专业委员会成立,进一步推动了环境规划学的相关科研与实践活动的开展。

与此同时,环境规划学自身也在理论基础、方法体系、规划对象以及规划与决策等方面逐步完善,并根据国家环境管理的需求开拓新的研究和应用领域。在此基础上,编者系统地总结了《环境规划学》(第一版)出版后环境规划的教学与科研成果,以及同行使用后的宝贵意见,对教材做出了相应的修订再版,并入选普通高等教育"十一五"国家级规划教材。

再版的《环境规划学》在延续第一版系统性、理论性和应用性的基础上,对本书的绪论、理论基础、技术方法、规划案例以及环境规划决策支持系统等部分进行了修订,以反映当今环境规划领域的最新进展。同时,根据目前环境规划的关注热点,增加了流域环境规划和生态城市规划等方面的新内容,并对其他相关的专项规划加以完善与补充。

修订后的《环境规划学》具有以下三个特点:

(1) 体现了环境规划学的最新发展。在修订后的教材中,对迄今为止我国环境规划以及世界上主要国家的环境规划发展历程做了全面的概述,分析了我国环境规划面临的问题和未来的发展方向;根据我国环境保护的发展方向,增加了循环经济理论与产业生态学作为环境规划的重要理论基础。

(2) 将基础理论研究与实际规划案例有机结合。在修订后的教材中,延续了"理论探讨→研究方法→案例分析"的基本思路,而且理论概括更为全面。除新增流域环境规划与生态城市规划案例外,其他案例均进行了更新,案例分析深入细致,使读者能够系统地掌握环境规划学的理论和方法,全面地了解专项规划的内容与编制过程,从而有效提升读者的实际应用水平。

(3) 切合国家环境规划与环境管理的发展需求。根据目前国内外在环境和社会经济领域的发展情况,教材将环境规划学定位于:紧密切合"环境与发展""节约型社会"以及"科学发展观"的国家整体发展思路,以社会、经济、环境系统协调持续发展为目标,以人与环境系统为调控对象。

本书是集体智慧的结晶。参加编写的人员有:郭怀成、周丰(第一章),尚金城(第二、三章、第九章第三、四节),张天柱(第四章),郭怀成、刘永(第五、十章),王宪恩(第六章),郭怀成、毛国柱(第七章),郭怀成、陈冰、黄凯(第八章、第九章第一、二、五节),郭怀成、郁亚娟(第十一章),谢卫、张天柱(第十二章)。全书由郭怀成、尚金城、张天柱主编,并由郭怀成、刘永修改定稿。

在本书第一版的编写及第二版的修订过程中,得到了国内众多专家、学者的帮助与指导;国内相关高校、科研院所的老师和同学们在使用第一版教材的过程中,反馈了大量有益的修改意见;高等教育出版社陈文从"十一五"国家级规划教材的申报、大纲审查直至成书,都给予了大力的协助;北京大学环境科学与工程学院郭怀成教授环境规划与管理工作组的全体成员也为本书的出版付出了辛勤的劳动,在此一并表示诚挚的感谢。

尽管编者试图将最新的研究成果纳入新版教材,但由于环境规划学涉及领域广泛,加之编者水平的限制,书中难免还存在一些缺点和错误,殷切希望广大读者继续给予批评指正。敬请将您的意见发送至 hcguo@pku.edu.cn。

编 者

2009 年 1 月

第一版前言

环境规划学是环境科学的重要分支学科之一，是环境科学与系统学、规划学、预测学、社会学、经济学及计算机技术等相结合的产物，它侧重于研究环境规划的理论与方法学问题，是应用性、实践性很强的学科。环境规划学产生于20世纪60年代末，当时，环境规划作为预防环境问题产生的有效手段之一，开始得到社会的承认，并在实践中有了初步应用，由此提出一系列亟待解决的理论与方法学问题，这就促进了环境规划学的诞生。但是近40多年来的历史说明，工业化和城市化的进程加快也给人类带来环境污染、生态破坏、资源耗竭等一系列问题，甚至出现一系列全球性环境问题。人类从这一系列严重的环境问题中，逐渐清醒认识到环境污染和生态破坏，归根到底来自人类过度和盲目的社会经济活动。作为协调人类、环境和发展的环境规划，已越来越引起世界各国的重视，并在理论和实践上丰富和发展了环境规划学。

在环境规划学发展进程中，还应清楚地看到，对环境规划技术的实践多于环境规划理论的研究和探讨。其主要表现在：第一，环境规划的发展离不开对相关学科理论成果的借鉴与吸收，而在环境规划理论内部的重整和系统化不足。第二，在控制论、信息论、系统学的支持下，努力使环境规划做系统化尝试，从理论上却是以数学逻辑对规划过程加以抽象化、简单化，其结果往往并不理想。第三，在实践中应用的环境规划技术方法的简单性不能满足区域环境复合系统的时变、高阶、复杂性的要求。第四，环境规划的制定规范、环境规划管理的法律支持、多学科交叉融合尚存在欠缺，难以统一、综合、全面协调贯彻实施环境规划。从而可以说明，环境规划学的理论体系和技术方法手段尚不完善，环境规划学的研究尚处于前科学阶段。因此，开展环境规划学理论和方法体系的研究，促进环境规划学全面、成熟发展，应是环境规划学研究的重要任务之一。

现代环境规划学应是面向21世纪，以社会、经济、环境系统协调持续发展为目标，以人-环境系统为调控对象，以对未来的环境目标和环境保护措施为主要研究内容的理论方法体系。

随着我国政府职能转换和市场经济快速发展，在“环境与发展”这一时代主旋律下，环境规划不仅担负起环境管理和建设的科学依据先导作用，而且还要成为宏观调控与管理的有效手段。环境规划学的发展和完善需要思维方式变革，需要吸收先进整体思维方式，把环境规划对象当成复杂的整体，各个要素构成一个网络整体，强调整体思维，使环境规划尽量真实反映现实世界的复杂变化。环境规划学还需要理论模式的变革，它从人与自然整体性观点出发，以复合系统为研究背景，以探索人-地系统协调发展机理为中心任务，拓展研究范围，更新规划观念，形成协调、持续的完整理论体系。环境规划学还需要规划方法的变革，现代系统科学分析方法，现代数学方法如拓扑学、分形几何学，以及GIS技术，多媒体通信技术，专家系统，决策支持系统都极大地推动了环境规划学向现代化方向发展。

总之，现代科学理论为环境规划学提供了最基本的思维方式、技术方法、理论支持，同时也为现代环境规划学发展提供了科学背景和坚实基础。基于上述认识，我们在编写本书过程中提出环境规划学的环境承载力、人地系统、复合生态系统、空间结构等理论基础，以及环境规划技术方法、决策支持系统，并以水环境、大气环境、固体废物、土地资源、城镇环境等类型的规划过程和具体应用实例来体现环境规划学的理论和方法体系。

本书是集体智慧的结晶。参加编写人员有尚金城（第一章、第二章第二、三、四节、第三章、第九章第三、四节），唐剑武（第二章第一节），张天柱（第四章），郭怀成（第五章），王宪恩（第六章），陆根法、罗轶群、唐景新（第七章），郭怀成、陈冰（第八章、第九章第一、二、五节），谢卫、张天柱（第十章）。全书由郭怀成、尚金城、张天柱主编并修改定稿。

在本书编写过程中，得到北京大学唐孝炎院士、叶文虎教授，清华大学傅国伟教授，华东师范大学王云教授，中山大学汪晋三教授，北京师范大学薛纪渝教授，南开大学朱坦教授，武汉大学韦进宝教授和西北大学马乃喜教授的审阅与指导。高等教育出版社王永竑副编审担任本书责任编辑，张月娥编审、陈文副编审从选题、审查编写大纲，直至成书，都为本书的编写和出版付出了辛勤的劳动，在此一并表示诚挚的感谢。

由于环境规划学涉及领域广泛，加之编者水平的限制，本教材可能存在许多疏漏，不足之处在所难免，敬请读者及有关人士批评指正。

编　者

2001.1

目　　录

第一章

绪　论

环境规划的目的在于预先调控人类自身的活动，减少资源浪费与破坏、预防与减缓污染和生态退化的发生，从而更好地保护人类生存、经济和社会持续稳定发展所依赖的基础——生态环境。环境规划是实行环境目标管理的基本依据和准绳，是环境保护战略和政策的具体体现，也是国民经济和社会发展规划体系的重要组成部分。科学编制和有效实施环境规划对于协调人与生态环境、经济与环境的关系以及保障国家长治久安和可持续发展具有深远的意义。

第一节　环境规划概述

一、环境规划的定义与定位

（一）环境规划的概念

环境规划是人类为使环境与经济社会协调发展而预先对自身活动和环境所做的时间和空间的合理安排，是政府履行环境职责的综合决策过程之一，是约束和指导政府行政行为的纲领性文件。国务院对生态环境部的职责认定中就有（2018 年 9 月）：拟订国家生态环境政策、规划并组织实施，起草法律法规草案，制定部门规章。会同有关部门编制并监督实施重点区域、流域、海域、饮用水水源地生态环境规划和水功能区划，组织拟订生态环境标准，制定生态环境基准和技术规范。《中华人民共和国环境保护法》也明确规定国务院环境保护主管部门会同有关部门，根据国民经济和社会发展规划编制国家环境规划，报国务院批准并公布实施。

环境规划的定义规定了环境规划的目的、内容和科学性的要求。环境规划的目的可以理解为保护人类生存和发展所依赖的基础——生态环境，促进生态环境、经济和社会持续稳定发展。环境规划的基本任务是依据一定区域内有限的生态环境、资源及其承载能力，对人们的经济和社会活动进行约束；根据社会经济发展和居民生活的需求，对生态环境保护和建设开发活动进行安排和部署，以调控人类自身行为，协调人与自然的关系。据此，环境规划实质上是一项为克服人类社会经济活动和生态环境保护活动出现的盲目性和主观随意性而实施的科学决策活动。

环境规划以改善生态环境质量为目的，制定可行的污染预防与控制及生态保护与修复方案，而规划方案设计与优化则是其中的核心内容。环境规划的实施主要以政府为主导，但在约束人们经济和社会活动问题上,有时面对的并不是全社会的共同污染,而往往是一部分人产生的污染影响了另一部分人,或者是一部分人侵害了另一部分人应享用的环境资源,造成了环境冲突。如何规范这部分人的行为,使他们遵守其保护环境应尽的义务,而不致侵害另一部分人的环境权益,这往往成为政府必须干预的责任,也是环境规划需要协调处理的重要内容。

我国的环境规划工作始于20世纪70年代,目前已经初步形成了一套从宏观到微观、从理论到实际、从规划编制到规划实施的体系、程序和方法。未来环境规划的发展趋势和需求显示,规划技术方法在实现综合和科学决策中的作用将更为突出,积极开展有关环境规划方法的探索、研究和实践具有十分重要的意义。

(二) 环境规划的定位

环境规划的研究对象是“社会-经济-环境”复合生态系统,它可能指整个国家,也可能指一个区域(城市、省区、流域)。

环境规划任务在于使该系统协调发展,维护系统良性循环,以谋求系统最佳发展。

环境规划依据社会经济原理、生态原理、地学原理、系统理论和可持续发展理论,具有学科交叉性、综合性和边缘性的显著特点。

环境规划的主要内容是预先合理安排人类自身活动和生态环境。其中既包括对人类经济社会活动提出符合生态环境保护需要的约束要求,还包括对生态环境的保护和建设作出的统筹安排和部署。

环境规划是在一定社会经济发展和资源环境约束条件下作出的综合优化,它必须符合一定历史时期的技术、经济发展水平和能力。

全国性环境规划要从全国范围进行综合考虑,明确全国各区域的功能定位和环境保护目标;而国家性环境规划则应具有国家级的法律效力,能够协调各行政区域、各部门在环境保护中存在的冲突问题,且实现资金管理的国家统筹规划。

二、环境规划的功能

环境规划的目的是指导人们进行各项环境保护活动,按既定的目标和措施合理分配排污削减量,约束排污者的行为,改善生态环境,防止资源破坏,保障环境保护活动纳入国民经济和社会发展规划,以最小的投资获取最佳的环境效益,促进环境、经济和社会的可持续发展。环境规划担负着从整体和战略层次上统筹规划、研究和解决生态环境问题的任务,对于可持续发展战略的顺利实施起着十分重要的作用。

在生态环境保护内部,真正处于统筹兼顾、远近结合、目标与措施相统一的综合宏观调控位置的只能是环境规划。首先,规划目标集中体现了法律赋予政府的职能——地方各级人民政府应当对本辖区内的环境质量负责;其次,规划一经批准,就是政府环境保护决策“在时间、空间上的具体安排”,具有很强的指令性,而其他各项环境保护工作,仅是围绕“一定时期的环境保护目标”所采取的“措施”;再次,只有规划才能使目标与措施相联系,措施之间相协调,目标、技术与资金相平衡,不同规划期与不同层次规划之间相衔接,并成为国民经济与社会发展的有机组成部分。所以环境规划的地位必须给予应有的肯定,重要作用必须给予充分的发挥。归纳起来,环境规划的主要功能包括:

（一）促进生态环境-经济-社会可持续发展

生态环境问题的解决必须注重预防为主、防患于未然，否则损失巨大、后果严重。环境规划的重要作用就在于协调环境与经济、社会的关系，预防生态环境问题的发生，促进环境与经济、社会的可持续发展。

（二）保障生态环境保护活动纳入国民经济和社会发展规划

制定规划、实施宏观调控是政府的重要职能，中长期规划在国民经济中起着十分重要的作用。《中华人民共和国环境保护法》也明确规定，县级以上人民政府应当将环境保护工作纳入国民经济和社会发展规划。环境规划就是环境保护的行动计划，为了便于纳入国民经济和社会发展规划，对环境保护的目标、指标、项目和资金等方面都需进行科学论证和精心规划。

（三）合理分配排污削减量，约束排污者的行为

根据环境的纳污容量以及“谁污染谁承担削减责任”的基本原则，公平地规定各排污者的允许排污量和应削减量，为合理地、指令性地约束排污者的排污行为、消除污染提供科学依据。

（四）以最小的投资获取最佳的生态环境效益

环境是人类生存的基本要素、生活质量的重要指标，又是经济发展的物质源泉。在有限的资源和资金条件下，特别是对发展中的中国来讲，如何用最小的资金，实现经济和环境的协调发展，显得极为重要。环境规划正是运用科学的方法，保障在发展经济的同时，以最小的投资获取最佳生态环境效益的有效措施。

（五）实行生态环境管理目标的基本依据

环境规划制定的功能区划、质量目标、控制指标和各种措施以及工程项目给人们提供了环境保护工作的方向和要求，可以指导环境建设和环境管理活动的开展，对有效实现环境管理起着决定性作用。

环境规划具体体现了国家生态环境保护政策和战略，所制定的宏观战略、具体措施、政策规定，为实现生态环境管理目标提供了科学依据，是各级政府和环保部门开展环境保护工作的依据。

三、环境规划的基本特征

环境规划以环境为主要研究对象，具有整体性、综合性、区域性、动态性、前瞻性、信息密集和政策性强等特点。

整体性：生态环境是一个整体、系统的概念，环境规划具有的整体性首先反映在环境的要素和各个组成部分之间构成一个整体；同时，也反映在各技术环节之间关系紧密、关联度高，各环节相互影响和制约。单一从某一环境要素着手并进行的串联叠加难以获得有价值的系统结果。

综合性：环境规划的综合性体现在其涉及领域广泛、影响因素众多、对策措施综合以及需要多部门间的协调；同时，也反映在其学科知识和方法学需求方面。环境规划涉及生态环境调查、生态环境评价、功能区划、趋势预测、环境影响的技术经济模拟、方案对策制定、多目标方案优化、产业调控、风险决策与适应性反馈调整等多种工作，需要用到生态学、水文学、地理学、数学、污染气象学、环境物理学、环境经济学和环境管理学等学科知识，亦需要各类

学科相关技术方法,包括数学模型、GIS、计算机技术等来处理大量定量和定性信息。

区域性:生态环境问题的地域性特征十分明显,主要表现在区域的生态环境系统结构、变化规律不同,社会经济背景条件不同。环境规划必须注重因地制宜,规划的原则、规律、程序、方法融入地方特征才是有效的。

动态性:环境规划具有较强的时效性。环境规划的影响因素在不断变化,无论是环境问题(包括现存的和潜在的)还是社会经济条件等都在随时间发生着难以预料的变动,具有很强的不确定性,势必要求环境规划工作具有快速响应和更新的能力。其方法、工作程序、支撑工具和手段都应能满足环境规划更新、调整和修订的需求。

前瞻性:环境规划是依据环境管理目标,对未来一段时间内、特定区域范围内的人类活动与生态环境变化活动作出的预先规划;同时,规划方案的设计要充分考虑到规划时段内区域环境可能出现的变化。

信息密集:环境规划过程中,自始至终需要收集、消化、吸收、参考和处理各类相关综合信息。规划的成功在很大程度上取决于收集的信息是否完全、准确和可靠,是否能够被有效地组织和利用。

政策性强:环境规划从最初构思、总体设计至最后的决策分析,在制定实施计划的每一技术环节中,经常面临从各种可能性中进行选择的问题。选择的重要依据和准绳,是我国现行的有关环境政策、法规、制度、技术指南、条例和标准等。因此,环境规划的过程也是环境政策分析和应用的过程。

四、环境规划的基本原则

(一)经济建设、城乡建设和环境建设同步原则

经济建设、城乡建设、环境建设同步规划、同步实施和同步发展,实现经济效益、社会效益和生态环境效益的统一,促进经济、社会和环境持续、协调地发展,是环境规划编制最重要的基本原则。这条原则是第二次全国环境保护会议上提出的中国环境保护工作的基本方针,它标志着中国的发展战略从传统的只注重发展经济而忽视环境保护,向环境与经济社会持续、协调发展的战略思想的转变。这一转变是我国在总结了几十年,甚至近百年国际和国内环境保护工作经验、教训的基础上,做出的明智的选择。这项原则对我国的环境保护工作起到了极为重要的作用。

十八大以来,该原则的内涵得到进一步的丰富和创新。2018 年召开的全国生态环境保护大会明确要求“贯彻创新、协调、绿色、开放、共享的发展理念,加快形成节约资源和保护环境的空间格局、产业结构、生产方式、生活方式,把经济活动、人的行为限制在自然资源和生态环境能够承受的限度内,给自然生态留下休养生息的时间和空间。”2019 年通过的《中共中央关于坚持和完善中国特色社会主义制度 推进国家治理体系和治理能力现代化若干重大问题的决定》中指出“坚持节约资源和保护环境的基本国策,坚持节约优先、保护优先、自然恢复为主的方针,坚定走生产发展、生活富裕、生态良好的文明发展道路,建设美丽中国”。

(二)遵循经济规律、符合国民经济规划总要求的原则

生态环境与经济存在着互相依赖、互相制约的密切联系,经济发展要消耗生态环境资源,向环境中排放污染物,并产生生态环境问题;自然生态环境的保护和污染的防治需要资

金、人力、技术、资源和能源的支持。受到经济发展水平和国力的制约，在经济与环境的双向关系中，经济起着主导的作用。因此，说到底生态环境问题是一个经济问题，环境规划必须遵循经济规律，符合国民经济规划的总要求。

（三）遵循生态规律、合理利用环境资源的原则

在制定环境规划时，必须遵循生态规律，利用生态规律为区域社会经济发展服务。对环境资源的开发利用要坚持节约优先、保护优先、自然恢复为主的方针，防止开发过度造成恶性循环。对生态环境承载力的利用要根据生态环境功能的要求，适度利用、合理布局，减轻污染防治对经济投资的需求；坚持以提高经济效益、社会效益、环境效益为核心的原则，促进生态系统良性循环，使有限的资金发挥更大的效益。

（四）预防为主、防治结合的原则

"防患于未然"是环境规划的根本目的之一，旨在环境污染和生态破坏发生之前，予以杜绝和防范，推行清洁生产和循环经济，减少污染带来的危害和损失。虽然我国环境污染和生态破坏经治理已有显著改善，但存量污染问题仍十分突出，在社会经济快速发展的前提下，更需进一步降低增量污染。因此，预防为主、防治结合是环境规划的重要原则。

（五）系统原则

环境规划的对象是一个综合体，用系统论方法进行环境规划有更强的实用性，只有以系统的观点把环境规划研究作为子系统，与更高层次大系统建立广泛联系和协调关系，才能与对子系统进行调控，才能达到保护和改善环境质量的目的。坚持山水林田湖草沙是生命共同体的基本原则，从系统工程和全局角度寻求治理之道，统筹兼顾、整体施策，全方位、全地域、全过程开展规划编制和实施。

（六）坚持依靠科技进步的原则

大力发展清洁生产和循环经济，从源头减少污染的产生与排放，积极采用适宜规模的、先进的、经济的治理技术；同时，环境规划还必须寻求支持系统，包括数据收集、统计、处理和信息整理等，都必须借助科技的力量。目前我国的环境规划支持系统还有待完善。环境规划也是一项重大决策过程，有宏观定性规则，也有定量的具体措施规则，必须两者结合，完善环境规划的分析过程，获得更准确、更有力的规划结果。

（七）坚持生态文明制度体系的原则

我国生态环境保护工作已形成了一条具有中国特色的生态文明建设道路，其核心是坚持和完善生态文明制度体系，促进人与自然和谐共生，运用法律的、经济的和行政的手段保证和促进生态文明建设的发展。环境规划要体现出这一特点，起到先导作用，必须以生态文明思想为指导，使经济发展与生态环境相协调。

第二节　环境规划的基本内容与体系

一、环境规划的基本内容

环境规划的主要任务就是解决和协调经济发展与生态环境保护之间的矛盾，其编制是一个科学决策过程。我国环境规划经过几十年的发展，其内容已日趋完善，主要包括如下几

个方面:前期生态环境保护工作评估,资源、经济、社会和生态环境现状调查,规划目标和指标体系的确定,规划方案的设计与优选,规划实施计划设定,规划实施与管理、反馈。其中规划方案的设计与优化是环境规划的核心内容。

(一)前期生态环境保护工作与环境规划评估

对前期生态环境保护与环境规划工作进行评估,涉及规划的科学性分析及污染控制、规划指标完成情况、环境工程项目完成情况、规划资金投入情况等,以及总结上期规划已经解决的环境问题,找出上期规划存在的问题,以此作为新规划的重要参考。

(二)生态环境调查和评价

只有掌握了环境及其他相关要素的现状,才能为制定科学的环境规划方案提供依据。现状调查和评价是规划的重要支持系统之一。调查的数据一方面来源于环境监测系统的监测数据以及相关统计数据;另一方面则需要由规划编制人员根据规划的需要实地调研和收集。目前环境评价主要是按照功能区来进行的。评价标准和评价参数根据功能区特点和对功能区环境影响最为突出的因子确定;评价的主要内容包括两个部分:污染源评价和环境质量评价。通过污染源评价确定主要污染物、主要污染源、主要污染行业及重点污染源,并进行排序,弄清污染物产生的主要原因。例如,在水质综合评价时,通常采用地表水水质标准单因子指数法,或综合污染指数法。所选取的污染因子一般为地表水环境质量标准中的一部分,指标数从几项到几十项不等。污染因子一般包括:氨氮类指标,有机物指标和重金属指标等。通过水环境质量的评价找出影响水环境质量的主要污染物和受污染严重的河段,进而对各功能区的污染源(包括点源和面源)进行评价,找出影响水体质量的主要原因。

(三)环境模拟与预测

环境模拟与预测是根据已经掌握的信息和资料,建立环境、经济与社会之间的"输入-输出"响应模型,通过各种技术手段和方法对未来规划期内环境变化趋势进行科学的预见和推测。根据环境模拟与预测结果,找出今后区域发展的主要环境问题。例如,社会经济发展预测主要涉及人口、能源消耗、国民生产总值、工业生产总值,同时对经济布局与结构、交通和其他重大经济建设项目的环境影响做出必要模拟与预测,在此基础上,预测主要污染物的排放情况和环境质量。如:对水质及其相关污染物的预测,主要涉及工业用水量、工业废水量、工业污染物排放量、监测点浓度等的模拟与预测。这些模拟与预测计算值直接关系到环境规划中的环境质量,对环境质量的预测结果影响较大,进而影响中远期环境质量目标、污染物总量控制目标及环境保护总体目标的制定。

(四)生态环境目标和指标的确定

环境规划的主要目的就是实现预定的环境目标,所以制定环境目标也是环境规划的最为重要的环节。目标按照管理层次分为宏观目标和详细目标两类。宏观目标是对规划期内应达到的环境目标总体上的规定;详细目标是按照环境要素,在规划期内规定的环境目标所作的具体规定。依据确定的环境目标,提出规划的指标体系,主要由一系列相互联系(或相互独立)、相互补充的环境指标所构成。如果规划指标过多,就会给统计工作带来困难,指标过少,又难以保证环境规划的可行性和决策的科学性。

(五)污染物排放总量控制

总量控制是指在规定时间内,对某一区域或某一企业在生产过程中所产生的污染物最终排入环境的数量的限制。总量控制体现了预防为主的原则,旨在实现环境保护从末端治理向源头削减和全过程控制转变，是规划的关键内容。如：《国务院关于"十一五"期间全国主要污染物排放总量控制计划的批复》（国函〔2006〕70号）规定，"主要污染物排放总量控制指标的分配原则是：在确保实现全国总量控制目标的前提下，综合考虑各地环境质量状况、环境容量、排放基数、经济发展水平和削减能力以及各个污染防治专项规划的要求，对东、中、西部地区实行区别对待。"在国家《"十三五"生态环境保护规划》中，提出以提高环境质量为核心，并同时对化学需氧量（COD）、氨氮（NH_3-N）、二氧化硫（SO_2）、氮氧化物（NO_x）、重点地区重点行业挥发性有机物（VOCs）、重点地区总氮（TN）和总磷（TP）等提出总量控制要求。

（六）重点工程和融资渠道

生态环境保护的投资巨大，因此在环境规划中应对规划期限内的生态环境保护投资项目所需资金进行估算，以及对资金来源进行分析。因此，对所需资金估算及资金来源分析也是规划中必不可少的内容。

（七）保障措施

为了保证环境规划的顺利实施以及规划目标的顺利实现，在规划编制的最后都要提出保障措施，这也是规划不可或缺的内容。以国家层面规划和环境要素规划为例，国家层面规划的保障主要是集中在如下方面：以构建生态文明体系为核心，完善法规体系、加强环境管理能力建设、加强环境科技研究、加强环境宣传教育、提高公民意识、落实环保责任、拓宽环保筹资渠道、增加环保投入等，并提出保障规划顺利实施的具体建议。环境要素规划，如在水污染防治行动计划、土壤污染防治行动计划中，为保证规划的有力实施，明确了污染控制规划涉及的部门责任；国务院与各省（区、市）人民政府签订目标责任书，分解落实目标任务，切实落实"一岗双责"，加强监督管理。

二、环境规划的类型与体系

环境规划按规划期划分可分为长期环境规划、中期环境规划及短期环境规划（年度环境保护计划）；按生态环境与经济的关系划分可分为经济制约型、环境制约型和协调型；按环境要素划分可分为大气污染控制规划、水污染控制规划、固体废物处理与处置规划和噪声污染控制规划；按行政区划和管理层次划分可分为国家环境规划、区域环境规划和部门环境规划；按性质划分可分为生态规划、污染综合防治规划、自然保护规划和环境科学技术与产业发展规划等。各种规划组成了我国现阶段的环境规划体系，是整个国家总体发展规划中的一部分，相对于国家总的规划体系来说，是一个多层次、多要素、多时段的专项规划体系，整个环境规划体系指导着我国的环境保护工作的当前任务及发展方向。

（一）按规划期划分

环境规划按规划期可分为长期环境规划、中期环境规划及短期环境规划（年度环境保护计划）。

长期环境规划一般跨越时间为10年以上，如：国务院颁布的水污染防治行动计划、土壤污染防治行动计划；中期环境规划一般跨越时间为5~10年，5年环境规划一般称五年计划，五年计划便于与国民经济社会发展计划同步，并纳入其中；年度环境保护计划实际上是五年计划的年度安排，它是五年计划的分年度实施的具体部署，也可以对五年计划进行修正和补充。这些环境规划的内容也有所不同，一般跨越时间越长越宏观。长期环境规划着重于对长远环境目标和战略措施的制定,而年度环境保护计划则是每一个措施、工程、项目以及任务的具体安排。由于我国国民经济计划体系是以五年计划为核心的计划体系,所以5年环境规划也是各种环境规划的核心。要正式纳入国民经济社会发展计划之中,从环境规划学科来讲也是着重于中长期环境规划(含5年环境规划),而年度环境保护计划往往形不成一套完整的规划,仅是中期规划中某些环境保护工作的安排计划。

(二)按生态环境与经济的关系划分

1. 经济制约型

经济制约型环境规划旨在满足经济发展的需要,环境保护服从于经济发展的需求,一般表现为在经济发展过程中出现了环境问题,为解决已发生的环境污染和生态破坏,制定相应的环境规划。我国早期的环境规划多为此种类型。

2. 环境制约型

环境制约型环境规划是从充分地、有效地利用生态环境资源出发,同时以防止在经济发展中产生环境污染与生态退化来建立环境保护目标,制定环境规划。这种环境规划充分体现经济发展服从生态环境保护的需要,经济发展目标是建立在环境基础之上,即经济发展受环境保护的制约。

3. 协调型

协调型环境规划反映了促使经济与生态环境之间的协调发展,以提出经济和环境目标为出发点,以实现这一双重目标为终点。协调型环境规划是协调发展理论的产物,协调发展在今天已经被全世界公认为发展经济和保护环境之间关系的最佳选择,世界上已有很多国家根据各自特点寻求适合于本国国情的协调发展途径。目前,我国推行的绿色发展方式,以调结构、优布局、强产业、全链条为重点,既提升经济发展水平,又降低污染排放负荷,是解决污染问题的根本之策。

(三)按环境要素划分

1. 大气污染控制规划

大气污染控制规划,主要是在区域以及城市或城市中的小区进行。其主要内容是对规划区内的大气污染控制,提出基本任务、规划目标和主要的防治措施。

2. 水污染控制规划

水污染控制规划包括区域、流域水系、城市的水污染控制。具体地讲,水域(河流、湖泊、地下水和海洋)环境规划的主要内容是对规划区内水域污染控制,提出基本任务、规划目标和主要防治措施。

3. 固体废物处理与处置规划

固体废物处理与处置规划是在省、市、区、行业和企业等层面,对规划区内的固体废物处理处置和综合利用进行规划。

4. 噪声污染控制规划

噪声污染控制规划一般指城市、小区、道路和企业的噪声污染防治规划。

环境规划还包括生态文明建设规划、环境质量达标规划、污染防治行动计划、生态省(市、县)创建规划、城市环境总体规划及环境与健康工作规划、农村环境综合整治规划等。

(四)按照行政区划和管理层次划分

按照行政区划和管理层次可分为国家环境规划、区域环境规划和部门环境规划。国家环境规划范围很大,涉及整个国家,是全国发展规划的组成部分,其目的是协调全国经济社会发展与环境保护之间的关系。国家环境规划对全国的环境保护工作起指导性作用,各省(区)、市(地)、各级政府和环保部门都要依据国家环境规划提出的奋斗目标和要求,结合实际情况制定本地区的环境规划并加以贯彻和落实。

区域环境规划的“区域”,我国习惯上认为是省或相当于(或大于)省的经济协作区(如:珠江三角洲环境保护规划、长江经济带生态环境保护规划、京津冀协同发展生态环境保护规划)。区域环境规划的综合性和地区性很强,它是国家环境规划的基础,又是制定城市环境规划和工矿区环境规划的前提。部门环境规划包括工业部门环境规划、农业部门环境规划和交通运输部门环境规划等。

以上各类规划构成一个多层次结构。我国环境规划的层次结构见图 1-1。上一层次的规划是下一层次规划的依据和综合,下一层次规划是上一层次规划的条件和分解,因而下一层次的规划的实现是上一次层次规划完成的基础。

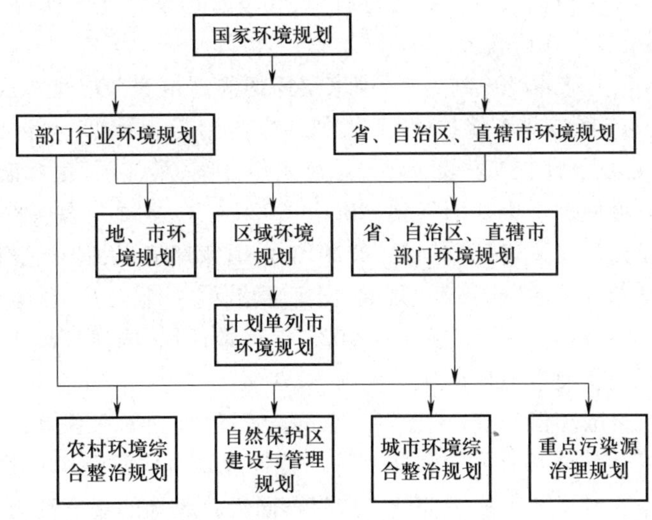

图 1-1 我国环境规划的层次结构

(五)按性质划分

环境规划从性质上分,有生态规划、污染综合防治规划、专题规划(如自然保护区规划)和环境科学技术与产业发展规划等。

1. 生态规划

在编制国家或地区经济社会发展规划时,不是单纯考虑经济因素,应把当地的地理环境系统、生态系统和社会经济系统紧密结合在一起进行考虑,使国家或地区的经济发展能够符合生态规律,既能促进和保证经济发展,又不使当地的生态系统遭到破坏。一切经济活动都离不开土地利用,各种不同的土地利用对地区生态系统的影响是不一样的,在综合分析各种土地利用的“生态适宜性”的基础上,确定土地利用空间结构和布局,通常称之为生态规划。

2. 污染综合防治规划

污染综合防治规划也称之为污染控制规划,按内容可分为工业(行业、工业区)污染控制规划、农业污染控制规划和城市污染控制规划。根据范围和性质的不同,又可分为区域污染综合防治规划和部门污染综合防治规划。

(1) 区域污染综合防治规划,如重点区域大气污染防治“十二五”规划。

(2) 部门(或专业)污染综合防治规划。如工业系统污染综合防治规划、农业污染综合防治规划、商业污染综合防治规划及企业污染综合防治规划等。工业系统污染综合防治规划,还可以按行业分为化工污染防治规划、石油污染防治规划、轻工污染防治规划和冶金工业污染防治规划等。

3. 自然保护区规划

自然保护区规划虽然广泛,但根据《中华人民共和国环境保护法》规定,主要是保护生物资源和其他可更新资源。此外,还有文物古迹、有特殊价值的水源地和地貌景观等。我国幅员辽阔,不但野生动植物资源等可更新资源非常丰富,而且有特殊价值的保护对象也比较多,需要分类统筹加以规划。

4. 环境科学技术与产业发展规划

环境科学技术与产业发展规划主要内容包括:为实现上述规划类型所需要的科学技术研究、发展环境科学体系所需要的基础理论研究、环境管理现代化的研究、环境保护产业发展研究及循环经济发展模式研究。

以我国“十三五”生态环境规划为例,国家层面的规划由 3 个层次构成:第一层,由国务院印发,包括“十三五”生态环境保护规划、大气污染防治行动计划、水污染防治行动计划、土壤污染防治行动计划、“十三五”节能减排综合工作方案;第二层,由生态环境部联合其他部委印发,包括重点流域水污染防治规划(2016—2020 年)、全国生态保护“十三五”规划纲要、全国城市生态保护与建设规划(2015—2020 年)、国家环境保护“十三五”科技发展规划纲要、全国农村环境综合整治“十三五”规划、国家环境保护“十三五”环境与健康工作规划、核安全与放射性污染防治“十三五”规划及 2025 年远景目标、国家环境保护标准“十三五”发展规划、京津冀协同发展生态环境保护规划、长江经济带生态环境保护规划;第三层,由生态环境部印发,包括全国环保系统“十三五”对口援疆规划、全国环保系统“十三五”对口援藏规划、“一带一路”生态环境保护合作规划等。各种规划组成了我国现阶段的环境规划体系,是整个国家总体发展规划中的一部分。如将不同行政级别的规划视为纵向规划层次,而不同环境要素的规划视为横向规划层次,则我国的环境规划体系呈现了“横向+纵向”的二维结构。

第三节 环境规划的进展简述

一、我国环境规划的发展历程

(一) 环境规划发展历程

我国的环境规划是伴随着整个环境保护工作而产生和发展起来的,经历了从无到有、从简单到复杂、从局部进行到全面开展的发展历程,大致可以分为孕育阶段(1973—1980 年)、尝试阶段(1981—1990 年)、发展阶段(1990—2000 年)、完善提高阶段(2001—2005 年)、转变约束阶段(2006—2015 年)、生态环境统筹阶段(2016 年至今),已形成了以五年环境保护规划(计划)为龙头的环境规划体系。

1. 孕育阶段(1973—1980 年)

1973 年召开的第一次全国环境保护会议提出了环境保护工作的 32 字方针,对环境保护和经济建设实行“全面规划、合理布局”,标志着我国的环境保护规划开始孕育发展。20 世纪 70 年代开展的北京东南郊、沈阳市及图们江流域环境质量评价和污染防治途径研究为环境规划做了有益的探索。由于环境保护事业刚刚起步,理论和实践缺乏经验,环境保护规划工作也处于零散、局部、不系统的状态,除了一些地区开展了环境状况调查、环境质量评价等工作外,大规模和较深入的环境规划工作尚未开展。这些规划的范围仅限于污染治理,在规划中分析了存在的环境问题,提出了治理措施;在方法论上,还停留在以定性为主的阶段。

2. 尝试阶段(1981—1990 年)

“六五”期间,1983 年第二次全国环境保护会议提出了“三同步”方针,表明我国对环境与经济建设、城乡建设之间的关系的认识有了一个飞跃,对环境规划有着深远影响。环境保护计划也开始纳入国民经济和社会发展计划,并成为其中的一部分,提出了计划所需达到的要求,对环境目标也有一定的表述,但未形成独立的环境保护规划文本。在一些地区和部门,把环境规划的理论和方法作为科研课题进行研究,取得了一些成果,20 世纪 80 年代初的济南市环境规划和山西能源重化工基地综合经济规划的环境专项规划是我国最早的区域环境规划。同时,作为环境保护规划的基础工作,环境影响评价和环境容量研究在全国逐步开展。

“七五”期间,国家计划委员会和国务院环境保护委员会制定和联合下发了第一个国家环境保护五年计划——《国家环境保护“七五”计划》,内容包括环境保护的目标、指标和措施。在同期的《国民经济与社会发展“七五”计划》中,也规定了“七五”期间环境保护的基本任务和主要措施。在科研工作的带动下,水利部和国家环境保护局联合开展了七大流域水污染防治规划;1984 年,全国环境管理、经济与法学学会在太原市召开了全国城市环境规划研讨会,对环境规划也起了推动作用。另一个值得提到的进展是“全国 2000 年环境预测与对策研究”,该课题在“三同步”方针的指导下,从宏观经济发展目标出发,预测 2000 年可能发生的环境问题,提出了环境目标和对策建议,为国家和地区编制“七五”“八五”环境保护计划提供了依据;在方法论上,开发、应用了我国的环境经济计量模型、环境经济投入产出模型和系统动力学模型,并开展了环境污染和生态破坏经济损失估算的研究,为我国污染物排放宏观目标总量控制和环境经济损失计量打下了基础。此阶段环境规划方法论研究取得了显著进展。

3. 发展阶段(1990—2000 年)

1992 年 8 月,中共中央、国务院批准转发的《环境与发展十大对策》,其中第一条“实行持续发展战略”指出,必须重申“经济建设、城乡建设、环境建设同步规划、同步实施、同步发展”的战略方针。《国家环境保护“八五”计划》,开始将总量控制、重点项目作为计划重要内容,环境规划在规划方法和体系方面都取得了较大的发展,确定了 65 项指标,形成了国家、地方、行业、重点项目、重点工程、重点流域等一体的环境规划体系。值得一提的是,1992 年,环境保护年度计划正式纳入国民经济与社会发展计划体系。1993 年,国家环境保护局发文要求各城市编制城市环境综合整治规划,并下发了《城市环境综合整治规划编制技术大纲》,组织编制了《环境规划指南》。国家计划委员会和国家环境保护局于 1994 年发布了《环境保护计划管理办法》。1996 年 7 月在北京召开了第四次全国环境保护会议,随后国务院批准了《国家环境保护"九五"计划和2010年远景目标》，要求到2000年实现"一控双达标"，实施了两项重大举措，即全国主要污染物排放总量控制计划和中国跨世纪绿色工程规划，并确定"三河"（淮河、海河、辽河）、"三湖"（太湖、巢湖、滇池）、"两控区"（SO_2控制区和酸雨控制区）为治理重点。在一定意义上完善和丰富了环境保护规划内容，规划的导向性和重要性得到了发挥。

在这种环境下，我国广泛开展了环境规划的编制工作，涌现出一批优秀的环境规划，如湄洲湾环境规划研究，澜沧江流域生态环境规划，秦皇岛市、广州市、南昌市、马鞍山市和济南市环境规划，通化市环境综合整治规划和桂林市大气环境规划等。在方法论上也有一系列进展，如北京大学在湄洲湾环境规划研究中，提出并应用了环境承载力的概念和方法，解决合理布局问题；清华大学在济南市环境规划中，应用冲突论解决污染负荷公平分配问题；此外，地理信息系统（GIS）的应用使得环境规划的空间可视化程度大为提高。

4. 完善提高阶段（2001—2005年）

2000年年初，国家环境保护总局制定了《〈地方环境保护"十五"计划和2015年长远目标纲要〉编制技术大纲》。《国家环境保护"十五"计划》对环境保护的工作重点进行了优化调整，确定了控制污染物排放总量的工作主线，确立了"33211"（三河、三湖、两控区、一市、一海）的工作重点；指标包括总量控制、工业污染防治、城市环境保护、生态环境保护、农村环境保护和重点地区环境保护6个方面35个指标，主要任务覆盖工业污染防治、城市环境保护、生态环境保护、重点流域和地区环境保护、全球环境保护、加强能力建设、实施《污染物排放总量控制计划》、实施《跨世纪绿色工程规划》8个方面。从应用来看，出现了大量流域环境规划、生态规划与区域环境规划，代表性的有北京大学与云南和四川两省环境科学研究院共同完成的泸沽湖流域水污染防治综合规划、中国环境规划院主导完成的珠江三角洲环境保护规划等。从方法论来看，大量的模拟模型、不确定性优化与风险决策模型得以应用，进一步夯实了环境规划的科学基础与决策依据。

5. 转变约束阶段（2006—2015年）

随着我国经济体制从计划经济向市场经济逐渐转变，国务院于2008年组建了环境保护部，将环境规划作为政府干预市场、保证国家宏观经济健康运行、环境保护工作宏观指导的重要手段。《国家环境保护"十一五"规划》提出把防治污染作为重中之重，确保到2010年SO_2、COD比2005年削减10%，加快淮河、海河、辽河、太湖、巢湖、滇池、松花江等重点流域污染治理，加快城市污水和垃圾处理，保障群众饮用水水源安全，并确立了8项主要工作任务、10项重点工程。《国家环境保护"十一五"规划》第一次以国务院批复形式颁布，在经济社会发展与资源环境约束的矛盾日益突出、环境保护面临严峻挑战的背景下发布，编制定位也从"计划"演变为"规划"，其确定的主要污染物排放总量控制目标被作为约束性指标列在《国民经济与社会发展"十一五"规划》中，环境保护的地位得以提高，规划所需的中央政府环境保护投资在规划报批过程中基本落实，环境保护规划实施评估和考核提上日程，环境保护相关内容和要求日益成为各级政府的中心工作之一。在《国家环境保护"十二五"规划》中，将"在发展中保护、在保护中发展"作为战略思想，体现了以环境保护优化经济发展的重要思路转变。在此期间，更为重视空间性、基础性、战略性和系统性的规划编制，如城市环境总体规划和国家生态文明先行示范区建设规划。

城市环境总体规划的核心思路是遵循城市自然生态和环境基础要求，明确城镇化、工业化历程中生态保护红线、资源环境底线、污染排放上限和环境风险防线，确立环境总体战略定位、制定环境目标与分区战略、划定生态保护红线、开展资源环境约束因子评估分析与发展调控、制定中长期环境质量改善与环境风险防范方案、建立城市环境总体规划与重点区域环境规划指引、提高环境基本公共服务水平、完善规划协调管理机制。2012 年 9 月，生态环境部确定了大连等 12 个城市作为第一批试点，2013 年 6 月确定长治等 14 个城市作为第二批试点，2014 年 12 月确定青岛等 4 个城市(区)作为第三批试点。

2013 年 12 月，国家发展和改革委员会等 6 部门发布《关于印发国家生态文明先行示范区建设方案(试行)的通知》，把生态文明建设放在突出的战略地位，按照“五位一体”总体布局要求，推动生态文明建设与经济、政治、文化、社会建设紧密结合、高度融合，以推动绿色、循环、低碳发展为基本途径，以体制机制创新激发内生动力，以培育弘扬生态文化提供有力支撑，结合自身定位推进新型工业化、新型城镇化和农业现代化，调整优化空间布局，全面促进资源节约，加大自然生态系统和环境保护力度，加快建立系统完整的生态文明制度体系，形成节约资源和保护环境的空间格局、产业结构、生产方式、生活方式，提高发展的质量和效益，促进生态文明建设水平明显提升。

6. 生态环境统筹阶段(2016 年至今)

2016 年 11 月，国务院印发《“十三五”生态环境保护规划》，这是国家层面规划中首次将环境保护与生态保护建设进行全面统筹。规划中明确提出以提高环境质量为核心，实施最严格的环境保护制度，打好大气、水、土壤污染防治三大战役，加强生态保护与修复，严密防控生态环境风险，加快推进生态环境领域国家治理体系和治理能力现代化，不断提高生态环境管理系统化、科学化、法治化、精细化、信息化水平，为人民提供更多优质生态产品。规划中突出了环境质量改善与总量减排、生态保护、环境风险防控等工作联动，将提高环境质量作为核心目标和评价标准，落实到区域、流域、城市和控制单元，实现环境质量改善的精细化管理。2018 年 5 月召开的全国生态环境保护大会及后续发布的《中共中央国务院关于全面加强生态环境保护坚决打好污染防治攻坚战的意见》中，也进一步明确了生态文明建设及生态环境统筹治理的基本要求。

(二) 我国环境规划发展的简要评估

质量改善、生态安全、污染物削减和环境治理是目前我国环境规划设定的主要任务目标，环境保护工作也主要围绕这一目标开展。我国环境保护规划现阶段以生态环境质量改善为核心，强调坚持绿色发展和标本兼治，以空间管控为基础实施分类防治。同时，在改善环境质量的基础上，也在逐步开展以人体健康和生态系统维护为导向的规划编制。

目前我国环境规划的内容主要包括：前期工作情况的总结(或前次规划的实施情况评估)；经济、社会和环境现状调查；环境预测；环境规划目标和指标体系的建立；环境功能分区、空间管控和区域布局；规划方案的设计与优选；重点任务与重点工程；规划实施和保障措施等。不同的规划内容表现形式略有差异。目前环境保护规划偏重于污染防治，但是从环境法学研究的角度出发，环境规划范围界定是以整体意义上的环境为基础，应该逐步覆盖污染防治、生态保护和资源开发 3 个方面。

我国的环境规划体系较为复杂，不同层次的规划相互交叉，由此也导致不同规划间存在较大差异，如：规划目标与指标体系的设定、对规划重要性的认识、对不同层次环境规划编制范围和内容的界定，以及对规划编制方法体系的研究和规划实施等。其中：① 目标设定是否合理是影响规划编制和实施效果的一个重要因素。过去我国的各级环境保护规划目标制定往往取决于良好的意愿,但某些目标缺乏足够的科学依据,对污染治理的长期性、艰巨性、复杂性和治理难度估计不足,这就致使有些目标偏高,进而影响规划实施成效。一些环境保护规划对目标、指标、任务、措施、投资的内在关系分析不够,未能充分考虑规划所需投资与可筹措资金间的差距,使规划实施的可行性无法得到保障。部分规划的目标指标还存在与规划任务脱节的现象,目标与任务之间缺乏衔接,工程措施和可行性不够明确,缺乏费用-效益分析方法和机制。因此,在未来规划制定目标时要从实际出发,以实际可能的预算投入为依据,充分认识任务的复杂性,合理确定规划的目标。② 多年来我国尚未形成稳定的规划目标指标体系,历次五年规划目标指标项相差较大,这固然有我国正处于经济社会环境系统动态变革过程中的客观因素,但却使规划的长期指导性和滚动修订性大打折扣。初步统计,"八五"计划中共有环境保护指标 84 项(其中重复指标 19 项,实际指标 65 项);"九五"计划中共有环境保护指标 98 项(其中重复指标 29 项,实际指标 69 项);"十五"计划中实际指标 35 项;"十一五"规划中实际指标 14 项;"十二五"规划中主要指标 6 项;"十三五"规划中主要指标 26 项。其中一些指标难以考核、没有定期的监测数据。部分规划指标过多地涉及外部门、外系统。另外,规划指标中还包括了一些工作指标、评价指标,指标的层次性没有合理区分。此外,我国的环境规划指标主要与目前环境状况和工作重点相适应,因此较多地涉及污染防治(以治理指标为主,以环境质量指标为辅),对于生态系统和人体健康涉及较少,这与美国等国家差异较大。③ 保障措施和规划实施要求也是规划必不可少的内容。环境保护规划保障措施应主要涵盖如下内容:完善法规体系、加强环境管理能力建设、加强环境科技研究、加强环境宣传教育、提高公民意识、落实环境保护责任、拓宽环境保护筹资渠道、增加环境保护投入等。同时,也需要在规划中明确规划涉及的部门,如各级政府、发展改革部门、产业部门、财政部门、建设部门等的职责,规定规划考核和中期评估要求。

二、国外环境规划的历程

(一) 规划的法律地位

目前国际上环境规划的法律地位有 3 个明显的特征。① 国外的环境规划,特别是总体规划普遍得到环境基本法和行政法的支持,如美国的《国家环境政策法》和《政府绩效法》、荷兰的《环境管理法》、日本的《环境基本法》,这些法律不仅明确了环境规划的必要性和责任单位,还对环境规划的编制流程、编制内容、法律效力等做出明确规定。因此,国外的环境规划普遍具有法律效力,能够通过国家执法行为来确保环境规划的落实。② 不少环境保护的目标、要求、措施乃至环境规划编制本身就是法律法规条文要求确定的。如美国国家环境保护局(USEPA)战略规划的"5 年规划、3 年更新"(每 3 年发布新规划,规划年限为 5 年),荷兰前 4 个国家环境政策计划(NEPP)每 4 年更新,日本前 3 个环境基本计划每 6 年更新。③ 不少法律、法规、规章实际上是以法律形式颁布的环境规划,明确规定了阶段环境保护目标、措施、任务和资金,提高了环境规划的执行力。这些规划法制化趋势,可以提高环境规划的约束性,使环境规划走向法制化、机制化的渠道。

1. 美国

在众多环境法中,有两部法律对当前 USEPA 的工作和环境规划的产生有直接影响。《国家环境政策法》明确授权 USEPA 管理国家环境事务的权力与责任,《政府绩效法》明确规定了 USEPA 战略规划体系的制定与执行。

《国家环境政策法》1969 年由美国国会通过，是美国环境领域的基本法。它规定了联邦政府的所有机构都负有环境保护的责任，任何决策和行动都不得有悖于相关环境政策，否则即为违法。《国家环境政策法》规定国家设立 USEPA 管理国家环境事务，诸多原分属内务部、农业部等多个部门的环境事务全部转交给 USEPA，使其在大部分环境领域具有明确的和独有的权力，并继承 1969 年之前制定的环境法的执法权力。1969 年之后制定的环境法也多由国会授权 USEPA 执行，这些授权被记录在被授权的法律中。由于这些授权，USEPA 具有了制定和实施环境规划的两项基本权力：① 环境法立法和执法的权力；② 使用联邦环境预算的权力。

USEPA 根据国会颁布的环境法律制定和执行法规，环境规划编制及其编制行为是其执行法律法规的一个合理组成部分。为保障 USEPA 的执法权力，USEPA 形成三个重要的特点：首先，有自己的行政执法官，即在联邦政府中设立的有处罚权的官员，目的在于迅速解决纠纷；其次，有“绿色警察”队伍，主要管辖重大环境违法事件；再者，在与各州政府的关系方面享有较大的权力，当各州未能执行环境标准时，可以独立于州直接执行和查处违反联邦标准的行为。

美国国会通过的部分环境法修正案和 USEPA 颁布的环境法规具有和环境保护规划类似的职能，如《清洁空气法》1990 年修正案设定了两个阶段的 SO_2 和 NO_x 削减目标，而 2005 年 USEPA 又发布了《清洁空气州际法规》，对美国东部地区未来的 SO_2 和 NO_x 削减目标作出更新规定。这些法律和法规严格规定了大气污染物的排放总量与分配、点源排放浓度、许可证交易、参与方式、预算保障等，具备环境保护规划的特征，属于实体化法律的范畴。

2. 日本

日本与环境保护规划直接相关的法律是《环境基本法》，是在 1968 年颁布的《公害对策基本法》和《自然环境保全法》的基础上重新制定的、体现政府环境政策的法律。该法不仅详细规定了政府环境政策的基本理念、基本政策和经济措施，而且对制定实施环境基本计划和环境综合计划、进行环境影响评价等也都作出了具体规定。《环境基本法》规定了环境基本计划的地位、内容，使具有法定计划性质的环境基本计划成为日本环境基本法的中心，确立国家制定和实施相关政策的环境保护义务，对日本的环境保护规划具有重要的意义。

日本《环境基本法》第 15 条规定：① 政府应制定环境基本计划以系统全面地推行环境保护相关政策；② 环境基本计划应包含综合、长期的环境保护施政大纲和系统全面推进环境保护相关政策的必要事项；③ 环境大臣必须听取中央环境审议会的意见，完成环境基本计划提案，提交内阁审议批准；④ 环境大臣在完成内阁审议批准后及时公开发表环境基本计划；⑤ 前两项的规定也适用于环境基本计划的修订。

（二）规划体系设置

1. 美国

“环境保护规划”一词在美国环境政策体系中并不常见，美国环境规划通常使用其他类似的表述。宏观和长期的规划称为战略规划或战略，如 USEPA 在《政府绩效法》框架下制定的美国国家环境保护局战略规划。短期的规划通常称为计划、行动计划、执行计划或项目指导。上述计划与 USEPA 的战略规划体系、联邦项目规划、联邦环境法及其修正案等共同构成了美国联邦环境保护规划体系。

美国联邦环境法及其修正案是联邦环境规划体系的组成之一。环境管理中的一些基础和核心工作,例如总量控制、环境项目设立、预算支配、执法部门权责分配等,可以通过或必须通过立法途径予以确认。因此,环境规划的很多要素都已经包含在联邦法律、州法律和USEPA法规中。

虽然美国早在1960年就制定了第一份大气环境全国行动计划,其后在水污染、饮用水、固体废物、生物多样性等多个要素领域,基于环境项目制定全国性的管理措施和计划,但数十年间始终没有综合性的环境保护规划。直到1997年USEPA根据《政府绩效法》规定制定USEPA战略规划,美国才具有了国家级综合性的环境保护规划。经过10年发展,USEPA战略规划体系有了显著的改善与发展,内容逐渐丰富,并在USEPA和美国环境工作中占据越来越重要的地位,真正成为具有战略高度的美国环境保护的指导规划。

按照《政府绩效法》的规定,美国战略规划体系分为相互联系的战略规划、年度计划和年度报告三级。USEPA战略规划在时间尺度上是一个逐渐细化的过程,在要素层面和区域层面是一个补充拓展的过程。USEPA战略规划的主要目的是建立目标体系的总体框架,回答规划"目标是什么"和"为什么要做"的问题,并对实现目标的环境政策工具和环境项目作出纲领性的安排和说明。年度计划(全称为"年度绩效计划")和国家项目计划(部门规划)关注规划在每一年度的工作布局,回答"做什么"的问题。年度报告(全称为"绩效和责任报告")关注规划的实施效果评估,回答"做得好不好"的问题,是环境规划的"编制—实施—评估"中最后的一环。

在《政府绩效法》的规定之外,USEPA还要求自己的所属部门建立区域规划和部门规划。区域规划由USEPA各区域派出机构制定,年限一般为4年,起始年为USEPA战略规划起始年的后一年,终止年和USEPA战略规划同时。部门规划全称为国家项目规划,由USEPA下属的7个主要办公室(如大气和辐射办公室、水办公室等)编制,年限为1年,确定部门所管理的环境项目在该年的绩效目标,对项目开展做进一步的阐述。部门规划是对以往分散管理的环境项目,按照负责办公室进行汇总确定绩效目标,和我国的要素行动计划有相似性。

各州根据自身特点建立了不同的环境规划体系,彼此具有很大差异。就综合性规划而言,各州主要有以下四种做法:① 模仿USEPA的战略规划体系,如加利福尼亚州;② 有综合性的战略规划,但战略规划的内容、作用和USEPA不尽相同,如佛罗里达州和得克萨斯州;③ 有纲要性质的战略规划,提出环境战略目标,如伊利诺伊州和亚利桑那州;④ 各州根据自己的特点制定综合规划,根据本州规划开展环境工作,和USEPA的战略规划没有对应关系,更不是对USEPA战略规划的分解落实。

2. 荷兰

荷兰环境规划体系包括环境政策计划、环境要素规划和行动计划,由国家到地方的规划体系对荷兰环境保护工作有宏观的、全面的指导作用。其中国家环境政策计划(NEPP)是荷兰环境规划体系的核心内容。要素规划和行动计划是荷兰各级政府制定的、以某一要素或主题为中心的规划,它们在内容上必须兼顾相应级别的环境政策计划。

环境政策计划是荷兰环境保护规划体系的主要内容。根据规划层次,可将其划分为国家级、省级、区域级和地方级等。省级环境政策计划是全省未来4年的环境工作指导,至少每4年制定一次,由省级议会负责,省行政管理委员会起草,与其有紧密联系的政府机构

(如邻省行政管理委员会、规划中涉及的其他省级政府机构)也要参与,定稿后在《荷兰政府公告报》上发布完成稿,并交由住房、空间规划和环境部(VROM)申请国会批准。作为国家环境政策计划的下一级计划,省级环境政策计划在 NEPP 的框架下制定。此外,省行政管理委员会每年需在充分兼顾现行省级环境政策计划的基础上,起草一份环境纲要,其内容包括未来 4 年中由省级权力机构开展的环保活动和现行省级环境政策计划取得进展的报告等。

荷兰还根据需求制定环境要素规划。① 废物管理规划。根据《环境管理法》(EMA)的规定,VROM 应每 4 年制定一个废物管理规划,明确国家废物管理政策的主要特征,阐述这些特征在个别废物上的应用,以及国际废物转移管理与政策的明确形式。荷兰第一个国家废物管理规划对应的规划期为 2002—2012 年,并经过 3 次修订。目前,最新的规划是 2016 年制定并于 2021 年修订的,规划期为 2017—2029 年。② 地方污水处理规划。地方污水处理规划由地区行政管理委员会制定,参与人员还应包括省行政管理委员会、污水净化处理厂运营人员、地表水采集和排放管理人员等,其内容应包括对本地区污水的收集和排放设施的总体评价、设施更新时间、需要建造或更新的设施所需期限的总体评价等。规划定稿需刊登在地区发行的日报或其他报纸上。③ 自然规划。荷兰的自然规划类似于我国的生态规划,是为了恢复多年来工农业造成的环境破坏所作的规划。1990 年,自然规划由农业渔业部制定,概述了政府 30 年的政策和目标,并包括一个 5 年计划,指明国家管理的优先项目计划。

行动计划也是荷兰环境规划体系的一个重要组成部分,如:环境健康行动计划、可持续发展行动计划。其目标是加速公众自发考虑自身行动选择所带来的社会、文化、经济和生态后果,促进可持续发展的基本社会变化。行动计划给出了一系列促进和支持政府、商业、公民社会组织和公众的可持续行动的措施。行动计划的国际部分由外交部进行协调,采纳了约翰内斯堡国际会议上所提出的 5 个优先主题,即水、能源、健康、农业和生物多样性。

(三) 规划的衔接协调

1. 总体规划与要素规划的衔接

美国、荷兰和日本等国家要素规划编制启动早于总体规划。以美国为例,对《清洁水法》《清洁空气法》《安全饮用水法》等法律的制定和修正,就包含了对特定环境要素进行规划的内容,并在同一时期由 USEPA 牵头就大气领域制定了第一个国家性的要素规划《州执行计划》。而其全国性总体规划普遍在环境保护工作取得相当成果、要素规划层面发展成熟之后才逐步展开,如《USEPA 战略规划》在 1997 年制定,荷兰《国家环境政策计划》在 1989 年制定,日本于 1977 年制定单独的《环境长期计划》,但持续发展和更新的《环境基本计划》是在 1994 年才开始制定,普遍晚于我国。这些国家在总体规划发展过程中,较少遇到我国在规划协调过程中凸显的种种问题,而是根据本国特点,形成了两种模式,来协调总体规划和要素规划关系。

模式一:以美国为代表,要素规划推动总体规划,要素规划对总体规划的编制有显著影响。

在美国的环境规划体系中,丰富的要素规划是首要的和不可或缺的内容。美国的环境工作普遍以环境项目的形式进行,每个项目都有指导其工作开展的法律法规、规划或执行计划。因此,美国的要素规划数量很大,覆盖了美国环境管理的每个方面,是环境管理的主要方略。

美国这种层次分明的规划体系是在长期环境工作中自下而上形成的。美国自 20 世纪 60 年代环境运动兴起,始终走在环境研究与实践的前沿,环境领域不断拓展,并包含新的内容,通过设定环境项目的形式,灵活适应和推动新兴环境问题的研究与管理。因此,美国要素规划比总体规划发展更快、领域更广泛,其制定不受总体规划框架的限制,要素规划的目标、内容、方法都不依赖于总体规划。

在 1997 年之前,美国始终没有综合各要素的总体规划,要素规划下的环境项目蓬勃发展,环境质量显著改善。但存在 3 个问题:① 对全局缺少明晰的认识,各要素规划各自编制实施,难以对全国环境改善形成合力,对美国环境工作将走向何方,管理者和学术界争执不一;② 美国环境工作重点发生改变,从污染控制转向人体健康,处于转型期的美国如何平衡两者的关系、如何整合和引导数量庞大的环境项目及其规划,这是美国环境管理机构面临的新问题;③ 强制各州执行联邦环境工作,标准日益严格,监测污染物种类数以百计,覆盖污染源数量大幅增加,很多排放量很低的污染源被纳入 USEPA 管理范围之内,这些做法被认为使用较高投入取得较低环境收益,在实施过程中遇到阻力,公众也通过国会质疑 USEPA 的投入产出比和管理绩效。

针对这些问题,USEPA 顺应美国政府绩效制度改革的要求,建立 USEPA 战略规划体系,对联邦环境工作做出宏观安排和综合考虑。在 USEPA 战略规划体系建立后,美国仍然延续了原有的要素规划主导环境进程的特点,设定环境项目所需财政支持由国会批准,USEPA 对环境项目的设立只有提议权而不具有决定权。因此,USEPA 制定战略规划时,不能对环境项目作随意的支配,已经执行的环境项目需要全部接受,新的项目 USEPA 能够提出设想,但能否设定取决于项目能否通过国会审议。即总体规划不是开展环境项目的依据。因此,在美国常常是先有要素规划,然后在下一次总体规划中,再把要素规划纳入,要素规划相比总体规划是先导的。

模式二:以荷兰为代表,总体规划指导下的要素规划,总体规划引导国家环境政策的基本方向,根据需要制定要素规划。

荷兰的总体规划,更类似于一个政策方案,多采用定性和半定量(增加或减少)的政策目标,只有部分有确定的规划指标,规划也不突出定量指标的作用。在总体规划的下一级,即要素规划和省级规划中,再对这些目标进行定量和落实。例如,就交通排放政策而言,NEPP 在“排放、能源和机动车”部分作了原则规定,VROM 另行制定了《交通排放政策》保障政策规划能够得到贯彻实施。和美国不同,荷兰 NEPP 涉及的是国家环境政策的优先领域,随着荷兰环境保护工作的推进,有些环境问题并没有包含其中(例如传统的固体废物管理),其内容也处于不断调整的过程中,这些领域的战略原则和实施由要素规划补充。需要说明的是,荷兰国土面积狭小,环境问题单一,因此很少的要素规划就能满足荷兰全国环境管理的需要,这一点与我国有极大差异。

对比国外的这两种模式,虽然在组织形式和具体落实上有很大差异,但共同点也较为突出:① 总体规划和要素规划的定位明确,角色有严格区分,总体规划主要站在战略高度引导国家环境工作方向,要素规划是开展环境工作的具体实施计划。② 在定量指标的选择与确定过程中,要素规划先于总体规划,强调可达性。③ 要素规划和总体规划的编制年限不严格对应,要素规划有独立的指标体系和灵活的编制实施时间。

2. 目标和部门衔接

美国、荷兰的环境规划都有从上一规划直接继承或进一步沿用的指标,体现了长期目标指标跨规划期衔接协调的特点。USEPA 按照《政府绩效法》的要求,每 3 年更新一次未来 5

年的战略规划,并实现相应的制度化的渐进衔接。USEPA 的战略虽然以 5 年为一个规划时期,但实际是通过不断更新的战略规划相互制约影响,形成一份连续的长期战略。同时,虽然美国战略规划期明确为 5 年,但很多目标都会规划到更远年份。如《2006—2011 美国国家环境保护局战略规划》在具体目标“健康的室外空气”下设定了 3 个子目标和 15 个指标,其中规划到 2010 年的指标 2 个,2011 年 9 个,2015 年 2 个,2018 年 2 个,其中 2018 年的 2 个指标将跨越多达 4 个战略规划周期。其他子目标与之类似,除了 2011 年或相邻年份的指标,有相当部分指标体现了中期目标、近中期目标相互结合。

在部门衔接方面,美国与荷兰的做法有所差异,但具有相似性。

(1) 美国的环境相关事务,除 USEPA 外,农业部、内务部、能源部等也都有一定的涉及。这些部门也都有自己的战略规划和部门项目。在处理环境事务和制定环境规划时,这些部门通过以下途径进行权责分配和协调:① 根据《国家环境政策法》的规定,联邦所有机构都负有保护环境的责任,USEPA 具有执行《国家环境政策法》的权力。因此,各部门的环境决策,包括其制定的战略规划和项目计划,USEPA 都有权进行评估其是否合法;根据《国家环境政策法》的规定及美国多年来的实际操作,这个评估一般通过环境影响评价(EIA)实现,对环境有重大影响的政策和项目,必须提交 EIA 报告。② 美国的政府机构具有法定明晰的权责划分,这个划分避免了绝大部分的权责交叉。③ 涉及多个机构的项目,可以使用联合制定的方式进行,如 USEPA 和美国能源部制定的国家能源效率行动计划。④ 部门战略规划的制定过程中,相关部门都可以提出自己的建议和意见,本部门进行协调。

(2) 荷兰 NEPP 是荷兰经济事务部、农业渔业部、运输和公共事务部和 VROM 协作努力的结果。此外,外交部负责荷兰环境政策的国际方面,并控制着约 10%的政府环境基金。在衔接上,不同政府部门也制定了各自的环境管理计划,并保持与 NEPP 目标的一致性,在有些方面要求甚至高于 NEPP。

在环境规划的上下衔接方面,美国与荷兰的做法有所区别。

(1) 美国联邦与州之间的环境工作内容在双方协商后由法律协议规定下来,这种联邦与州的关系称为“联邦-伙伴关系”。USEPA 区域办公室是实施伙伴关系的关键,由它们作为 USEPA 的代表,监督各个州的环境保护工作。每个区域办公室在所管理的州内代表 USEPA 执行联邦的环境法律、实施 USEPA 的各种项目,并对各个州的环境行为进行监督。

(2) 荷兰作为一个君主立宪制国家,在环境规划纵向协调关系上表现出自上而下的方式,各省和一些区域与地方政府也制定相应的环境政策计划,其目标根据 NEPP 的目标来确定,以保证 NEPP 的顺利实施。同时,在 NEPP 制定时,中央部门会与各个部门(包括省级地方政府)进行协调磋商,作为实施保障的盟约,在中央政府同地方政府签订的过程中也会进行反复磋商。

(四) 规划的程序与内容

1. 美国

USEPA 在制定战略规划之前,首先通过区域办公室咨询、收集各州所关注的问题和优先领域,了解公众对 USEPA 工作的期望和认同。区域办公室根据各州的意见整理成一份重点摘要,呈送给 USEPA,由 USEPA 将其发布在网站上,并由下属机构做出初步的回应。

随后 USEPA 制定战略规划大纲。该大纲除了在 USEPA 网站公布,还将发送给相关机构和组织。同时,USEPA 着手制定战略规划草案并同样将其发送给上述机构。USEPA 通过网络、邮件、电话等各种途径收取反馈意见,建立数据库整理这些意见建议,并对草案进行修改。

在草案基本形成后,USEPA 将重点与各州(包括部落)及国会协商,并根据意见修改和调整战略规划。USEPA 在形成最终文本前,需要在参议院环境与公共事务委员会的主持下,向国会议员进行充分的咨询,任何对战略规划有兴趣的议员都可以参与其中并发表意见;在正式发布前,USEPA 需要向该委员会提交简报。战略规划经 USEPA 总负责人和各部门主要负责人签署后发布。

战略规划是整个战略规划体系的核心,分为 4 个部分:介绍、总体目标的分目标阐述(总体目标—具体目标—子目标—指标)、跨目标战略和附录。战略规划总体目标的建立、细化与阐述,是战略规划的主体部分。例如《2006—2011 美国国家环境保护局战略规划》确立了 5 个总体目标。对于每一个总体目标,战略规划对 USEPA 在这一领域的工作做出概述,并设定具体目标。在具体目标之下,战略规划进一步确定更细致的子目标,子目标可以是定性的(例如"清洁空气与全球气候变化")或定量的(例如"清洁和安全的水")。每一个子目标下再建立若干个可以定量评估的指标,作为未来对子目标进行绩效考核的重要依据。

在建立起层层细化的目标体系后,战略规划着手论述实现目标的方法与战略设计。这些方法和战略设计按照子目标进行分类。如果子目标仍然包含多个工作领域,则分类加以说明。对每个总体目标,在对具体目标进行分述之后,战略规划对实现该总体目标的保障措施予以说明,包括:① 能力建设,论述 USEPA 在该目标领域的人力资源储备和人力资源建设。② 绩效评定,从本目标的角度简单说明战略规划与年度计划、年度报告的联系。③ 评估反馈,对近年来 USEPA 工作绩效在政府绩效评估评分体系中的考评结果按具体目标作出说明。④ 问题和外部因素,对近年来 USEPA 工作中所遇到的新问题进行识别,说明由于外部因素对环境工作造成的挑战。

2. 荷兰

NEPP 的目标是以社会变化作为主要出发点,指导经济增长与可持续发展。它是一个战略框架,识别环境问题及其原因,设定短期与长期国家环境目标作为环境管理执行的依据;同时它又是一个行动计划,考虑每一阶段可以采取的措施,以特定的行动联系环境质量的结果与过程措施,如科学研究、政策文件生成、执行进展和强制机构等。NEPP 每 4 年更新一次,主题并不追求全面覆盖。

1989 年 NEPP1 公布,其目标是在一代人(即 25 年)之内达到可持续发展。内容包括对环境现状的详细描述和前景展望,要求从结构调整、总量控制和畜粪排放处理三方面控制人类对环境的破坏,并通过筹措资金和设立新税种两个方面来保证计划的实现。其主题有气候变化、酸雨、富营养化、扩散、废物处置、扰动、缺水、浪费,目标群包括农业、运输、电力和气体燃料、房地产、消费者、环境交易、研究和教育机构、环境和社会组织,目标水平包括地方性、区域性、流域性、大陆性和全球性目标。1990 年,又公布了 NEPP—90,作为对 NEPP1 的补充。

1993 年,荷兰政府在对 NEPP1 和 NEPP—90 的评估中认识到,政府与企业间建设性对话、政府间持续一致合作的重要性,以及消费者、乘客、小型商业等分散人群并未涉及等问题。NEPP2(1993 年)对 NEPP1 的初步结果进行了评估,并修改了部分目标,通过向各目标群提供明确的目标与清楚的信息来促进其实施执行,同时政府也密切注视其进展情况。

1997 年 NEPP3 公布，对上一个计划期内的经验和教训进行简短回顾，认为过去 10 年中荷兰在享受经济增长的同时环境质量有很大提高——尤其是在地方和区域水平上，但在气候变化、减少噪声和清除土壤污染物领域需要政府与民众更多的努力。

2001 年 NEPP4 以对 30 年环境政策评价为开始，提出的主题包括生物多样性丧失、气候变化、对自然资源过度消耗、健康威胁、外部安全威胁、对生存环境质量的破坏、可能的不可控制风险。NEPP4 提供到 2030 年的长期规划，以对这些持续性问题给予及时关注。

3. 日本

环境基本计划是日本国家级环境规划，最早可以追溯到《环境基本法》制定以前。1977 年和 1986 年，日本环境厅（现为环境省）曾分别制定过《环境保护长期计划》和《环境保护长期构想》。1992 年《环境基本法》开始立法讨论，1993 年 11 月通过并公布实施，成为日本政府有关环境保护领域基本施政策略的依据。根据《环境基本法》，日本政府先后制定了 3 次环境基本计划，成为中短期日本环境省施政的方向性纲领。

（1）第一次环境基本计划。1994 年 12 月通过，提出了构筑“循环”“共生”“参与”及“国际合作”等长期目标，以及为实现长期目标的施政纲领，明确了各社会主体的作用和政策手段等。

（2）第二次环境基本计划。2000 年 12 月通过，目标上沿用了第一次环境基本计划的 4 个社会长期目标，并进一步强调了“从理念向执行展开”和“确保计划的实效性”两个方面。“从理论向执行展开”针对全球气候变暖等 11 个领域设定了战略性计划，并给出了实施策略和工作重点。“确保计划的实效性”则推行环境保护体制和基本计划的进度检查。此外，第二次环境基本计划还涉及消除化学物质对土壤污染及 PCB 等环境“负遗产”问题。

（3）第三次环境基本计划。2006 年 4 月通过内阁审议，提出了环境和经济发展良性循环的环境政策发展方向，提出了支撑可持续发展的“环境层面、经济层面和社会层面的综合提升”目标，制定了 10 个重点领域的政策计划，规定了应尽可能采用定量目标和指标的管理方法。

根据《环境基本法》第 15 条第三、四项的规定，环境省制定环境基本计划的流程主要包括：环境大臣与中央环境审议会的意见交换与咨询；根据中央环境审议会的答复制成提案；提交内阁会议裁定；官方报告发表。

以 2006 年的第三次环境基本计划为例，其具体制定流程如下：① 2005 年 2 月开始进行为期 5 个月的咨询与意见交换，包括对第二次环境基本计划的修正意见咨询，了解环境政策和各主体的基本状况、国外进展、环境政策相关的理念方法，确定目标、指标以及论点，完成第三次环境基本计划制定意向。② 2005 年 7 月公示第三次环境基本计划制定意向，为期一个半月，收集国民意见。③ 与利益集团举行意见交换会，共计 13 次，召集民间、行业内、学术团体、地方公共团体、相关部门等 63 个团体与中央环境审议会进行意见交换。④ 重点领域的讨论，分为 10 个重点领域，平均每个领域约开 3 次讨论会。⑤ 第三次环境基本计划草案公示，募集 657 项意见。⑥ 地方团体公开募集意见。⑦ 第三次环境基本计划草案于 2006 年 3 月答辩。⑧ 2006 年 4 月内阁会议通过，2006 年 4 月官方报告发表。

（五）规划的实施保障

1. 实施责任

日本环境基本计划制定并通过内阁审议以后，由环境省下属的各部门与其他省或都、道、府等地方政府合作，共同立项、建设、验收以完成环境基本计划规定的目标。

在荷兰 NEPP 的执行上，荷兰政府提供了政策和立法支持，除了经济调整、强制执行等手段，NEPP 还通过与目标群谈判协商签订盟约，以促进目标的达成，这也是 NEPP 实施的一个重要特征。

(1) 盟约签订。盟约是政府和其他部门（如地方政权、各个产业和非政府组织）之间为了实现 NEPP 的政策目标而签订的书面协议。政府根据 NEPP 中制定的目标和与之相关的目标群进行谈判，最终确定某一期限下要达到的目标（如某年排放减少比例），但允许企业自主选择各种技术、经济等措施组合来达到这个目标。盟约具有民法契约之性质。

(2) 法律地位。在 1990 年盟约推行之初，是以无法律约束力的形式加以诱导，也没有对协商和评估的安排。而现在则将其视为私法契约，具有法律效力，可以以诉讼方式请求履行。但目前极少需要法院裁判，因为主管机关可以对不履行盟约者导入法规管制方式，或者利用许可制度以更为严格的排放标准促使其履行。

(3) 监督机制。当盟约内容与当事人以外的第三人有直接利害关系时，协议内容或该协议重要部分应刊载于政府公报或以其他方式公开。同时，协议也应说明协议签订后的管理措施、评估方法、评估机关与评估时期等。实际上，一般协议均对监督、评估体系有所规范，设立监督委员会负责监督协议实施并提出建议。

2. 实施评估

在 USEPA 正式文件中，年度绩效计划经常与国会合理性论证作为一个完整文件出现。国会合理性论证部分和年度绩效计划相对独立，主要内容是 USEPA 的机构工作和内务管理，不涉及具体的环境工作。“年度绩效计划与国会合理性认证”除了包含两个相对独立的内容外，还包括一个名为“核实与验证”的附件，它是对年度绩效计划的重要补充。这份附件，将对年度计划中的每一个绩效目标给出详尽的定量方法标准，包括：① 定量的绩效目标；② 源数据的来源数据库；③ 数据来源，指数据库中的源数据转化为可定量评价的数据的分类、计算和统计方法；④ 方法、假设及其合理性，针对源数据的收集和获取；⑤ 源数据的质量评价与质量控制；⑥ 源数据质量；⑦ 数据的局限性；⑧ 误差估计；⑨ 新增或改进的数据种类或数据收集系统；⑩ 参考文献。这份附件建立了严格的数据获取和评估体系，保证数据的客观、精确和可靠，以及评估方法的科学性和可行性。

荷兰的 NEPP 中实行两个方面的监控：行动监控和环境监控。前者用来衡量政策和计划的成功，如对自愿协议措施的监控等；后者则是对环境因素（如排放数据、环境质量等）的监控。VROM 每年公布环境纲要，对当前的 NEPP 进行评估，并做出下一年计划。国家公共卫生与环境保护研究院每年公布国家环境展望，提供国家环境状况详细信息并与 NEPP 中设置的目标相联系，讨论 NEPP 执行过程中的成就、障碍和遇到的问题，提出未来的发展趋势，并预测其对环境的影响，据此对下一个 NEPP 提出建议。每 4 年荷兰国家公共卫生及环境研究院（RIWA）还需提交一份科学报告，详述至少一个 10 年的环境质量发展状况，主要概述在此期间最可能发生问题的有关条件状况，也包括有理由认为会出现问题的不同发展状况。

日本的环境基本计划的实施通常情况下包括 3 大类的环境效果评估，即战略环境评价、环境点检制度和环境影响评价，分别针对环境基本计划的立项规划编制、环境行动计划和项目实施后效果。其中，环境点检制度是典型的规划实施评估制度，它根据《环境基本法》第

41 条建立,由中央环境审议会下的环境基本计划点检分委员会每年对环境基本计划的个别领域进行抽查,并对今后政策的方向性调整向政府报告。点检方法包括调查表调查和公开听证会两种方式,报告内容包括环境情报、环境保护行动现状、各府省的环境行动计划检查结果以及环境基本计划重点领域执行状况,报告提交内阁会议,以协助完成环境保护经费预算修订和政策调整。环境基本计划的点检每年进行 1 次,点检的内容包括两大部分的内容:

(1) 相关政府部门的自主点检。作为自主点检重要的一环,需对“重点调查事项(中央环境审议会的关心事项)”进行深度分析,并报告中央环境审议会(仅限于与调查事项相关的部门)。除重点调查事项外,对环境关怀方针的运用状况进行综合调查。

(2) 中央环境审议会的点检:① 综合点检,即在公众监督下对环境基本计划总体实施状况进行综合评价;综合的环境指标,相关部门的环境关怀方针运用状况调查、其他各项调查等。② 重点领域的点检,即以环境基本计划的重点领域政策项目为单位进行审议,每年选取 5 个重点领域进行点检。“重点点检领域”之中,中央环境审议会特别关心的“重点调查事项”由事前制定进行深度审议。在对重点点检领域进行审议时,与重点调查事项相关的政府部门必须出席,并做出报告。点检报告提交中央环境审议会,对因为经济政治等条件改变而不再适合当时情况的环境基本计划相关内容作出修订建议,由中央环境审议会决定是否采纳和实施。

3. 公众参与

美国《政府绩效法》规定,在制定战略规划的过程中,编制机构需要和国会协商,并且向受到规划潜在影响的群体以及对战略规划感兴趣的群体征求意见,考虑其观点和建议。

公众参与在荷兰 NEPP 的制定中有很好的体现:《环境管理法》(EMA)规定,所有级别的环境政策计划在定稿后都要在相应级别的报纸上予以公布。VROM 依靠公众支持来对其他部门的环境不友好行为产生作用,同时也为公众提供及时准确的信息。而在公众参与中,非政府组织(NGO)又起着举足轻重的作用。NEPP3 规定 NGO 有 3 种参与政策讨论的方式:全参与讨论、参与部分与之相关的讨论、仅被告知进展。VROM 与 NGO 之间联系密切,每次环境主题在政府内部成为次级优先时,NGO 是 VROM 展示公众对强大环境政策支持的最好工具,能够对议会颁布的国家政策产生有利影响、促进政策执行或者向公众加强宣传的 NGO 可能得到 VROM 资助。

4. 实施手段

日本环境省为保证环境基本计划付诸实施,根据《环境基本法》设置了环境关怀方针、环境管理系统、环境保护经费、环境基本计划调查、基本计划点检制度、地域环境行政支援情报系统、环境影响评价、环境教育等一系列保障措施,确保环境基本计划能有效实施。

(1) 环境关怀方针。环境关怀方针是日本环境省具体实施和有效推行环境基本计划建立的基本体制。环境关怀的基本方针包括 3 类:以环境保护为目的的政策筹划、立案和实施;公共设施建设等的环境关怀;对通常经济活动主体活动的环境关怀。环境省制定《环境省环境关怀方针推进系统设置纲要》,对以环境保护为目的的政策筹划、立案和实施以及公共设施建设等的环境关怀实施“环境省政策评价基本计划”,而对通常经济活动主体活动的环境关怀则使用“环境省环境管理系统”进行管理。

(2) 环境管理系统。日本的环境管理系统包含两部分:为达成环境目标、方针等而实施的措施即环境管理;自主的、客观的环境管理状况检查即环境检查。日本环境管理系统的核心标准是ISO14001,并建立以财团法人日本适合性认定协会(JAB)为中心的第三方认证审查登录制度。

(3) 环境保护经费。为高效展开环境保护政策,依据环境省设置法规定,每年年初编制预算,年中根据环境基本计划实施的情况进行修改。日本环境保护经费根据环境基本计划重点实施领域的项目分类编制。近年来,日本环境保护经费保持在2万亿日元以上(每年略有差异)。巨大的投资和环境立国的国策,保证了日本环境的迅速改善。

(4) 环境基本计划调查。日本环境基本计划调查是面向公众和社会团体的环境基本计划的实施状况调查。根据对象的不同,调查分为地方公共团体调查、民间团体调查和行业调查。调查采用邮寄形式,约每年进行1次。调查结果公布,并为下一年度环境基本计划的实施提供参考。

第四节 环境规划的发展方向

本章的前三节对环境规划的定义、功能及体系等方面做了阐述,本节将在前三节的基础上,提出环境规划的战略性发展方向。通过对国内外环境规划的定位、编制、实施与评估等方面归纳分析,未来环境规划的发展方向表现在:增强环境规划的协调与衔接,强化环境规划的导向性与调控性,以及完善环境规划的技术方法。

一、环境规划的协调与衔接战略

(一) 国土空间规划体系与生态环境保护规划

长期以来,在我国存在多种空间规划,在支撑城镇化快速发展、促进国土空间合理利用和有效保护方面发挥了积极作用,但也存在规划类型过多、内容重叠冲突等问题。为此,在《中共中央 国务院关于建立国土空间规划体系并监督实施的若干意见》(中发〔2019〕18号)中,确定了国家发展规划、国土空间规划、相关专项规划的国家规划体系。其中,生态环境保护规划作为面向特定领域的专项规划,需在国土空间规划体系的指导和约束下开展,但二者在编制体系、技术方法等方面存在诸多不一致的地方。

(二) 环境总体规划与要素规划

对环境总体规划和环境要素规划进行重新定位与功能划分,提升环境总体规划的战略地位,强化环境要素规划的执行指导作用。总体规划将反映整个环境管理的未来方向,通过宏观的环境政策、优先领域识别和全局规划目标,引导而不是落实具体的环境工作。要素规划则是承启总体规划和具体的工作计划,对实际工作起到指导作用。结合国外经验与我国体制,今后的总体规划内容可按照要素展开,其规划指标和内容与要素规划建立直接对应关系。

(三) 国家环境规划与区域、地方环境规划

国家性环境规划和全国性环境规划,都应该站在国家安全的战略高度,立足环境与经济和谐发展的双赢目标,协调环境与经济的功能定位,落实在环境规划、实施与管理的全过程。环境规划突出区域集中控制,继续坚持污染物总量控制的重要准则。重视城市生态问题,把城市环境规划目标列入总的目标体系。环境规划的实施与管理是其能否落实的关键环节,

因此，需建立实用可行的环境规划决策支持系统和动态的环境规划管理体系，以适应环境规划不断更新修订的要求。此外，未来环境规划应尽可能避免国家级与省级环境规划的时间错位现象发生，以保证省级环境规划在制定时遵守国家环境规划的目标要求，保证其目标上的衔接协调，同时，逐步在国家环境规划与区域、地方环境规划制定过程中融入更多的自下而上的磋商协调机制。

（四）环境规划与其他部门规划

随着我国经济体制从计划经济向市场经济逐渐转变，规划作为政府干预市场、保证国家宏观面健康运行的重要手段，得到政府各部门的高度重视。然而，由于部门之间的利益以及管理对象的差异性，导致各部门之间的规划在目标、指标、方案设计及规划验收保障各环节都存在一定程度的冲突。今后，将通过建立多层次的协调机制，健全政府绩效评定方法与问责制度，完善公众和 NGO 参与，强化各部门间环境规划的协调与衔接。

（五）时间尺度衔接过渡问题

自上而下、纵向协调的环境规划符合我国目前的政体特征。结合国外经验，建议保证国家环境规划按时编制并予以发布，避免国家与省级环境规划的错位现象发生。在我国自上而下的协调体系中，应融入更多自下而上的公众参与和国家与省级政府间的磋商环节。

结合美国和荷兰的成功经验，建议编制国家和区域的中长期生态环境规划，明确区划和目标定位，强化环境规划的空间调控性和经济导向性，不仅考虑污染防治，也考虑绿色生产和生活方式、环境健康等社会责任，作为今后中长期全国各项环保工作的战略指南，并以法律形式确保规划时效性。此外，基于中长期环境规划，制定五年规划、工作年度安排，编制特定时间段重大预算项目规划，并将其作为年度预算的重点项目指南。

二、环境规划的导向性与调控性

（一）目标约束性转变

建议规划目标从行政约束力向法律约束力转变，从近期目标向近中远兼备的目标转变。此外，我国地区经济社会发展水平存在较大差异，对经济实力强、社会环境保护意识高、污染控制有力的省市地方，可以进行环境规划目标转变的先期试点，适当考虑公众健康与生态系统保护，转变经济增长结构，实现从环境质量目标向公众健康和人与自然和谐的目标深化。

（二）绿色发展转变

环境规划的经济导向性，指通过环境规划中相关指标和任务的约束作用和引导作用来实现对区域产业结构和经济发展方式的调控。在此基础上，使区域经济整体向环境友好的方向发展。推行绿色发展模式，改变传统的“大量生产、大量消耗、大量排放”的生产模式和消费模式，使资源、生产、消费等要素相匹配相适应，实现经济社会发展和生态环境保护协调统一、人与自然和谐共处。因此，在环境规划中，应该跳出环境看环境，将生态环境指标作为继土地、信贷之后对经济发展进行宏观调控的又一项重要手段，对区域产业结构调整进行直接调控，体现污染治理和经济导引的双重特征。强化环境规划向国民经济规划、产业规划和城市规划的渗透，推行约束性措施和引导性措施并重，加强多元化经济调控手段的应用，实现“堵”与“引”相结合。

（三）空间调控性转变

环境规划的空间调控性，即通过环境规划手段实现对区域分类指导、土地利用合理布局、环境保护措施最优空间设置的作用。结合美国和欧盟等国外经验，应该强化我国环境规划的空间调控性，以生态空间管控为关键点，统筹生产、生活、生态空间管理，划定并严守生态保护红线，实现区域分类指导、土地利用合理布局、环境保护措施最优空间设置。在空间调控性方面，环境规划应该补充区域生态环境安全的空间格局分析，从根本上解决环境污染的结构性与复杂性；实现水土联合规划，不仅合理约束土地利用方式，且从源头减少污染排放和空间分布；强化环境保护措施的空间设置最优化设计，既实现费用最小化又保障实施效益最大化。

三、环境规划的技术方法探索

随着多种定量技术方法在规划决策中广泛应用，综合决策规划技术方法在未来环境规划中将起到举足轻重的作用，促进环境规划实现科学决策。其中，较为突出的方面包括：系统模拟与预测技术、规划方案优化技术与决策分析方法和规划实施评估方法。

环境规划不是一种决策艺术或技巧，而是一种科学的决策行为。随着社会经济的发展、规划对象的愈见复杂化，规划需要借助一定手段，如采用数学模型方法来考虑众多互相关联的因素，实现科学决策。环境规划方法论的研究发展、各种技术方法的合理有效利用在环境规划科学决策中的作用愈见突出。环境规划涉及区域环境、经济方面的大量信息，须借助先进的技术手段完成信息处理、分析、模拟及方案优化等各项工作。一些新的方法技术已不断被应用于环境规划，而在未来发展中，规划方法、手段亦将不断进步。

环境规划综合决策方法一般认为包括定性、定量分析法，其中，定性方法较适用于一些战略性的初步研究，指导性和实际操作性较弱，定量分析法是研究者关注重点所在。随着应用数学、系统论、系统工程学、计算机技术、大数据等理论方法的日渐完善和在规划领域的发展，多种定量规划、优化方法得以出现，例如，结构分析法——投入产出模型、动态预测决策法——系统动力学模型、数学规划优化法、人工神经网络、遗传算法、深度学习算法等。这些方法和一些新技术方法的积极探索、深入研究和广泛实践对环境规划的发展具有十分重要的意义。

值得一提的是，不确定性是环境、经济等复杂系统的主要特征之一，而如何处理不确定性信息（随机、模糊、区间）成为环境规划领域面临的一大难点和研究热点，尤其表现在系统输入输出响应模拟和系统优化及风险决策方面，例如污染物总量控制。因此，在未来环境规划中，可以吸收大量不确定性优化与风险决策分析方法，定量地丰富规划方案，为决策者提供更为科学且全面的情景分析。

复习思考题

1. 什么是环境规划，如何理解其内涵？
2. 环境规划在规划体系中的作用和地位如何？
3. 环境规划的特征和基本原则是什么？
4. 如何划分环境规划的类型？
5. 国际环境规划的发展历程与经验是什么？
6. 分析 8 次全国（生态）环境保护大会（会议）的要点，结合我国环境规划的发展历程，说明环境规划的特点和发展前景。

参考文献

[1] 傅国伟.当代环境规划的定义、作用与特征分析[J].中国环境科学,1999,19(1):72-76.

[2] 过孝民.我国环境规划的回顾与展望[J].环境科学,1993,14(4):10-15.

[3] 郭怀成.环境规划方法与应用[M].北京:化学工业出版社,2006.

[4] 国家环保局计划司《环境规划指南》编写组.环境规划指南 [M].北京:清华大学出版社,1994.

[5] 朱发庆.环境规划[M].武汉:武汉大学出版社,1995.

[6] 王金南,吴舜泽.《国家“九五”环境保护计划》实施的初评估[J].中国环境政策,2000,1(6):1-35.

[7] 刘国华,傅伯杰.生态区划的原则及其特征[J].环境科学进展,1998,6(6):67-72.

[8] 刘培桐.环境学概论[M].2 版.北京:高等教育出版社,1995.

[9] 叶文虎.环境管理学[M].北京:高等教育出版社,2000.

[10] 钱易,唐孝炎.环境保护与可持续发展[M].北京:高等教育出版社,2000.

[11] 尚金城.城市环境规划[M].北京:高等教育出版社,2008.

[12] 第三次環境基本計画-環境から拓く新たなゆたかさへの道-のあらまし.日本环境省[EV/OL],2006.

[13] Inuiguchi M,Ramik J,Tanino T,et al.Satisficing solutions and duality in interval and fuzzy linear programming[J].Fuzzy Sets and Systems,2003,135(1):151-177.

[14] Huang G H,Moore R D.Grey linear programming,its solving approach,and its application [J].International Journal of Systems Science,1993,24(1):159-172.

[15] Kall P,Mayer J.Stochastic linear programming:models,theory,and computation[M].New York:Springer,2005.

[16] Liu B.Theory and practice of uncertain programming[M].Berlin:Springer,2009.

[17] Sahinidis N V.Optimization under uncertainty:state-of-the-art and opportunities[J].Computers and Chemical Engineering,2004,28(6-7):971-983.

[18] US Environmental Protection Agency.2006-2011 EPA Strategic Plan:Charting Our Course [Z].2006.

[19] 吴舜泽,王倩.坚持以提高环境质量为核心的“十三五”生态环境保护规划逻辑主线[J].环境保护,2017,(1):15-19.

[20] 王金南,万军,王倩,等.改革开放 40 年与中国生态环境规划发展[J].中国环境管理,2018,10(6):5-18.

第二章

环境规划学的理论基础

环境规划学既要研究生态环境系统本身规律,又要研究人类社会的组织形式和管理方式。环境规划学的这一特点,决定了它必须借助相关学科的理论支持,以形成自己的理论体系和框架。环境规划的目标是协调环境与社会、经济发展的关系,不断提高环境承载力,在环境承载力范围之内制定经济发展的最优政策。人地系统是地球表层上人类活动与地理环境相互作用形成的开放的复杂系统。区域环境规划的成效,应充分体现人地和谐共生这一主线,结合环境承载力分析,从“经济-社会-自然”复合生态系统的结构、特性、规模与发展速度的角度协调与环境的关系,提出相应的协调因子,反馈给复合生态系统,并针对这些协调因子的实现,从政策和管理方面提出建议,同时归纳出环境措施和战略目标。空间结构理论是研究人类活动空间分布及组织优化的科学,为区域环境规划提供理论基础和方法支持。

第一节　环境容量与环境承载力

一、基本概念

环境容量指某一时空范围内环境对污染物的最大承受限度。在该承受限度内,一般的环境系统具有自我修复外来污染物所致损伤的能力。环境容量的本质是环境的净化能力,环境本身的存储(稀释、沉积)、输移及转化等自然属性,可使环境中的污染物稀释或转化为非污染物。例如,一条河流被排入一定数量的污染物,经过河流中的物理、化学和生物作用,当污染物浓度未超过环境容量时,污染物会迅速降低,最终被完全消化;而超过环境容量时,河流就会被污染。

一个特定环境的环境容量,取决于环境本身的状况并“因物而异”。例如,流量大的河流比流量小的河流环境容量大一些;同样数量的有机污染物和重金属排入河道,重金属容易在河底累积,而有机污染物可较快被分解。另外,社会经济属性也会直接影响环境容量开发利用程度,主要的相关因素包括环境目标、污染源结构(点源和非点源)、污染排放方式、经济技术水平和总量分配准则等。因此,在环境规划中实际利用的是允许纳污量,研究环境容量对制定经济有效的污染控制方案具有重要意义。

环境承载力指某一时刻环境系统所能承受的人类社会、经济活动的能力阈值。它反映了环境系统面对人类社会产生的污染、资源消耗等所有人类活动,为维持自身可持续的良性循环所能承受的最大极限值。与环境容量不同,一方面,环境承载力的承载“对象”不再是某种(或若干种)污染物,而是人类的某项(或若干项)活动;另一方面,实现承载能力或完成承载任务的不仅包括某一环境要素(如大气或水环境),而更多是涵盖多个相关的环境要素甚至是整个生态环境系统。

环境承载力是环境系统功能的外在表现,即环境系统具有依靠能流、物流和负熵流来维持自身的稳态,有限地抵抗人类社会的干扰并重新调整自组织形式的能力,具有动态性和可调控性。环境承载力是描述环境状态的重要参量之一,即某一时刻的环境状态不仅与其自身的运动状态有关,还与人类对其作用有关。环境承载力既不是一个纯粹描述自然环境特征的量,又不是一个描述人类社会的量。它反映了人类与环境相互作用的界面特征,是研究环境与经济是否协调发展的一个重要判据。

二、环境系统与环境规划

(一) 环境系统

环境系统是一个复杂的大系统,由丰富多样、层次不一的元素组成,形成极其复杂的结构,并能不断依靠能量、物质和信息的输入、输出维持自身稳态运动。这是一个巨大的远离平衡态的开放系统。

环境系统的组成要素有大气、水、土壤、各种生物,以及人类生存所处的近地空间与各种人工构筑物,它们分别构成了大气环境、水环境、土壤环境及城市环境等要素子系统。研究环境系统不能离开人类社会。如果将人类社会也视为一个大系统,则环境系统与人类社会相互作用、互相耦合。环境系统的结构指环境系统各要素之间的联系和相互作用方式,包括各环境要素的赋存量及其有规律的运动变化。环境系统的功能指环境系统与外部介质相互作用的能力,它由环境系统的固有结构决定。具体地说,某一区域环境或某一要素环境子系统的功能是指其维持自身稳态或自组织的能力,及其与人类社会相互作用(提供自然资源、容纳并净化废物)的能力和方式。如果人类社会选取与环境最为相关的社会子系统与经济子系统,则其与环境系统的相互作用关系如图 2-1 所示。图中实箭头所示即为环境系统的功能表现。

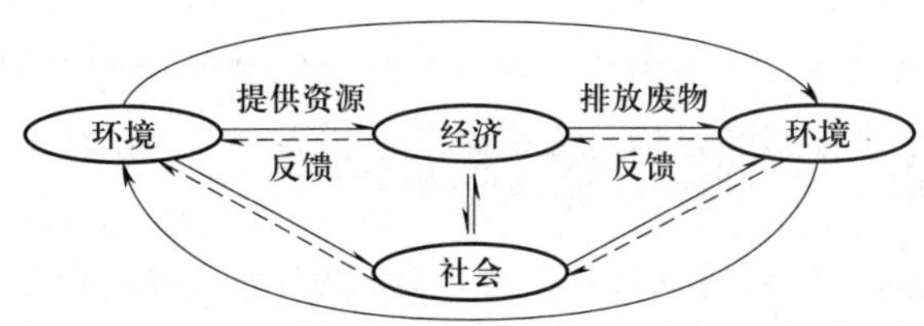

图 2-1　环境系统与人类社会、经济系统的相互作用关系

环境系统固有的复杂性及其与人类社会相互作用的复杂性,导致我们即使确定了环境系统各要素的全部运动规律及其相互作用关系(实际上也不可能),也不能获得解决环境问题所必需的整体知识,所以研究环境系统也可以从其功能入手,通过与人类社会的相互输入、输出关系来掌握系统的整体特征。环境规划学正是侧重于从环境系统的功能角度来进行研究。

(二) 环境系统与环境规划的关系

当前的自然环境已经是人类社会活动改造后的环境,环境问题更是直接由人类社会造成的,所以研究环境是离不开人类活动的。通过对环境系统的描述,我们知道环境系统与人类社会是紧密联系、不可分割的。环境规划的研究重点正是环境系统与人类社会的相互作用(图 2-2)。

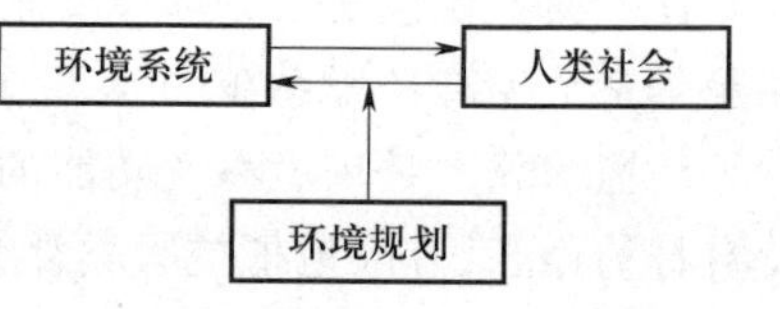

图 2-2 环境系统与环境规划

环境规划既要研究环境系统本身规律,例如,人类排放出的污染物的传输过程、自净过程,又要研究人类社会的组织形式和管理方式,以便有效地减少生态环境破坏、治理污染。例如,要想科学地治理一条河流的污染,首先,要了解河流的水文特征和污染状况,掌握大量的动态数据;其次,要了解这条河流的污染来源及其排放情况;再者,在给出治理方案时,要论证如何最公平和高效地控制各个污染者的排放量,如何采取有效措施达到治理目标。所有上述工作都是建立在环境系统和人类社会的研究之上,同时要研究两者的相互关系。

三、环境容量与环境规划

(一)基于环境容量的总量控制

基于环境容量的总量控制,在核心思想上,是根据区域社会经济发展状况,通过治污与经济发展的不断平衡,逐步将污染物排污总量控制在环境容量范围内的过程;在操作手段上,是通过控制一定时间、区域内污染源允许排放总量,并优化分配到各污染源,以实现预定环境目标的环境规划管理措施。污染物总量控制包括一系列的技术过程,具体有:确定总量控制指标、污染排放总量的核算与预测、环境功能区划、环境容量计算、总量分配与污染物削减技术方案制定及总量监控等。

(二)环境容量与总量控制的应用

早在 20 世纪 70 年代末期,我国就启动了环境容量与水体污染物总量控制研究,逐步应用于环境管理之中,并成为环境管理基本制度之一。尽管最早是停留在排污口污染物的排放浓度达标管理,但在实践的过程中逐步认识到,单一的浓度控制无法达到确保环境质量改善的目的,于是从污染物浓度控制逐步过渡到总量控制。然而,由于受我国的实际状况所限,最初采用了目标总量控制模式,这种总量控制模式虽然较传统的浓度控制有较大进步,但同样没有真正将环境标准与污染物治理紧密地联系起来。随着我国环境管理的深入,我国污染控制在经历了浓度控制和目标总量控制后,目前正在向基于环境容量的总量控制方向转变。

例如,城市环境综合整治规划的模式或程序是:根据污染源调查结果和已制定的社会经济发展规划,利用各种模型预测未来的环境质量;根据预测结果和已确定的环境目标,通过浓度、排放量转换关系计算环境容量;根据环境容量和污染物总削减量,最后得到综合治理方案。这里的核心或者说理论基础是环境容量,而其他的数学和经济方法都是其支持手段。

(三)总量控制分类

目前,我国的总量控制可以分为 3 类:① 容量总量控制,是把允许排放的污染物总量控制在受纳水体给定功能所确定的水质标准范围内,即容量总量控制的“总量”基于受纳水体中的污染物不超过水质标准所允许的排放限额;② 目标总量控制,是把允许排放污染物总量控制在管理目标所规定的污染负荷削减率范围内,即目标总量控制的“总量”是基于源排放的污染不超过人为规定的、管理上能达到的允许限额;③ 行业总量控制,是从行业生产工艺着手,通过控制生产过程中的资源和能源的投入以及控制污染物的产生,使排放的污染物总量限制在管理目标所规定的限额之内,即行业总量控制的"总量"是基于资源、能源的使用水平及"少废""无废"工艺的发展水平。

四、环境承载力与环境规划

研究环境系统的功能要运用综合的、统计的思维,即研究环境系统结构的宏观表现。因为人类社会与环境社会的作用是相互的,所以人类社会对环境系统的作用,即人类社会从环境系统获取资源并向其排放废物等可以用环境系统承受人类社会的这一作用来描述。实际上,这一作用也就是环境系统功能的外在表现,可以用环境承载量或环境承载力来表示。

(一)环境承载力

1. 定量描述

要将环境承载力运用于实际工作,不仅要建立起概念模型,还要将其量化,能够定量描述其大小。

环境承载力是环境系统固有功能的表现,不仅与环境系统本身的结构有关,还与外界(人类社会经济活动)的输入、输出有关。若将环境承载力看成一个函数,那么它至少包含3个自变量:时间(T)、空间(S)、人类经济行为规模与方向(B):

$$\mathrm{EBC}=F(T,S,B)$$

在一定时刻上、在一定的区域范围内,可以将环境系统自身的固有特征视为定值,则环境承载力随人类经济行为规模与方式的变化而变化。

可以看出,环境承载力的特征表现为时间性、区域性以及与人类经济行为的关联性。不同的时刻、不同的地点、不同的经济行为作用力,具有不同的环境承载力。环境承载力既是一个客观的表现环境特征的量,又与人类的主要经济行为息息相关。概言之,环境承载力的特点是时间性、区域性、主客观的结合性。

2. 指标体系

给出环境承载力的概念模型还不能得到量化值,因为目前不能直接得到其函数表达式。所以可采用环境承载力指标体系来间接地表达某一区域的环境承载力。

环境承载力是一多维向量,其每一分量又可能由多维指标构成,所以描述环境承载力的指标构成一庞大的指标体系。这里不可能给出所有的指标,因为即使在同一地区,人类的社会经济活动在内容和方向上也可能有较大差异。

从环境系统与人类社会经济系统之间物质、能量和信息的联系角度,可以将环境承载力指标分为3部分:

(1)资源供给指标,如水资源、土地资源、生物资源等。

(2)社会影响指标,如经济实力、污染治理投资、公共设施水平、人口密度等。

(3)污染容纳指标,如污染物的排放量、绿化状况、污染物净化能力等。

通过环境承载力指标体系,可以得到某一区域的环境承载量或环境承载力,环境承载力可以被应用于环境规划,并作为其理论基础之一,成为从环境保护方面规划未来人类行为的一项依据。

(二)环境承载力与环境规划的关系

环境规划工作应面向可持续发展目标,并在环境规划学的指导下进行,因此它应该有自己的理论体系和框架,以克服单纯凭经验做规划、缺乏科学的理论依托的弊端。环境规划不仅要对重点污染源的治理做出安排,还要以环境承载力为约束条件,在环境承载力的范围之内对区域产业结构和经济布局提出最优方案。

环境规划的目标是协调环境与社会、经济发展的关系,使社会、经济发展建立在不破坏或少破坏环境的基础之上,甚至在发展经济的同时不断改善环境质量。换句话说,其目标是不断提高环境承载力,在环境承载力范围之内制定经济发展的最优政策。环境规划提供环境与社会经济相协调的最优发展方案,使人类的社会经济行为与相应的环境状态相匹配,使作为人类生存、发展基础的环境在发展过程中得到保护和改善。

第二节 可持续发展与人地系统

一、可持续发展理论

20 世纪以来,地球上发生了很多影响深远的变化。自然资源的过度开发与消耗、污染物的大量排放,导致全球性的资源短缺、环境污染、气候变化、生态破坏。这些问题的不断积累,加剧了人类与自然界的矛盾,对社会、经济的持续发展和人类自身的生存构成新的威胁。在这种形势下,人类不得不认真地回顾自己的发展历程,重新审视自己的社会、经济行为,那种传统的“末端治理”和以资源、环境为代价的高速经济发展已不适应未来的发展,必须探索新的发展战略。

(一) 可持续发展的定义和内涵

在持续性、公平性、共同性原则下,可持续发展可以从宏观、中观、微观 3 个层次上进行阐述。宏观层次上可理解为人与自然共同协调进化,即“天-天”关系。中观层次上可理解为既满足当代人需求又不危及后代人需求能力,既符合局部人口利益又符合全球人口利益的发展,即“人-地”关系。微观层次上可理解为经济、环境、社会协调发展,是在资源、环境的持续合理利用及保护条件下取得最大经济、社会效益的关系,即“人-人”关系。

可持续发展是一个综合的、动态的概念。可持续发展不是单一的经济问题,而是与社会问题和生态问题三者互相影响的综合。可持续发展是不断提高人群生活质量和环境承载力,满足当代人需求又不损害子孙后代满足其需求能力,满足一个地区或一个国家的人群需求又不损害别的地区或别的国家的人群满足其需求能力的发展。

(二) 可持续发展的目标

可持续发展是当今社会的目标,同时可持续发展也有其自身的目标,可从以下方面来表征:

(1) 集经济、社会等方面持续发展于一体的总体目标,是经济效率和效益持续改进、经济结构与产业布局合理、社会进步和人们生活水平稳定提高,这也是人类所追求的最终目标。

(2) 环境状况良好和稳定,没有环境赤字,且物种数量不减少,也就是环境的稳定性和物种的多样性;也可以说是在一定环境条件下的可持续性的外在表现。

(3) 地区发展平衡,而且总体发展水平有所提高。这一目标实现的途径是人类活动的空间重新分配和全人类的共同努力。

(4) 个体发展具有相对独立性。没有独立性的发展受制于外界力量,从而也是不稳定、不连续的发展,其他如社会、经济、文化、技术等发展均如此。

(5) 物质生活水平的真实提高,即实际收入水平的提高和物质财富的增加。

从上述分析可以把可持续发展的目标概括为连续性、稳定性、多样性、均衡性、独立性和更新性。

(三) 可持续与发展的统一

"可持续"和"发展"是相辅相成的。所谓可持续是指人类维持生存、延续繁衍的能力;而发展是指人类从事生产的经济活动。其中可持续的前提是发展,而持续性的发展是最终目的。从可持续和发展的统一概括中可知,经济发展和社会发展是相互依存、相互促进的。

可持续发展是着眼于未来的发展,不仅考虑社会范围内的问题,而且还有经济的可持续能力、环境的承载能力与资源的永续利用问题,强调人类社会与生态环境及人与自然界的和谐共存的前提下的延续,是指"生态-经济"型的发展模式。因此,应该使经济发展和社会发展相协调、共同繁荣;以各项事业建设为载体,通过有力的政府行为、公众的积极参与,依靠和探索科技进步,推动可持续发展的新机制、新模式,来实现持续与发展的统一,最终达到可持续发展。

综上所述,可持续发展是从环境和自然资源角度出发,对人类生存所提出的长期发展战略和模式。它不是一般意义上所指的发展经济,而是特别指出环境和自然资源的长期承载能力,这里也揭示了环境规划对发展经济的重要性以及发展对改善生活质量的重要意义。

(四) 实现可持续发展

可持续发展思想正在改变人们的价值观和分析方法,其思想是建立人类与自然的命运共同体,实现人与自然的共同协调发展。这要求把长远问题和近期问题结合起来考虑。资源是可持续发展的一个中心问题,可持续发展思想正在深刻地影响着资源类型选择、利用方式选择、利用时间安排、利用分析方法等方面。

为此,以自然资源永续利用为前提的可持续发展模式已被提出:对于可再生资源,要求人类在进行资源开发时,必须在后续时段中,使资源的数量和质量至少达到目前的水平;而对于不可再生资源,要求人类在逐渐消耗尽现有资源之前,必须找到能够替代的新资源。这就要求把软资源、自然资源结合起来,即根据可持续发展原则,制定出相应的资源利用技术、方法及管理原则。

1. 清洁生产

清洁生产是由联合国环境规划署工业与环境规划活动中心在1989年首先提出来的,是对环境保护实践的科学总结。清洁生产是指将综合预防的环境策略,持续地应用于生产过程和产品中,以便降低对人类和环境的风险性。

首先,对生产过程而言,清洁生产包括节约原材料和能源、淘汰有毒原材料,并在全部排放物和废物离开生产过程以前减少它们的数量和毒性;其次,对产品而言,清洁生产旨在减少产品在整个生命周期过程中(从原料提炼到产品的最终处理)对人类和环境的影响(不包括末端治理技术和空气污染控制、废水处理、固体废物焚烧或填埋)。其实,清洁生产是"生态化""整体化"的新时期科技发展方向,将各门类科技综合使之整体上成为完善结构,扩大

“绿色资源”利用范围,即把利用先进技术和改善资源利用方式结合起来。

清洁生产是一种绿色科技,是符合生态规律的技术。它促进建立有利于人类长久生存与发展的生产体系和生活方式及相应的科学技术;强调自然资源的合理开发、综合利用和保护增值;强调发展清洁的生产技术和无污染的绿色产品。清洁生产不但含有技术上的可行性,还包括经济上的可盈利性,体现经济效益、环境效益和社会效益的统一。清洁生产是实施可持续发展战略的重要途径,已成为世界各国经济社会可持续发展的必然选择。

2. 生态技术

目前,各种自然灾害频发,削弱了自然生态环境的承载能力,生态变化态势令人担忧。而生态技术可以改善这种状况,它是社会、经济能稳定、持续和快速发展的技术支撑,通过生态技术的开发和示范工程建设,可以探索出符合各国国情的可持续发展道路。

建立自然保护区是生态技术常用的一个典型示范。可持续发展理论规定经济社会发展必须在生态环境的承载能力允许范围内,满足当代和后代人发展的需要。这也说明了“生态优先”是可持续发展的具体体现,符合可持续发展的内在本质要求。同时,自然保护区正是以“生态优先”为理论基础,建立自然保护区对人类的生存和保护生态环境有着深远的意义。

生物圈保护这种开放系统管理是人与自然之间和谐关系的模式,是实现可持续发展的示范模式。

城市-郊区复合生态系统,随着城市现代化步伐的加快,产生了一系列环境问题。在城市生态系统中,生物量呈倒金字塔形,消费者的比例大于生产者,而且人是其中心。同时,它也不是自律系统,必须不断地从外界输入生产和生活所需的物质和能量。为此,建设可持续发展的城市-郊区复合生态系统是必要的。由于地理位置的原因,郊区与城市进行着频繁的物流、能量流和信息流,是城市输入的主要供应地,也是城市输出的主要排放地。所以实现可持续发展,必须把城市与郊区统一起来加以考虑,必须把城市和郊区纳入一个系统,使其不断完善。

3. 利用政府职能,促进可持续发展

可持续发展是各方面共同努力的结果,它不仅是一种政府行为,更是一项决策者所肩负的社会责任。在政府的宏观调控下,各微观部分协调运作、共同合作,才有可能实现可持续发展。利用政府职能包括很多方面:运用法规、法律、政策等强制手段;运用奖励、处罚、税收、价格、信贷、保险等经济手段。

环境资源商品化,就是确立环境资源的有偿使用、运用经济手段保护环境的一个重要方法。目前,社会各界意识到无偿和微偿使用环境资源、免费和廉价消费环境是导致环境资源衰竭和生态环境恶化的根本原因,于是提出了环境资源商品化和环境资源有偿使用的设想。这明确了环境资源是归国家所有的。确立环境有偿使用实质上是将市场机制引入环境资源配置和利用之中。对环境实行商品化经营,通过排污费、环境税等调节手段,可以提高环境的配置效率和利用率。因而,必须创造条件,积极地开展环境资源多领域、多要素有偿使用试点,并将其纳入法制轨道,以实现环境资源的商品化,促进社会可持续发展目标的最终实现。

可持续发展已被确定为社会发展的最终目标,而要将可持续发展转变为现实,必须以强有力的法制做保障。只有在相应法律规范的保障下,编制技术可行的环境规划才能实现调控的目标。

二、生态文明与可持续发展

（一）生态文明的基本概念

文明是人类社会不断进步发展的具体过程，是人们改造和保护世界所获得的对人类生存和发展有价值的物质成果、精神成果和生态成果的总和。人类文明史，就是一部反映人与自然关系发展的历史。长期以来，人类文明经历了原始文明、农业文明、工业文明。在人类文明发展的不同阶段，人类社会与自然生态系统之间的关系也有所不同。在原始文明、农业文明时期，人类没有力量来对抗大自然的威力，也没有手段突破各种自然要素对人类生产生活形成的制约，“敬畏和顺从自然”因而成为思想的主流，引导人们处理人与自然关系的基本哲学是“听天由命”；西方工业革命的胜利，形成了“以人为中心”的思想，在这种思想的主导下，人类长期以地球主人自居，“征服自然”就成为工业文明时期的主流思想。然而生态环境问题的日益严重，表明人与自然的关系已经严重对立，人类中心主义思想已经走到尽头。

生态文明是工业文明带来生态危机后，人们在对人与自然关系的理性反思与深刻批判的基础上，形成与发展起来的一种新的文明形态。生态文明指处理人与自然的关系不再以征服自然为目的，而是建立一种人与自然和谐、共存共荣的新文明观。

广义上的生态文明是继工业文明之后，人类社会发展的一个新阶段；狭义上的生态文明是指相对于物质文明、精神文明和制度文明而言，文明的一个新方面或新内容。从实质上看，这两个方面并不矛盾：前者是将生态文明视为人类文明史上与农业文明、工业文明并列的一个新发展阶段，正如十九大报告所提出的“建设生态文明是中华民族永续发展的千年大计”，就是将生态文明放在人类文明的历史长河进行界定；后者则强调了生态文明的实践价值及现实中的紧迫性和重要性，十八大提出“生态文明建设放在突出地位，融入经济建设、政治建设、文化建设、社会建设各方面和全过程”。习近平指出：“生态文明建设是关系中华民族永续发展的根本大计”。

（二）生态文明与可持续发展的关系

生态文明既借鉴但又有别于可持续发展。可持续发展的理念是“不把麻烦留给子孙”，是一种“守底线”的发展思维。发达国家走的是“先污染后治理”的发展模式，以极大的环境代价实现了其现代化目标。现实中有些发达国家常常通过污染产业甚至污染的转移实现其环境质量的改善，并通过几十年治理和转嫁，实现了发展和环境的矛盾协调。按照世界银行标准，2017 年发达国家人口仅占世界总人口的约 16%，还有大量发展中国家正在现代化的道路上，面临环境保护和经济发展的两难。如何实现可持续发展，是广大发展中国家必须面临的挑战。

建设生态文明，是将“如何处理好人与自然的关系、发展与保护的关系”提升到了文明的高度，意味着发展理念和发展方式的深刻转变。推进生态文明建设，实现高质量的发展、高品质的生活和高水平的治理，解决资源生态环境问题，坚决打好污染防治攻坚战，建设美丽中国，满足人民群众对美好生活、优美环境的需要，探索中国现代化发展的道路具有重要意义，而且对于广大发展中国家解决发展与保护难题具有普遍意义。

三、人地系统协调共生理论

(一) 人地系统协调共生的熵变描述

人地系统是地球表层上人类活动与地理环境相互作用形成的开放的复杂系统。区域环境规划的成效,应充分体现人地和谐共生这一主线。

从耗散结构理论分析,人地系统作为远离平衡态的开放系统,在外界条件达到某一"临界限制"时,通过涨落发生非平衡相变,在不断与外界交换物质、能量和信息的同时,由原来的无序混沌状态变为时空、结构和功能上的新的有序稳定状态,形成耗散结构分支。可见,人地系统形成耗散结构的过程,正是靠系统开放而不断向其内输入低熵能量物质和信息,产生负熵流得以维持的。

根据热力学第二定律,人地系统遵循熵方程:

$$ds = d_i s + d_e s$$

式中:$d_i s$——人地系统的熵产生,$d_i s \geqslant 0$;

$d_e s$——人地系统与环境之间的熵交换引起的熵流,其值可正可负可为零;

ds——人地系统的熵变,可以衡量人地关系状态的变化。

人地系统协调共生状态的熵变类型可分为:① 人地系统 $ds<0$ 的协调共生型;② 人地系统 $ds>0$ 的人地冲突型;③ 人地系统 $ds=0$ 的警戒协调型;④ 人地系统 ds 不确定的混沌型。

(二) 人地系统协调共生的机理响应

环境规划的区域是由人类活动系统和地理环境系统组成的人地协调共生系统,维持二者协调共生关系的充要条件是从其外部环境不断获取负熵流。复杂系统的因果反馈关系,主要是自我强化的正反馈关系和自我调节维持稳定的负反馈关系之间的相互耦合,决定着人地关系的行为和区域发展的前途。

区域可持续发展战略亦在以人地系统协调共生为核心,注重建立人类活动系统内部和地理环境系统内部,以及两者之间的因果反馈关系网,力求把人类活动系统的熵产生降至最低,把地理环境系统为人类活动系统可持续发展提供负熵的能力提高至最高;力求通过熵变规律,创造一个自然、资源、人口、经济与环境诸要素相互依存、相互作用、复杂有序的区域人地协调共生系统。创造这种系统的一项重要手段就是编制区域性环境规划。这就要求规划内容、任务、目标、原则的确定必须紧紧围绕人地系统协调共生理论进行;必须同时遵循区域自然规律、经济发展规律和人地系统的熵变规律,对不同类型、不同发展阶段的区域人地系统,因地制宜、因势利导地制定出为区域发展服务的环境规划,以促进区域处于持续、稳定、和谐的发展状态。唯有这样,区域性环境规划才能真正成功地调控区域人地系统。

四、人地系统持续发展理论

(一) 人地系统发展的驱动力

区域性的人地系统是人占主导地位的复杂系统。人作为调控人地系统的主人,一方面不断地适应其生存的区域环境,另一方面通过社会经济活动作用于区域环境,并深刻影响着区域环境的结构与功能。反过来,区域环境则通过其赋存的资源和环境质量状况为人类生产和社会活动提供物质基础与生存空间,并制约人类活动规模、强度和效果。在人地相互作用过程中，资源环境作为“地”的一面，是自然过程的变化；人类社会经济活动作为“人”的一面，是人文过程的变化；区域人地系统由于人口的增长、人的物质和能量的需求不断提高而日益得到强化。

人类的生存、享受、发展3大需求驱动力成为区域人地系统发展的真正动力源。人类生产生活过程中的“三废”排放，是人类社会经济活动对资源、环境自然过程的反作用。社会经济发展的技术进步是“人”与“地”双向作用的桥梁和手段，它通过对“人”的作用，提高人类作用于“地”的能力和人类社会经济活动的水平；通过对“地”的作用，增强了资源环境利用效益和恢复再生自净能力。在区域性环境规划过程中，必须清醒看到人地系统的动力学作用关系，以不断进步的科学技术作为主要手段，强化环境规划的宏观指导和管理作用。

（二）人地系统持续发展的相互作用

区域人地系统的持续发展，可以看作既包括资源开发、产业结构调整、经济增长、社会进步、环境保护等物质实体发展，又包括科技教育、政策体制、法规标准等非物质实体发展的多维综合协调发展过程。它将区域经济活动作为整体，寻求经济发展与生态环境的最佳协调，将人类的生存利益同经济效益结合、经济活动同改革社会活动结合，提高社会整体宏观效益。

不同类型的区域，由于其自然条件，资源禀赋，经济社会发展基础、发展先后及开发难易程度，面对的机遇，存在的问题和挑战，发展目标及决策的不同，人地之间矛盾激化程度不同，所处区域发展状态也应不同。一些区域可能处于机械增长型发展状态，另一些区域正处于协调增长型发展状态，而还有部分地区接近极限型增长发展状态。人地系统持续发展，必须相对准确地判断某区域所处发展状态，给予科学定位，调整人地作用关系，科学地制定区域性环境、资源、人口协调型规划。

在编制经济与环境协调型规划时，必须明确人地系统协调观念。注意区域经济发展的“不经济性”，不仅要在规划中体现能源效率、环境容量使用效率、生存负荷效率、社会进步效率、资源使用效率和空间效率等，还要在维护良好生态环境的前提下，分析人地系统的交叉效率及其整体协调程度，以保证人地系统协调持续发展。

第三节　环境规划的生态学理论

由于人类活动的深刻影响，当代环境污染、生态失调、自然灾害等环境问题不断涌现和加剧。实践和经验表明，解决环境问题必须尊重自然规律，遵循预防为主的原则。因此，着力于促进环境与经济、社会可持续发展的环境规划，越来越受到人们的重视。

环境本身是一个由多要素组成的复杂系统。因此，环境规划工作必须结合多学科进行综合研究，借助相关学科的理论支持。本节将概述环境规划的生态学理论。

一、生态系统理论

生态系统这一概念是由英国植物群落学家坦斯利（A.G.Tansley）首先提出的，强调生态系统中生物与生物、生物与环境以及环境各要素之间功能上的统一性。因此，生态系统主要是功能单位，而不是生物学中分类的单位。自然生态系统的范围可大可小，大至整个生物圈、整个海洋、整个大陆，小至一个池塘、一片农田，都可作为一个独立的系统或作为一个子系统，任何一个子系统都可以和周围环境组成一个更大的系统，成为较高一级系统的组成部分。

自然生态系统依赖于提供输入和接受输出的外界环境。自然生态系统吸收、固定并利用太阳能，最终释放热量到宇宙空间。自然生态系统还维持着人类赖以生存的生命支持系统，包括空气和水体的净化、缓解洪涝和干旱、土壤的产生及肥力的维持、分解废物、生物多样性的产生和维持、气候的调节等。

环境规划应该依据宏观层次的社会经济发展战略和环境保护总体要求，尊重自然规律，依据生态系统和生态学理论，根据不同功能区自然生态特征，寻求区域社会经济发展与环境保护相协调的具体途径，合理安排生产与生活，并进行生态环境功能的空间管控和资源的空间配置，明确生产和污染控制的技术要求，实现污染有效防治、生态合理修复与恢复以及环境质量改善的目标。

二、复合生态系统理论

复合生态系统理论是由我国著名生态学家马世骏于 1981 年提出的，他简明扼要地指出：当今人类赖以生存的社会、经济、自然是一个复合大系统的整体。社会是经济的上层建筑；经济是社会的基础，又是社会联系自然的中介；自然则是整个社会、经济的基础，是整个复合生态系统的基础。以人的活动为主体的系统，如农村、城市及区域，实质上是一个由人的活动的社会属性以及自然过程的相互关系构成的社会-经济-自然复合生态系统（图 2-3）。可以看出，社会-经济-自然复合生态系统是环境规划的规划对象，要做好环境规划工作，就必须全面综合地研究所规定区域的复合生态系统。

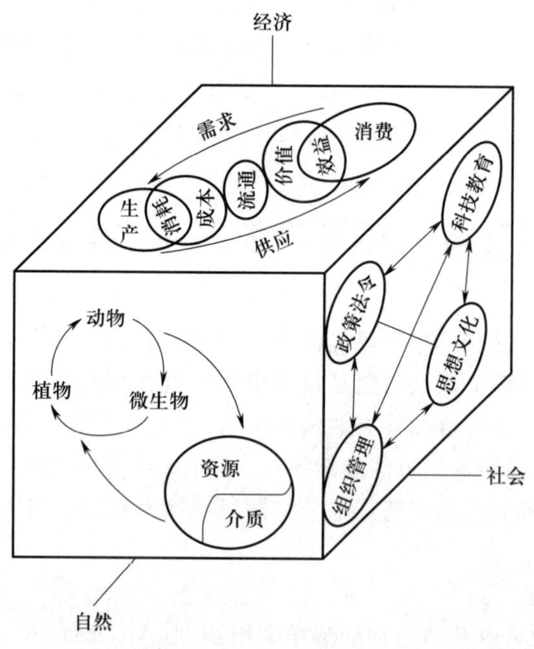

图 2-3 社会-经济-自然复合生态系统示意图

复合生态系统由社会、经济、自然3个相互作用、相互依赖的子系统构成。自然子系统以生物结构及物理结构为主线，以生物环境的协同共生及环境对人类生活的支持、缓冲及净化为特征，它是复合生态系统的自然物质基础；社会子系统以人口为中心，包括年龄结构、智力结构、职业结构等，通过产业系统把它们组成高效的社会组织；经济子系统和物质的输入输出、产品的供需平衡以及资金积累速率与利润，是促进社会进步和环境保护的必要条件。这种子系统之间相互联系、相互制约的关系，即构成了复合生态系统的结构。它决定着复合生态系统的运行机制和发展规律。

研究了解一个区域的复合生态系统，对本区域的环境规划有着深刻的指导作用。在编制环境规划的过程中，信息的收集、储存、识别、核定，功能区的划分，评价指标体系的建立，环境问题的识别，未来趋势的预测，方案对策的制定，环境影响的技术经济模拟，多目标方案的评选等，都与复合生态系统的功能密不可分。

因此，环境规划要以经济和社会发展的要求为基础，针对现状分析和趋势预测中的主要环境问题，通过对相关资源和能源的输入、转换、分配、使用和污染全过程的分析，确定主要污染物的总量及发展趋势，弄清制约社会经济发展的主要环境资源要素；结合环境承载力分析，从经济-社会复合生态系统的结构、特性、规模与发展速度的角度协调与环境的关系，提出相应的协调因子，反馈给复合生态系统；针对这些协调因子的实现，从政策和管理方面提出建议，同时归纳出环境措施和战略目标。

三、景观生态学理论

“景观生态学”一词于1939年由德国地理学家特罗尔(C. Troll)首先提出并应用。景观生态学是以景观为研究对象，重点研究景观单位的类型组成、空间配置，实现景观的科学规划和有效管理。景观是指由一组以类似方式重复出现的、相互作用的生态系统所组成的具有空间异质性的陆地区域。景观是一个具有一定自然和文化特征的地域空间实体，是异质生态系统的镶嵌体，同时也是人类活动和生存的基本空间。因此，对景观格局与生态过程相互作用的研究，有助于在宏观上解决物种的保护与管理、土地利用的规划、生物多样性保护与维持、人类对生态环境的影响等问题。

20世纪80年代，当空间数据和分析方法得到大量应用，人们加深了对空间异质性的理解，诞生了一系列景观生态学理论，包括① 时空尺度；② 等级理论；③ 耗散结构与自组织理论；④ 空间异质性与景观格局；⑤ 斑块-廊道-基底模式；⑥ 岛屿生物地理学理论；⑦ 边缘效应与生态交错带；⑧ 复合种群理论；⑨ 景观连接度与渗透理论。

景观生态学研究促进了人们对空间异质性的起因和结果及其尺度影响的理解，同时景观生态学研究也影响了自然和人工景观管理，尤其景观格局是环境规划的重点。景观是由斑块、廊道和基质组成的。斑块的类型、起源、形状、面积大小、空间格局和动态是景观的重要代表特征，所以对景观格局的研究大多从斑块着手。景观格局作为景观区域内若干生物过程和非生物过程长期综合作用的产物，对各种生物过程或非生物过程有直接或间接的影响。了解某一区域景观格局的变化可以为该区域资源的合理利用提供科学依据。植被的景观格局可以反映植被空间分布及其动态受环境异质性和干扰状况综合控制的基本特征。通过对景观格局成因机制的分析，确定系统的生产力、稳定性和生境质量的控制因素，进而有效地预测景观的动态，是确立景观管理和设计目标，制定景观管理措施的基础和依据。

四、人类生态学理论

人类生态学是以人类生态系统为研究对象,研究人与生物圈相互作用,人与环境、人与自然协调发展的科学。其任务是揭示人与自然环境和社会环境的关系,解释人类行为和社会组织。人类生态系统是指居民及其聚落环境组成的网络结构,是以人为中心的人工生态系统,其具备一般系统的整体性、层次性、结构性、相对稳定性等,还具备以人为中心的特性和复合型、复杂性、开放性、不可逆性。按区域分类,任何一个人类生存的区域都可以看作一个人类生态系统。人类生态系统是以人工生态系统为主的生态系统,是文明的产物,对其他系统有依赖性,独立性弱,可分为城市生态系统和农业生态系统。

"人类生态学"一词最早由美国生物学家亚当斯(C. C. Adams)于 1913 年提出,随后由芝加哥学派的社会学家帕克(R. Park)、伯吉斯(E. Burgess)等引入城市生态学研究,提出了认识城市的系统方法和理论,至今仍有一定的影响和指导意义。20 世纪 70 年代,随着全球环境问题日益凸显,一些生态学家开始转向人类生态问题的研究,人类生态学发展成为一个正式的、独立的学科。我国的人类生态学研究起步较晚,马世骏先生创立的人类生态系统"整体、协调、循环、自生"的学术思想,为我国的人类生态学的研究奠定了基础。

环境规划是一种克服人类经济社会活动和环境保护活动盲目性和主观随意性的科学决策活动,而人类生态系统是环境规划的主要对象。因此,将人类生态学理论应用于环境规划,依据有限环境资源及其承载能力,对人们的经济和社会活动规定具体约束和需求,以便调控人类自身的活动,协调人与自然的关系。并且,根据经济和社会发展以及人民生活水平提高对环境越来越高的要求,对人工生态系统进行改善,对环境的保护与建设活动作出时间和空间的安排和部署。

五、产业生态学理论

产业生态学(industrial ecology,也译为工业生态学)的主要思想是把产业系统看作一类特定的生态系统。产业生态系统的核心是模仿自然生态系统的运行规则构建经济与产业体系,实现人类可持续发展。产业生态系统按照自然生态学原理进行功能和结构的划分,也具有基本组成部分、形态结构和营养结构。

20 世纪 70 年代中期,联合国环境规划署(UNEP)在工业企业推广环境知识而开展的一系列活动,可以看作产业生态学发展的早期雏形。产业生态学概念起源于 20 世纪 80 年代末,Robert Frosc 等模拟生物的新陈代谢过程和生态系统的循环再生过程,开展了"工业代谢"研究,认为现代工业生产过程就是一个将原料、能源和劳动力转化为产品和废物的代谢过程。1992 年,Hardin B. C. Tibbs 将产业生态学作为"产业界的环境议程"、解决全球环境问题的有力手段。国际电气与电子工程师协会(IEEE) 在《持续发展与产业生态学白皮书》中指出:"产业生态学是一门探讨产业系统与经济系统及其同自然系统之间相互关系的跨学科研究,涉及能源供应与利用,新材料、新技术、基础科学、经济学、法学、管理科学以及社会科学等诸多学科领域",是一门"研究可持续能力的科学"。1997 年美国耶鲁大学和麻省理工学院合作出版了《产业生态学杂志》,标志着产业生态学作为一门独立的学科领域逐渐为人们所接受。从"社会-经济-自然复合生态系统"的角度,产业生态学是一门研究社会生产活动中自然资源从源流到汇的全代谢过程、组织管理体制以及生产、消费、调控行为的动力学机制、控制论方法及其与生命支持系统相互关系的系统科学。

产业生态学具有以下特征：

(1) 系统性。产业生态学是一种系统观，属于应用生态学范畴，其研究核心是产业系统与自然系统、经济社会系统之间的相互关系。

(2) 整体性。产业生态学强调一种整体观，考虑产品或工艺的整个生命周期的环境影响，而不是只考虑局部或某个阶段的影响。

(3) 未来性。产业生态学提倡一种未来观，关注未来的生产、使用和再循环技术的潜在环境影响，其研究目标着眼于人类与生态系统的长远利益，追求经济效益、社会效益和生态效益的统一。

(4) 全球化。产业生态学倡导一种全球观，不仅要考虑人类产业活动对局地、地区的环境影响，还要考虑对人类和地球生命支持系统的重大影响。

产业生态学兴起的四大前沿理论包括生态经济学（产业的生态转型和生产、流通、消费、还原和调控环节的横向、纵向、区域和社会耦合）、人类生态学或社会生态学（以人为本、天人合一的道理、事理、哲理和情理，生态现代化及社会转型理论）、景观生态学（地理、生物、气候、经济、人文生态的格局、功能与过程，及其时、空、量、构、序多维耦合关系）、复合生态系统生态学（整体、协调、循环、自生的生态控制论和辨识、模拟、调控以及规划、设计管理的生态整合方法），如图 2-4 所示。

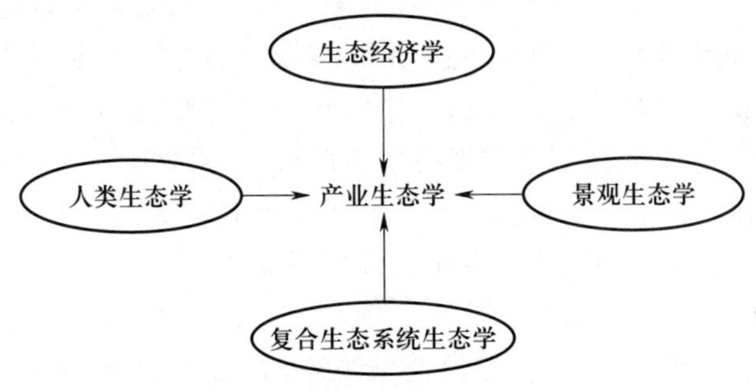

图 2-4　产业生态学的四大前沿理论

第四节　空间结构理论

空间结构理论是研究人类活动空间分布及组织优化的科学。它是一门应用理论学科，为区域规划提供理论基础和方法支持。区域性环境规划是区域规划的重要组成部分，它从环境保护的目的出发，科学合理地安排生产规模、生产结构和布局，调控人类自身活动，是一项涉及自然、社会和经济巨系统的复杂系统工程，因而需要环境科学、经济学、生态学、地理学等多学科知识共同来完成。与以往的区域规划不同的是，区域性环境规划在进行区位选择时，在考虑经济因素的同时，要以不破坏生态环境为前提，即将环境和生态因子放在同等重要的地位考虑。

一、国土空间规划及空间管控

（一）国土空间规划

国土空间规划是新时代国家空间发展的指南、可持续发展的空间蓝图，是各类开发保护建设活动的基本依据。由自然资源部组织统筹，合并原土地利用规划和城市发展规划，实现“多规合一”，基于统一“底图、底数、底线”，建立不同层级能够全覆盖国土空间规划体系，各分类之间一级并列。划分之后在层级、分区和类型上相应建立空间规划体系和管控体系，形成统一的“方案、用途管制、管理事权”。

国土空间规划体系体现了国家意志和国家发展规划的战略性，自上而下编制各级国土空间规划，对空间发展做出战略性、系统性安排，具体可归纳为五级三类。五级就是指国土空间规划分为国家、省、市、县、乡五级，对应五个行政层级分别编制总体规划。其中，国家和省级规划侧重战略性，对全国和省域国土空间格局作出全局安排，提出对下层级规划约束性要求和引导性内容；市县级规划承上启下，侧重传导性；乡镇级规划侧重实施性，实现各类管控要素精准落地。五级规划自上而下编制，落实国家战略，体现国家意志，下层级规划要符合上层级规划要求，不得违反上层级规划确定的约束性内容。

三类是指在市、县和乡镇，除了总体规划还要编制详细规划和专项规划。其中，相关专项规划可在国家、省、市、县层级编制，强调专业性，是对特定区域（流域）、特定领域空间保护利用的安排。详细规划在市县及以下编制，强调可操作性，是对具体地块用途和强度等作出的实施性安排，是开展国土空间开发保护活动、实施国土空间用途管制、核发城乡建设项目规划许可、进行各项建设等的法定依据。总体规划与详细规划、相关专项规划之间体现“总-分”关系。国土空间总体规划是详细规划的依据、相关专项规划的基础；详细规划要依据批准的国土空间总体规划进行编制和修改；相关专项规划要遵循国土空间总体规划，不得违背总体规划强制性内容，其主要内容要纳入详细规划。

（二）空间管控

空间管控指“三区三线”的划定，是根据城镇空间、农业空间、生态空间 3 种类型的空间，分别对应划定的城镇开发边界、永久基本农田保护红线、生态保护红线 3 条控制线，标志着国土空间规划体系建设进入实践阶段。

“三区三线”作为空间规划的主体要素，也是部门行使职责的事权空间和界限。按照生态文明体制改革总体方案的要求，在空间关系上，“三区”空间上不重叠、功能上相渗透，“三线”互不交叉。空间要素的复杂性决定空间功能的复合性和包容性，“三区三线”突出的任务是空间主体功能的划分，除主体功能外，三类空间范围内依然存在其他功能。功能结构上，“三区”内存有核心与一般之别。生态保护红线就是在生态空间范围内划定的核心部分。在农业空间范围内，还存在由一般农业生产用地、农村生活用地等要素组成的一般农业空间。永久基本农田是农业空间的核心部分。城镇开发边界是约束城镇工矿建设活动的界限，是国土空间建设开发的核心部分。因此，在三类空间划定中，需要根据各地区保护重点和发展侧重，对指标进行细化设定，要形成更加符合地方实际的三类空间。

二、城市空间结构理论与环境功能区划

(一) 城市空间结构理论

城市空间结构理论又叫城市形态理论,城市的形态纷繁复杂,但又有一定的规律可循。城市内部由于土地利用形态存在差异,因而形成了不同的功能区和地域结构。随着城市规模的不断扩大,内部地域结构越来越复杂,各功能区之间的联系也趋向紧密。当旧的结构无法承担人口膨胀带来的压力,产生交通拥塞、环境污染、住宅拥挤、电力和水供应紧张等问题时,便会以一定的方式向外围扩展,形成新的空间结构。因此城市处于不同的发展阶段时具有不同的空间结构。世界各国已提出了多种城市空间结构理论模式,如西方的同心带理论、扇形理论、多核理论等,苏联、东欧和中国提出的分散集团模式、多层向心城镇体系模式等。认识城市空间结构的演化规律,才能因势利导地进行城市规划。城市的演化过程可分为 4 个阶段:① 城市膨胀阶段,市区逐渐向四周扩展,形成了向心环带的空间结构,其形态为团块状,我国的中小城市和一些人口小于 100 万的大城市处在此阶段。② 市区蔓生阶段,由于中心对外围的吸引力随城市的膨胀逐渐减小,城市近郊沿交通线兴起了新的工业区、居民区、文教区,第一、二代卫星城被并入市区,其形态由团块状变为星形。③ 城市向心体系,城市远郊区出现第三代卫星城,它们相对独立,又与母城保持一定联系,有的还起到反磁力作用。④ 城市连绵带,多个大城市的卫星城相互衔接,连绵成带。正确认识城市发展的 4 个阶段,对于科学地规划和预测具有重要意义。应注意不是所有的城市都能从低级阶段发展成高级阶段,其规模受区域环境承载力和社会经济条件决定,因此规划应视具体情况而定。团块状的中小城市如果盲目地进行分散规划,将造成经济上的巨大浪费;而星状的大城市应进行多中心集团式布局,不能片面地强调单一中心的集聚。例如,长春市在 10 年前还基本上处于单一中心的城市膨胀阶段,随着城市人口的迅速膨胀,市中心的吸引力逐渐被市区边缘的小中心所分散,大量的工业区、居民区、经济开发区沿着交通线向外围伸展,原双阳市亦被纳入市区,说明长春市现已发展成为一座卫星城市。那么长春市能否发展到第三阶段呢?这要取决于该区域的人口、环境承载力和经济承载力,人口、环境承载力是城市水源、用地和环境质量的函数,经济承载力是城市经济实力和吸引力范围的函数。

(二) 环境功能区划

环境功能区划是从环境与人类活动相和谐的角度来规划城市或区域的功能区,它与城市和区域的总体规划相匹配。环境功能区是根据自然条件、土地利用现状和未来发展方向划分的,各功能区具有不同的环境承载力,因而对区域内城市的发展规模、产业结构和生产力布局产生一定限制和影响。

城市或区域各功能区之间是由许多网络相互联系的,例如城市具有经济、能源、交通、市政、商业、文教、卫生和信息网络等。它们各自构成区域大系统的子系统。如果把功能区比作人类的肢体或器官,那么贯穿其间的各种网络就是神经和血脉,它们相互联系和制约,维系着系统生产和生活的正常运转,充分发挥其总体功能。城市功能区的分布虽然千差万别,但基本上遵循距离衰减规律,大体上呈向心环带分布。但自然条件的差异,如山脉走向、河流和地下水流向、盛行风向有时会使这种地带性分布出现变形。

三、城市空间结构的环境经济效应与集聚规模效应

城市环境规划的目的在于取得最佳的经济、社会和环境效益。也就是说,以最小的土

地、人力、物力、财力、时间和环境投入,获得最大的环境经济效益。合理的地域结构,能够提高劳动生产率,减少各方面的费用。

(一) 城市空间结构的环境经济效应

1. 企业的集聚效应

城市边缘工业的集聚和市中心商业、服务业的集聚能够共同使用公共交通运输、环境治理及其他基础设施;有利于区域内各企业之间的技术、产品和信息交流;便于统一的环境管理和污染治理,从而产生巨大的环境经济效益。

2. 功能区的邻近效应

例如,居民区邻近工业区会产生正效应,而受到工业污染产生反效应。因此,要把工业区置于常年主导风向的下风向,在上风向邻近工业区或交通方便的地段安置居民区。

3. 城市设施间的协调效应

城市内的市政公共设施(交通、电力、给排水、供热、防火等),生产和经营设施(工业、商业、服务业、农业等)和社会设施(文教、卫生、科研、环境保护、绿化、旅游等),如果布局合理,配合紧密,不仅能够方便生产和生活,城市建设费用也将大大降低,实现这一目标必须进行统一和长远的规划。

4. 土地利用的密度效应

按照杜能的地租理论,土地利用的集约化程度从中心至外围逐渐降低,这一规律同样适合于现代城市。我国人多地少,更应该通过征收级差地租,提高城市土地利用的集约化程度,如建筑向高空和地下发展,园林绿化立体化和多样化,珍惜使用每一寸土地,使城市绿地真正起到净化环境、美化生活的作用。

5. 时间的经济效应

现代化的城市要求高效率、快节奏地运转,随着城市的扩展和功能结构的复杂化,各环节之间衔接不当会造成时间上的延误。例如,将各种站场集中布置,商业区和大型公共场所靠近交通站、停车场,可减少转换过程中时间的浪费。

6. 城市合理配置及对外联系效应

城市与郊区及其卫星城,区域内(省区)各城市之间要进行生产协作,存在着产品、信息的交流。区域性环境规划通过对区域内各城市的规模、生产结构和工业布局进行合理配置,使环境经济效益得到统一。

(二) 城市空间结构的集聚规模经济

所谓集聚规模经济是指产出和平均投入随经济规模而变的一种经济现象。一般情况下,生产规模扩大的初期,平均成本下降;如果投入过多,其平均产出反而减少。因此,企业、工业区和城市存在一个合理规模问题。规模经济包括3种类型:① 企业内部规模经济,是对单个企业而言的。② 布局规模经济,是指同一行业序列的一些企业的集聚。③ 城市化规模经济,是指不同行业的各类企业的集聚。企业本身或集聚规模扩大的初期,由于降低了成本,加强了联系,规模经济效益显著;但如果人口、经济活动和土地利用过分密集,使得交通、地租等成本过高,生态环境恶化,则出现规模不经济现象。关于区域规模经济的衡量指标(H),应为企业内部规模经济(ISE)、布局规模经济(LSE)和城市化规模经济(USE)的函数。即:

$$H=\mathrm{f}(\mathrm{ISE},\mathrm{LSE},\mathrm{USE})$$

式中:LSE 和 USE 分别为表示行业和城市的规模集聚程度的指标。

通常可采用投入产出表等动态分析方法使 3 种规模经济的总效益达到最佳,至于因集聚规模的扩大引起的生态环境和社会损失的负效应,亦应转换成经济指标考虑进去,这也是区域性环境规划的主要任务和研究方向。

四、生态功能区划及生态空间管控

(一) 生态功能区划

生态功能区划是从生态学的角度,科学合理可持续性地保护和利用生态环境及自然资源。每个地域都具有各自独特的生态环境特征、生态环境敏感性和生态服务功能,生态功能区划就是根据其中的相似性和差异性,将大区域空间划分为各个生态功能小区的研究过程。在具体的生态功能区划过程中,区划以生态系统健康为目标,以生态系统功能为内容,针对不同区域内自然地理环境、生态系统和社会经济发展的差异性,构建具有空间尺度的生态系统管理框架,并提出生态退化恢复策略,以满足不同生态系统服务功能对区域人类活动的不同敏感程度,为区域资源开发利用、区域产业布局、区域生态安全及区域生态环境的统一规划和综合整治提供科学依据,从而实现自然资源保护和可持续发展。

2008 年,环境保护部开展了全国 31 个省、自治区、直辖市和新疆生产建设兵团辖区的生态功能区划编制工作,形成了《全国生态功能区划》。该区划将全国划分为 216 个生态功能区。其中,具有生态调节功能的生态功能区 148 个,占国土面积的 78%;提供产品的生态功能区 46 个,占国土面积的 21%;人居保障功能区 22 个,占国土面积 1%。该区划确定了对保障国家生态安全具有重要意义的区域,涵盖生物多样性保护、水源涵养、土壤保持、防风固沙、洪水调蓄等重点生态功能。由此可见,《全国生态功能区划》是一项重要的基础性工作,不仅对全国的生态环境状况进行了全面的梳理,更是从生态系统服务功能的角度进行了重要性的划分,对于引导区域资源的合理利用与开发,充分发挥区域生态优势,并将生态优势转化为经济优势,提高生态经济效益,实现区域经济、社会、资源与生态环境的全面可持续发展具有重要作用。

(二) 生态空间管控

生态空间管控要求是空间管控的一部分,包括:

(1) 市县二级应细化生态空间分级分类,对生态保护红线和一般生态空间实施差别化管控,制定差别化的准入条件、用途转用和生态修复要求。

(2) 结合生态保护红线类型,细化允许、限制和禁止的人类活动类型的规模、强度、布局和环境要求等条件,制定准入正面、负面清单。

(3) 统筹一般生态空间保护和利用。在一般生态空间范围内按依法依规、限制开发的要求进行管理,允许在不降低生态功能、不破坏生态系统的前提下,进行土地利用结构和布局的调整。

第五节 循环经济与绿色发展理论

一、基本概念与内涵

（一）循环经济的内涵

1. 循环经济理论的产生与发展

循环经济是一种可持续发展的经济形态。循环经济理论的提出曾经促进了对环境资源问题的研究，但是由于种种原因，循环经济理论在当时并未引起人们的足够重视。直到20世纪90年代，随着全球性问题的不断加剧及可持续发展观念逐步深入人心，循环经济思想终于引起各国政府和民众的高度关注。一些发达国家为提高综合经济效益、避免环境污染，提出了一种以生态理念为基础，重新规划产业发展的新型循环经济发展思路，并取得了良好的社会、经济和环境效益。

2. 循环经济的概念

循环经济是对物质闭环流动型经济的简称，是一种新形态的经济发展模式。循环经济倡导的是一种经济系统与生态系统和谐的发展模式。它要求把经济活动组织成一个“资源—产品—再生资源”的反馈式流程，所有的物质和能源在不断进行的经济循环中得到合理和持久的利用，从而把经济系统对生态系统的影响降到尽可能低的程度。

第二种定义认为，循环经济是指借鉴自然生态系统物质循环和能量流动规律而重构的经济系统。它将被和谐地纳入到“自然-经济-社会”复杂巨系统的全面、协调和可持续的运行之中；这是以产品清洁生产、资源循环利用、废物高效再生为特征的高级生态经济形态。

第三种定义认为，“物质闭路循环经济”不同于“从投入到产出”的线性经济模式，这种模式研究经济系统如何运转才可以重新获得稀缺的资源，并减少由于资源的开采和废物的产生所导致的环境损害。通过循环回收，越来越少的环境资本的投入可以产生一个固定数量的福利。也就是说，一个固定数量的环境资源的投入可以产生更多的福利，但并不必然意味着绝对减少环境资本的使用。

第四种定义则认为，循环经济是从人类社会是生态系统的子系统，资源环境是支撑人类经济发展的物质基础这一根本认识出发，为不断减小人类社会物质代谢过程对生态系统的冲击压力，实现人类子系统与生态环境的协调相容，依据资源—生产/消费—再生资源的物质代谢循环模式而建立的一种既具有自身内部的物质循环反馈机制，又能合理融入生态系统物质循环过程中的经济发展形态。

3. 循环经济的特征

循环经济本质上是一种生态经济，它要求运用生态学规律来指导人类社会的经济活动，是以清洁生产、资源循环利用和废物高效回收利用为主要特征的生态经济。其中，清洁生产是指用尽可能少的原材料和能源来生产，或者应用替代性的可再生资源进行生产，最大限度地减少生产和消费过程中废物的产生及其对环境的污染；资源循环利用是指生产资源能被重复循环使用，减少资源的浪费；废物高效回收利用是指产品被消费以后，经过回收，重新变成可利用的资源，进入新的生产过程。

与传统经济相比，循环经济的特征如下：

(1) 循环经济可以充分提高资源和能源的利用效率，最大限度地减少废物排放，保护生态环境。传统经济是一种由“资源—产品—污染排放”所构成的物质单向流动的，以高开采、高消耗、低利用、高排放为特征的线性经济模式。而循环经济倡导的是一种建立在物质不断循环利用基础上的经济发展模式，它要求把经济活动按照自然生态系统的模式，组织成一个“资源—产品—再生资源”的物质反复循环流动的过程，其特征是自然资源的低投入、高利用和废物的低排放，使得整个经济系统以及生产和消费过程基本上不产生或者只产生很少的废物。

(2) 循环经济可以实现社会、经济和环境的“共赢”发展。传统经济是通过把资源持续不断地变成垃圾的运动，通过“反向增长”的自然代价来实现的数量型增长，由此最终导致许多自然资源的短缺与枯竭，并酿成灾害性的环境污染后果。而循环经济倡导的是一种与资源环境和谐共生的经济发展模式，是一个“资源—产品—再生资源”的闭环反馈式循环过程。资源在这个不断进行的循环经济中得到持久的利用，并把经济活动对环境的影响降到尽可能低的程度，以致从根本上解决长期以来困扰人类的环境与发展的尖锐矛盾。循环经济将经济增长、社会进步和环境保护要求纳入一个统一的发展模式，从而实现社会、经济与环境的“共赢”发展。

(3) 循环经济可以在不同层面上将生产和消费纳入一个有机的可持续发展框架。传统的发展模式将物质生产和消费割裂开来，形成大量消耗资源、大量生产产品、大量消费和大量废物排放的恶性循环。循环经济在 3 个层面上将生产（包括资源消耗）和消费（包括废物排放）这两大人类生活最重要环节有机地结合起来：① 小循环模式，即企业内部的清洁生产和资源循环利用；② 中循环模式，即共生企业间或产业间的生态工程网络；③ 大循环模式，即区域和整个社会的废物回收和再利用体系。

(二) 绿色发展的内涵

绿色发展是人类对传统工业化和城市化模式所存在问题的不断质疑和对自身生产、生活方式的反省。联合国开发计划署发表的《中国人类发展报告 2002：绿色发展，必选之路》中，首次提出在中国应当选择绿色发展之路。“绿色发展”的概念从此引入了中国经济建设和发展的视野。

绿色发展是相对于“黑色发展”提出来的。所谓的“黑色发展”以资源大量消耗、各要素高强度投入换来经济的增长等，过于关注经济增长的数量不注重经济增长的质量，导致了大量资源浪费、大范围生态破坏和严重的环境污染。而绿色发展是在传统发展基础上的一种模式创新，是建立在环境容量和资源环境承载力的约束条件下，将生态保护作为实现可持续发展重要支柱的一种新型发展模式。绿色发展注重协调环境与发展的关系，着力于解决发展不平衡不充分、发展中失误造成对环境和自然资源滥用以及进一步导致的资源环境与生态问题。因此，绿色发展是在发展或经济活动中一系列的环境友好行为，即投入相同的资源等要素能够获得更大的经济收益，且在经济发展过程中可以使环境得到改善。

绿色发展具有以下的特征：

(1) 生态安全健康。绿色发展把保持自然生态系统健康作为基本内核。生态系统是维持人类赖以生存和发展的生命支持系统，是国家生存之基，财富之源，国家经济社会发展要以不损害生命支持系统的服务功能和健康状况为基本原则。维护自然生态系统健康，实现人与自然的友好共存、协同进化和可持续发展，这是绿色发展要实现的第一个目标。

（2）经济绿色化。绿色发展强调“自然规律先于经济规律”，经济规律、市场规律最终要受到自然法则、生态规律的约束。经济绿色化就是要求经济发展必须是自然环境和人类自身可以承受的，不会因盲目追求经济增长而造成社会分裂和生态危机，不会因为自然资源耗竭而使经济无法持续发展，主张从社会及其生态条件出发，建立一种“可承受的经济”。

（3）社会公平正义。绿色发展坚持以人为本，把社会公平、社会发展、社会分配、利益均衡等作为基本内容，把“经济效率与社会公平取得合理的平衡”作为绿色发展的重要指标和基本手段。

二、循环经济理论与绿色发展理念

（一）循环经济理论与原则

1. 循环经济的理论支柱

循环经济是按照生态经济原理和知识经济规律组织起来的基于生态系统承载力、具有高效的经济过程及整体、协调、循环、自生功能的网络型、进化型经济。它通过纵向、横向和区域耦合，将生产、流通、消费、回收、环境保护及能力建设融为一体，使物质、能量能多级利用、高效产出，自然资产和生态服务功能正向积累、持续利用，污染负效益变为经济正效益，企业发展的多样性与优势度、开放度与自主度、力度与柔度、速度与稳定度达到有机的结合，促进传统资源掠夺和环境耗竭型经济向新兴的循环经济转型。

循环经济的三大理论支柱如图 2-5 所示。

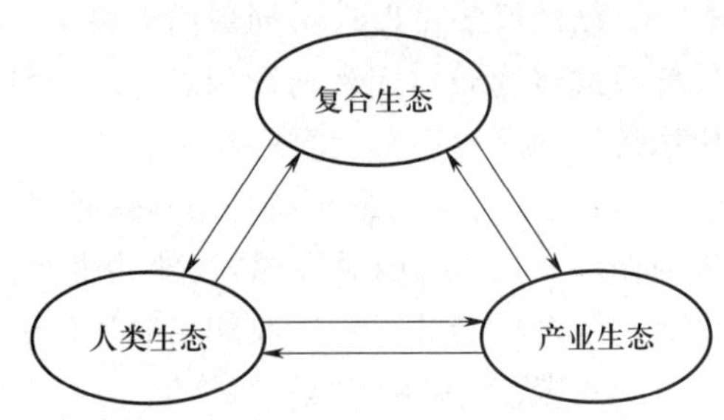

图 2-5 循环经济的三大理论支柱

综上可知，循环经济理论是基于产业生态学发展起来的。对单一产业而言，不能构成产业生态系统，完成产业的生态转型。循环经济导向的产业生态转型需要在技术、体制和文化领域开展深刻的变革。产业生态转型的实质是变产品经济为功能经济，变环境投入为生态产出，促进生态资产与经济资产、生态基础设施与生产基础设施、生态服务功能与社会服务功能的平衡与协调发展。它涉及两方面的创新，即生态效率的创新和生态效用的创新。前者是把产品生产工艺改进得更好，以生态和经济上最合理的方式利用资源；后者是设计一类生态和经济上更合理的产品，以最大限度地满足社会的需求。生态产品开发的战略管理包括改善材料质量，减少材料消耗，优化工艺流程，优化流通渠道，延长生命周期，减少环境负担，优化废物处置和优化系统功能等。

2. 循环经济的原则

循环经济以环境无害化技术为手段，以提高生态效率为核心，强调资源的减量化、再利用和资源化，以环境友好方式利用经济资源和环境资源，实现经济活动的生态化（“绿化”）。循环经济理论系统地认识到传统经济的局限性，并以此建立了一组以“减量化、再利用、资源化”为内容的行为原则（简称 3R 原则）。

（1）减量化原则。循环经济理论的第一原则是要减少进入生产和消费流程的物质量，因此又称为“减物质化”。人们必须学会预防废物产生，而不是产生后治理。在生产过程中,企业可以减少每个产品的原料使用量、通过重新设计制造工艺来节约原料与资源,减少废物排放。在消费过程中,人们可以减少对物品的过度需求,减少对自然资源的需求压力,也相应减少垃圾处理的压力。

(2) 再利用原则。循环经济理论第二个有效的原则是尽可能多次及尽可能多种方式地去使用物品。在生产过程中,制造商可以使用标准尺寸进行设计;人们还要鼓励重新制造工业的发展,以便拆解、修理和组装用过的和破碎的东西。在生活中,人们把一种物品扔掉之前,应该想一想在家中和单位里再利用它的可能性;人们可以将合用的或者可以维修的物品返回市场体系供别人使用或捐献自己不需要的物品,通过再利用,防止物品过早成为垃圾。

(3) 资源化原则。循环经济理论的第三个原则是尽可能多地再生利用或资源化。资源化是把物质返回到工厂,在那里粉碎之后再融入新的产品。资源化能够减少人们对垃圾填埋场和焚烧场的压力,制成使用能源较少的新产品。

(二) 绿色发展理念

绿色发展理念是关于什么是绿色发展、如何实现绿色发展的理论体系。绿色发展理念以建设生态文明为统领,坚持以人为本和以生态为基础相统一,通过低消耗、低排放、合理消费和生态资本增加,在促进社会发展的同时,建设有序生态运行机制和良好生态环境,达成人、社会与自然的和谐统一,最终实现人的全面发展。绿色发展理念具有以下 4 层含义:首先,绿色发展强调了"以人为本"与"以生态为基础"的统一,是系统的、整体的发展观;其次,绿色发展强调生产、生活方式绿色化、生态化,是有机的、生长式的发展观;再次,绿色发展以建设生态文明为旨归,是和谐的、共享的发展观,而生态文明的本质是人与自然的和谐、满足世界大多数人绿色福利的文明形态;最后,绿色发展理念以人的全面自由发展为最终目标,是全面性的发展观。按照马克思主义的观点,人的全面发展要在人与自然、人与人、人与社会的协调中才能实现。

三、循环经济和绿色发展的实现途径

(一) 推行循环经济的必要性

发展循环经济是实现我国绿色发展的一项战略措施,是我国发展经济、保护环境的必要选择。在环境规划中贯穿循环经济的基本理念,就是要建立企业、产业(或者园区)及区域等不同层次的资源循环和污染减排体系,从而在源头上减少对资源和能源的过度需求以及污染物的大量排放,为产业结构调整、污染物源头削减和环境质量达标提供根本保障。

1. 全球可持续发展的需要

人类社会进入工业化中期以后,依靠消耗比以往任何时期都多的资源来实现经济增长,高投入、高排放和高污染并存,自然系统已很难依靠自身的能力维持生态平衡,人类的可持续发展面临严峻挑战。循环经济强调尊重自然、与自然和谐相处,重视生态环境的保护与协调,它打破了传统经济发展理论,促使大量生产、大量消费和大量废弃的传统工业体系转轨到物质的合理使用和不断循环利用的经济体系,为可持续发展提供了新的理论范式。

2. 突破"绿色壁垒"的需要

随着经济的全球化,循环经济的发展理念、市场规则和法律法规逐渐形成,一些发达国家还制定了涉及生产、流通和消费等各个环节的环保标准,形成了"绿色壁垒"。要突破"绿色壁垒”,提高我国商品和服务的竞争力,开拓国际市场,就必须适应时代要求,大力发展循环经济。如采用符合国际贸易中资源和环境保护要求的技术法规与标准,扫清我国产品出口的环境壁垒,建立我国企业和产品进入国际市场的“绿色通行证”,包括节能产品认证、能源效率标识制度、包装物强制回收利用制度及建立相应的国际互认制度等。

3. 缓解我国现存压力的需要

当前,我国现代化建设中的一个突出问题就是人口增长、经济发展同生态与环境、自然资源的矛盾加剧。我国现在面临着多种压力:

(1) 经济高速增长的压力。中国经济已经持续多年高速增长,这种传统的高速增长相伴随的是环境严重污染和资源匮乏,已经成为制约经济进一步增长的主要瓶颈。按照预定目标,未来经济仍将以较快速度发展,如果仍按粗放式经济增长模式,对资源的需求不断膨胀,本国已经满足不了需求,不得不借助于进口。进口受很多不确定因素的影响,有相当大的风险,这必然会影响到经济发展的稳定性和持续性。为保证经济的持续高质量发展,必须改变传统的经济发展观念,大力推行循环经济。

(2) 人口、资源、生态环境压力。我国是一个人口大国,人口基数大,本身就给环境和资源带来巨大的压力。我国人均资源量相对不足,加上过度开发和粗放的利用方式,必然会导致资源、生态环境问题不断尖锐,严重制约经济的发展。因此,中国要打破资源和环境的束缚,就必须转换发展模式。

(3) 工业化、城市化压力。我国正处于工业化的快速起飞阶段,传统工业尤其是重化工业在整个国民经济体系中仍然占有相当比重。这些工业部门的生产往往是资源高投入、环境高污染的。为了实现我国经济又好又快地发展,必须走新型工业化发展道路,大力发展循环经济。另外,我国的城市化进程不断加快,随之产生的一系列生态环境问题,如交通拥挤、污染严重等“城市病”不断加剧。这些“城市病”的存在不仅降低了城市居民的生活质量,而且会影响全面建设小康社会的进程。因此,城市化也要求推行循环经济,改善城市生态环境。

(二) 实现循环经济发展的必要途径

推动循环经济的发展必须加强相关理论和实践模式的研究,提高各级政府和相关决策部门对发展循环经济重要性的认识,借鉴国际先进经验,筛选适合中国国情的实践模式。实现循环经济发展的具体途径可概括为如下几个方面。

1. 加快建立促进循环经济发展的法律法规

发展循环经济特别要注意充分利用价格、税收和财政等经济激励政策。2002 年颁布的《清洁生产促进法》是我国循环经济立法方面的一个良好开端。我国可以充分借鉴发达国家的成功经验,继续着手制定类似国家绿色消费法、资源循环再生利用以及诸如家用电器、建筑材料、包装物品等行业资源回收利用的法律。目前正在讨论的《中华人民共和国循环经济法(草案)》,在立法宗旨中明确指出要通过推进循环经济的发展,提高资源利用效率,保护和改善环境,实现可持续发展。

2. 加强政府引导和市场推进作用

政府部门,尤其是各级环保部门要认真转变职能,发展循环经济,做好指导和服务工作,扩大生态工业园区和循环经济示范区建设试验工作;要适应市场经济规律,充分发挥市场机制在推进循环经济中的作用,以经济利益为纽带,使循环经济具体模式中的各个主体形成互补互动、共生共利的关系，增强模式的吸引力，使之充满生机活力，得到广泛推广和应用。

3. 经济结构调整中大力发展循环经济

在工业经济结构调整中，应继续淘汰、关闭浪费资源和污染重的传统产业，大力发展节能、降耗、减污的高新技术产业；在农业经济结构调整中，要大力推进节水、节地、减少化肥和农药的使用，或以有机肥和生物防治病虫害技术代替农药和化肥的使用，建立有机食品和绿色食品种植基地；在区域经济发展中，继续探索新的循环经济实践模式，转变经济增长方式，调整产业结构和空间布局，倡导生态文明，促进经济社会可持续发展。

4. 提倡绿色消费，推动循环经济发展

绿色消费是循环经济发展的内在动力。通过宣传教育，提高公众的环境意识和绿色消费意识，制定经济政策，鼓励绿色消费。在使用产品过程中，注意节约及多次重复利用，回收废弃的办公用品。

5. 提高资源利用效率，营造循环经济的政策环境

循环经济的核心是提高资源利用效率。要对资源开发、利用和管理方式作出重要调整，在全社会形成节约资源，循环利用资源的局面。合理确定资源价格，使资源价格包含生态价值并与资源使用的社会机会成本相吻合，是激励全社会提高资源效率的重要措施。强化生态系统管理思想，改变资源利用和管理方式。制定政策充分利用废物资源。

6. 建立绿色国民经济核算制度，促进经济增长模式的转变

为了真实准确地反映经济社会发展水平，必须将发展过程中的环境损失和环境效益计算在内，建立不同层次的绿色经济核算体系。在各级政府的经济核算体系中，要改变那种只看重经济增长数量而不考虑环境效益的评价方法，进行绿色经济核算。对于地方和企业在环境保护和生态建设方面的投入所产生的效益不能只局限于工程本身，要进行全面的经济与环境效益评估。

7. 构建循环经济的绿色技术支撑体系

发展循环经济必须充分发挥科学技术的作用，以高新技术为基础，开发建立“绿色技术”体系，包括在生产过程中无废、少废和生产绿色产品的清洁生产技术，进行废物再利用的资源化技术和用于消除污染物的环境工程技术。建立这个体系的关键是积极采用清洁生产技术，采用无害或低害新工艺、新技术，大力降低原材料和能源的消耗，实现少投入、高产出、低污染，尽可能把对环境的污染消除在生产过程中。推行清洁生产技术要抓住产业结构调整的机遇，扩大清洁生产的应用范围，加大应用力度。此外，发展循环经济还要树立新的观念即发展观、价值观、道德观和文明观。

复习思考题

1. 什么是环境容量，从环境规划学的角度如何认识？
2. 什么是环境承载力，它在环境规划中的作用如何？
3. 从环境规划学的角度，如何理解人地系统的协调共生理论？
4. 复合生态系统的结构、功能、特性是什么？
5. 如何理解复合生态系统与环境规划的关系及其指导意义？
6. 论述城市地域结构、集聚效应对环境规划的作用。

7. 何谓循环经济，其基本特征有哪些？

8. 试述循环经济与产业生态学的关系及其在环境规划中的作用。

参考文献

[1] 唐剑武，郭怀成.环境承载力及其在环境规划中的初步应用[J].中国环境科学，1997，17(1)：6-9.

[2] 曾维华，王华东，薛纪渝，等.环境承载力理论及其在湄洲湾污染控制规划中的应用[J].中国环境科学，1998，18(S1)：71-74.

[3] 姚俭建，杨志明.当代发展战略的理论与实践[M].上海：上海三联书店，1997.

[4] 晏磊.可持续发展基础——资源环境生态巨系统结构控制[M].北京：华夏出版社，1998.

[5] 方创琳.区域发展规划论[M].北京：科学出版社，2000.

[6] 刘继生，张文奎，张文忠.区位论[M].南京：江苏教育出版社，1995.

[7] Lemons J. Sustainable development and environmental protection：A perspective on current trends and future options for universities[J].Environmental Management，1995，19(2)：157.

[8] Pelt M J F V，Kuyvenhoven A，Nijkamp P.Environmental sustainability：issues of definition and measurement[J].International Journal of Environment and Pollution，1995，5(2-3)：204-223.

[9] Seiler H.Legal questions of regional safety planning[J].International Journal of Environment and Pollution，1996，6(4-6)：415-427.

[10] Graedel T E，Allenby B R.Industrial Ecology [M]. 2nd ed.New York：Prentice Hall，2002.

[11] World Bank.World Bank Annual Report 2017 [R].Washing ton，D.C.：World Bank，2017.

[12] 刘惠清，许嘉巍.景观生态学[M].长春：东北师范大学出版社，2008.

[13] 侯钧生.人类生态学理论与实证[M].天津：南开大学出版社，2009.

[14] 欧阳志云.区域生态环境质量评价与生态功能区划[M].北京：中国环境科学出版社，2009.

[15] 戴星翼，董骁.五位一体推进生态文明建设[M].上海：上海人民出版社，2014.

[16] 郇庆治.生态文明及其建设理论的十大基础范畴[J].中国特色社会主义研究，2018，1(4)：16-26.

[17] 卢风.生态文明新论[M].北京：中国科学技术出版社，2013.

[18] 邱耕田.对生态文明的再认识——兼与申曙光等人商榷[J].求索，1997，(2)：84-87.

第三章

环境规划的内容

环境规划的核心内容包括设置恰当的环境目标及指标体系，实施合理的环境评价与预测，制定环境功能区划、环境规划方案。环境规划目标是环境规划的出发点和归宿，其由环境指标体系来表征；环境指标体系是一定时空范围内所有环境因素构成的环境系统的整体反映；环境评价是基于环境调查分析对环境质量和影响进行定性、定量的评述；环境预测是运用现代科学技术手段和方法，对未来的环境状况及发展趋势的动态变化进行描述与分析；环境功能区是指对经济和社会发展起特定作用的地域或环境管理单元；环境规划方案的设计是整个规划工作的中心，它提出具体的污染防治和环境保护的措施与对策。环境规划方案的决策是从各种可供选择的实施方案中，通过分析、评价、比较，选定一个切实可行的环境规划方案的过程。此外，环境规划的编制、实施与管理是一个动态追踪的发展过程。

第一节　环境规划的目标和指标体系

一、环境规划的任务

（一）环境规划的基本任务

环境规划的内容首先要适应我国现阶段的经济社会发展水平，贯彻环境法的总方针与总战略：坚持经济建设、城市建设与环境建设同步规划、同步实施、同步发展，实现经济效益、社会效益和环境效益的统一。在制定环境规划时，遵循经济、生态规律，符合生态文明与国民经济规划总要求，并合理利用环境资源，从而促进经济、社会和环境持续、协调地发展。

环境规划的内容编制的主要任务是解决和协调国民经济发展与环境保护之间的矛盾，以期科学地规划（或调整）经济发展的规模和结构，改善和协调区域生态系统的动态平衡，促使区域复杂系统向更高级、更科学、可持续的方向发展。

1. 全面掌握规划区域的基础资料，分析评价环境系统的质量状况

通过调查研究、搜集有关经济和社会发展的长期计划和各项基础技术资料，对该区域的自然资源、社会资源和经济资源作出全面分析与评价。通过对该区域环境系统现状的评价，明确环境系统已经存在的问题，进而确定区域经济和社会发展的性质、任务和方向。

2. 结合区域发展总体规划，预测环境系统的发展趋势

区域环境发展的预测就是在环境现状调查评价和科学实验的基础上，并结合经济社会发展的实际和不同发展方案的趋势预测，对环境的发展趋势所作的科学判断和分析。通过

对预测结果进行综合分析，识别诊断出主要环境问题及其成因，据此进一步确定环境规划的具体控制指标和技术方法。

3. 对区域自然、经济和社会发展，提出切实可行的调整方案

首先搞好区域工业与其他组成部分的合理布局。调整区域内产业结构与布局是环境规划中的主要任务之一。其次是调整工业体系内部的布局。对于新开发的工业园区或城市新区，要在区内尽量形成和延长工业生产链，以便充分利用资源，减少环境污染。第三是合理开发和充分利用资源，提高资源利用率。第四是应用现代技术方法优化调整规划方案。

4. 搞好环境保护，促进区域生态系统的良性循环

社会化大工业生产和资源的大量开发，引起了生态环境的变化和环境的污染，环境保护已成为人们普遍关心的问题。防止水源地、城镇居民点与风景旅游区的污染，保护有科学意义的自然保护区和历史文物古迹。区域环境规划应力求减轻或免除对自然的威胁，恢复已被破坏的生态平衡，还应进一步改善和美化环境，促进区域生态系统向良性循环发展。

5. 制定环境保护技术政策，保证经济协调发展

环境保护技术政策是国民经济和社会发展的需要，它对于各种资源的合理开发利用程序，生态环境保护与人体健康，国家及城市经济技术开发战略等具有重要的意义。因此，应制定统一的环境保护技术政策，用以指导和制定城市环境规划。制定环境保护技术政策，既要与有关行业的技术经济政策相协调，又要从环境保护战略全局的需要出发，使其起到统筹安排和综合协调的作用，从而体现环境质量的动态控制。

（二）环境规划的基本程序

我国环境规划的理论体系和工作程序尚未统一，但其编制的基本内容有许多相近之处。主要应该有：① 环境现状调查与评价。② 区域环境预测。③ 环境规划目标确定。④ 环境规划指标体系建立。⑤ 环境规划功能区划。⑥ 环境规划方案优化。⑦ 环境规划方案协调。⑧ 环境规划方案审批。⑨ 环境规划实施与管理（图 3-1）。当然在编制具体环境规划时，可以依据其特点设计编制的基本程序。

环境规划目标是环境战略的具体体现，是进行环境建设和管理的基本出发点和归宿。环境规划目标是通过环境指标体系表征的，环境指标体系是一定时空范围内所有环境因素构成的环境系统的整体反映。

二、环境规划的目标

（一）环境规划目标的概念

环境规划目标是环境规划的核心内容，是对规划对象（如国家、城市、工业区等）未来某一阶段环境质量状况的发展方向和发展水平所做的规定。环境规划目标应体现环境规划的根本宗旨，即要保障国民经济和社会的持续发展，促进经济效益、社会效益、生态环境效益的协调统一。因此，环境规划目标既不能过高，也不能过低，而要恰如其分，做到经济上合理、技术上可行和社会上满意。只有这样，才能发挥环境规划目标对人类活动的指导作用，才能使环境规划纳入国民经济和社会发展规划成为可能。

国务院印发的《“十三五”生态环境保护规划》明确提出国家生态环境保护的目标为：到2020年，生态环境质量总体改善。生产和生活方式绿色、低碳水平上升，主要污染物排放总量大幅减少，环境风险得到有效控制，生物多样性下降势头得到基本控制，生态系统稳定性

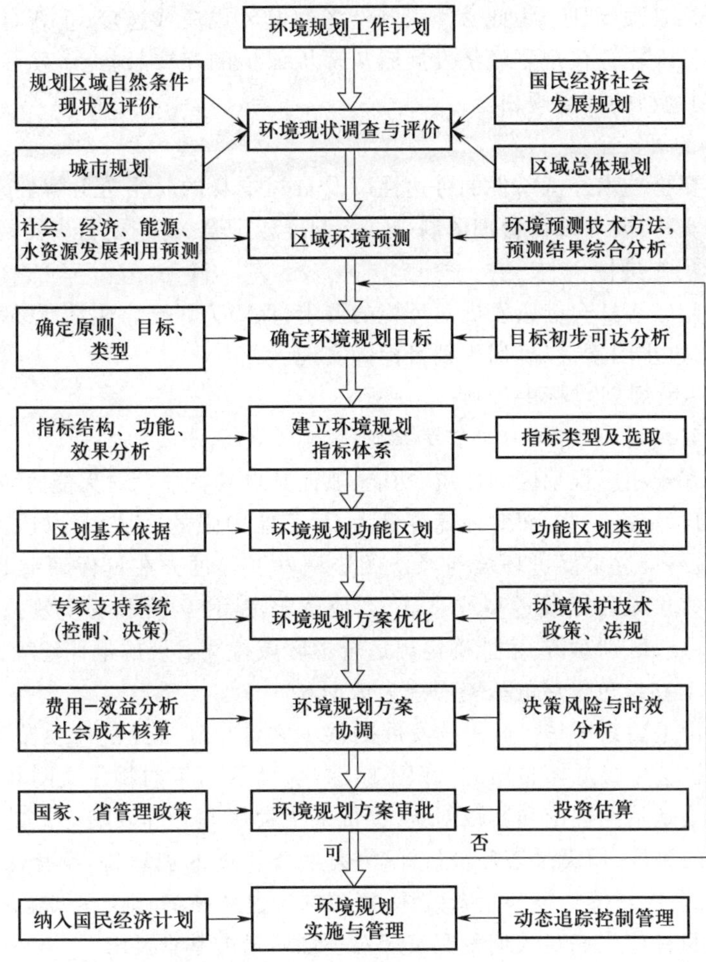

图 3-1 环境规划编制程序

明显增强，生态安全屏障基本形成，生态环境领域国家治理体系和治理能力现代化取得重大进展，生态文明建设水平与全面建成小康社会目标相适应。

（二）环境规划目标的基本要求

1. 具有一般发展规划目标的共性

环境规划目标必须有时间限定和空间约束，可以计量并能反映客观实际，而不是规划人员和决策者的主观要求和愿望。

2. 与经济社会发展目标协调

环境保护的根本目的是为了实现人与自然的和谐，保障环境与经济社会协调发展。环境规划目标应集中体现这一方针，应与经济社会发展目标进行综合平衡。平衡中一般可能出现 3 种情况：

（1）发展经济与环境保护投入两种目标都可达到。这是一种协调型的环境规划。

（2）环境保护投入受经济力量限制，必须降低环境目标。这类环境目标的制定必须注重协调工作，并体现于经济社会发展总体规划中。这种情况是为了解决经济发展所带来的环境后果而做出的经济制约型环境规划。

(3) 环境目标必须保证。为此必须限制经济的发展规模或速度,重新布局工业或调整产业结构。这种情况充分体现了经济发展服从环境保护的需要,即经济发展受环境保护的制约,属于环境制约型的环境规划。

3. 保证目标的可实施性

可实施性主要指技术经济条件的可达性以及目标本身的时空可分解性,并且要便于管理、监督、检查和实行,要与现行管理体制、政策、制度相配合,特别要与责任制挂钩。

4. 保证目标的先进性

目标应能满足经济社会健康发展对环境的要求,保障人民正常生活所必需的环境质量;同时,应考虑技术进步因素,以确保规划目标的实现。

(三) 确定环境规划目标的原则

1. 以规划区环境特征、性质和功能为基础

确定目标要基于相应规划区的性质、功能,抓住其自身特征。对无能力防治和对污染特别敏感的区域,目标应高一些,而对环境容量大、承载能力强的区域,可以适当放低目标,推动经济发展,并最终反过来促进环境与经济的协调发展。过去在目标确定上过多采用"一刀切"的办法,许多区域目标或过高或过低,造成资源浪费,经济和环境效益低下。因此应综合分析,抓住特点,区别对待,才能确定出适合本区域持续发展的最佳环境目标。

2. 以生态文明和绿色发展的战略思想为依据

生态文明建设是关系中华民族永续发展的根本大计。随着经济社会发展和实践深入,我们对中国特色社会主义总体布局的认识不断深化,已从当年的物质文明和精神文明发展到"五位一体",这是重大理论和实践创新,更带来了发展理念和发展方式的深刻转变。如果只有发展经济的目标,而无生态环境目标,只有经济发展的规划,而没有保护和改善生态环境的规划,势必造成环境污染和生态破坏,资源的衰退和枯竭,则经济难以持续发展。

3. 环境规划目标应当满足人们生存发展对环境质量的基本要求

环境规划目标不仅要满足环境与经济协调发展的需要,还要保证人们生存发展的基本要求得到满足。一方面,确定目标应高于人们生活对环境质量的要求,尤其对于符合要求的饮用水、清洁空气、适当的生存空间和娱乐休闲等生活条件得到保证。另一方面,确定的目标也要高于生产对环境质量的要求,保证符合标准的生产用水、空气、生产用地、生产材料和能源等,从而保证生产的顺利进行。

4. 环境规划目标应当满足现有技术经济条件

环境规划总是在一定的条件支持下才能实现。确定目标时应考虑现有的管理、防治技术和人才结构问题,要分析现有经济水平能够提供多少资金用于环境保护,这一点至关重要。正确的做法是把环境规划目标和经济目标协调起来进行综合平衡,以保证资金投入。不同地区技术经济条件不同,但都应在现有和可能有的技术和经济条件下确定环境规划目标。

5. 环境规划目标要求能做时空分解、定量化

无论定性目标,还是定量目标,都要把目标具体化,在时间上和空间上能进行分解细化目标,形成易于操作的指标和具体要求。这样,便于环境规划方案的管理、监督、检查和执行。

（四）确定环境规划目标常用的方式

1. 定量确定环境规划目标

定量是指在目标确定过程中尽量使目标量化的方式。用这种方式确定的目标都有具体的数量，表示环境质量要达到的程度或标准。其优点在于明确而具体表示环境规划目标，以利于管理、监督和实施。这种方式在中短期规划中应用较多。

2. 定性确定环境规划目标

定性是指用定性的方式描述目标，无明确数量化的要求，只是用概要的语言描述对于环境质量的要求。其优点在于能在较高视角表达目标，常用于中长期规划的目标确定。定性目标便于指导定量目标的确定，但不具有操作性。

3. 半定量确定环境规划目标

半定量是指介于定性与定量确定之间的方式，综合定量定性确定的优点，回避二者的弱点。适于一些模糊目标的确定。

（五）环境规划目标的可达性分析

经过调查、分析、预测确定出环境规划目标后，还要对规划目标进行可达性分析并及时反馈回来对目标进行修改完善，以使目标准确可行。

1. 环境保护投资分析

在环境规划中，其目标一旦确定，污染物总量削减指标、环境污染控制指标和环境工程设备建设指标就相应确定。逐项计算完成各项指标所需资金，在留有余地的前提下得出一个总投资预算。同时，考虑环境保护投资占同期国民生产总值的比例，计算出国家和地方准备投入的环境保护资金，两项比较并得出结论。过高、过低或持平都须反馈回来，对目标重新修正，保证在投资范围内进行环境保护。我国环境保护投资占同期国民生产总值比例呈上升趋势，由过去不足 0.7% 到 1%，再到“九五”期间的 1%～1.5%。投资比例越大，环境目标便越易实现。随着近年来“大气十条”“水十条”及“土十条”的颁布，国家用于环境污染治理的投资总额也保持上升趋势，已超过 9 500 亿元的规模。

2. 技术力量分析

（1）环境管理技术。现有的环境管理已由单一的定性管理转向定性、定量综合，并最终走向定量管理。同时，由点源控制已转向集中控制，末端控制转向生产全过程控制。管理技术的提高为环境目标的实施提供了强有力的技术支持。分析管理技术水平用以分析规划目标的确定是否具有可行性，以确保目标的准确性，保证规划的有效性。

（2）污染防治技术。迅速发展的科学技术推动污染防治技术的进步。清洁生产工艺的发展正是从根本上抓住污染防治，从原材料的处理、生产加工、产品设计到废物回收利用都有新技术的采用。随着污染防治技术的进一步发展，势必将最终淘汰掉高消耗、低效益的生产设备和治标不治本的老技术、旧设备。从而既节约资源、提高资源利用率，又促进经济效益的提高，并使环境目标得以实现。

（3）技术人才与技术推广。我国在环境管理、环境污染防治等领域还缺乏知识面广、技术过硬的专业人才，还没有形成合理的技术人才结构，这势必影响到技术进步和推广。在确定的目标可达性分析中，要认清环境领域的技术人才形势，评估其技术力量大小和可能的执行力度，最终为顺利实施环境目标提供支持。

3. 污染负荷削减能力分析

对规划区污染负荷削减能力的分析直接关系到环境目标能否实现。通常削减能力由两部分组成:首先,通过对现有的削减能力的调查和评价,统计出区域内污染削减的平均水平,估算出其已有削减力;其次,基于现有削减力预测、推演其削减潜力,并分析挖掘潜力的可能性,从而概算出今后一定时期该区域可能增加的污染负荷削减能力。一旦得出规划区的污染负荷削减能力,便可与实现目标所要求的削减能力进行比较,据此得出最终的可行性分析结果。对于污染负荷削减能力的估算,还存在一个不断量化的过程,应当选择合适的参数、模式,设法改进对潜在能力的预测技术,使总削减能力的计算更全面、更准确,提高环境目标可行性分析质量。

4. 其他分析

在环境规划目标可达性分析中,还涉及公民素质分析。经济落后、生产方式传统、旧观念作祟加之教育上不去的现实,决定有些区域公民素质不高,环境保护意识淡薄,直接影响环境目标落实的难度。在较开放、经济文化发展较高的地区,相对而言,环境规划目标更易实现。此外,其他一些影响措施、控制对策和法规执行程度等因素也应当加以分析,在执行有利与不利中,有执法管理部门的原因,也有群众的原因,有政治也有经济的原因。要综合分析目标的可行性。

三、环境规划的指标体系

为了全面、合理地评价区域环境的现状与未来,对区域性质、规模、结构、土地利用及环境容量等进行定量或半定量的测定和预测,对区域的发展作出科学的规划,实行准确的控制、调整与反馈,使区域社会、经济、环境协调发展,制定出一套科学的、反映区域环境质量状况和社会经济发展状况的指标体系是非常必要的。但要建立这样的一套指标体系又是极为复杂的,因为它几乎涉及人类活动的各个方面,所以迄今为止尚未形成一个公认的指标体系。

(一) 概念

环境规划指标体系是指进行环境规划定量或半定量研究时所必需的数据指标总体。像区域的地质地形、气象与气候、水文、土壤和生物等自然生态指标;区域的人口密度、经济结构和密度、交通密度等社会经济指标;污染物发生量、排放量等污染源指标,污染物浓度分布及其评价等级和环境质量评价指标;反映区域总体水平的区域环境综合整治指标等,都是环境规划研究时所必需的数据指标。

由上可知,环境规划指标是直接反映环境状况及相关的事物,并用来描述环境规划内容的特征值。环境规划指标包含两方面的含义:① 表示规划指标的内涵和所属范围的部分,即规划指标的名称;② 表示规划指标数量和质量特征的数值,即经过调查登记、汇总整理而得到的数据。环境规划指标是环境规划工作的基础,并运用于整个环境规划工作之中。

(二) 建立环境规划指标体系的原则

建立环境规划指标体系,就是要建立起能全面、准确、系统和科学地反映各种环境现象特征和内容的一系列环境规划目标。为了切实搞好这项工作,必须遵循一定的原则。

1. 整体性原则

环境规划指标体系要求环境规划指标完整全面,既有反映环境规划全部内容的环境指标,又包括在环境规划过程中所使用的社会、经济等单项指标,并由此构成一个完整的环境规划指标体系。

2. 科学性原则

要通过科学的方法来建立环境规划指标体系,只有科学的规划指标才能进行科学的环境规划,也才能够实现环境规划的目标。

3. 规范性原则

环境规划指标体系是一个由多项指标构成的体系,由于这些指标的性质和特点不尽相同,这就需要对各项规划指标进行分类和规范化处理,使各类环境规划指标的涵义、范围、量纲和计算方法等具有统一性,而且要在较长时间内保持不变,以保证环境规划指标的精确性和可比性。

4. 可行性原则

环境规划指标体系必须根据环境规划的要求来设置,根据具体的环境规划内容来确定相应的环境规划指标体系,在设计和实施环境规划方案时具有可行性。

5. 适应性原则

环境规划指标体系既要适应环境规划的要求,也要适应环境统计工作的要求,在尽量满足环境规划工作需要的同时,也要考虑到实际可能的条件。如果片面地强调指标的完整无缺,势必增加了指标统计的工作量,超过统计部门的人、财、物的可能,就会给建立环境规划指标体系带来更加不利的影响。

6. 选择性原则

环境规划指标体系要注意选择那些具有现实性、独立性和必要性的指标,特别是区域环境综合整治指标要注意代表性和可比性,真正体现区域环境综合整治水平,并可以得到客观准确的评价。

四、环境规划指标的类型

关于环境规划指标体系的研究工作虽然在深入进行中,但仍没有规范化和标准化。特别是环境规划类型多种多样,环境规划指标由几十个到几百个。从内容上看,有数量方面的指标、质量方面的指标和管理方面的指标;从表现形式上看,有总量控制指标和浓度控制指标;从复杂程度上看,有综合性指标和单项指标;从范围上看,有宏观指标和微观指标;从地位和作用上看,有决策指标、评价指标和考核指标;从其在环境规划中的作用上看,有指令性规划指标、指导性规划指标和相应性指标。

但目前,主要采用按其表征对象、作用以及在环境规划中的重要性或相关性来分,有环境质量指标、污染物总量控制指标、环境规划措施与管理指标,以及相关性指标。

1. 环境质量指标

环境质量指标主要表征自然环境要素(大气、水)和生活环境(如安静)的质量状况,一般以环境质量标准为基本衡量尺度,环境质量指标是环境规划的出发点和归宿,所有其他指标都是围绕完成环境质量指标确定的。

2. 污染物总量控制指标

污染物总量控制指标系根据一定地域的环境特点和容量来确定,其中又有容量总量控制和目标总量控制两种。前者体现环境的容量要求,是自然约束的反映;后者体现规划的目标要求，是人为约束的反映。我国现在执行的指标体系是将二者有机地结合起来，同时采用。

污染物总量控制指标将污染源与环境质量联系起来考虑，其技术关键是寻求源与汇（受纳环境）的输入响应关系，这是与目前盛行的浓度标准指标的根本区别。浓度标准指标中，对污染源的污染物排放浓度和环境介质中的污染物浓度做出规定，易于监测和管理，但此类指标对排入环境中的污染物量无直接约束，未将源与汇结合起来考虑。

3. 环境规划措施与管理指标

环境规划措施与管理指标是首先达到污染物总量控制指标，进而达到环境质量指标的支持性和保证性指标。这类指标有的由环境保护部门规划与管理，有的则属于城市总体规划，但这类指标的完成与否与环境质量的优劣密切相关，因而将其列入环境规划中。

4. 相关性指标

相关性指标主要包括经济指标、社会指标和生态指标3类。相关性指标大都包含在国民经济和社会发展规划中，都与环境指标有密切的联系，对环境质量有深刻影响，但又是环境规划所包容不了的。因此，环境规划将其作为相关指标列入，以便更全面地衡量环境规划指标的科学性和可行性。对于区域来说，生态类指标也被环境规划所特别关注，它们在环境规划中将占有越来越重要的位置。

环境规划指标类别与内容见表3-1。

表3-1 环境规划指标类别与内容

指标类别与内容	应用范围			
	省域	城市	部门行业	流域
一、环境质量指标				
1. 大气				
$PM_{2.5}$（年日均值）或达到大气环境质量的等级		0		
SO_2（年日均值）或达到大气环境质量的等级		0		
NO_x（年日均值）或达到大气环境质量的等级		0		
降尘（年日均值）		0		
酸雨频度与平均PH	0	0		
2. 水环境				
饮用水源水质达标率，饮用水源数		0		
地表水达到地表水水质标准的类别或COD	0	0	0	
地下水矿化度、总硬度、COD、硝酸盐氮和亚硝酸盐氮含量		0		
海水达到近海海域水质标准类别或COD、石油、氨氮和磷含量				
3. 噪声				
区域噪声平均值和达标率		0		
城市交通干线噪声平均声级和达标率		0		

续表

指标类别与内容	应用范围			
	省域	城市	部门行业	流域
二、污染物总量控制指标				
1. 大气污染物宏观总量控制				
大气污染物(SO_2、烟尘、工业粉尘和 NO_x)总排放量;燃烧废气排放量、消烟除尘量;工艺废气排放量、消烟除尘量;工艺废气排放量、处理量;工业废气处理量、处理率;新增废气处理能力	0	0	0	
大气污染物(SO_2、烟尘、工业粉尘和 NO_x)去除量(回收量)和去除率(回收率)	0	0		
1 t 以上锅炉数量、达标量、达标率;窑炉数量、达标量、达标率	0	0	0	
汽车数量、耗油量、NO_x 排放量		0		
2. 水污染物宏观总量控制				
工业用水量和工业用水重复利用率,新鲜水用量	0	0	0	0
污水排放总量;工业废水总量、外排量;生活废水总量	0	0	0	0
工业废水处理量、处理率、达标率,处理回用量和回用率				
外排工业废水达标量、达标率				
新增工业废水处理能力				
万元产值工业废水排放量	0	0	0	0
废水中污染物(COD、BOD、重金属)的产生量、排放量、去除量	0	0	0	0
3. 工业固体废物宏观控制				
工业固体废物(冶炼渣、粉煤灰、炉渣、煤矸石、化工渣、尾矿和其他)产生量、处置量和处置率;堆存量、累计占地面积、占耕地面积	0	0	0	
工业固体废物(冶炼渣、粉煤灰、炉渣、煤矸石、化工渣、尾矿和其他)综合利用量、综合利用率;产品利用量、产值、利润;非产品利用量	0	0	0	
有害废物产生量、处置量、处置率	0	0	0	
4. 乡镇环境保护规划				
乡镇工业大气污染物排放(产生)量、治理量、治理率和排放达标率	0	0		
水污染物排放(产生)量、削减量、治理量和治理率和排放达标率	0	0		
固体废物产生量、综合利用量、排放量等	0	0		
三、环境规划措施与管理指标				
1. 城市环境综合整治				
燃料气化:建成区居民总户数、使用气体燃料户数、城市气化率		0		
型煤:城市民用煤量、民用型煤普及率		0		
集中供热:“三北”采暖建筑面积、集中供热面积、热化率、热电联产供热量		0		

续表

指标类别与内容	应用范围			
	省域	城市	部门行业	流域
烟尘控制区:建成区总面积、烟尘控制区面积及覆盖率		0		
汽车尾气达标率		0		
城市污水量、处理量、处理率、处理厂数及能力(一、二级)和处理量;氧化塘数、处理能力及处理量		0		
地下水位、水位下降面积、区域水位降深;地面下沉面积、下沉量		0		
工业固体废物集中处理厂数、能力、处理量	0			0
生活垃圾无害化处理量、处理率;机械化清运量、清运率;建成区人口、绿地面积、覆盖率;人均绿地面积		0		
2. 乡镇环境污染控制				
污染严重的乡镇企业数,关、停、并、转、迁数目	0	0		
污灌水质	0	0		
3. 水域环境保护				
功能区:工业废水、生活污水、COD、NH_3-N 纳入水量(湖泊加 TP、TN 纳入量)	0	0		0
监测断面:COD、BOD、DO 和 NH_3-N 或达到地表水水质标准类别(湖泊取 COD、N、P)	0	0		0
海洋功能区划:工业废水和生活污水入海通量	0			
4. 重点污染源治理				
污染物处理量、削减量;工程建设年限、投资预算及来源	0	0	0	
5. 自然保护区建设与管理				
重点保护的濒危动植物物种和保存繁育基地数目、名称	0			
自然保护区类型、数量、面积、占国土面积百分比和新辟建的自然保护区	0			
6. 投资				
环境保护投资总额占国民收入的百分数	0	0	0	
环境保护投资占基本建设和更改资金的比例	0	0	0	
四、相关性指标				
1. 经济				
国民生产总值:工、农业生产总值及年增长率;部门工业产值	0	0		
工业密度:单位占地面积企业数、产值	0	0		
2. 社会				
人口总量与自然增长率、分布、城市人口	0	0		

续表

指标类别与内容	应用范围			
	省域	城市	部门行业	流域
3. 生态				
森林覆盖率、人均森林资源量、造林面积	0	0		
草原面积、产量、载畜量、人工草场面积	0	0		
耕地保有量、人均量;污灌面积;农药化肥污染土壤面积	0	0		
水资源总量、调控量、水资源涵养林面积、水利工程和地下水开采	0	0		
水土流失面积、治理面积、减少流失量	0	0		
土地沙化面积、沙化控制面积	0			
土地盐渍化面积、改良复垦面积				
农村能源、生物能源占能源的比重,薪柴林建设				
生态农业试点数量及类型				

注:省内城市按城市要求,城市内行业按行业要求;“0”表示某项指标适合于对应的应用范围。

第二节　环境评价和预测

一、环境评价

在环境保护工作中,需要对环境进行广泛的、深入的、全面的监测和调查研究,根据调查和监测的结果进行统计分析和计算,对环境质量作出综合评价,找出环境中存在的问题,然后才能有针对性地制定改善和提高环境质量的规划和措施。

环境评价是在环境调查分析的基础上,运用数学方法,对环境质量、环境影响进行定性和定量的评述,旨在获取各种信息、数据和资料。它是制定规划的基础工作。通过评价以了解区域环境的特征、环境的调节能力和承载能力,并找出环境中存在的主要问题,确定主要的污染物和污染源及其发生原因、地域分布。

(一) 环境调查与环境信息采集

信息情报的收集分析不仅在编制规划时是必不可少的,而且在规划的实施过程中也要经常反馈信息,进行分析以调查规划或采取应变措施,保障规划目标的实现。信息和情报的收集与分析是贯穿于规划全过程的基础性工作,是环境规划的重要支持系统之一。

1. 信息情报收集的内容与来源

初期的信息情报收集以广和全为原则,应包括与规划有关的一切经济的、社会的、科技的、人文的及自然、地理、生态和污染情况等。待环境规划方向、内容范围基本确定以后,要有重点地收集信息情报,向深度发展。

信息情报源主要包括:先前的环境规划、计划及其基础资料;统计部门历年的统计资料,包括经济、社会和环境等方面;有关部门的规划和背景资料;环境科研部门收藏的文献资料

(包括环境调查、科研成果等);环境监测部门的有关资料和历年的环境质量报告书;专家系统提供的信息情报;为环境规划编制而专门收集的实地考察、测试所得的资料。

2. 信息情报采集的方法

查阅和收集公开发表的上述文献资料,即文献调研;召开专家和管理干部座谈会,请他们撰写有关资料或通过书信调查采集信息,确定主要问题或对问题进行排序;吸收与环境规划有关部门的干部和专家参与环境规划编制;依靠当地环委会或上级协调部门疏通信息情报渠道,取得有关文献和资料;设立环境规划研究课题,委托科研单位进行关键问题的研究或关键数据的测试、核算。

3. 信息情报的收集和使用注意事项

(1) 在初期信息情报收集分析的基础上,应尽早确定规划的方向、范围和结构,缩小信息情报收集范围,做到有针对性地进行补充收集工作。

(2) 对收集的文献资料进行仔细甄别,去伪存真,确认所得数据的时空界限和权威性。

(3) 规划收集的资料应妥善分类和保管,制定使用制度和范围,注意不使之扩散和散失。

(二) 环境现状调查与评价的内容

1. 自然环境评价

地质、气候、水文、植被、地形地貌、土壤和特殊价值地区及生态环境(特别是生态敏感区或生态脆弱区)等。自然环境评价主要为环境区划和评估环境的承载能力服务。一般应包括区域自然环境现状、大气环境污染现状、水体环境污染现状、土壤环境污染现状、噪声污染现状和固体废物污染现状。

在对区域环境现状调查的基础上进行系统的分析和研究,找出目前存在的各种环境问题及在规划期内亟待解决的主要环境问题,作出区域环境质量评价。

2. 经济、社会现状评价

(1) 区域内相关的经济现状。区域相关的经济因素主要是指与环境规划内容有直接或间接关系的那部分经济活动,这些经济活动影响着区域环境质量的状况。所以,在进行区域环境规划时,需要考虑这些相关的经济发展状况。

① 生产布局现状分析。生产布局是人类生产活动存在和发展的空间形式,它对区域环境产生直接和显著的影响。合理的生产布局能够最大限度地减轻对区域环境的危害,并在有限的环境容量和环境资源的情况下,发挥当地最大的生产潜力;而不合理的生产布局既不能有效地发挥生产潜力,又严重地损害区域的环境质量。② 生产力发展水平现状分析。生产力直接反映了人与自然环境之间的关系,生产力发展水平则反映了人们征服、改造、控制和适应环境的能力。

根据区域社会生产力发展水平,分析环境污染问题的可能性,并通过环境损益分析的结果,因势利导,最大限度地控制区域环境问题。

(2) 区域内相关的社会因素。人是社会的基本组成部分,人又是社会生产和消费的主体。人正是通过生产和消费活动同环境形成了相互联系、相互作用、相互制约的对立统一关系,这种相互关系的影响程度是和区域内的人口总数、人口密度、人口分布、人口结构、年龄分布、城乡人口分布和行业人口分布等因素有直接关系的。

社会意识状况分析。分析规划区内人们的思想、道德、哲学、美学、文艺、宗教和风俗等社会意识形态，特别是当地人们的环境意识等方面的情况，并分析这些社会意识对区域环境所产生的影响。

此外，还包括社会制度、体制和机制等社会概况，并分析对区域环境所产生的影响。

3. 污染评价

突出重大工业污染源评价和污染源综合评价。根据污染类型，进行单项评价，按污染物排放总量排队，由此确定评价区内的主要污染物和主要污染源。污染评价还应酌情包括乡镇企业污染评价和生活及面源污染分析等。污染评价还应考察现存环境设施运行情况、已有环境工程的技术和效益，作为新规划工程项目的设计依据和参考。大气和水污染评价技术遵照有关技术规划进行。

（三）环境评价工作和内容

1. 污染源调查

了解污染物排放量和污染物毒性，综合评价污染源对环境的潜在危害作用，选出地区主要污染物和污染源。

2. 监测项目的确定

在主要污染物地球化学性质分类的基础上，确定何类污染物为本区的监测项目。

3. 监测网点布局

根据工、农业和城市各物质要素分布特点及自然条件，规划合理的监测网点。

4. 获得环境污染数据

采集代表性样品，设计样品前处理方案测试，获得可靠数据。

5. 环境质量综合评价

对监测数据进行标准化计算，合理叠加，用作图方法显示评价区环境质量综合污染状况。

6. 人体健康与环境质量关系的确定

计算各种疾病率（死亡率）与环境质量系数之间的相关性，确定人体健康与环境污染的相关性。

7. 建立环境污染计算模式

以监测数据为基础，综合室内模拟实验，确定模式中的参数，建立符合评价区情况的计算模式。

8. 环境预测研究

将未来工业设计数据、工业治理设计参数代入模式，研究随工业发展和“三废”治理，环境污染的未来变化趋势。

（四）环境评价的注意问题

（1）评价参数要选择涉及范围广、可以控制，且对评价对象的质量有决定性影响者，参数选择宜从简，以能基本表征评价对象为原则。

（2）评价标准应以国家颁布的有关标准为首选标准，标准的选择既要照顾到统一性、可行性，亦要注意反映具体实际情况。

（3）环境评价应有整体观念，注意多因素相互的影响和作用，以及评价区域各个时期的演变趋势。为控制污染和环境治理找出重点，并为环境规划提供依据。

（4）环境评价要将污染源与环境效应结合起来进行综合评价。为城市环境功能区合理划分、城市建设和产业布局提供依据。

二、环境预测

环境预测是指根据人类过去和现有已掌握的信息、资料、经验和规律,运用现代科学技术手段和方法,对未来的环境状况和环境发展趋势及其主要污染物和污染源的动态变化进行描述和分析。

(一) 环境预测的依据

(1) 环境预测的主要目的,就是预先估算出实施经济社会发展达到某个水平年的环境状况,以便在时间和空间上作出具体的安排和部署。所以这种环境预测与经济发展的关系十分密切,且把社会经济发展规划(发展目标)作为环境预测的主要依据。

(2) 规划区的环境质量评价是环境预测的基础工作和依据,通过环境评价探索出经济社会发展与环境保护间的关系和变化规律,从而为建立环境规划的预测或决策模型奠定基础。

(3) 规划区内经济开发和社会发展规划中各水平年的发展目标是环境预测的主要依据,这是因为一个地区的经济社会发展与环境质量状况存在一定的相关性,利用这种关系才能做出未来环境状况的科学预测。

(4) 村镇、城市建设发展规划、城镇总体发展战略和发展目标、交通运输等有关资料都是环境预测的依据资料,例如城市集中供热、发展型煤、煤气化、绿化和建污水处理厂等,都直接关系未来环境的状况,这些数据资料都是环境预测所不可缺少的。

(二) 环境预测遵循的基本原则

1. 经济社会发展是环境预测的基本依据

要注意经济社会与环境各系统之间和系统内部的相互联系和变化规律。

2. 科学技术是第一生产力

科学技术对经济社会发展的推动作用和对环境保护的贡献是影响预测的重要因素。

3. 突出重点

突出重点即抓住那些对未来环境发展动态最重要的影响因素。这不仅可大大减少工作量,而且可增加预测的准确性。

4. 具体问题具体分析

环境预测涉及面十分广泛,一般可分为宏观和中观两个层次,要注意不同层次的特点和要求。

(三) 预测的类型

进行环境预测时,根据预测目的的不同,所采用的数据是不一样的,因而其结果也就不一样。按预测目的可分为:警告型预测(趋势预测)、目标导向型预测(理想型)预测和规划协调型预测(对策型预测)。

1. 警告型预测

警告型预测指在人口和经济按历史发展趋势增长,环境保护投资、防治管理水平、技术手段和装备力量均维持目前水平的前提下,预测未来环境的可能状况。其目的是提供环境质量的下限值。也就是指在工业结构等不发生重大变化,环保投资与总投资的比例不变的前提下,按目前的状况等比例发展下去,预测未来环境所能达到的质量状况。

2. 目标导向型预测

目标导向型预测指人们主观愿望想达到的水平。目的是提供环境质量的上限值,是为了使水平年污染物浓度达到环境保护要求,排污系数应有的递减速率及污染排放量应达到的基准。

3. 规划协调型预测

规划协调型预测指通过一定手段,使环境与经济协调发展所能达到的环境状况。这是预测的主要类型,也是规划决策的主要依据。它是指在充分考虑到技术进步、环境保护治理能力、企业管理水平和产业结构的更新换代等动态因素的前提下,对环境质量达到的切合实际的预测。

(四) 预测的主要内容

1. 社会和经济发展预测

规划期内区域内的人口总数、人口密度和人口分布等方面的发展变化趋势;区域内人们的道德、思想、环境意识等各种社会意识的发展变化;人们的生活水平、居住条件、消费倾向和对环境污染的承受能力等方面的变化;区域生产布局的调查、生产力发展水平的提高和区域经济基础、经济规模和经济条件等方面的变化趋势。从中可以看出,社会发展预测重点是人口预测,经济发展预测重点是能源消耗预测、国民生产总值预测和工业部门产值预测。

预测还包括:随着社会、经济的发展所带来的各种环境问题,区域环境质量随着人们的生产和消费活动变化的规律性,区域污染物发生量和人口分布、人口密度、生产布局和生产力发展水平等因素之间的关系。

2. 环境容量和资源预测

根据区域环境功能的区划、环境污染状况和环境质量标准来预测区域环境容量的变化,预测区域内各类资源的开采量、储备量及资源的开发利用效果。

3. 环境污染预测

预测各类污染物在大气、水体和土壤等环境要素中的总量、浓度及分布的变化,预测可能出现的新污染物种类和数量。预测规划期内由环境污染可能造成的各种社会和经济损失。污染物宏观总量预测的要点是确定合理的排污系数(如单位产品和万元工业产值排污量)和弹性系数(如工业废水排放量与工业产值的弹性系数),环境质量预测的要点是确定排放源与汇之间的输入响应关系。

4. 环境治理和投资预测

各类污染物的治理技术、装置、措施、方案及污染治理的投资和效果的预测;预测规划期内的环境保护总投资、投资比例、投资重点、投资期限和投资效益等。

5. 生态环境预测

城市生态环境,包括水资源的贮量、消耗量、地下水位等,城市绿地面积、土地利用状况和城市化趋势等;农业生态环境,包括农业耕地数量和质量,盐碱地的面积和分布,水土流失的面积和分布;此外还包括区域内的森林、草原、沙漠等的面积、分布及区域内的物种、自然保护区和旅游风景区的变化趋势。

(五) 预测方法的选择

1. 基本思路

环境预测是在环境调查和现状评价的基础上,结合经济发展规划,通过综合分析或一定

的数学模拟手段,推求未来的环境状况。其技术关键是:

(1) 把握影响环境的主要经济社会因素并获取充足的信息。

(2) 寻求合适的表征环境变化规律的数学模式和(或)了解预测对象的专家系统。

(3) 对预测结果进行科学分析,得出正确的结论。这一点取决于规划人员的素质及其判别综合问题的能力与水平。

2. 常用预测方法的选择

目前,有关环境预测的技术方法大致可分为两类:

(1) 定性预测技术。它常常带有强烈的主观色彩,在某种意义上跟现代化的管理水平是不相适应的。定量预测有时相当复杂,但由于计算机技术已得到广泛应用,只要能够获取过去一段时间内的一些有用信息,便可通过建立一定的数学模型,通过计算机来完成预测工作。由于环境规划要达到合理投资、使用与支配环境保护资金的目的,所以应尽可能使预测定量化。但这类技术方法以逻辑思维为基础,综合运用这些方法,对分析复杂、交叉和宏观问题十分有效。如专家调查法、历史回顾法和列表定性直观预测等。

(2) 定量(或半定量)预测技术。它以运筹学、系统论、控制论、系统动态仿真和统计学为基础,对于定量分析环境演变,描述经济社会与环境相关关系比较有效。常用方法有外推法、回归分析法等。所谓外推性是指从时间发展来看,事物所具有的某种规律性。

(六) 预测结果的综合分析

对预测结果进行综合分析评价,目的是找出主要环境问题及其成因,并由此规定环境规划的对象、任务和指标。预测的综合分析主要包括下述内容:

1. 资源态势和经济发展趋势分析

分析规划区的经济发展趋势和资源供求矛盾,并对重大工程的环境影响、经济效益进行分析说明。同时分析影响经济发展的主要制约因素,以此作为制定发展战略,确定环境规划区功能的重要依据。

2. 环境污染发展趋势分析

明确必须控制的主要污染物、污染源、污染地域或受污染的环境介质。明确大气、水体的环境质量变化趋势,指出其与功能要求的差距,确定重点保护对象。必要时,可定量给出污染造成的危害和损失等,以此加强环境规划的重要性和说服力。

3. 环境风险分析

环境风险有两种类型:一类是指一些重大的环境问题,例如全球气候变化、臭氧层破坏或严重的环境污染问题等,一旦发生会造成全球或区域性危害甚至灾难。另一类是指偶然的或意外发生的事故对环境或人群安全和健康的危害。这类事故所排放的污染物往往量大、集中、浓度高、危害也比常规排放严重。如核电站泄漏事故、化工厂爆炸、采油井喷、海上溢油、水库溃坝、交通运输中有毒物质的溢泄和尾矿库或电厂灰库溃坝等。对环境风险的预测和评价,有助于针对性地采取措施,防患于未然;或者制定应急措施,在事故发生时可减少损失。

第三节 环境与生态功能区划

一、环境功能区划

（一）环境功能区划的内涵与目的

环境功能区划是环境实现科学管理的一项基础工作。它依据社会经济发展需要和不同地区在环境结构、环境状态和使用功能上的差异，对区域进行的合理划分。它研究各环境单元的承载力（环境容量）及环境质量的现状和发展变化趋势，揭示人类自身活动与环境及人类生活之间的关系。

每个地区由于其自然条件和人为利用方式不同，具体表现为该区域内所执行的环境功能不同，对环境的影响程度各异，要求不同地区达到同一环境质量标准的难度就不同。因此，考虑到环境污染对人体的危害及环境投资效益两方面的因素，在确定环境规划目标前常常要先对研究区域进行功能区的划分，然后根据各功能区的性质分别制定各自的环境目标。

功能区是指对经济和社会发展起特定作用的地域或环境单元。事实上，环境功能区也常是经济、社会与环境的综合性功能区。在环境规划中进行功能区的划分，首先是为了合理布局；其次是为了确定具体的环境目标；再者是为便于目标的管理和执行。对于未建成区或新开发区、新兴城市等来说，环境功能区划对其未来环境状态有决定性影响。

（二）环境功能区划的依据

1. 保证功能与规划相匹配

保证区域或城市总体功能的发挥与区域或城市总体规划相匹配。

2. 依据自然条件划分功能区

依据地理、气候、生态特点或环境单元的自然条件划分功能区。如自然保护区、风景旅游区、水源区或河流及其岸带、海域及其岸带等。

3. 依据环境的开发利用潜力划分功能区

如新经济开发区、绿色食品基地、名贵花卉基地和绿地等。

4. 依据社会经济的现状、特点和未来发展趋势划分功能区

如工业区、居民区、科技开发区、教育文化区和经济开发区等。

5. 依据行政辖区划分功能区

行政辖区往往不仅反映环境的地理特点，而且也反映某些经济社会特点。按一定层次的行政辖区划分功能区，有时不仅有经济、社会和环境合理性，而且亦便于管理。

6. 依据环境保护的重点和特点划分功能区

一般可分为重点保护区、一般保护区、污染控制区和重点污染治理区等。

（三）环境功能区划的内容

（1）在所研究的范围内，根据各环境要素的组成、自净能力等条件，合理确定使用功能的不同类型区，确定界面、设立监测控制点位。

（2）在所研究范围的层次上，根据社会经济发展目标，以功能区为单元，提出生活和生产布局及相应的环境目标与环境标准的建议。

（3）在各功能区内，根据其在生活和生产布局中的分工职能及所承担的相应的环境负荷，设计出污染物流和环境信息流。

（4）建立环境信息库，以便将生产、生活和环境信息进行实时处理，及时掌握环境状况及其发展趋势，并通过反馈制定出针对性的防控措施和对策建议。

（四）环境功能区划的类型

1. 按其范围分类

（1）城市环境规划的功能区。其一般包括：工业区、居民区、商业区，机场、港口和车站等交通枢纽区，风景旅游或文化娱乐区，特殊历史文化纪念地，水源区，卫星城，农副产品生产基地，污灌区，污染处理地（垃圾场、污水处理厂等），绿化区或绿色隔离带，文化教育区，新科技经济区，新经济开发区和旅游度假区。

（2）区域（省区）环境规划的功能区。一般包括：工业区或工业城市，矿业开发区，新经济开发区或开放城市，水系或水域，水源保护区和水源林区，林、牧、农区，自然保护区，风景旅游区或风景旅游城市，历史文化纪念地或文化古城，其他特殊地区。

2. 按其内容分类

（1）综合环境区划。城市综合环境区划主要以城市中人群的活动方式及对环境的要求为分类准则。一般可以分为重点环境保护区、一般环境保护区、污染控制区、重点污染治理区和新建经济技术开发区等。

① 重点环境保护区：一般指城市中（或城市影响的临近地区）风景游览、文物古迹、疗养、旅游和度假等综合环境质量要求高的地区。

② 一般环境保护区：主要是以居住、商业活动为主的综合环境质量要求较高的地区。

③ 污染控制区：一般指目前环境质量相对较好，须严格控制新污染的工业区，这类地区应逐步建成清洁工业区。

④ 重点污染治理区：主要指现状污染比较严重，在规划中要加强治理的工业区。

⑤ 新建经济技术开发区：新建经济技术开发区以其发展速度快、规模大、土地开发强度高和土地利用功能复杂为主要特征，应单独划出。该区环境质量要求及环境管理水平根据开发区的功能确定，但应从严要求。

（2）部门环境功能区划

① 大气环境功能区划：所谓大气环境功能区划并不是指对大气环境的区划，而是指为确定研究地区的大气环境规划目标而对这些地区进行的功能区划。一般而言，城市大气环境功能区划常划分成工业区、商业区、居民区、文化区、交通稠密区和清洁区 6 种类型。旅游区域环境应按清洁区来看待。广大的农业环境也可按这一体系进行划分，但类型可以少至两个，即居民区和清洁区。功能区的划分对于监测点的布置、监测浓度的统计、对照也都有重要意义。

a. 工业区。工业区以各种工业为主体，由于释放大量的烟尘、SO_2、NO_2等，使这里的大气污染十分严重，一般难以治理清洁，故居民区一般都与工业区之间有一定间隔。

b. 商业区。商业区以经营各种商品为主，但由于流动人口多，解决流动人口的食、宿服务设施也就应运而生。由于该区内存在各种餐饮店，其排放废水、废气也就成为商业区的重要污染源。

c. 居民区。居民区是居民生活、休息的场所。用餐、取暖等活动也可能释放出大量污染物。

d. 文化区。文化区是指文化、教育、科技相对集中的地区。但我国的实际情况往往是文化区也夹杂着居民区。

e. 交通稠密区。交通稠密地区由于机动车排放出的大量尾气而使污染十分严重。它包括城市交通枢纽和交通干线两侧。一般把交通线两侧到以外 50 m 处的范围都划成交通稠密区。

f. 清洁区。清洁区要求达到一级标准。它包括国家规定的自然保护区、风景游览区、名胜古迹和疗养地等。

② 地表水域环境功能区划

a. 源头水。源头水是指各地面水域,特别是江、河的最上游地段的水体。由于源头水要直接流向江、河的上、中、下游,因此源头水质质量对整条河流的水质有重要影响。

b. 国家自然保护区。国家自然保护区是由国家划定的有重要经济价值或生物多样性等需保护的重要水域。

c. 生活饮用水水源地保护区。生活饮用水水源地保护区是指居民通过取水口集中取水的地方。由于地表水饮用水源多为江河,江、河水都是流动水体,同时水体本身还存在回流、分子扩散等现象,所以一般要求取水口上、下游之间一定距离内的水质有较高的标准。根据距离的长短,又可把生活饮用水水源地保护区分为一级保护区和二级保护区。

d. 鱼类保护区。又分为珍贵鱼类保护区、鱼虾产卵场和一般鱼类保护区 3 类。

e. 一般工业用水区。一般工业用水对水质要求不高,标准规定一般工业用水区水质执行四类水质标准。

f. 农业用水区。由于土壤有较强的自净作用,农作物能有选择性吸收各种营养物,因此农业用水区对水质的要求可更低。

g. 一般景观水域。即那些没有明显的使用功能而又是人们时常经过的地方,如具有航运功能的水体和居民集中区的水体,这些水体不能发臭变色或滋生令人厌恶的水生生物,以免引起人们的不适感。

③ 噪声功能区划:由于噪声也是在空气中传播、扩散的,其污染源也主要来自工业、交通及人们日常生活、工作时发出的声音,因此噪声功能区划和大气功能区划有着较大的相似性。但由于噪声的衰减速度快等特殊性,噪声功能分区又与大气功能分区有所不同。

a. 特殊住宅区。该区是指特别需要安静的住宅区,如医院、疗养院等地区。该区昼间的等效声级(L_{eq})应低于 45 dB,夜间应低于 35 dB。

b. 居民、文教区。相当于大气功能分区中的居民区、文化区。该区是指居民区和文教、机关区,要求昼间的等效声级低于 50 dB,夜间低于 40 dB。

c. 一类混合区。该区系指一般商业区与居民住宅相混杂的地区。该区昼间等效声级应低于 55 dB,夜间应低于 45 dB。

d. 二类混合区。该区系指工业、商业、少量交通与居民住宅混杂在一起的混合区,多是一些老城在发展时未做合理规划造成的。该区昼间等效声级应低于 60 dB,夜间应低于 50 dB。

e. 商业中心区。该区系指商业集中的繁华地区。其噪声标准同“二类混合区”。

f. 工业集中区。系指在一个城市或区域内规划明确确定的工业区。其噪声标准要求昼间低于 65 dB,夜间低于 55 dB。

g. 交通干线道路两侧。系指车流量每小时 100 辆以上的道路两侧。该区要求昼间等效声级低于 70 dB,夜间低于 55 dB。

对其他环境,目前还没有制定相应的功能区划方法和质量标准。因此往往根据污染物对环境的危害程度和研究区的实际情况具体研究确定。

二、生态功能区划

(一) 生态功能区划概念

生态功能区划是通过调查和评价自然生态现状特征,空间区域对人类行为活动的应对和反应能力,以及自然生态给人类提供的效益,根据区域生态要素、生态脆弱性与生态功能的空间分异规律,进行的地理空间分区,划定主要进行保护的生态安全性较高和较易被破坏的地区,将区域划分成不同生态功能区的过程。其目的是为制定区域生态保护与建设规划,维护区域生态安全及资源合理利用与工农业生产布局,为区域生态保护与修复提供科学依据,并为环境管理部门和决策部门提供管理信息与管理手段。

(二) 基本原则

生态功能区分为三级,一级区的划分以大区域自然气候和地貌特征为依据,二级区的划分以主要生态系统类型和生态服务功能类型为依据(城市及城市近郊区可以作为二级区),三级区的划分以生态服务功能的重要性、生态脆弱性及敏感性等指标为依据。生态功能区划的原则可依据中华人民共和国环境保护部(现生态环境部)发布的《生态功能区划规程》,具体包括:

1. 发生学原则

为了让区划的方法具有实际的意义,要依照区域生态特征、环境对人类活动影响所表现出来的差异、人类从生态系统中获得的效益的差异、生态系统的结构特点等,确定区划的主导因子及区划依据。

2. 区域共轭性原则

在区划中,综合考虑流域上下游的关系、区域间生态功能的互补作用,根据保障区域、流域与国家生态安全的要求,分析和确定区域的主导生态功能。

3. 协调原则

生态功能区的确定要与国家主体功能区规划、重大经济技术政策、社会发展规划、经济发展规划和其他各种专项规划相衔接。

(三) 生态功能区划技术与方法

1. GIS 技术

GIS 具有庞大的管理、分析数据的能力,可以对不同的地理数据进行编辑处理,投影分析、空间分析、成图成像等操作。① 定义投影:GIS 处理空间信息,坐标系统的定义是 GIS 系统的基础,在处理数据时,正确定义坐标系统非常重要。② 数据处理:根据需求对地理空间数据进行数据转换、数据重构、数据提取等操作,可以对矢量数据进行空间校正,对栅格数据进行地理匹配、影响裁剪和地图矢量化等操作。③ 空间分析:GIS 包含数以百计的空间分析工具,可以将数据转化成信息,进行自动化的任务,有矢量数据和栅格数据的空间分析,对矢量数据可进行缓冲区分析、叠置分析等;对栅格数据可以进行距离制图、提取分析、统计分析、栅格计算、重分类等。④ 制图功能和可视化：能产出高质量的地图，实现图件通过眼睛来传递，将抽象的数据或因子通过 GIS 的图形表达能力直观显示出来，将数据以图像信息分布方式展现出来，包括地图在屏幕上的表达、整理修饰地图，直接导出图片等方式。

2. 空间信息分类

（1）层次分析法。层次分析法（analytic hierarchy process，AHP）是把要进行操作的要素因子分解成对象、原则、方法等层次，进行定性和定量分析的决策方法。该方法详见第 4 章。

（2）系统聚类分析。聚类分析（clustering analysis）是按照相关标准来鉴别实体或现象之间的接近程度并将相近的归为一类的数学方法，又叫作群分析、点群分析、簇群分析等。假设将要分类的所有对象当作一个集 U，分类就是将 U 分成一个个子集合，即 $U_1, U_2, U_3, \cdots, U_k$，要其满足：① $U_1 \cup U_2 \cup U_3 \cup \cdots \cup U_k = U$ ② 对于任意的 $a \neq b$，有 $U_a \cap U_b = \varnothing (a, b = 1, 2, 3, \cdots, k)$。用多种地理学要素对地理实体进行类别划分的方法，将物体之间的相同之处渐进整合后再分类，以相同基数或是长度大小定义其相似程度，称为系统聚类分析。

（3）判别分析。判别分析又称为线性判别分析（linear discriminant analysis）是判别样品所属类型的统计方法。该方法比较适合有一定理论依据的分类系统定级问题，如土地适宜性评价、水土流失方程等。

（4）叠加分析法。叠加分析是 GIS 软件中的一个分析模块，在 GIS 软件中的空间分析（spatial analysis）工具中有叠加分析，含有加权叠加、加权总和、模糊分类和模糊叠加 4 种方式。

（5）变异系数法。变异系数法（coefficient of variation method）是将每项要素包含的数据，通过运算得到要素权重，是比较客观的对事物进行赋值的方法。

第四节 环境规划方案的生成和决策过程

一、环境规划方案的生成

（一）环境规划方案的设计

1. 环境规划方案设计

环境规划方案的设计是整个规划工作的中心，与确定目标一样都是工作重点。它是在考虑国家或地区有关政策规定、环境问题和环境目标、污染状况和污染削减量、投资能力和效益的情况下，提出具体的污染防治和自然保护的措施和对策。

2. 环境规划方案设计的原则

（1）善用信息，紧指目标。环境规划前期工作中获取的信息一定要善加利用，充分了解环境问题和污染状况，明确自身的治理和管理技术，现有设备及可能投入的资金及环境污染削减能力和承载力，对这些信息进行综合考虑和深入分析。同时，在设计中，提出的各种措施和对策一定要考虑是否抓住问题实质，能不能实现，是否对准目标等，要加强信息意识和目标意识。

（2）以提高资源利用率为根本途径。环境污染实质是浪费的资源和能源在环境中积累过多，如从提高资源利用率入手，不但可以减轻污染，而且可减小资源对环境造成的压力。

在规划方案设计中,大气、水、土壤等污染综合防治,生态保护、总量控制、生产结构与布局规划都要围绕资源利用率这个中心。

(3) 遵循国家或地区有关政策法规。要在政策允许范围内考虑设计方案,提出对策和措施,避免与之抵触。

3. 环境规划方案的设计过程

(1) 分析调查评价结果。包括环境质量、污染状况、主要污染物和污染源;现有环境承载力、污染物削减量、现有资金和技术。从而明确环境现状、治理能力和污染综合防治水平。

(2) 分析预测的结果。摆明环境存在的主要问题,明确环境现有承载能力、削减量和可能的投资、技术支持,从而综合考虑实际存在的问题及其解决能力。

(3) 详细列出环境规划总目标和各项分目标;以明确环境现实与环境目标的差距。

(4) 制定环境发展战略和主要任务,从整体上提出环境保护方向、重点、主要任务和步骤。

(5) 制定环境规划的措施和对策。这是规划的主体,在目标与现实之间要通过措施的采用才能解决。重要的是运用各种方法制定针对性强的措施和对策,如区域环境污染综合防治措施、生态环境保护措施、自然资源合理开发利用措施、生产布局调整措施、土地规划措施、城镇建设规划措施和环境管理措施。

① 污染综合防治措施:包括大气污染综合防治、水污染综合防治、土壤污染综合防治、固体废物综合防治和噪声综合整治。首先,选用适当的计算公式计算污染物削减量,再将污染物削减量分配到源,明确削减任务。其次分析规划区域环境污染的主要原因,明确防治措施的重点与方向。最后,有针对地制定措施。一般管理措施应重点落实目标责任制、综合防治定量考核、排污许可证、集中控制、限期治理 5 项制度,并继续强化环境保护"三同时"、排污收费、环境影响评价老 3 项制度。工程措施重点抓好源的集中治理,兴建大型污水处理厂、垃圾填埋场,设计烟尘处理、污水净化装置,以及区域整体实施系统的环境生态工程。这些措施在污染综合防治中带有普遍性,就具体规划区要依据区域自身特点,考虑实际存在的问题与治理能力,有选择有重点采用适合的措施,切忌一刀切或面面俱到。

② 自然资源的开发利用与保护措施:自然资源的开发利用要遵循经济规律和生态规律,实行开发利用与保护增值并重的方针,以提高资源能源利用率为根本来保护资源。一般对自然资源的开发利用与保护主要采用管理措施。一方面下大力气贯彻执行有关资源保护的法律如《中华人民共和国土地管理法》《中华人民共和国矿产资源法》等,对土地占用应使用占地许可证制度并征收使用、补偿费,对矿产资源开发利用实行有偿使用制度,防止生态破坏、资源枯竭,同时注意资源恢复工程措施,鼓励资源增值再生。另一方面,在自然保护区、水源地及其他有特殊生态功能的地区建立统一的经营管理体制,对生产单位实施资源、能源和污染物排放的指标控制,实施资源税制、颁布生产经营许可证等措施,实现资源的保护与利用。

③ 生产布局调整措施:对已建的城市和经济区主要根据环境现状和发展目标,考虑能流、物流、信息流,调整经济结构、产业结构和工业布局,对低效益、重污染和分布在居民区、风景区、水源区造成污染的加工厂限期关、停、并、转、迁。对新开发区根据资源、能源和环境容量和经济因素,合理划分功能区。兴建工业综合体,形成工业生产链,以提高资源利用率,减轻对其他功能区的污染与破坏。同时,采取措施实行清洁生产,从原材料的选择、产品结构调整到清洁生产工艺的采用都要有利于清洁生产的调整。

（二）环境规划方案的优化

1. 环境规划方案优化的内涵

环境规划方案是指实现环境目标应采取的措施以及相应的环境保护投资，力争投资少、效果好。在制定环境规划时，一般要做多个不同的规划方案，经过对各方案的比较优选，确定经济上合理、技术上先进、满足环境目标要求的几个最佳方案作为推荐方案，供领导决策。方案优化是编制环境规划的重要步骤和内容。方案的对比要具有鲜明的特点，比较的项目不宜太多，要抓住起关键作用的因素做比较。对比各方案的环境保护投资和 3 个效益的统一，达到投资少、效果好的目的。值得注意的是不要片面追求先进技术或过分强调投资，要从实际出发，选择最佳方案。

（1）区域资源合理利用与工业生产链研究。根据区域自然资源的特点，建立合理的工业生产链，提高自然资源的利用率。同时确定重污染工业在区域工业部门中的适当比例。

（2）区域环境容量与污染工业的合理布局。根据区域环境容量的特点，对重污染工业进行合理布局。

（3）区域能源合理结构研究。应研究区域内的能源合理结构，以便减少大气污染。

（4）区域水资源合理利用与环境污染综合防治研究。应研究区域水资源的合理利用及区域环境污染的综合防治途径。

2. 环境规划方案优化的步骤

（1）分析、评价现存和潜在的环境问题，寻求解决的方法和途径，研究为实现预定环境目标而采取的措施。

（2）对所有拟定的环境规划草案进行经济效益、环境效益、社会效益和生态效益的分析。

（3）分析、比较和论证各种规划草案，建立优化模型，选出最佳总体方案。

（4）预测评价区域环境规划方案的实施对社会、经济发展和环境产生的影响。

（5）概算实施区域环境规划所需的投资总额，确定投资方向、重点、构成、期限与评估投资效果等。

二、环境规划方案的决策过程

（一）环境规划方案决策系统

1. 环境规划方案决策

在特定的历史阶段中，根据人类社会生存和持续发展的需要，制定一定时期的环境目标，并从各种可供选择的实施方案中，通过分析、评价、比较，选定一个切实可行的环境规划方案的过程。

2. 环境规划方案决策系统

决策系统犹如一般的控制系统，评价决策系统也具有输入、处理、输出、调节及控制反馈的过程，其系统模式如图 3-2 和图 3-3 所示。

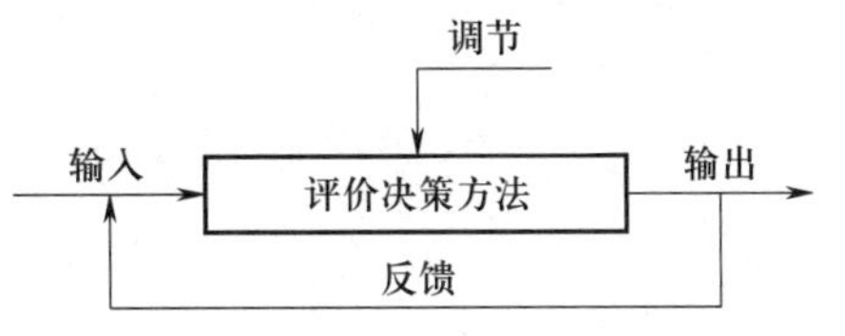

图 3-2 评价决策系统模式图

下面根据图 3－2、图 3－3 对各部分进行分析：

（1）输入：实际上是运用定量和定性得出的

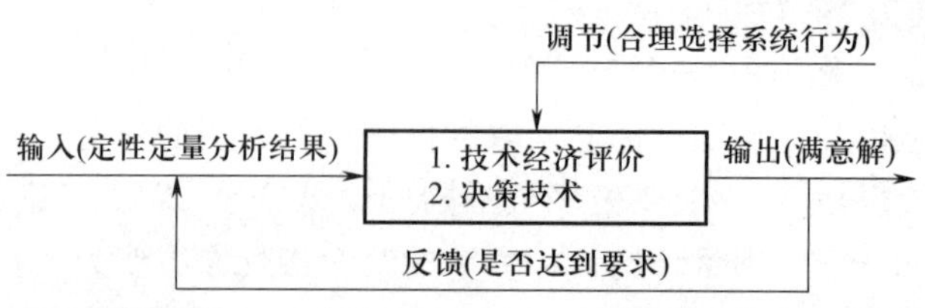

图 3-3 评价决策系统详细模式图

实现各规划指标所必需的各项信息。在整个社会经济系统的规划工作中,会出现各种各样的规划指标,如产业结构的调整、环境污染控制与治理、生产力布局、资源开发乃至拳头产品的开发等,由大至小、从单目标至多目标,所有这些目标的实现都会出现相对应的多个方案,对此必须综合判断,择优而取。

(2) 处理:包括建立评价决策模型并利用计算机求解。针对不同的情况,可采用不同的评价决策技术。如果要求以最小费用实现项目的必要功能,可以采用价值工程技术帮助评价决策。而要对科技开发项目的科技、经济、社会环境效果进行综合分析、评价,以求最佳方案时,技术经济评价技术将发挥最佳作用;假若面临多种方案在各种自然状态下的选优问题,决策技术将会成为得心应手的工具。而这些决策、评价技术的一个重要基础是计算机。

各种评价决策模型、计算机和人构成了评价决策系统的处理模块。

(3) 反馈:对于处理结果,在获得承认以前应征求意见,以便使结果不断趋于真实。不满意则再次进行评价,直至取得满意结果。此即控制反馈过程。

(4) 调节:其作用是合理选择系统自身的行为,即对评价决策方法的合理选用。

(5) 输出:满意的结果一向作为评价决策系统的输出。一方面,它为某一系统扩展提供了决策信息;另一方面,它为更高层次的工作做准备。

(二) 环境规划方案决策步骤

1. 目标制定阶段

根据人类社会生存和发展的需要,对现实存在的或潜在的环境问题性质、走向、危害程度和影响范围等各方面加以研究,并进而根据社会经济水平提供的可能,提出环境决策所要达到的目标。

2. 信息调查阶段

搜集决策过程中所需的各种资料和数据。

3. 方案设计阶段

分析与实现目标有关的各种因素,从技术、经济、社会等方面的条件考虑,拟订各自所能达到目标的方案。

4. 方案评估阶段

对制定出的各种方案进行分析、比较,作出评估。

5. 方案选定阶段

在确保能实现环境决策目标的前提下,选择一个现实社会经济技术条件能接受的方案作为实施方案。

6. 反馈调查阶段

在出现所有可能的方案均不能为当时的社会经济技术条件所接受的情况时,对环境目标加以修正或调整。

（三）环境规划方案决策的运行机制和模式

环境规划方案的决策过程是一个选择最满意规划方案，同时又是不断地淘汰其他不满意规划方案的过程，这是一项富有挑战性和创造性的工作。

1. 环境规划方案决策的影响机制

（1）决策风险的影响决策。风险是指环境规划方案实施后可能给规划区域社会、经济和环境等方面带来意想不到的损失。由于未来的不确定性，最高决策者不可能百无一漏地估计到未来发生的各种情况，所以任何规划方案都有风险，只是风险的大小不同而已，同时任何一位最高决策者总是希望规划方案的风险越小越好。然而问题往往是决策风险与实施利益成正比，一个规划方案越有创新，前人的尝试越少，其风险就越大；但一旦成功，其效益也越大。

（2）决策时效的影响。对于最高决策者来说，以最短的时间、最快的速度和最少的投入实现环境规划目标，是决策者普遍存在的一种心态。由于这种心态的作用，决策者往往容易接受和选择“短平快”式的规划方案，忽视给区域发展带来长远效益的规划方案。针对这种情况，最高决策者在选择最佳环境规划方案时，必须同时选择一个适度的时间域，使规划实施的长远利益与短期利益有机结合，避免以短期行为和短期利益代替长期行为和长期利益。

（3）社会成本核算的影响。规划实施的社会成本核算是指根据投入产出原理，对环境规划方案所需的社会投入和规划方案实施后所产生的效益之比来衡量规划方案是否合算，其中社会投入不仅包括环境规划方案实施所花去的人力、物力和财务成本，而且还包括其影子成本，即实施这一规划方案相对于实施另一效益更高的规划方案所丧失的实施效益。对规划方案进行社会成本核算的目的就是在比较成本和效益的基础上，以较小的社会投入获得最大的实施效益，在相同成本条件下的规划方案，效益越大的规划方案越易被选为最佳规划方案。

（4）决策机会的影响。机会是指选择环境规划方案所拥有的时间条件和空间条件。任何一个规划方案的实施总会受到来自各方面有利和不利条件的影响，即机遇与挑战并存。只有当不利条件越少，有利条件越多时，规划方案才能顺利实施。这就要求最高决策者必须善于发现机会，勇于抓住机会，在最佳的时空条件下选择最佳的规划方案付诸实施。由于机会的影响，最高决策者所选择的规划实施方案可能不是最优的，指标也不是最高的，但却可能是最有条件实施并有望带来较大效益的规划方案。

除上述 4 大因素外，最高决策者的决策智商，决策倾向和决策方法等亦对规划方案的决策实施有较大影响。

2. 环境规划方案运行模式

从决策学角度分析，环境规划方案决策系统的运行由低级到高级、由简单到繁杂，包括 3 种决策机制，即单一的经验型规划方案决策机制、综合的知识型规划决策机制和系统的智能型规划决策机制，其中系统的智能型规划决策机制是主体机制。为了保证环境规划方案决策系统按此模式运行，对于最高决策者来说，除了充分考虑影响规划方案决策运行机制外，还必须建立一套能帮助自己分析问题的推敲命题。这些推敲命题包括：规划方案是否必要，规划目标能否实现，规划方案是否可行，其实施后的经济效益是否最好，规划方案是否富有弹性和很强的应变能力等。

最高决策者首先在充分考虑决策风险、决策智商、决策机会、决策时效、决策方法、社会成本核算和决策倾向等7要素的影响之后，参考公众参与和专家咨询辅助决策结果，得到第一轮决策结果。如果在规划方案决策系统运行模式的某一环节发生故障，则意味着必须从头开始决策，通过层层决策，层层淘汰，反复循环，多次反馈，直到获得最佳规划方案为止。

第五节 环境规划的实施与管理

一、环境规划的实施

（一）环境规划实施的基本条件

1. 环境规划纳入总体规划

环境规划的编制、审批和下达只是规划工作的一部分，而重要的工作是组织规划的实施。

经过审批的环境规划，在一定程度上代表了国家对环境保护前景的意愿，体现了人民的根本利益。环境规划按照法定程序下达后，在环境保护部门的监督管理下，各实施单位根据规划中对本地区、本部门或本单位的要求，有责任组织各方面的力量，促使规划付诸实施。

为保证环境规划的顺利实施，各级政府在制定国民经济和社会发展规划时，必须把环境保护作为综合平衡的重要内容。

2. 全面落实环境保护资金

为解决环境问题，防治环境污染和改善生态环境，达到环境规划所确定的目标，可以通过制定有关的环境保护政策，强化环境管理和依靠科技进步等措施使环境污染和生态破坏得到一定程度的缓解。但是，关于一个国家的未来环境，不仅取决于目前的环境基础，更主要的是取决于一个国家的财力和物力，也就是取决于一个国家的经济发展水平。尤其是对于环境污染欠账较多和自然生态破坏严重的我国来说，要想从根本上解决环境问题，没有或缺少一定比例的环境保护投资是不行的。

环境保护投资比例问题是协调环境保护与经济和社会发展之间的一个重要问题。比例多少与规划目标相关，是实现规划目标全部措施中最根本的一环；同时，又是制约规划目标的主要因素之一。

3. 编制年度环境保护计划

环境规划的分类，按跨越时间分为：长远环境规划（即长期规划）、中期环境规划如五年计划和年度环境保护计划。编制的时间顺序，应先编制长远规划，接着编五年计划，然后在五年计划的基础上，再编制出年度环境保护计划。

中长期环境规划的实施，必须靠年度环境保护计划层层分解，具体落实到各地区、各部门和各单位逐步实施。否则制定的规划再好也将会成为一纸空文。因此，各级政府在制定年度国民经济和社会发展计划的同时，要把编制年度环境保护计划作为一项重要的内容。

4. 实行环境保护目标管理

为了实现环境保护的规划目标，仅靠一般化的行政管理模式，已经不能适应目前环境保护工作的需要。把环境规划目标和任务与责任制紧密结合起来,实行各级领导的环境保护目标责任制的管理制度,是顺利实现规划目标和任务的重要措施。2018 年召开的全国生态环境保护大会指出,地方各级党委和政府主要领导是本行政区域生态环境保护第一责任人,各相关部门要履行好生态环境保护职责,使各部门守土有责、守土尽责,分工协作、共同发力。要建立科学合理的考核评价体系,考核结果作为各级领导班子和领导干部奖惩和提拔使用的重要依据。

环境保护目标责任制是以签订责任书的形式,从各级领导的职责范围出发,具体规定出他们在任期内的环境保护目标和任务这一基本职责,从而理顺各地区、各部门和各单位在保护环境方面的关系,使改善环境质量的规划目标和任务得到层层落实。实行环境规划目标责任制,有利于将纳入国民经济和社会发展计划中的环境保护计划目标和任务具体化;有利于调动各地区、各部门和各单位的力量共同保护和改善环境。

（二）环境规划实施的基本措施

1. 采取协调和审议的措施

区域经济、资源、环境协调发展规划包括多方面、多层次的内容,同时也涉及各地区、各团体的局部利益。因此,对于这样一个庞大的规划应有一个反复磋商、质疑、调整的过程。调整阶段是十分重要的,调整的目的是协调各方面的关系,突出中心问题和亟待解决的问题,满足各层次、多样化、复杂化的要求,使各方面对环境规划达成一致意见。

（1）规划部门内部的协调和调整。在规划部门内部有各专项规划单位,因此环境规划应首先和这些专项规划相协调。

（2）与有关部门进行协调和调整。环境规划涉及的部门,包括规划实施部门、政策法令制定部门及投资部门等,要根据本部门的需要对规划提出调整意见。

（3）与区域周围邻近地区间的协调和调整。环境规划的地域性决定了其在实施过程中,必须对环境功能相近或不同的行政区划范围的规划内容进行协调。

（4）与国家办事机构的协调和调整。与这个层次协调的目的在于和国家的规划相统一,以便使国家对该区域的资源分配、经济发展速度和环境质量目标有统筹的安排。

2. 组织管理方面的措施

（1）制定资源利用开发标准。国家标准化管理委员会同有关部委合作负责有关环境保护和资源利用的规划标准以及名词解释的工作,使资源利用有章可循,使资源管理规范化,提高资源综合利用率,或减少排放量,利于环境规划目标的实现。

（2）污染源普查和统计报表制度。《全国污染源普查条例》指出,污染源普查的任务是掌握各类污染源的数量、行业和地区分布情况,了解主要污染物的产生、排放和处理情况,建立健全重点污染源档案、污染源信息数据库和环境统计平台,为制定经济社会发展和环境保护政策、规划提供依据。全国污染源普查每 10 年进行 1 次。在此基础上,对污染物治理和生产废物的综合利用,实行统计报表制度。表格和指标统一规定,为次年的规划提供了依据,奠定了基础,也可使国家及时掌握资源和环境污染物治理的变动情况。

（3）依法控制保证规划的实施。环境法规的实施,使协调发展的体系得到了充分的保障,为环境规划的实施铺平了道路。

3. 科学研究方面的措施

（1）协调发展规划方法的研究。环境规划过程中采用计算机模拟技术以来,给规划方法的开拓提供了广阔的前景。为了保证环境规划的有效实施,应采用综合集成技术把大规模系统优化理论应用于环境协调发展规划,使环境规划更切合实际。

(2) 生态工程工艺的研究。生态工程、工艺方面的研究是制定和实施环境协调发展规划的必不可少的基础工作之一。

(三) 实施环境规划应完成的功能

1. 完成综合机制

根据区域性环境规划,为综合地、系统地、有力地推动各项事业的发展,要建立综合的、合理的推行体制,同时也应考虑建立与市、省、国家有关机关协作的推行环境规划的机制。

2. 完成导向功能

区域性环境规划,作为政府进行环境保护的指导方针,应进行广泛的宣传、指导并得到广大居民、企业家的参与和协助,努力贯彻实施环境规划的目标和任务。

3. 完成科学的、合理的机能

为迅速准确地掌握区域环境的现状、特征和变化趋势,要积极引进和充分利用先进技术和手段。

4. 完成优化调整的功能

当规划区域实施个别开发项目时,为实现环境规划的内容,根据环境影响评价制度,充分利用内部调整的条件,从环境方面求得适当的控制。同时,根据环境规划的目标和要求,对其他的规划,进行优化调整是极其重要的。

5. 完成确保实施功能

为保证区域环境质量,掌握各种实施政策执行状况及规划进展状况,必须确保各种实施政策的必要资金。但是为了推行更具体的、个别的实施政策,制定个别实施规划是必要的。

(四) 实施环境规划的形式

1. 综合型

这种类型的规划是综合地、系统地完成了环境规划的实施政策,谋求各政策相互间适当的调整及有效的执行。这种类型的规划立足于综合的、长期的展望,指出推行实施政策的目标。同时,进一步制定详细的中短期实施规划用以补充完善综合型的规划。

可是,作为环境部门要明确地推进实施政策,因为其他政府部门制定的规划和企业制定的各种规划,还不能适应环境要求。为解决这一点,有必要建立能求得充分的联系、建议和调整的体制。

2. 指导方针型

指导方针型适用于环境实施政策的进行。在指导人们进行与环境有关活动的规划中,将实施政策调整为指导方针型。

这种类型的环境规划,为如何掌握人们的行动,以适应管理环境的问题提供指南。为此,实施综合型政策时,要特别重视诱导机能和调整机能,因而环境规划首先要明确环境的基本概念、理论、目标及指导方针,在这些区域的各种情况下拿出智慧、力量,创造良好的环境,起到铺设轨道的作用。

3. 公害防治规划型及特定项目实施规划型

这类规划是防治公害的项目,也是区域最重要课题的项目,以及区域环境特定项目实施政策的规划。另外，这种规划抓住当前特定的课题中要解决的重点，是具有预见性的中长期规划。因而容易掌握规划实行中的情况，并不断对规划进行重新评价。

作为进行管理的方针政策，这种规划大体上是推行行政主导的规划，和前两种规划相比较是被限定的，主要确保综合机能和调整机能，在较小的范围内容易实施。另外，这种类型的规划限定的环境项目，大部分实施定量目标的政策。

二、环境规划的过程管理

环境规划的编制、实施与管理是一个动态追踪的发展过程。环境规划实施与管理要适应区域社会经济发展，规划通过对区域经济社会发展规律和环境质量演化规律的揭示，引导区域社会和经济向更适合人类生产生活需要的方向发展。环境规划既是区域未来预期状态的模拟设想和预先协调的行动纲领，同时又是一个不断积累的追踪决策过程。

（一）环境规划实施的动态追踪过程

1. 动态追踪管理

在环境规划实施管理过程中，在区域内部各组成要素的协同作用下，通过动态追踪监控行为使规划适应区域经济社会发展的动态变化要求，并在区域发展的某些未曾预测到的环境突发性事件发生的情况下，仍能保证环境规划目标得到顺利实现。

2. 动态追踪干扰因素作用管理

在环境规划实施管理过程中，在各种干扰因素的作用下，环境规划不仅能适应区域经济社会发展的需求，而且通过会诊、会鉴、检讨、纠错、置换等追踪控制行为，使其本身仍能保持其完整的科学性和合理性，在发挥环境规划功能与作用的同时，使环境规划本身不断得到更新、完善和发展。

3. 环境追踪技术的可操作管理

在环境规划实施管理过程中，在充分考虑规划实施准则及技术上可操作性的前提下，通过动态追踪监控过程，可及时掌握地方政府和规划部门对规划实施的承受能力（可接受能力）和控制能力。根据承受能力和控制能力的动态变化特点，调控规划实施的追踪监控强度，进而调控、修编和校正已编成的环境规划方案，使规划方案得以实施。

4. 动态追踪的定量化管理

在环境规划实施管理过程中，在规划的战略纲要与宏伟蓝图指导下，为便于环境规划实施追踪监控行为的顺利进行，要求规划对实施的指导应该落到实处。力求能够从量上予以确定，但这种量的规定性，不能全都是固定且唯一的，应有适当的弹性和较强的适应性，能适应不同环境功能区、不同时间和社会、经济、自然环境条件的变化。

（二）环境规划实施的动态控制管理

环境规划实施的动态全过程控制管理，是使环境规划实施与管理相结合，使规划目标及其变化方向符合社会经济发展规律、环境质量变化特点，符合人们的预期目标，并沿正常的轨道运行。

1. 环境规划的空间控制

环境规划实施的全过程是由一个集中控制机构来执行的。在集中控制基础上，建立相对独立的几个二级机构，对环境规划的数量指标、质量指标进行评估和决策。各个相对独立的二级控制机构之间通过信息传递与反馈行为实现横向协调控制；环境规划的二级控制机构与总控制机构之间通过环境规划信息的传递与反馈实现纵向控制;纵向控制最后通过信息交叉反馈,实现环境规划实施的动态全过程控制管理。

2. 环境规划的时间控制

环境规划的时间控制是指环境规划信息反馈时间和反馈回路控制。其一为闭路控制,指在规划实施管理中具有完整反馈回路的时间控制。规划管理者根据环境规划实施者反馈的情报信息,有效控制和改善规划实施过程。其二为规划过程中具有不完整反馈回路的半闭路时间控制。由于环境规划实施中大量随机因素干扰,用信息反馈适时调节控制。其三为开路控制,即环境规划实施管理,不具备反馈回路控制。在环境规划的时间控制中,一般是要用开、闭路结合控制,闭路、半闭路和开路控制信息反馈实施协调控制管理。

3. 时空耦合的全过程控制

针对环境规划实施的空间和时间控制管理无法沟通的情况下,在两者之间架起一座信息桥梁,通过信息反馈、资源共享等协调途径,化解时空控制管理的冲突,达到环境规划实施的动态控制管理。

(三) 环境规划的组织管理

1. 建立与完善环境规划管理的组织机构

环境规划的实施管理主要依靠现已建立的环境管理组织系统,也可根据需要建立专门的机构或协作机制来负责规划的组织实施。如按规划的管理范围来设立某流域(区域)的专门环境管理委员会等,如《水污染防治行动计划》(简称“水十条”)就要求“京津冀、长三角、珠三角等区域要建立水污染防治联动协作机制”。专门成立的规划管理机构应由当地分管环境保护的最高行政领导牵头,环境保护部门和政府有关部门及产业部门有关领导共同组成,下设具体办事机构(如办公室),负责处理日常事务。

规划管理机构负责规划的分解、执行、检查、考核、协调和调整。这种机构亦可设在各级环境保护委员会中。

2. 形成完善的环境规划管理手段

(1) 环境规划的行政管理。在环境规划实施过程中,行政组织系统要按层次和职能,做到各司其职,各尽其责,密切配合,共同管理。各级人民政府是规划实施的主要领导者、组织者和责任承担者,各产业部门和企事业单位是规划的具体执行者。国家政府领导下的环境委员会,是环境规划实施的主要协调机构,协调规划执行过程中出现的各种跨域问题。

环境保护部和地方环境保护局是政府的职能部门,也是各级环境保护委员会的办事机构,是对规划实施行使监督检查和进行各种组织、沟通、协调和服务的机构。

各级人民代表大会是对本地区环境规划行使决策与监督管理的最高权力机构。人民代表大会下设的资源环境工作委员会,将负责组织和拟定有关环境保护的议案和法规,审议现有规划和各种环境保护的命令、法规;审议经费预算;调查重大环境问题和环境案件,并提出建议和意见;监督政府对环境规划的执行情况等。

(2) 环境规划的协调管理。由于环境规划的广泛性和跨域性特点,在规划实施过程中必须注重各部门、各地区间的行动协调,以解决规划执行过程中上下之间和横向关系中出现的矛盾和冲突。在任务分配,资金筹集与投放,环境保护设施的建设与运行等方面,都有很多协调工作需要做好。

协调的手段包括经济手段、行政手段、法律手段及必不可少的思想协调工作,要依靠各级环境保护委员会进行组织协调,其总的目的是保证规划目标的实现。

此外,由于事物本身的不断变化和发展,以及人们认识的深化,任何规划在施行过程中,都会出现规划与实际情况不符的现象,都会发现规划的不足。因此,对规划作出必要的修正,补充是不可避免的。在规划实施中及时调整规划,是保证规划目标圆满实现的重要工作措施。

（四）环境规划的制度管理

20 世纪 80 年代形成的 8 项环境管理制度,即:① 环境保护目标责任制;② 城市环境综合整治定量考核制度;③ 环境影响评价制度;④“三同时”制度;⑤ 排污收费制度;⑥ 限期治理制度;⑦ 污染集中控制制度;⑧ 排污申报登记与排污许可证制度,构成以控制新污染源为主、兼顾老污染源治理的环境管理体系。8 项制度围绕着一个中心,贯穿一条主线,形成一个有机整体。一个中心就是环境规划目标,一条主线就是环境规划。因此,环境规划是 8 项制度的先导和依据,而 8 项制度是环境规划的实施措施和手段。2019 年通过的《中共中央关于坚持和完善中国特色社会主义制度推进国家治理体系和治理能力现代化若干重大问题的决定》中指出,要坚持和完善生态文明制度体系,实行最严格的生态环境保护制度、全面建立资源高效利用制度、健全生态保护和修复制度、严明生态环境保护责任制度。

我国现行的管理制度是一个分层次,有重点的结构体系。其中环境保护目标责任制是由国情、政体决定的体现决策层管理作用的根本制度,处于管理结构的最高层。城市环境综合整治是这个体系的主体。其他制度构成了整个管理体系的基础。这些制度之间存在着相互补充、各有侧重及系统性和包含关系,形成一种网络结构。正确运用这些制度,为环境保护管理机构提供环境规划监督管理的法规支持,为环境规划的实施管理提供根本保障。

三、环境规划的风险与不确定性

环境规划的目的在于引导、规范区域未来的社会生产和生活,对区域未来的发展和相关环境保护活动做长远安排和宏观指导。影响环境规划实施、环境目标实现的因素——无论是未来的环境问题(包括现实的和潜在的)还是社会经济条件,都是十分复杂且不断变化的。因此,环境规划的制定与实施须充分考虑的风险与不确定性因素,并对其进行有效管控。

1. 决策分析的类型

根据决策条件的完备程度和决策状态的客观稳定性,可将决策分为确定性决策和不确定性决策。确定性决策指的是在事先就已确定的客观状态下展开的决策,这种决策的每种方案只对应着一个结果。不确定性决策则是指在不确定地、随机变化着的客观条件下所进行的决策,这种决策的每个方案都对应着几个不同的、概率可以估计的结果。不确定性决策中各种可出现的已知概率的决策问题称为风险性决策。决策者所采取的任何一种行动方案都会产生一个以上的自然状态而引起不同结果。这些结果出现的机会是用各自然状态出现的概率来表示的。因此,决策者无论选择何种方案,都要承担一定的风险。

2. 风险决策分析的条件

环境规划的决策分析是在各状态概率已知的条件下进行的,一旦各自然状态的概率经过预测或估算被确定下来,在此基础上的决策分析所得到的最满意方案就具有一定的稳定性。只要状态概率的测算切合实际,风险决策就是一种比较可靠的决策方法。风险决策一般包含以下条件:① 存在决策者希望达到的目标(如收益最大或损失最小);② 存在两个或两个以上的方案可供选择;③ 存在两个或两个以上不以决策者主观意志为转移的自然状态(如不同的天气);④ 可以计算出不同方案在不同自然状态下的损益值;⑤ 在可能出现的不同自然状态中,决策者不能肯定未来将出现哪种状态,但能确定每种状态出现的概率。

3. 风险决策的期望值

风险决策主要的处理方法有决策树分析和贝叶斯决策等,而这些决策的基本依据是期望值准则。一个决策变量中的期望值,就是它在不同自然状态下的损益值(或机会损益值)乘以相对应的发生概率之和,即:

$$E(d_i) = \sum_{j=1}^{n} p(\theta_j) d_{ij}$$

式中:$E(d_i)$——变量 d_i 的期望值;

d_{ij}——变量 i 在自然状态θ_j下的损益值(或机会损益值);

$p(\theta_j)$——自然状态 θ_j 的发生概率。

决策变量的期望值包括 3 类:① 收益期望值,如利润期望值、产值期望值;② 损失期望值,如成本期望值、投资期望值等;③ 机会期望值,如机会收益期望值、机会损失期望值等。

每一个行动方案即为一个决策变量,其取值就是每个方案在不同自然状态下的损益值。把每个方案的损益值和相对应的发生概率相乘再加和,得到各方案的期望损益值,然后选择收益期望值最大者或者损失期望值最小者为最优方案。这种把每个方案的期望值求出来,加以比较选优的方法,即为决策期望值。

复习思考题

1. 环境规划中如何进行环境目标的可达性分析?
2. 环境规划指标体系的类型和确定的原则是什么?
3. 环境规划中环境预测的类型和主要内容是什么?
4. 环境功能区划的目的和基本内容是什么?
5. 综合环境功能区划与部门环境功能区划有何不同?
6. 结合实际分析环境规划方案设计的基本过程。
7. 如何理解环境规划方案决策的运行机制和模式?
8. 环境规划实施的基本措施和应完成的功能是什么?
9. 环境规划的动态管理包含哪些内容?

参考文献

[1] 奥托兰诺.环境规划与决策[M].华南环境科学研究所,译.北京:中国环境科学出版社,1988.

[2] 区域环境管理研讨会.区域环境管理规划制定规范[M].刘鸿亮,严珊琴,译.北京:中国环境科学出版社,1989.

[3] 韩国刚.我国环境规划工作存在的问题及其对策[J].环境科学研究.1991,(S1):4-7,12.

[4] 刘天齐,孔繁德,刘常海,等.城市环境规划规范及方法指南[M].北京:中国环境科学出版社,1991.

[5] 国家环保局计划司《环境规划指南》编写组.环境规划指南 [M].北京:清华大学出版社,1994.

[6] 朱发庆.环境规划[M].武汉:武汉大学出版社,1995.

[7] 刘培桐.环境学概论[M].2 版.北京:高等教育出版社,1995.

[8] 潘家华.持续发展途径的经济学分析[M].北京:中国人民大学出版社,1997.

[9] 尚金城.区域环境规划[M].长春:东北师范大学出版社,1990.

[10] 方创琳.区域发展规划论[M].北京:科学出版社,2000.

[11] 周丰,刘永,黄凯,等.流域水环境功能区划及其关键问题[J].水科学进展,2007,18(2):216-222.

[12] 尚金城.城市环境规划[M].北京:高等教育出版社,2008.

[13] Brotherton D I.On the quantity and quality of planning applications [J].Environment and Planning B:Planning and Design,1992,19(3):337-357.

[14] Lemons J.Sustainable development and environmental protection:A perspective on current trends and future options for universities [J]. Environmental Management, 1995, 19(2):157.

[15] Pelt M J F V,Kuyvenhoven A,Nijkamp P.Environmental sustainability:issues of definition and measurement [J].International Journal of Environment and Pollution,1995,5(2-3):204-223.

[16] Seiler H. Legal questions of regional safety planning [J]. International Journal of Environment and Pollution,1996,6(4-6):415-427.

[17] 环境保护部,中国科学院.全国生态功能区划[Z].修编版.2015.

[18] 包存宽,王金南.基于生态文明的环境规划理论架构[J].复旦学报(自然科学版),2014:53(3):75-84.

第四章

环境规划的技术方法

环境规划的技术方法是规划制定与实施过程的技术依托，也是环境规划方法学的重要组成。本章首先基于环境规划方法学的概念框架，围绕评价、预测和决策分析3种环境规划核心活动的功能需求，归纳说明了环境规划基本内容环节与其5类支持技术方法间的关联作用。在此基础上，重点阐述了支撑环境规划基本过程环节的评价、预测和决策分析技术的概念原理等基础知识。最后，具体介绍了环境规划中常用的评价、预测、决策分析技术方法。

第一节　环境规划技术方法概述

一、环境规划与其技术支持

环境规划由一系列相应的内容环节组成，通常包括规划制定过程的环境现状评价，社会经济发展趋势分析和污染源排放、生态环境影响预测，环境规划目标确定，环境规划方案设计与选择，规划实施过程的监控与效果评估，以及由此可能对规划的适应性调整（包括规划执行结束的后评估）等。这些内容环节是在调查收集各种数据资料等信息的基础上，围绕评价、预测和决策分析3项核心功能活动，对这些数据资料进行加工处理、测算分析来完成的。因此，有关数据信息收集与处理分析的技术方法、平台工具，是环境规划不可或缺的技术依托。图4-1描述了环境规划的基本内容环节与其5类支持技术方法的关联作用。

图4-1(a)作为需求侧，表示构成环境规划全过程的基本内容环节与各环节间自上而下的逻辑关联（以箭头表达）。环境规划的各内容环节，有赖于相应技术方法的支持来完成，是环境规划技术方法的需求应用主体。在实践中，环境规划，特别是其制定过程的各内容环节，并非按照串联顺序依次执行，其最终结果也很难一次性获得。这意味着，环境规划是各环节不断互动、循环反馈的试错过程，因而支持环境规划的各类技术方法，需程度不同地契合规划过程，反复运用。

图4-1(b)，作为供给侧，表示支持环境规划各内容环节的5类技术方法，或说5个支持技术功能模块。其中，评价、预测和决策分析3类支持技术方法，更集中体现着对环境规划核心内容环节的支撑作用，是环境规划的基本技术工具。环境规划的计算机信息化技术，主要是指基于评价、预测与决策分析等技术方法，结合计算机与信息技术等，集成建立的平台工具系统。这一技术方法的开发与应用，其功能本质仍属于对环境规划中评价、预测和决策分析内容环节的支持（见第十一章）。数据资料信息调查收集技术方法，贯穿运用于环境规

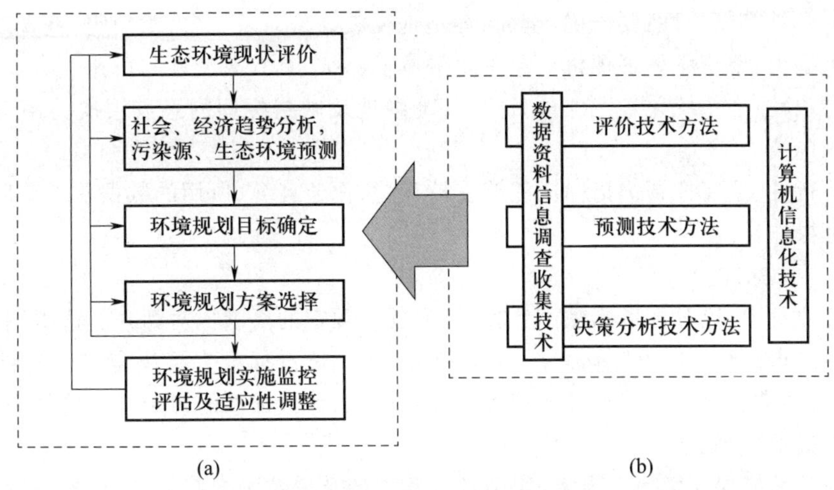

图 4-1　环境规划的基本内容环节与支持技术方法的关联作用

(a)环境规划的基本内容环节；(b)环境规划的支持技术方法

划的各环节，担负着对如上 4 类技术方法应用时的数据采集功能，是规划过程与其支持技术工具的运行基础。为保障数据资料调查收集对规划支持的可靠、有效性，应采用科学的信息调查收集技术方法，包括：调查清单法、生态环境监测与遥感、现场踏勘法，及专家与社会公众的咨询参与等（该类技术方法不再专门阐述，具体可见有关书刊）。

需要指明的是，图 4-1(b)各类支持技术方法，尤其是 3 个支撑技术模块，与图 4-1(a)中环境规划的各内容环节，并非是一一对应而是相互一对多的关系。例如，供给侧的评价类技术方法，不仅可支持环境现状评估，还可服务于规划目标的确定及其可达性分析。从需求侧看，环境规划方案的筛选确定，既能用优化决策方法来实现，也可借助环境预测模型的模拟功能提供支持。统筹考虑环境规划问题与技术方法的特征条件，多种方法整合运用，是有效发挥环境规划技术支持作用的关键。

二、环境规划的评价技术基础

在环境规划的制定与实施中，不论是环境与社会经济调查环节，还是环境预测与规划方案设计过程，乃至对规划实施中的阶段性检查或规划实施后的评估等，都存在大量的评价问题。评价是按照一定目的，依照一定的评价准则与方法程序对评价对象进行对比评定的过程。从方法原理来看，一个评价过程主要涉及 3 个相互联系的技术要素：评价对象与指标、评价标准，及评价方法。

（一）评价对象与指标

任何评价都是针对某一事物，即评价对象展开的。例如，环境规划中，一类重要的评价问题是环境现状评价，其评价对象主要就是污染源与环境质量两个方面。对预定对象开展评价，常采取建立评价指标（体系）的方式。所谓评价指标（体系）是指根据评价目的而确定的能刻画评价对象状态与属性的一组表征变量。通过指标（体系）描述评价对象，有助于以简明的方式反映复杂的事物状况，并将信息转化为典型的可比较的形式，从而可以判别评价对象的现状与发展、识别存在的问题与差距、监测规划实施及其效果等。

为实现对评价对象的有效分析，评价指标的选择设计一般应遵循以下原则：

（1）科学性和简便性：要准确、全面、客观地反映评价对象，并力求简明、直观。

（2）重要性：要集中体现评价对象重要的本质特征，具有典型性与可比性。

（3）层次性：能系统化表达评价目标，并清晰地反映指标间的隶属层次关系，体现评价对象的结构内涵。

（4）可行性：主要指评价指标应能够支持量化、便于计算，所用的数据易于获取，确保评价工作的可操作性。

（二）评价标准

在环境评价中，经对各指标赋值计算后，需要与预定的要求比对评判。这类用于对照比较的依据和要求，通常称为评价标准（或评价准则）。评价标准直接决定着评价结果，不同的评价标准，经常会给评价结果带来较大差异。因此，评价标准的确定是环境规划的评价工作中重要的技术环节。

环境标准是体现环境保护要求、实施环境管理的重要技术规范。其中，各类污染物排放标准和环境质量标准，更是环境规划的主要依据。因此，利用污染物排放标准和环境质量标准，是环境评价中确定评价标准的重要方式。

（三）评价方法

评价方法是指对评价对象的属性建立形成指标，并与评价标准进行对照评定的规则程序。根据对评价对象进行概括表征所采用的指标多少，评价技术方法可分为单一指数法与综合指数法两种类型。单一指数法用于对单个指标描述的对象进行评价，该类评价方法意义明确直观，方法简便易行。综合指数法则是当采用多个指标描述评价对象时的评价方法，它适于从不同角度综合考察评价对象的状态变化，为评价对象提供更系统全面的比较评定，因而在评价中得到更广泛的实践，如在环境领域中流行的空气污染指数、生态环境质量综合指数、景观特征指数、生物完整性指数等。一定意义上看，单一指数法与综合指数法相互关联，单一指数法是综合指数法的基础，综合指数法则是多个单一指标或指数的综合体现。

面对评价活动中存在的种种复杂特性，经常需要借助更为复杂的方法工具解决评价问题。如，针对环境质量评价中隶属关系上分布的不确定性，根据模糊数学原理，通过引入隶属度-隶属函数等概念建立的模糊综合评价模型方法；运用水质模型，对规划方案开展系统模拟以进行水环境评价；利用卫星、遥感等手段获取的数据信息，对规划区域环境状况进行评价判断；引入大数据方法进行环境问题识别评价等。

尽管环境规划的评价实践中，已有各种各样的评价方法可供选用，但面对规划体系的综合复杂性，评价领域（特别是综合评价问题）的理论和方法依然需要不断发展与完善。

三、环境规划的预测技术基础

预测是指人们利用已经掌握的知识和手段，推知和判断事物未来发展状况的一种活动。具体说来，就是人们根据事物过去发展变化的客观过程、某些规律性与事物目前运动和变化的状态，运用各种定性和定量分析方法，对事物未来可能出现的趋势和可能达到的水平所进行的科学推测。

预测是环境规划必不可少的重要环节。其中，环境预测，即在环境现状调查评价的基础上，结合经济社会的发展预期，对环境影响的发展趋势作出科学的分析和判断。在环境规划中，环境预测是环境规划决策与管理的基础。

（一）环境规划的预测问题

环境规划是为实现环境与经济发展协调，推进环境可持续性目标的行动安排。因此，围绕社会经济活动及其空间布局、污染排放等压力作用与相应环境质量影响变化进行的预测，是环境规划中最基本的预测问题，其主要内容包括：

1. 社会发展预测

社会发展预测的重点是人口预测，也包括一些其他社会因素，如城市化率等城乡发展的分析、情景预测。

2. 经济发展预测

经济发展预测主要包括规划期的经济规模，如国内生产总值和工业总产值等经济增长总量，经济/产业结构，区域布局等。同时，也包括能源、水资源利用与消耗等状况，交通、水利、能源等重大经济建设项目，以及区域、流域等发展建设计划的预测分析。

3. 生态环境质量与污染排放预测

环境污染防治规划是环境规划的基本内容，与之相应的生态环境质量与污染源的预测活动构成了环境规划预测的重要问题。例如，污染物总量预测，重点是确定合理的排污系数（如单位产品排污量）和弹性系数（如工业废水排放量与工业产值的弹性系数）；环境质量预测，其主要问题是确定排放源、汇与受纳环境介质之间的输入响应关系，以及社会发展压力对生态系统的结构、功能等造成的干扰影响。

4. 其他预测

根据规划对象具体情况和规划目标或内容的需要，选定的其他预测：如重大工程建设的环境效益或影响；土地利用、自然保护区趋势分析；科技进步及环境保护能力建设，环境保护设施的投资/效益；环境保护对社会经济发展的反馈作用等。

（二）环境规划的预测原则

（1）经济社会发展是环境规划预测的基本依据与出发点。科学把握经济社会与环境各系统之间和系统整体的相互联系和变化规律，注意借鉴、合理利用社会和经济部门的预测分析成果结论。

（2）科技进步的作用。科学技术对经济社会发展的推动作用及其对环境保护的贡献，是影响环境预测的重要因素。

（3）具体问题具体分析。环境规划的预测涉及面十分广泛，需要注意不同特点、不同类型预测问题的需求和主要影响因素。

（4）突出重点。关注鉴别对未来环境发展动态具有最重要影响的情景、因素，以提高预测的有效性与准确性。

（三）预测的过程与方法

预测的过程大体包括如下主要步骤：

（1）确定预测的意图。即辨识、确定所进行预测要达到的目的。这也是判断预测结果是否合理有效的首要条件。

（2）根据预测目的，确定预测对象及预测要求，如表征指标、预测时间尺度（短期、中期、长期）等有关条件参数。

（3）针对预测对象的特征与性质等因素，选择预测技术方法、模型工具（或方法组合）。进行预测模型的校核、运行测试等。

（4）收集数据，进行预测。

（5）预测结果的分析与修正。根据预测目的或目标，进行预测结果的合理性、有效性、不确定分析，以及不同预测方法的结果比较、评判等，以确定预测结果的取舍与修正等。

支撑上述预测过程的规划预测技术方法，总体分为两类。

（1）定性预测：通常指经验推断法、启发式预测法、专家调查法等。这类方法以逻辑思维为基础，依靠预测人员的经验和逻辑推理，充分利用新获取的信息，对未来进行归纳判断。

（2）定量预测：这类方法多以预测问题的学科领域知识为基础，借助统计学、运筹学、系统论、控制论等原理方法，构建量化的模型进行预测。环境领域的预测技术方法与工具多种多样。简便常用的有趋势外推法、回归分析法等；复杂综合的有投入产出模型，水、气等要素的环境质量数学模型等。此外，还有依托于计算机与信息技术手段开发建立的软件系统与平台等。

预测实践中，特别对大型具有复杂影响因素的预测问题，极少单独采用定性或定量预测方法，多为二者结合的预测方式。换言之，定性方法中，往往常要辅以必要的数值测算做支持；而定量方法中，模型的选择、因素的取舍，乃至对预测结果的分析、鉴别、确认等，仍须以人的主观判断为前提。由于各种预测方法都有它的适用范围和弱点不足，为获得满意的预测结果，条件许可情况下，还可采取不同方法，以并行方式，亦即采用几种模型方法同时就某一对象问题进行预测，以便比较、分析和判断，得出可以接受的结果。总之，采取综合的预测方法，利于得到可靠有效的预测结果。

四、环境规划的决策技术基础

环境规划目标的实现，需要依靠满意的规划措施方案来完成。因此，生成、筛选以获得满足环境规划目标要求的最佳方案，是环境规划中必不可少的组成部分。环境规划的决策环节正是这一功能活动的集中体现。

（一）决策过程

所谓“决策”，就是为了实现某一目的而对拟定的若干备选方案，选定其中最佳方案的分析判断过程。这一决策的概念表明，决策是一个过程，其技术要素主要包括：

（1）决策需要有明确的目的。针对一个决策问题作出决定时，要包括决策者对拟解决问题所抱有的目的。所以一个合理的决策问题，首先要明确决策的目标，即决策者所希望达到的行动结果或状态。

（2）具有多个可行的备选方案。备选方案是决策的基础，设计生成的可行备选方案不能只有一个。一个方案，无法进行优劣比较，从而别无选择，也就无所谓决策。因此，“多方案选择”是科学决策的重要原则。

（3）选定最佳方案。决策理论认为，满足各种条件的最优方案，往往当其某一条件稍有差异，则最优目标便难以实现。这意味着，合理的决策结果往往是从备选方案中选择一个满意方案。

（二）决策问题的特征

环境系统是一个复杂的人工和生态复合系统，它的规划决策问题涉及环境、经济、政治、社会和技术等众多因素，具有复杂系统决策问题的典型特征。

1. 非/半结构化特征

通常，依照所具有的复杂性和解决问题的难易程度，决策问题大体可分为 3 种类型：结构化决策、非结构化决策和半结构化决策问题。

结构化决策又称为程序化决策。从信息收集加工、确定决策影响因素和条件、形成决策等方面看,结构化决策问题可以准确识别且处理方式相对简单。其基本表现是:决策问题结构良好,可以运用数学模型较精确地刻画描述;决策具有明确定义的目标且存在明确判断目标的准则,同时存在公认的最佳方案;决策具有一定规则,可按照某种通用的、固定的程序与方法进行;能够广泛地借助于数学方法和计算机,适宜采用自动化的方式进行。

非结构化决策也称为非程序化决策。此类问题所涉及的信息知识具有很大程度的模糊性和不确定性;问题的性质无法以准确的逻辑判断予以描述;缺乏例行的决策规则,难以识别决策过程的各个方面;依据固定的程序方法,其结果重现性较差。这种非结构决策,其决策问题复杂,决策者的行为对决策活动的效果具有相当的影响,很难用数学方法和自动化方式进行。

介于结构化决策和非结构化决策之间的决策问题,称之为半结构化决策。就环境系统中的各类决策问题而言,既有结构化决策也有非结构化决策问题。但就一个环境系统规划的总体而言,往往更多地具有半结构化或非结构化的决策问题特征。

2. 多目标特征

环境规划的方案选择,往往涉及广泛的环境、经济、社会甚至政治等多种因素的考虑,其决策目标往往不止一个,呈现出多目标特征。目标间存在冲突性或矛盾性,即某一目标的改进往往导致其他目标实现程度的降低;目标间存在着不可公度性,即多个目标没有统一的度量标准。

3. 基于价值观念的特征

现实社会中大量的规划决策问题涉及人的行为因素,因而人的价值观念对各种问题及其性质的认识会产生重要的作用,从而直接影响决策方案的选择。这里所谓的“价值”,泛指规划主体对决策问题与备选方案所具有的作用、意义的认识和估计。一方面,在具体问题上,由于规划主体对备选方案的条件、目的、立场、观点等各有不同,从而造成对价值的主观认识和估计的不同;另一方面,又由于人类的社会化,对于价值的主观认识估计,又会不同程度地反映现实价值观念的共性和客观性。因此,基于价值评价来对复杂因素进行综合分析,就成为决策活动中的一个显著特征。在环境系统规划的方案选择过程中,通常需要通过价值的估计来对各种行动的影响做出评价,由此才能做出满意的决策。

(三)决策分析与环境规划的决策技术方法

面对大量决策问题具有的非/半结构化、多目标、价值性特征,为帮助决策,特别是对方案筛选提供支持,实现科学合理的分析综合与思维判断,借助于决策分析工具成为处理解决复杂决策问题的重要手段。所谓决策分析,是指进行决策方案选择的一套系统分析方法,即关于决策过程中具体的程序、规则和推算的组合。决策技术方法,实际就是指决策分析的各种技术方法。决策分析并不意味着为决策者制定决策,它仅仅是试图通过一定适当的处理或分析方法,帮助决策者有效地组织信息,改进决策过程,即辅助决策。

从决策问题的内容和信息的数量化特性看,决策分析的方式可以分为两种:定性决策分析和定量决策分析。如果决策分析中,其内容、方法及信息以定性形式为特征,则称其为定性决策分析。这种决策分析方式主要依靠人的经验判断进行。如果数量化是决策分析方法、内容及信息的主要特征,则称其为定量决策分析。定量决策分析由于它可以给出明确的数量结果,便于使用数学方法和计算机技术,也便于揭示一些直观所难于表达的精确关系,因而可以更为有效地识别行动方案的效果,有利于对决策方案进行比较选择。现代决策科学已经建立了许多量化的决策分析技术方法,特别是通过融合决策论、系统分析和心理学等多领域研究成果,结合计算机与信息技术发展起来的决策分析技术方法及其平台工具,正广泛地应用在各种决策问题及其决策过程。环境规划中,目前使用较为普遍的决策分析量化技术方法大体有:费用-效益(效果)分析、数学规划和多目标决策分析技术 3 种基本类型。此外,随着计算机与信息技术的发展,基于不同决策分析技术开发的计算机决策支持系统或平台工具,也广泛应用到环境规划领域。

总体而言,对于一个环境规划的决策问题,往往既有部分可数量化描述的问题,也有许多难以定量化的组成,因此合理地选择定性与定量决策分析方法并将其有机地结合,是支持决策的有效途径。

第二节 环境规划中的评价方法

一、社会经济发展与污染排放评价

（一）社会经济发展评价方法

通常,环境规划中对于社会经济问题,基本处理为既定的“外部”条件。整体上,除气候问题外,针对社会经济发展的这类评价活动,很少成为环境规划过程中的系统性内容环节。伴随可持续发展与生态文明的实践,积极推进在环境规划过程中、特别是宏观层面的战略性环境规划过程中,加强对区域发展、产业布局与规模结构、城镇化发展规划等涉及社会经济发展问题的反馈分析与评价,有助于促进社会经济与生态环境相互之间关系的协调。以下从社会经济发展的适宜性与环境的社会经济效益两个方面,简要介绍相应的评价问题。

1. 社会经济发展的适宜性评价

目前的社会经济发展的适宜性评价,主要利用社会经济发展指标,结合生态环境承载能力等,采用基于定性分析的方式,进行其间协调关系的评价。有关社会经济问题及其指标,主要包括 3 个方面:

（1）人口:主要进行人口的适宜度评价,以判断规划区内人口数量、素质等是否满足区域生态平衡和经济发展需要。通过人口再生产的总趋势分析,评价人口规模、构成的适宜性;通过人口素质指数,反映区域人口环境保护意识水平。

（2）区域社会经济:主要通过经济总量,产业/行业发展布局、规模、结构分析评价,衡量地区或城市发展,如区域经济、城市交通等活动对环境的影响与协调性。

（3）基础设施:主要通过人均住宅面积、人均道路面积、自来水普及率、下水道普及率、人均公园绿地面积等,评价基础设施水平对环境保护需求的适宜性水平。

2. 环境的社会经济效益/影响评价

有关环境的社会经济效益评价,主要是围绕单项,特别是政策性规划问题开展的,如气候变化不同减碳方案对经济增长的影响作用,垃圾收费方案对不同人群的承受作用等。常采用的方法主要有费用效益分析、投入产出与 CGE 模型等。

（二）污染排放评价方法

污染排放评价是在污染源调查基础上进行的。目前对各种污染排放的评价,包括单项评价和综合评价两种类型。

1. 单项评价

针对污染源中某一污染物的排放浓度或负荷进行的单一指标(如超标率、排放强度等)评价,以反映污染源中某一污染物的贡献作用或控制效果等。

(1) 超标率:某污染物超过排放标准的检出次数占该污染物检测总数的比率。

$$D_i=\frac{f_i}{N}\times100\% \tag{4-1}$$

式中:D_i——i 污染物超标率,%;

f_i——i 污染物超过排放标准的检测次数;

N——i 污染物的检测总次数。

(2) 排放强度:单位时间某污染物的排放量。

$$W_i=C_iQ_i \tag{4-2}$$

式中:W_i——i 污染物单位时间的排放量;

C_i——i 污染物排放浓度监测值;

Q_i——含 i 污染物的介质(污水、废气)排放量。

2. 综合评价

为反映污染源不同污染物的总体贡献或控制效果,对多种污染物的排放浓度或负荷,通过标化处理将其转换为在同一尺度下可比较(或加和)指标的评价方法,主要有等标污染负荷和等标污染负荷比等。

(1) 等标污染负荷。其表达式为

$$P_{ij}=\frac{\rho_{ij}}{\rho_{oj}}\times Q_{ij}\times10^{-6} \tag{4-3}$$

式中:P_{ij}——等标污染负荷,m^3/d;

ρ_{ij}——第 j 源含 i 污染物浓度,mg/m^3;

ρ_{oj}——环境质量标准值,mg/m^3;

Q_{ij}——第 j 源含 i 污染物介质的排放量,m^3/d;

10^{-6}——比例系数,使 P_{ij}的数值不致太高,便于比较和书写。

若第 j 个污染源有 n 种污染物,则该污染源总的等标污染负荷为

$$P_j=\sum_{i=1}^{n}P_{ij}=\sum_{i=1}^{n}\frac{\rho_{ij}}{\rho_{oj}}\times Q_{ij}\times10^{-6}\quad(m^3/d) \tag{4-4}$$

若某区域有 m 个污染源,则该区域总的等标污染负荷为

$$P=\sum_{j=1}^{m}P_j=\sum_{j=1}^{m}\sum_{i=1}^{n}P_{ij}=\sum_{j=1}^{m}\sum_{i=1}^{n}\frac{\rho_{ij}}{\rho_{oj}}\times Q_{ij}\times10^{-6}\quad(m^3/d) \tag{4-5}$$

(2) 等标污染负荷比。对于一区域第 j 个污染源的 i 污染物,其污染负荷比可用下式计算,根据 K 值大小,可确定该污染源的主要污染物。

$$K_{ij}=\frac{P_{ij}}{\sum_{i=1}^{n}P_{ij}}\times 100\% \tag{4-6}$$

对于一个区域,某个污染源的污染负荷比可表示为

$$K_{j}=\frac{\sum_{i=1}^{n}P_{ij}}{P}\times 100\% \tag{4-7}$$

根据 K_j 值大小,可确定该区域的主要污染源。

对于一个区域,某种污染物的污染负荷比可表示为

$$K_{i}=\frac{\sum_{j=1}^{m}P_{ij}}{P}\times 100\% \tag{4-8}$$

根据 K_i 值大小,可确定该区域的主要污染物。

二、生态环境质量评价

(一) 环境质量评价

指对大气、水体、土壤等环境要素质量进行的状态评价。若对某一环境要素仅考虑单一质量因子所进行的环境质量评价,称为单因子评价;就多个环境质量因子进行的环境质量评价,称为综合质量评价。采取环境质量指数方式,对一定区域范围内的环境要素状态进行表征评定,是环境质量评价中广泛使用的基本方法。

1. 单因子评价指数

对单一环境要素的单因子进行评价的指数方法如下:

$$I_i=\frac{\rho_i}{S_i} \tag{4-9}$$

式中:I_i——i 污染物的评价指数;

ρ_i——i 污染物在环境介质中的浓度;

S_i——i 污染物的评价标准。

这种对单一环境进行评价的指数 I 是量纲为 1 的量,它表达某种污染物在环境介质中的浓度超过环境质量标准的程度,即超标倍数。

2. 综合质量评价指数

单因子环境质量指数只能以一种污染物代表环境质量状况,难以反映环境质量的全貌。这时,可在单因子指数基础上,通过建立综合指数进行环境质量的整体评价。常见的综合指数有均值型综合质量指数和加权型综合质量指数,也有根据因子数据的分布,进一步结合幂指数、向量模方法建立的环境质量指数。在此基础上,依所给定的综合指数分级标准,即可进行环境质量的综合评价。

(1) 均值型综合质量指数。其表达式为

$$I_{\text{ave}}=\frac{1}{n}\sum_{i=1}^{n}I_i \tag{4-10}$$

式中:I_{ave}——均值型综合质量指数;

I_i——单因子质量指数；

n——参与评价的环境质量因子数目。

均值型综合质量指数意味着，参与评价的各环境因子对环境质量的影响作用是相同的，即权重相同。

（2）加权型综合质量指数。如果考虑各种环境因子对环境质量的影响具有并不完全相同的作用，可采取加权方式建立综合评价指数，表达如下：

$$I = \sum_{i=1}^{n} W_i I_i \tag{4-11}$$

式中：W_i——对应于第 i 个环境因子的权重系数。这里，应有 $\sum_{i=1}^{n} W_i = 1$。

加权型综合质量指数评价方法的关键在于合理确定环境评价因子的权重。一般，权重系数的确定多采用专家调查法给出。

若考虑到某些污染严重的因子对环境质量的突出影响，为体现这类因子指数的极值作用，在环境质量评价实践中，就产生了兼顾极值效应的加权型综合评价指数方法，例如，内梅罗指数及其改进形式。内梅罗指数形式如下：

$$I_N = \sqrt{\frac{(I_{ave})^2 + (I_{max})^2}{2}} \tag{4-12}$$

式中：I_{max}——各单因子指数中的最大值；

I_{ave}——各单因子指数的平均值。

（3）环境质量指数分级。通常环境质量指数的建立，尚不能完全描述环境质量的优劣，还需要进一步建立环境质量的分级标准，以将所计算的环境质量指数值（或评分值）通过分级标准进行环境质量的评价。对评价指数的分级，可结合环境质量标准或基准等进行。

3. 基于一些专门建模技术的评价方法

应用有关学科领域中的知识概念或技术，专门建立或用于具有某些复杂特征环境问题的评价方法（类似也出现于预测、决策等环节）。如模糊数学评价法、人工神经网络模型法等。

（1）模糊数学评价法：利用模糊数学建立模型，可对具有模糊因素所影响的事物或问题进行评价。所谓模糊是指边界不清晰，这是某些事物的一种客观属性。例如，对大气中连续变化的污染物浓度，若以其处于某限值上下微小波动的状态进行优劣判断，显然难以得到合乎实际的评价认识。运用模糊数学的概念与方法处理，则会使评价结果能更合理地反映空气质量中的这类问题。目前用于环境领域代表性的方法有模糊综合评判法、模糊概率法等。

（2）人工神经网络模型法：人工神经网络，是由大量神经元相互连接而成的超大规模非线性系统，该系统力图模拟人脑的一些基本特性，如自适应性、自组织性和容错能力等来对事物进行分析判断。其中，BP（back propagation）网络即反向传播网络，是目前人工神经网络模式中最具代表性、应用最广泛的一种模型。通过建模并经有代表性数据案例的学习、训练，其网络模型所具有的识别和分类功能，可为环境质量评价提供新式的技术支持。

（二）生态（系统）评价

与环境要素领域中的评价方法类似，生态（系统）的评价，大多亦为基于指标类的方法。根据不同的规划问题特点与评价目的，生态（系统）评价的方法形式多样。如评价生态功能,可选取水源涵养、水土保持、生物多样性等指标的重要性进行评价;评价生态脆弱性,可对土壤侵蚀、土地荒漠化、土壤盐渍化、酸雨等指标的敏感性进行评价;评价景观生态,可选取斑块密度、多样性指数、优势度等指标进行评价。此外还有基于森林覆盖率、土地利用类型分级指数、地质与自然灾害危险性指数(地震、洪水、风沙、滑坡泥石流、风暴潮等)等评价方法。一般,除单要素或单项问题评价外,还有不少较综合性的评价。如生态敏感性、生态适宜性、生态承载力、生态健康、生态系统服务功能评价等。

1. 单要素评价指标

(1) 森林覆盖率

$$R_{\mathrm{F}}=\left(\frac{F+G}{L}\right)\times 100\% \tag{4-13}$$

式中:R_{F}——研究区森林覆盖率;

F——研究区内森林面积;

G——草地面积;

L——土地总面积。

(2) 水土保持重要性:水土保持重要性评价是在考虑土壤侵蚀敏感性或者水土流失量的基础上,分析其可能造成的对下游河床和水资源的危害程度与范围。以下给出常用的土壤侵蚀和水土流失计算模型。

土壤侵蚀模数方程指单位土地面积上单位时间内流失的土壤数量。

$$A=f\cdot R\cdot K\cdot L\cdot S\cdot C\cdot P \tag{4-14}$$

式中:A——土壤侵蚀模数,$\mathrm{t/(hm^2\cdot a)}$;

f——转换系数,一般取值为 224.2;

R——降雨侵蚀力因子,$\mathrm{(MJ\cdot mm)/(hm^2\cdot h\cdot a)}$;

K——土壤可蚀性因子,$\mathrm{(t\cdot hm^2\cdot h)/(hm^2\cdot MJ\cdot mm)}$;

L——坡长因子,量纲为 1;

S——坡度因子,量纲为 1;

C——植被措施管理因子,量纲为 1;

P——水土保持措施因子,量纲为 1。

R、K、L、S、C、P 计算见相关文献。A 是表征土壤侵蚀强度的指标,用以反映某区域单位时间内侵蚀强度的大小。土壤侵蚀模数越大,土壤侵蚀越严重。

水土流失计算可采用美国的通用土壤流失方程,即 USLE 公式:

$$D=R'\cdot K\cdot L\cdot S\cdot C\cdot P \tag{4-15}$$

式中:D——多年平均土壤流失量,$\mathrm{t/hm^2}$;

R'——多年平均降雨侵蚀力因子,$\mathrm{(MJ\cdot mm)/(hm^2\cdot h)}$;

K——土壤可蚀性因子,$\mathrm{(t\cdot hm^2\cdot h)/(hm^2\cdot MJ\cdot mm)}$;

L——坡长因子,量纲为 1;

S——坡度因子,量纲为 1;

C——植被措施管理因子,量纲为 1;

P——水土保持措施因子,量纲为 1。

D 的物理意义与上式的 A 基本相同。

（3）景观多样性指数

指景观结构、功能和动态方面的多样性、复杂性。

$$H = -\sum_{i=1}^{n}(P_i \cdot \ln P_i) \tag{4-16}$$

式中：H——景观多样性指数；

n——景观要素类型数目；

P_i——景观要素 i 所占面积比例。

（4）景观优势度

用来测量景观多样性对最大多样性的偏离程度。

$$D = H_{max} - H = H_{max} + \sum_{i=1}^{n}(P_i \cdot \ln P_i) = \ln n + \sum_{i=1}^{n}(P_i \cdot \ln P_i) \tag{4-17}$$

式中：D——景观优势度；

H_{max}——最大多样性；

H——景观多样性指数；

n——景观要素类型数目；

P_i——景观要素 i 所占面积比例。

（5）单一类型土地利用动态度

表示在一定时间范围内某种土地利用类型数量变化情况。

$$K = \frac{U_a - U_b}{U_a} \times \frac{1}{T} \times 100\% \tag{4-18}$$

式中：K——土地利用动态度；

U_a——研究期初某一种土地利用类型的面积；

U_b——研究期末某一种土地利用类型的面积；

T——研究时长。

2. 综合评价方法

（1）生态敏感性评价方法。通过相应指标，生态敏感性分析评价的内容问题主要有：

① 土壤侵蚀敏感性。以通用土壤流失方程（USLE）为基础，综合考虑降水、地貌、土壤地质等因素，运用 GIS 来评价土壤侵蚀敏感性及其空间分布特征。

② 沙漠化敏感性。用湿润指数、土壤质地及风沙天数等因素来评价沙漠化敏感性程度。

③ 盐渍化敏感性。通常先根据地下水位进行敏感区域划分，再采用蒸发量、降雨量、地下水矿化度与地形等因素划分敏感性等级评价。

④ 石漠化敏感性。可根据是否为喀斯特地貌，土层厚度以及植被覆盖度等进行评价。

⑤ 酸雨敏感性。可利用区域的气候、土壤类型与母质、植被及土地利用方式等来进行评价。

通常，生态敏感性分析评价中，按极敏感、高度敏感、中度敏感、轻度敏感、不敏感 5 级划分。

（2）生态适宜性评价方法。所谓生态适宜性评价，是指从生态学角度确定不同生态要素对某一用途的适宜性和限制性，以此进行的生态要素对不同利用方式的适宜等级分析评价。目前,生态适宜性分析的技术方法主要有形态法、因素叠加法、线性组合与非线性组合法、生态位适宜性模型法和逻辑规则组合法等方法。

因素叠加法是最为常用的评价方法之一,该方法首先根据各相关因素的潜力与限值分别分析单因素的适宜性等级,然后进行各因素的适宜性叠加,以得到综合适宜性评价结果。各要素叠加方法,又可分为等权叠加和加权叠加。评价结果一般可以按照很适宜、基本适宜和不适宜 3 级进行分级评述。

三、环境规划的实施评估

环境规划的实施评估,是确保规划从静态蓝图向动态行动转变,获取有效实施效果的重要环节。它对总结规划实施经验、加强规划实施过程中的管理督导,及时发现规划实施过程中出现的问题(包括外部条件变化的适应性问题),提出解决问题的方法与实时调控具有重要作用。

(一) 评价内容

环境规划实施评价内容可大体分为两个方面:规划实施绩效的调查评价和规划实施过程的调查评价。

对规划实施绩效的调查评价是将实施调查结果与规划确定的目标要求进行对照,从而确定规划目标的实现程度的分析评价,通常假定规划目标的设置是合理和精确的。一般,对于强制性的规划目标,通过考察实施结果即可对目标实现程度直接做出判断;如果规划目标是非强制性(指导性)的,评价则应尽可能考察其引导或鼓励效果。

对规划实施过程的调查评价,是在评估实施绩效的基础上,重点关注规划实施过程中实施主体、对象之间的作用机制。评估内容主要包括规划实施主体和对象的行为机制、影响条件以及结果的敏感性等。一般可按“5W1H”(why,what,where,when,who,how)方法调查分析行为主体“为什么会这么做”“做了什么”“在什么地方做的”“什么时间做的”“执行者是谁”“如何做的”,以便于实施过程的优化,从而改善环境规划实施的整体绩效。

此外,规划的实施评估,也会涉及对规划制定程序和内容的评估,主要包括对规划制定程序的正当合理性进行评价,以及对规划文件的内容、表述以及内在逻辑性等规划文件自身的分析评价。

(二) 评价方法

1. 定性评价方法

定性评价是环境规划实施评价的主要方法,它是根据规划设定的目标和内容,在直接判断或在有关定量方法结果的基础上,对规划的实施绩效以及实施过程等方面进行“性质衡量与判断”的评价方法。该方法主要应用在以下两个方面。

(1) 规划实施的进度评估。如规划目标的达成情况、工程项目的建设情况以及投资完成情况等。

(2) 规划实施的公众满意度。对于涉及公众满意度等主观感受的衡量,通常采用定性评估方法,如利用问卷调查或者访谈的方式,获得有关数据,并通过一定的数据处理方法,获得满意度的评估结果。

2. 定量评价方法

虽然定量评价的方法有很多,但对于环境规划实施评价而言,很难有严格意义上的纯定量评价方法。应用较多的是数据包络分析方法。

数据包络分析(data envelopment analysis,DEA)是美国著名运筹学家 A.Chames 等人以相对效率概念为基础发展起来的一种效率评价方法。DEA 通过分析所有决策单元(DMU)的投入与产出数据,来评价多输入与多输出决策单元之间的相对有效性。就环境规划而言,其实施可以看作是多个输入与输出决策单元的集合。DEA 既可以用于评价环境规划实施的总体绩效,也可以用于评价规划实施过程中采取的某项政策措施的绩效。

DEA 的具体工作步骤如下:

第一步,明确问题。主要包括:① 明确评价目标,并围绕评价目标对评价对象进行分析,包括辨识主目标和子目标,以及影响这些目标的因素,并构建起其层次结构。② 确定各种因素的性质,例如把因素分为可变或不变的、可控或不可控的,以及主要或次要的。③ 识别因素间可能的定性与定量关系。④ 若存在有部分开放性的决策单元,必要时要辨明决策单元边界,进行决策单元的结构、层次分析等。

第二步,建模计算。主要包括:① 建立评价指标体系。根据第一阶段的分析结果,确定能全面反映评价目标的指标体系。② 选择决策单元(DMU)。选择 DMU 本质上就是确定参考集。③ 数据收集。④ 选择模式。根据有效性分析的目的和实际问题的背景,选择适当的 DEA 模型进行计算。

第三步,分析结果。主要包括:① 对计算结果进行分析和比较,找出无效单元失效原因,并提供进一步改进的途径。② 根据定性的分析和预测的结果来考察评价结果的合理性,必要时可应用 DEA 模型采取几种方案分别评价,并将结果综合分析,也可结合其他评价方法或参考其他方法提供的信息进行综合分析。

3. 定性与定量综合评价方法

实践中,以规划为对象的评估,更多是定性与定量相结合的评价方法。如层次分析法、模糊评价法、灰色评价法等,或将其组合集成,如层次分析法与模糊评价法的合用,层次分析法与灰色评价法的合用等。

以下概括介绍逻辑框架法(logical framework approach,LFA)。该法是由美国国际开发署(USAID)在 1970 年开发并使用的一种设计、计划和评价的方法。目前得到多国或国际机构的广泛使用。我国"十一五"期间开展的环境规划评估考核,也尝试运用了该方法。顾名思义,该法核心是构造一个 4×4 矩阵框架(图 4-2)。矩阵自下而上的 4 行分别代表项目的投入、产出、目的和目标的 4 个层次;各层次表达了规划宏观目标的实现往往由多个具体目标所构成,而一个具体目标的取得往往需要该规划完成多项具体的投入和产出活动。这样,4 个层次的要素就自下而上构成了 3 个相互连接的垂直逻辑关系。

矩阵中,横向自左而右 4 列,分别表达为各层次目标的文字叙述、定量化指标、指标的验证方法和实现该目标的必要外部条件。其目的是通过主要验证指标和验证方法来衡量一个规划的资源和成果。与垂直逻辑关系中每个层次目标对应,水平逻辑对各层次的结果加以具体说明,由验证指标、验证方法和重要的假定条件所构成,形成了 LFA 的 4×4 的逻辑框架。一旦该矩阵框架得以实现,即可进入评价过程,用以评估分析环境规划实施的效率、效果、影响和持续性等。表 4-1 和图 4-2 分别为我国"十一五"环境规划实施绩效评价中运用逻辑框架法的矩阵框架与大气环境规划评估逻辑图。

表 4-1 逻辑框架法的矩阵框架

层次纲要	客观验证指标	验证依据	假定条件
目标/影响	目标指标	监测和监督手段及方法	实现目标的主要条件
目的/作用	目的指标	监测和监督手段及方法	实现目的的主要条件
产出/结果	产出物定量指标	监测和监督手段及方法	实现产出目标的主要条件
投入/措施	投入物定量指标	监测和监督手段及方法	落实投入目标的主要条件

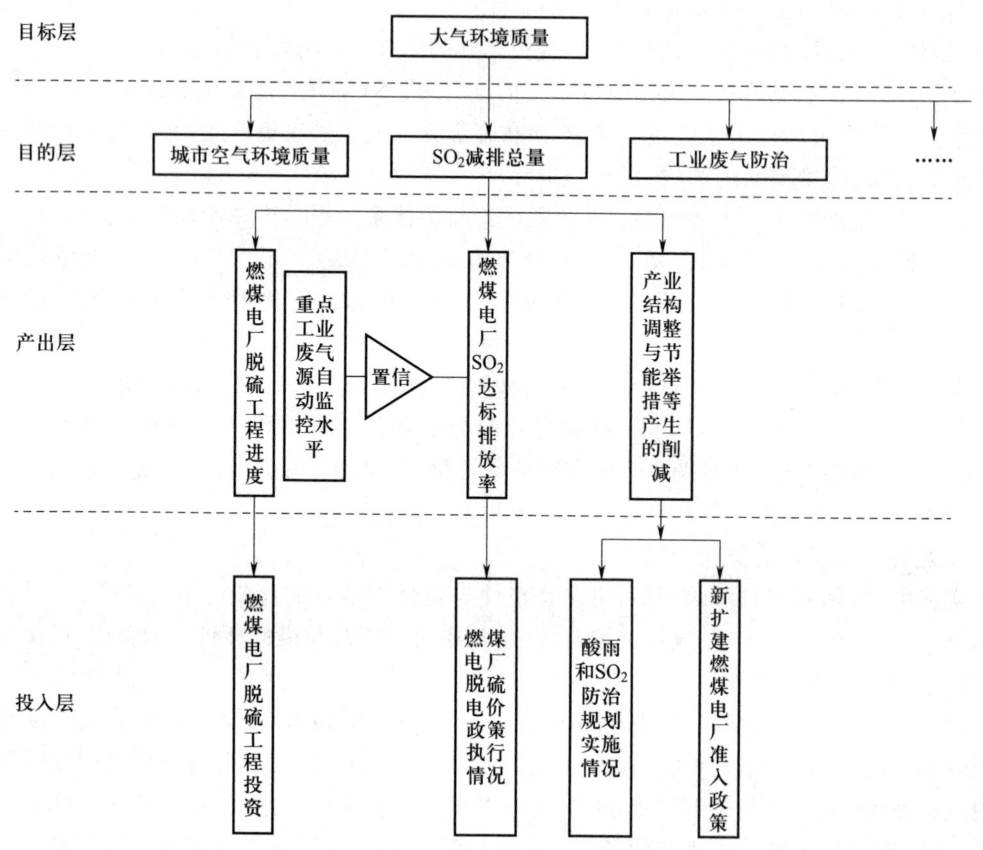

图 4-2 大气环境规划评估逻辑图

第三节 社会经济发展与污染排放预测方法

一、社会经济发展预测

社会经济发展水平的预测并不是生态环境规划预测本身的基本内容，但其直接影响污染排放预测。社会经济发展预测所涉及的主要指标包括人口、国内生产总值，以及能源、用水等。

（一）人口预测

人口是环境规划的基础参数之一。通常，人口预测主要采用直接影响人口自然变动的出生率、死亡率和社会变动的迁移率等参数，这些参数选取时须考虑约束条件。我国人口预测常用的经验模型基本形式为

$$N_t=N_{t_0}e^{k(t-t_0)} \tag{4-19}$$

式中：N_t——t 年的人口总数；

N_{t_0}——t_0 年时，即预测起始年的人口基数；

k——人口增长系数或人口自然增长率。

上述预测的关键是确定 k 值，该值是人口出生率与死亡率之差，常表示为人口每年净增的千分数。其计算方法是：在一定时空范围内，人口自然增长数（出生人数减死亡人数）与同期平均人口之比，并用千分比表示。而平均人口数是指计算期初人口总数和期末人口总数的均值。k 值的选取除与时间 t 有关外，还与预测期间社会的平均物质生产水平、文化水平、战争与和平状态、人口政策和人口年龄结构有密切关系。

（二）国内生产总值预测

国内生产总值是指一国所有常住单位在一定时期内所生产的最终物质产品和服务的价值总和。

我国国内生产总值预测常用的经验模型形式是：

$$Z_{\mathrm{GDP}_t}=Z_{\mathrm{GDP}_0}(1+a)^{t-t_0} \tag{4-20}$$

式中：Z_{GDP_t}——t 年 GDP；

Z_{GDP_0}——t_0 年，即预测起始年的 GDP；

a——GDP 年增长率，%。

规划期国内生产总值的平均年增长率是国民经济发展规划的主要指标。生态环境预测可直接用它来确定有关参数。

（三）能耗预测

环境规划中进行的能耗计算，主要包括原煤、原油、天然气等，按规定折算成每千克发热量 7 000 kcal（$7\ 000\times4.186\ 8\times10^3$ J $=29.31\times10^6$ J）的标准煤，折算的系数是：原煤 0.714 kg/m^3，原油 1.43 kg/m^3，天然气 1.33 kg/m^3。

目前常用的能耗预测法主要是人均能耗法和能耗弹性系数法两种类型。具体方法如下：

（1）人均能耗法。按人民生活中衣食住行对能源的需求来估算生活用能的方法。根据美国对 84 个发展中国家进行的调查表明：当每人每年的消耗量为 0.4 t 标准煤时，只能维持生存；1.2～1.4 t 时可以满足基本的生活需要。在一个现代化社会里，为了满足衣食住行和其他需要，每人每年的能耗量不低于 1.6 t 标准煤。

（2）能耗弹性系数法。这种方法是根据能耗与国民经济增长之间的关系，求出能耗弹性系数 e，再由已决定的国民经济增长速度，粗略地预测能耗增长速度 β，进而计算能耗预测值。

能耗弹性系数是指规划期内平均能耗量增长速度与平均经济增长速度之间的对比关系。经济增长速度可采用工业总产值、工农业总产值、社会总产值或国民收入的增长速度等表示。

$$能耗弹性系数=\frac{规划期内平均能耗量增长速度}{规划期内平均经济增长速度} \quad 或 \quad e=\frac{\Delta E/E}{\Delta G/G} \tag{4-21}$$

式中：E——能耗量；

G——总产值。

能耗增长速度计算公式为

$$\beta=e \cdot \alpha \tag{4-22}$$

式中：β——能耗增长速度；

e——能耗弹性系数；

α——工业产值增长速度。

能耗弹性系数 e 受经济结构的影响。一般来说，在工业化初期或国民经济高速发展时期，能耗的年平均增长速度超过国民生产总值年平均增长速度 1 倍以上，e 大于 1，甚至超过 2。以后，随着工业生产的发展和技术水平的提高，人口增长率的降低，国民经济结构的改变，能耗弹性系数 e 将下降，大都低于 1，一般为 0.4~1.1。

若已知能耗增长速度，规划期能耗预测计算公式如下：

$$E_t=E_0\ (1+\beta)^{t-t_0} \tag{4-23}$$

式中：E_t——规划期 t 年的能耗量；

E_0——规划期起始年 t_0 的能耗量。

（四）用水预测

水的使用，直接关系污、废水的产生排放，影响着水资源与水环境的可持续性。环境规划中对各类用水量的预测，从简单到复杂，方法多样，如时间序列法、投入产出分析法，乃至根据用水器具的预测分析方法。以下对比较常用且简便的定额法介绍如下。

1. 用水总量预测

对一个区域用水总量的供需平衡预测，可采用下式：

$$Q_t=K_t Z_{\mathrm{GDP}_t} \tag{4-24}$$

式中：Z_{GDP_t}——规划期 t 年国内生产总值，万元/a；

K_t——用水系数，t/万元；

Q_t——规划期 t 年用水总量，10^4 t/a。

其中，K_t 需要在调查、统计分析等基础上，通过综合分析确定，既要考虑以往的用水水平，又要注意未来技术进步和节水措施的作用。

2. 生活用水量预测

一般，生活用水包括城镇综合生活用水和农村生活用水两部分。城镇综合生活用水由城镇生活用水和公共市政用水组成。城镇生活用水主要指城镇居民家庭、工矿企业、机关、学校、宾馆、餐厅的饮用、洗涤、烹调和清洁卫生等用水，公共市政用水主要指公共建筑用水、浇洒道路和绿化用水、消防用水等。生活用水中的农村部分指农村居民的日常生活用水。

对于生活用水量，可通过人均生活用水定额来预测：

$$Q=N \cdot q \cdot k \tag{4-25}$$

式中：Q——生活用水量；

N——规划年的人口数；

k——规划年用水普及率；

q——用水定额，包括城镇综合生活用水定额和农村生活用水定额。

3. 工业用水量预测

利用万元工业增加值用水定额，可对工业用水量进行预测：

$$Q = \sum_{i=1}^{n} W_i \cdot A_i \tag{4-26}$$

式中：Q——工业用水量，m^3；

W_i——不同行业 i 在规划年的万元工业增加值取水量，m^3/万元；

A_i——不同行业 i 在规划年的工业增加值，万元。

4. 农业灌溉用水量预测

农业灌溉用水，可按作物分别进行用水预测，然后求其总和，表示如下：

$$Q = \sum_{i=1}^{n} K_i S_i \tag{4-27}$$

式中：Q——预测年农业灌溉用水总量，10^4 t/a；

S_i——预测年某种作物 i 灌溉面积，hm^2/a；

K_i——预测年某种作物 i 灌溉系数，10^4 t/hm^2。

二、大气污染排放预测

（一）源强预测的一般模型

源强是研究大气污染的基础数据，定义为污染物的排放速率。对瞬时点源，源强是点源一次排放的总量；对连续点源，源强是点源在单位时间里的排放量。源强预测的一般模型为

$$Q_i = K_i W_i (1-\eta_i) \tag{4-28}$$

式中：Q_i——源强，对瞬时排放源以 kg 或 t 计，对连续稳定排放源以 kg/h 或 t/d 计；

W_i——燃料的消耗量，对固体燃料以 kg 或 t 计，对液体燃料以 L 计；对气体燃料以 100 m^3计，时间单位以 h 或 d 计；

η_i——净化设备对污染物的去除效率，%；

K_i——i 污染物的排放因子。

（二）固定点源排放预测

1. 耗煤量预测

工业耗煤量常用的预测方法有：弹性系数法、回归分析法、灰色预测等。前文中已介绍如何采用弹性系数法预测能耗，工业耗煤量预测可以参考。

民用耗煤量预测可采用类似于用水预测的定额法，公式如下：

$$E_s = A_s \cdot S \tag{4-29}$$

式中：E_s——预测年取暖耗煤量，10^4 t；

S——预测年取暖面积，m^2；

A_s——取暖耗煤系数，10^4 t/m^2。

根据耗煤量则可计算出各类污染物的排放量。

2. SO_2排放量预测

若将燃煤量记为 W，煤中的全硫分质量分数记为 ω，根据硫燃烧的化学反应方程式，可用下式计算吨煤燃烧后 SO_2排放量，即

$$G_{SO_2}=1.6W\omega \tag{4-30}$$

式中：G_{SO_2}——SO_2排放量，t/a；

W——燃煤量，t/a；

ω——煤中的全硫分质量分数，%。

3. 烟尘排放量预测

$$G_{尘}=W\cdot A\cdot \omega_B\cdot (1-\eta) \tag{4-31}$$

式中：$G_{尘}$——烟尘排放量，t/a；

A——煤的灰分，%；

ω_B——烟气中烟尘的质量分数，%；

W——燃煤量，t/a；

η——除尘效率，%。

若安装二级除尘器，$\eta=\eta_1+(1-\eta_1)(1-\eta_2)$，$\eta_1$ 为第一级除尘效率，η_2 为第二级除尘效率。

4. NO_x与 CO 排放量预测

燃煤过程中 NO_x与 CO 的排放量，可以根据锅炉类型和用途，以及排放系数进行预测。

（三）移动源排放预测

移动源是城市空气污染物的重要来源，包含可排放气体污染物的机动车、发动机及可移动的设备等。移动源分为道路移动源和非道路移动源两类。道路移动源指旅客或货物运输的机动车。非道路移动源包括了航空、轮船、机车及用于工程建设、农业、娱乐等的车辆和设备。

1. 道路移动源排放预测

道路移动源排放量：

$$E_i=P_j\times EF_{ij}\times VKT_j \tag{4-32}$$

式中：E_i——i 污染物的排放量，t；污染物种类一般包括 SO_2、NO_x、CO、VOCs、PM_{10}和 $PM_{2.5}$；

P_j——j 类机动车保有量，台；

EF_{ij}——j 类机动车基于行驶里程的 i 污染物排放系数，t/km；

VKT_j——j 类机动车年均行驶里程，km。

2. 非道路移动源排放预测

非道路移动源排放量根据各类机械燃油消耗量及基于单位燃油的排放因子进行计算：

$$E_i=\sum(FC_j\times EF_{ij}) \tag{4-33}$$

式中：E_i——i 污染物的排放量，t；

FC_j——j 类非道路移动机械的燃油消耗量，t；

EF_{ij}——j 类非道路移动机械 i 类污染物的单位油耗排放因子，t/kg。

各类机械的燃油消耗量根据其保有量、工作小时数和小时油耗进行计算：

$$FC_j=P_j\times H_j\times FR_j \tag{4-34}$$

式中：P_j——j 类非道路移动机械保有量，台；

H_j——j 类非道路移动机械的年平均工作小时数，h；

FR_j——j 类非道路移动机械的小时油耗，kg/h。

三、水污染排放预测

（一）工业点源排放预测

1. 工业废水排放量预测

工业废水排放量预测，通常采用：

$$m_t = m_0 \left(1+r_m\right)^t \tag{4-35}$$

式中：m_t——预测年工业废水排放量，t；

m_0——基准年工业废水排放量，t；

r_m——工业废水排放量年平均增长率，%；

t——基准年至某水平年的时间间隔。

上式中，预测工业废水排放量的关键是求出 r_m，资料比较充足时，可采用统计回归方法求出 r_m；如果资料不太完善，则可结合经验判断方法估计 r_m。为了使预测结果比较准确，一般常采用滚动预测的方式进行。

2. 工业污染物排放量预测

工业污染物排放量预测可采用下式进行。

$$m_i = (V_i - V_0)\rho_{B_0} \times 10^{-2} + m_0 \tag{4-36}$$

式中：m_i——预测年某污染物排放量，t；

V_i——预测年工业废水排放量，10^4 m^3；

V_0——基准年工业废水排放量，10^4 m^3；

ρ_{B_0}——含某污染物废水工业排放标准或废水中污染物浓度，mg/L；

m_0——基准年某污染物排放量，t。

污染物的排放量与厂矿的生产规模以及工业的生产类型有直接关系，同时又必须看到，污染防治技术的进步会使污染物的排放量减少。污染防治技术进步对污染物排放量的作用，可考虑引入特定的指标，如技术进步减污率，它表示由于治理技术的进步，可使污染物减少的程度。各行业技术水平不同，减污率亦不同。

（二）生活污水排放预测

对于生活污水，其排放预测可据下式计算。

$$q_V = 0.365\ AF \tag{4-37}$$

式中：q_V——生活污水排放量，10^4 m^3/a；

A——预测年人口，10^4 人；

F——预测年人均生活污水量，L/（d・人）；

0.365——单位换算系数。

通常，预测年人均生活污水量可用人均生活用水量乘以排水系数（一般可取 0.8）来估算，而人均生活用水量则可参考当地用水定额标准确定。预测年人口可采用地方人口规划数据。无地方人口规划数据时，可参考前文中关于人口预测的方法计算获得。

（三）城市面源排放预测

城市面源污染主要由降雨径流产生，一般城市径流中的污染物来自浮尘、地表垃圾和尘埃物质以及管道底泥。对城市面源负荷预测，目前采用较多的有以下 3 种方法：

1. 监测实验法

在研究区域内选择一块面积不大,能代表研究区域各类特征的封闭或半封闭的小试验区,同步监测降雨径流的水质、水量。通过分析面源污染的性质确定单位面积的污染物负荷量,进而利用单位负荷量乘以研究区域面积来估算面源污染产生的负荷。

2. 遥感和人工降雨模拟法

遥感技术具有视野广、分辨率高、多时相、多波段等优势,可为面源污染研究提供准确、可靠而丰富的背景信息。人工模拟试验,则可以在人工控制情况下模拟各种自然条件下的面源污染负荷产出规律。

该法对自然界的变化进行了简化,突出了主要因素的影响,易于定量化。其优点是能获取野外工作中无法得到的数据,解决传统方法受自然条件严格约束、研究周期长、耗资高等不足。可为揭示面源污染负荷的发生、发展规律提供简便、有效的途径。该方法多被用于模拟研究暴雨径流过程中污染物的流失过程。

3. 数学模型模拟法

城市面源污染物的产生主要源于降雨径流冲刷地表累积物,以及径流挟带污染物在排水系统内的运移。据此构建了大量城市面源污染模型,如城市暴雨水管理模型(SWMM)、城市暴雨径流模型(STORM)、化学物质径流负荷与流失模型(CREAMS)等。目前,模型的发展重点是将地理信息系统 GIS 与原有的面源污染模型相结合,预测面源污染的发生区域、污染物的运移变化、控制措施的影响以及受纳水体的响应等。

(四) 农业面源排放预测

根据农业生产和农村生活的特征,农业面源主要来源于农田化肥、畜禽养殖、农田固体废物和农村生活等几方面。以下介绍基于单元统计的污染物排放量预测方法:

1. 农田化肥污染排放量预测

$$E_i=\mathrm{PE}_i\cdot(1-\eta_i)\cdot C_i \tag{4-38}$$

式中:E_i——农田化肥使用产生的 i 污染物排放量,t/a;

PE_i——氮/磷肥施用量,t/a;

η_i——氮/磷肥利用率,%;

C_i——氮/磷污染排放系数。

2. 畜禽养殖污染排放量预测

$$E_i=\mathrm{EU}_i\cdot Q_i\cdot C_i \tag{4-39}$$

式中:E_i——畜禽养殖产生的第 i 种污染物排放量,t/a;

EU_i——畜禽养殖数量,头/a;

Q_i——畜禽粪尿及污染物年排泄系数,t/(头·a);

C_i——氮/磷污染排放系数。

3. 农田固体废物污染排放量预测

$$E_i=\mathrm{EU}_i\cdot Q_i \tag{4-40}$$

式中:E_i——农田固体废物造成的第 i 种污染物排放量,t/a;

EU_i——农作物秸秆数量,t/a;

Q_i——农作物秸秆产污系数,t/t;

4. 农村生活污染排放量预测

$$E_i = 365 \cdot \mathrm{EU} \cdot Q \cdot C_i \cdot 10^{-9} \tag{4-41}$$

式中：E_i——农村生活产生的第 i 种污染物排放量，t/a；

EU——农业人口数量，人；

Q——农村生活污水排放量，L/(人·d)；

C_i——污水中第 i 种污染物含量，mg/L。

四、固体废物产生与排放预测

固体废物主要来源于工业固体废物和生活垃圾。

（一）工业固体废物产生量预测

工业固体废物有不同的种类，应分别对其进行预测。常用的预测方法有系数预测法和回归分析法。

1. 系数预测法

$$W = P \cdot S \tag{4-42}$$

式中：W——预测年固体废物排放量，10^4 t/a；

P——固体废物排放系数，t/t(产品)；

S——预测的年产品产量，10^4 t/a。

2. 回归分析法

根据固体废物产生量与产品产量或工业产值的关系，可建立线性回归模型，例如，$y=a+bx$。若固体废物产生量受多种因素影响，还可建立多元回归模型进行预测。

（二）城市垃圾产生量预测

城市垃圾产生量预测也常采用排放系数预测法、回归分析法和灰色预测法。例如，利用排放系数的生活垃圾预测方法如下：

$$W_{生} = 3.65 \times 10^{-5} \times f_{生} \cdot N \tag{4-43}$$

式中：$W_{生}$——预测年城市生活垃圾产生总量，10^4 t/a；

$f_{生}$——排放系数，kg/(人·d)；

N——预测年人口总数，人。

在资料缺乏时可利用经验值确定排放系数 $f_{生}$，如对中小城市可取值 1～3 kg/(人·d)，粪便(湿)1 kg/(人·d)。

第四节　环境质量预测方法

一、大气环境质量预测

大气环境质量预测的主要内容是预测大气中各种污染物的浓度变化。开展大气环境质量预测是为了了解未来一定时期的社会、经济活动对大气环境质量带来的影响，以便采取改善大气环境质量的措施。目前大气环境质量预测方法较多，常用方法如下：

（一）箱式模型

箱式模型是研究大气污染物排放量与大气环境质量之间关系的一种最简单的模式。该模型主要适用于城市家庭炉灶和低矮烟囱分布不均匀的面源。通常对一个城市可以划分为若干个小区，把每个小区看作一个箱子，通过各箱的输入-输出关系，即可预测大气中污染物的浓度分布。用箱式方法预测大气污染物浓度的模型为

$$\rho_{\mathrm{B}}=\frac{Q}{u\cdot L\cdot H}+\rho_{\mathrm{B}_0} \tag{4-44}$$

式中：ρ_{B}——大气污染物浓度预测值，$\mathrm{mg/m_N^3}$；

Q——面源源强，mg/s；

u——进入箱内的平均风速，m/s；

L——箱的边长，m；

H——箱高，即大气混合层高度，m；

ρ_{B_0}——预测区大气环境背景浓度值，$\mathrm{mg/m_N^3}$。

在应用箱式模型时，对模型中的大气混合层高度 H，有两种确定方法：一种是从预测地区气象部门直接获得；另一种是利用有关气象资料，通过绝热曲线法求解大气混合层高度，具体过程可参考有关资料。

（二）高斯扩散模式

高斯扩散模式是在大气污染物浓度分布符合正态分布的情况下建立的。其建立的基本假设如下：① 烟气扩散时，烟流中心轴附近污染物比它的外侧要高，浓度分布在水平和垂直方向，均呈高斯分布；② 在湍流扩散场中，平均风速不随地点、时间而变化，流场是定常的；③ 污染源为连续的，均匀排放；④ 在扩散过程中，污染物是保守的，即污染物在大气中不发生沉降、分解和化合，地面对其起全反射作用，不发生吸收和吸附作用。

根据上述假设导出的一般高斯扩散模式（高斯烟流模式），其数学形式为

$$\rho_{\mathrm{B}}(x,y,z,H)=\frac{Q}{2\pi\bar{u}\sigma_y\sigma_z}\exp\left(-\frac{y^2}{2\sigma_y^2}\right)\cdot\left\{\exp\left[-\frac{(z-H)^2}{2\sigma_z^2}\right]+\exp\left[-\frac{(z+H)^2}{2\sigma_z^2}\right]\right\} \tag{4-45}$$

式中：Q——污染物排放源强，mg/s；

ρ_{B}——某种污染物在大气中的预测浓度，$\mathrm{mg/m^3}$；

$\bar{u}$——平均风速，m/s；

H——烟流中心线距地面的高度，m；

σ_y——用浓度标准差表示的 y 轴上的扩散系数，m；

σ_z——用浓度标准差表示的 z 轴上的扩散系数，m。

扩散系数 σ_y、σ_z 的估算方法很多，常用的是帕斯奎尔扩散曲线法。

应用一般高斯扩散模式，可以求出下风向任一点的污染物浓度。但是，在实际预测工作中，更关心的是地面浓度、地面轴线浓度。

若烟气输送方向上的扩散可以忽略，即：$z=0$ 时，便得到高架连续点源地面浓度预测模式为

$$\rho_{\mathrm{B}}(x,y,0,H)=\frac{Q}{\pi\bar{u}\sigma_y\sigma_z}\exp\left(\frac{-y^2}{2\sigma_y^2}\right)\exp\left(\frac{-H^2}{2\sigma_z^2}\right) \tag{4-46}$$

由正态分布原理可知，高斯扩散模式中大气污染物地面浓度是关于 x 轴对称的，它在轴

线上具有最大值，而向两侧（y 方向）的浓度减少。当 $y=0$ 时，可导出下式用于预测高架连续点源地面轴线浓度：

$$\rho(x,0,0,H)=\frac{Q}{\pi\bar{u}\sigma_y\sigma_z}\exp\left(\frac{-H^2}{2\sigma_z^2}\right) \tag{4-47}$$

由于高斯模式中，扩散参数 σ_y、σ_z 是距离 x 的函数，随 x 的增大而增大。因此从地面轴线浓度模式中可以看出，$\left(\frac{Q}{\pi\bar{u}\sigma_y\sigma_z}\right)$ 项会随 x 的增大而减小，而 $\exp\left(-\frac{H^2}{2\sigma_x^2}\right)$ 项则随 x 的增大而增大，这两项共同作用的结果，必然在某一距离 x 处出现浓度的最大值 $\rho_{B_{max}}$。这个最大值就是高架连续点源地面轴线最大浓度，其计算式为

$$\rho_B(x,0,0,H)=\frac{2Q}{\pi\bar{u}H^2\mathrm{e}}\cdot\frac{\sigma_z}{\sigma_y}=\frac{0.234Q}{\bar{u}H^2}\cdot\frac{\sigma_z}{\sigma_y} \tag{4-48}$$

并有地面轴线最大浓度 σ_z 值，即：

$$\sigma_z\,|\,x_{\rho_{B\max}}=\frac{H}{\sqrt{2}} \tag{4-49}$$

出现最大浓度值的距离 $x_{\rho_{B_{max}}}$ 可由 σ_z 在帕斯奎尔曲线图中查得。

若令 $H=0$，便可由高架连续点源地面轴线浓度的高斯扩散模式，得到地面点源轴线浓度扩散模式：

$$\rho_B=\frac{Q}{\pi\bar{u}\sigma_y\sigma_z} \tag{4-50}$$

若在一个接受点的污染物来源于 m 个排放源，那么，在 m 个排放源的相互独立作用下，该接受点大气污染物的浓度可由 m 个排放源贡献的浓度通过叠加计算，即：

$$\rho_B=\sum_{i=1}^{m}\rho_{B_i}(x,y,z,H) \tag{4-51}$$

式中：ρ_{B_i}——第 i 个排放源对接受点的浓度贡献。

（三）线源扩散模式

线源扩散模式主要用于预测机动车辆在行驶过程中对环境造成的污染问题。若将平坦的公路视为一无限长线源，车辆在公路行驶时，它在横风向产生的浓度是处处相同的。由此可以导出当风向与线源垂直时，连续排放的无限长线源下风向浓度的模式如下

$$\rho_B(x,0,0,H)=\frac{2Q'}{\sqrt{2\pi}\,\bar{u}\sigma_z}\exp\left[-\frac{1}{2}\left(\frac{H}{\sigma_z}\right)^2\right] \tag{4-52}$$

当风向与线源不垂直，无限长线源和风向交角为 φ 时，无限长线源下风向的浓度模式为

$$\rho_B(x,0,0,H)=\frac{2Q'}{\sin\varphi\sqrt{2\pi}\,\bar{u}\sigma_z}\exp\left[-\frac{1}{2}\left(\frac{H}{\sigma_z}\right)^2\right] \tag{4-53}$$

式中：Q'——线源源强，g/(s · m)。可根据每辆车的源强计算。

若线源为有限线源，此时其浓度的估算必须考虑由端点所造成的边界效应。随着与源的距离增加，这种效应会使横向距离扩大。为求横向有限线源的浓度，取通过要预测的接收点的平均风向为 x 轴，并把线源的范围规定为由 y_1 延伸到 y_2，其中 $y_1<y_2$。则有限线源浓度

计算公式为

$$\rho_B(x,0,0,H)=\frac{2Q'}{\sqrt{2\pi}\,\sigma_x\bar{u}}\exp\left[-\frac{1}{2}\left(\frac{H}{\sigma_z}\right)^2\right]\cdot\int_{P_1}^{P_2}\frac{1}{\sqrt{2\pi}}\exp\left[-\frac{1}{2}P^2\right]\mathrm{d}P \tag{4-54}$$

式中：$P_1=y_1/\sigma_y$，$P_2=y_2/\sigma_y$。

（四）面源扩散模式

面源污染物浓度的预测有两种常见的方法。一种是箱式模型法，另一种是虚拟点源的面源扩散模式法。箱式模型已在前面介绍。虚拟点源的面源扩散模式是把一个面源单元（例如，将一个城镇划分的许多面源单元，其单元边长一般取 0.5～10 km）简化为一个“等效点源”，假设整个单元的污染物排放集中到面源单元的中心，其在下风方向所造成的浓度，可用一个虚拟点源在下风方向造成同样的浓度所代表。此时，便可用高斯点源地面浓度模式计算面源单元中心的地面浓度，即

$$\rho_B(x,y,0,H)=\frac{Q}{\pi\bar{u}(\sigma_{y_0}+\sigma_y)\,\sigma_z}\cdot\exp\left[-\frac{1}{2}\left(\frac{y}{\sigma_{y_0}+\sigma_y}\right)^2\right]\cdot\exp\left[-\frac{1}{2}\left(\frac{H}{\sigma_z}\right)^2\right] \tag{4-55}$$

式中：Q——面源源强，$mg/(m^2\cdot s)$；

σ_{y_0}——增加的初始扩散参数，且假定其为面源单元边长 L 的 1/4.3，即 $\sigma_{y_0}=L/4.3$。若面源单元内各个排放点源的高度不相同，在计算面源单元的污染物浓度时，还应加上 σ_{z_0} 项，并可取 σ_{z_0} 等于各排放点源的平均高度差或等于各排放点的平均高度 H 的 1/4.0。

（五）总悬浮微粒扩散模式

大气污染物除气态污染物外，还有颗粒态污染物。对于颗粒态污染物，它不能用气态污染物预测模式，一般采用倾斜烟云模式（高斯扩散-沉积模式）。预测总悬浮微粒地面浓度，计算公式为

$$\rho_B=\frac{Q(1+\alpha)}{2\pi\bar{u}\sigma_y\sigma_z}\exp\left[-\frac{1}{2}\left(\frac{y}{\sigma_y}\right)^2\right]\cdot\exp\left[-\frac{(H-v_g x/\bar{u})^2}{2\sigma_z^2}\right] \tag{4-56}$$

式中：a——反射系数；

v_g——粒子的沉降速度，m/s；

x——源到计算点（预测点）的距离，m。

其他符号意义同前。

反射系数 $a=0$ 时，表示地面全吸收，即沉降到地面的物质全部保留在地上；当 $a=1$ 时，表示地面如同一镜面，为一全反射壁，地面无迁移发生；一般 a 取值在 0～1 之间。a 值与粒径 D、沉降速度 v_g 成反比关系。但是，当同样大小的粒子的真密度 ρ 不同时，a 值也不同，所以用粒子的沉降速度 v_g 去确定 a 值，较用粒径 D 去确定 a 值更为合理。

粒子的沉降速度 v_g 用斯托克斯公式计算，即

$$v_g=\frac{g\rho D^2}{18\mu} \tag{4-57}$$

式中：g——重力加速度，m/s^2；

ρ——粒子密度，kg/m^3；

D——粒子粒径，m；

μ——空气黏度，kg/(m · s)。

若 D 用 μm，ρ 用g/cm^3 作为单位，g 取值为980 cm/s^2，μ 取 1.81×10^{-4} g/(cm · s)时，沉降速度 v_g 可表达为

$$v_g = 3.008\times10^{-5}\rho D^2 \quad (\mathrm{m/s}) \tag{4-58}$$

当 $D>D_{max}$ 时，v_g 用下式计算：

$$v_g = 14.96\times\frac{Re}{D} \quad (\mathrm{m/s}) \tag{4-59}$$

式中：Re——粒子雷诺数；

D——粒径，μm。

适用斯托克斯公式的最大粒径 D_{max} 计算为

$$D_{max} = 82.898\ 3\rho^{-\frac{1}{3}} \quad (\mu\mathrm{m}) \tag{4-60}$$

式中：ρ——粒子密度，g /cm^3。

二、水环境质量预测

水环境质量预测方法可分为水质相关法和水质模型法两类。在拥有大量水质、水文、气象和污染源等可靠信息的基础上，水质预测主要通过水质模型来进行。

（一）水质相关法

水质相关法是指将水质参数与影响该水质参数的主要因素建立相关关系，以此作为水质参数预测的方法。由于所建立的相关关系中必须忽略一些次要的因素，这会使预测精度受到一定限制。

1. 水质流量相关法

水质相关法中，将流量作为影响水质的主要因素，与水质参数建立相关关系，称为水质流量相关法。如在莱茵河威沙登站曾对溶解有机碳（DOC）与月平均流量建立关系，该曲线呈上升趋势，即流量越大，DOC 输送率也越大。

这种模型中假设难降解的有机污染物与流量无关，是一常数；而易降解的有机污染物随流量呈指数衰减。例如，对于河流，其有机污染物总量预测可表达为

$$L_t = L_R + L_a \exp(-Kn/q_v) \tag{4-61}$$

式中：L_t——有机污染物总量，kg/s；

L_R——难降解有机污染物量，kg/s；

L_a——易降解有机污染物量，kg/s；

K——常数；

q_v——流量，m^3/s；

n——比例常数。

2. 河流湖泊水质的灰色预测模型

若给出河流、湖泊或水库水质的一个时间序列，则可用灰色建模方法建立 GM(1,1)模型，进行水体水质预测。其预测模型的形式为

$$\begin{cases} \hat{C}^{(1)}(k+1) = \left[C^{(0)}(1) - \dfrac{u}{a}\right] e^{-\alpha k} + \dfrac{u}{a} \\ \hat{C}^{(0)}(k+1) = \hat{C}^{(1)}(k+1) - \hat{C}^{(1)}(k) \end{cases} \tag{4-62}$$

$$\hat{C}^{(0)}(k)=\left(\frac{1-0.5a}{1+0.5a}\right)^{k-2}\left[\frac{u-aC^{(0)}(1)}{1+0.5a}\right] \tag{4-63}$$

水质灰色预测模型的实质是一种利用水质自身相关关系的预测方法。

3. 河流湖泊水质的多元回归分析

由于河流或湖泊中污染物浓度的变化,主要取决于沿河或沿湖地区工农业生产的发展和河流、湖泊水文条件的影响。因此,可根据历年河水或湖水中污染物浓度实测值和沿河或沿湖地区工农业产值及河流或湖泊的水文资料进行多元回归分析,从而建立河流或湖泊的水质预测模型。

设河流或湖泊中某污染物的浓度与其影响因素 $x_1, x_2, \cdots, x_m$ 之间存在着线性相关关系,其多元回归方程为

$$\rho_{\mathrm{B}}=a+b_1x_1+b_2x_2+\cdots+b_mx_m \tag{4-64}$$

式中: ρ_{B}——河水或湖水中某污染物浓度,mg/L;

$a, b_1, b_2, \cdots, b_m$——回归方程中的待定系数;

$x_1, x_2, \cdots, x_m$——影响河流或湖泊水质的有关因素。

(二)水质模型法

水环境污染预测最基本的问题就是要找出污染排放变化与水体控制点处主要污染物含量水平的相关关系,以此预测区域(或城市)由于实施经济、社会发展规划而产生的环境影响,这可通过水质预测模型来完成。现有的各类水体水质模型,如河流模型,河口、湖泊水库模型等均是可进行水质预测最常采用的方法。当已知污染负荷量,一般可用这种方法预测水质参数。这种水体水质模型方法,不仅适用于短期预测,也适用于长期预测。

应用水质模型法预测水质,通常要根据水质模型条件和要求,将水域划分为若干预测单元。如在一维水体条件下可把水质、水量变化处作为节点划分区段,并认为区段内的水质参数相同;进一步利用一套实测资料推求模型参数,以建立确定的水质模型。此外,还应利用另一套实测资料进行模型验证,分析其误差。若误差在允许范围内,即可在水质预测中应用。

1. 完全混合的河流水质预测方法

当污染物排入河流后能够与河水完全混合,此时,河流水质预测模型为

$$\rho_{\mathrm{B}}=\frac{q_{\mathrm{V}_0}\rho_{\mathrm{B}_0}+q_{\mathrm{V}}\rho_{\mathrm{B}_i}}{q_{\mathrm{V}_0}+q_{\mathrm{V}}} \tag{4-65}$$

式中:ρ_{B}——河流下游断面污染物浓度,mg/L;

q_{V_0}——河流上游断面河水流量,$\mathrm{m^3/s}$;

ρ_{B_0}——河流上游断面污染物浓度,mg/L;

ρ_{B_i}——旁侧流入污水中的污染物浓度,mg/L;

q_{V}——旁侧污水流量,$\mathrm{m^3/s}$。

该模型适用于相对窄而浅的河流,河流为稳态,均匀河段,定常排污,即河流过水断面、流速及污染物排入量不随时间变化,污染物为难降解的有机物、可溶性盐类和悬浮固体情况下的预测。

若考虑污染物的削减,上式可表示为

$$\rho_{B}=\frac{(1-k)(q_{V_0}\rho_{B_0}+q_V\rho_{B_i})}{q_{V_0}+q_V} \tag{4-66}$$

式中：k——污染物削减综合系数，k 值可根据上、下断面水质监测资料及排污口、支流来水水量、水质资料反推计算：

$$k=1-\frac{\rho_{B}(q_{V_0}+q_V)}{q_{V_0}\rho_{B_0}+q_V\rho_{B_i}} \tag{4-67}$$

2. 一维河流单因子水质模型和 BOD-DO 耦合模型

对于较宽浅的大中河流，若河流为稳定流，污染物为保守物质，且均匀排放，由稀释混合作用决定水体污染物浓度的水质预测模型为

$$\rho_{B_{max}}=\rho_{B}+(\rho_{B_i}-\rho_{B})\exp(-\alpha\cdot\sqrt[3]{x}) \tag{4-68}$$

式中：$\rho_{B_{max}}$——河流断面最大可能浓度，mg/L；

ρ_{B_i}——污水中某种污染物浓度，mg/L；

ρ_{B}——污水与河水完全混合后污染物浓度，mg/L，即：

$$\rho_{B}=\frac{q_{V_0}\rho_{B_0}+q_V\rho_{B_i}}{q_{V_0}+q_V} \tag{4-69}$$

x——排放口至计算断面的距离，m；

α——取决于水力条件的系数，即：

$$\alpha=\varphi\varepsilon\sqrt[3]{\frac{D}{q_V}} \tag{4-70}$$

式中：φ——河道弯曲系数，即：

$$\varphi=\frac{L}{L_0} \tag{4-71}$$

式中：L——河道实际长度，m；

L_0——排放口至计算断面的直线距离，m；

ε——考虑排放口位置的系数（岸边排放口 $\varepsilon=1$，水体内排放口 $\varepsilon=1.5$）；

q_V——废水排水量，m^3/s；

D——扩散系数，D 值由马卡耶夫公式计算，即：

$$D=\frac{g\cdot h\cdot u}{2m_b\cdot s} \tag{4-72}$$

式中：g——重力加速度，m/s^2；

h——河水平均深度，m；

u——河流断面平均流速，m/s；

s——谢才系数；

m_b——布辛淀斯克系数（对于水 m_b 取 22.3 m/s^2）。

常见的一维河流 BOD-DO 耦合模型是 Streeter-Phelps 模型及其各种修正型。具体如下：

(1) Streeter-Phelps 模型

稳态条件下，一维均匀河流水质模型基本方程为：

$$u\frac{\partial\rho_B}{\partial x}=D\frac{\partial^2\rho_B}{\partial x^2}+S \tag{4-73}$$

Streeter 和 Phelps 从以下两个方面的假设推导出 BOD-DO 耦合模型。

① 对方程式中的源漏项 S,只考虑好氧微生物参与的 BOD 衰减反应,并认为这种反应符合一级反应动力学,即 $S=-K_1\rho_B$。

② 对河水中的 DO 而言,认为耗氧的原因仅是由 BOD 衰减反应所引起,且 BOD 衰减速率等于 DO 减少速率。同时认为,河水中 DO 恢复的速率与水中的氧亏成正比,并只考虑大气复氧作用。由此,在 DO 方程中 S 项就成为

$$S=-K_1\rho_B+K_2(\rho_{DO_S}-\rho_{DO}) \tag{4-74}$$

根据以上假定,一维稳态河流水质模型可以用 BOD 和 DO 两组方程来表达:

$$\begin{cases} u\dfrac{d\rho_B}{dx}=D\dfrac{d^2\rho_B}{dx^2}-K_1\rho_B \\ u\dfrac{d\rho_{DO}}{dx}=D\dfrac{d^2\rho_{DO}}{dx^2}-K_1\rho_B+K_2(\rho_{DO_S}-\rho_{DO}) \end{cases} \tag{4-75}$$

式中:ρ_B,ρ_{DO}——分别为水中 BOD 和 DO 浓度,mg/L;

K_1,K_2——分别为耗氧和复氧系数,S^{-1};

u——平均流速,m/s;

ρ_{DO_S}——饱和 DO 浓度,mg/L。

一般可以忽略弥散作用 D,则式(4-74)变为

$$\begin{cases} u\dfrac{d\rho_B}{dx}=-K_1\rho_B \\ u\dfrac{d\rho_{DO}}{dx}=-K_1\rho_B+K_2(\rho_{DO_S}-\rho_{DO}) \end{cases} \tag{4-76}$$

该式即为 S-P 方程的基本形式。

在边界条件 $\rho_{B_{(0)}}=\rho_{B_0}$,$\rho_{DO_{(0)}}=\rho_{DO_0}$时,其解析解为

考虑弥散:

$$\begin{cases} \rho_{B_x}=\rho_{B_0}e^{\beta_1 x} \\ \rho_{DO_x}=\rho_{DO_S}-(\rho_{DO_S}-\rho_{DO_0})e^{\beta_2 x}+\dfrac{K_1\rho_{B_0}}{K_1-K_2}(e^{\beta_1 x}-e^{\beta_2 x}) \end{cases} \tag{4-77}$$

式中:$\beta_1=\dfrac{u}{2D}\left(1-\sqrt{1+\dfrac{4DK_1}{u^2}}\right)$,$\beta_2=\dfrac{u}{2D}\left(1-\sqrt{1+\dfrac{4DK_2}{u^2}}\right)$

忽略弥散:

$$\begin{cases} \rho_{B_x}=\rho_{B_0}e^{-K_1\frac{x}{u}} \\ \rho_{DO_x}=\rho_{DO_S}-(\rho_{DO_S}-\rho_{DO_0})e^{-K_2\frac{x}{u}}+\dfrac{K_1\rho_{B_0}}{K_1-K_2}(e^{-K_1\frac{x}{u}}-e^{-K_2\frac{x}{u}}) \end{cases} \tag{4-78}$$

$$\rho_{D_x}=\rho_{D_0}e^{-K_2\frac{x}{u}}-\frac{K_1\rho_{B_0}}{K_1-K_2}(e^{-K_1\frac{x}{u}}-e^{-K_2\frac{x}{u}}) \tag{4-79}$$

式中：ρ_{D_0}，ρ_{D_x}——分别为 $x=0$ 和 $x=x$ 处的氧亏浓度，mg/L。

（2）Thomas 修正模型

考虑到河水中有机物在向下游流动的过程中，随着水力条件的变化，会发生沉淀、絮凝、冲刷和再悬浮等过程，因而影响着河水的耗氧与复氧状况。基于此，Thomas 在 S-P 模型的 BOD 方程中，引入了一个沉淀-再悬浮系数 K_3，得到下式：

$$\begin{cases} u\dfrac{d\rho_B}{dx}=-(K_1+K_3)\rho_B \\ u\dfrac{d\rho_{DO}}{dx}=-K_1\rho_B+K_2(\rho_{DO_S}-\rho_{DO}) \end{cases} \tag{4-80}$$

式中：K_3——沉淀-再悬浮系数，d^{-1}。

K_3 主要反映河流的携带能力和有机物的颗粒特性、吸附特性对河水中 BOD 值的影响。K_3 为正时，表示河水中悬浮物发生沉淀作用；为负时，表示与沉淀相反的冲刷作用。

在 $x=0$，$\rho_B=\rho_{B_0}$，$\rho_{DO}=\rho_{DO_0}$ 的边界条件下，式（4-79）的解为

$$\begin{cases} \rho_B=\rho_{B_0}e^{-(K_1+K_3)\frac{x}{u}} \\ \rho_{DO}=\rho_{DO_S}-(\rho_{DO_S}-\rho_{DO_0})e^{-K_2\frac{x}{u}}+\dfrac{K_1\rho_{B_0}}{K_1+K_3-K_2}\left[e^{-(K_1+K_3)\frac{x}{u}}-e^{-K_2\frac{x}{u}}\right] \\ \rho_D=\rho_{D_0}e^{-K_2\frac{x}{u}}+\dfrac{K_1\rho_{B_0}}{K_2-(K_1+K_3)}\left[e^{-(K_1+K_3)\frac{x}{u}}-e^{-K_2\frac{x}{u}}\right] \end{cases} \tag{4-81}$$

（3）Dobbins-Camp 修正模型

Dobbins 等在 Thomas 方程的基础上，考虑到沿河坡面径流、底泥耗氧、藻类光合作用增氧和呼吸作用耗氧等影响，在 Thomas 模型上各增加一个常数项，即

$$\begin{cases} u\dfrac{d\rho_B}{dx}=-(K_1+K_3)\rho_B+R \\ u\dfrac{d\rho_{DO}}{dx}=-K_1\rho_B+K_2(\rho_{DO_S}-\rho_{DO})-P \end{cases} \tag{4-82}$$

式中：R——沿河坡面径流或底泥 BOD 的增加速率，mg/（L·d）；

P——水生生物光合与呼吸作用和底泥有机物分解耗氧引起的 DO 变化速率，mg/（L·d）。

给定初始条件 $\rho_{B(0)}=\rho_{B_0}$，$\rho_{DO(0)}=\rho_{DO_0}$ 或 $\rho_{D(0)}=\rho_{D_0}$，其解为

$$\begin{cases} \rho_B=\rho_{B_0}F_1+\dfrac{R}{K_1+K_3}(1-F_1) \\ \rho_{DO}=\rho_{DO_S}-(\rho_{DO_S}-\rho_{DO_0})F_2+\dfrac{K_1}{K_1+K_3-K_2}\left(\rho_{B_0}-\dfrac{R}{K_1+K_3}\right)(F_1-F_2)-\left[\dfrac{P}{K_2}+\dfrac{K_1R}{K_2(K_1+K_3)}\right](1-F_2) \\ \rho_D=\rho_{D_0}F_2+\dfrac{K_1R}{K_2-(K_1+K_3)}\left(\rho_{B_0}-\dfrac{R}{K_1+K_3}\right)(F_1-F_2)+\left[\dfrac{P}{K_2}+\dfrac{K_1R}{K_2(K_1+K_3)}\right](1-F_2) \end{cases} \tag{4-83}$$

式中：$F_1=\exp\left[-(K_1+K_3)\dfrac{x}{u}\right]$，$F_2=\exp\left[-K_2\dfrac{x}{u}\right]$

3. 湖泊水质和营养状态预测模型

湖泊与河流不同，其水流缓慢，并会有分层现象。污水在湖泊中的稀释扩散是不均匀混合，往往污染区处于入湖口与排污口附近的水域，离排污口越近，污染越严重；离排污口越远，污染越小。污水入湖后，在湖泊中的沿程浓度变化可用下面水质自净模型计算，即

$$\rho_B=\rho_{B_0}e^{-\frac{k\varphi H}{2q_V}r^2} \tag{4-84}$$

式中：ρ_B——预测点的污染物浓度，mg/L；

ρ_{B_0}——入湖污水中污染物浓度，mg/L；

φ——污水在湖水中的稀释扩散角度，当污水在岸边排放时 $\varphi=180°=\pi$，在湖心排放时 $\varphi=360°=2\pi$；

H——污水扩散区的湖水平均深度，m；

r——预测点离排放口的距离，m；

q_V——入湖污水量，m^3/d；

k——污染物自净系数，d^{-1}。

湖泊营养状态预测模型很多，可用于判断未来湖泊发生富营养化的可能性。常用预测模型如下。

（1）沃伦维达模型

$$\rho_B=\frac{L}{S_Q\left[1+\sqrt{\dfrac{\overline{Z}}{S_Q}}\right]} \tag{4-85}$$

式中：ρ_B——湖水中氮或磷的年平均浓度，mg/L；

L——单位湖泊面积上的氮或磷负荷量，$g/(m^2\cdot a)$；

S_Q——单位湖泊面积上水量负荷量，$m^3(m^2\cdot a)$；

$\overline{Z}$——湖泊的平均水深，m。

（2）狄龙模型

$$\rho_B=\frac{L(1-R)}{\overline{Z}\times\dfrac{Q}{V}} \tag{4-86}$$

式中：ρ_B——湖水中氮或磷的年平均浓度，mg/L；

Q——年入湖水量，m^3；

V——湖泊容积，m^3；

R——氮或磷的滞留系数，即：$R=1-\dfrac{\text{总氮（磷）的年输出量}}{\text{总氮（磷）的年输入量}}$

L、$\overline{Z}$ 意义同上。

4. 多指标综合性水体水质预测模型

当污染物进入水体时，不仅会引起水中 BOD 和 DO 的变化，还会引起水温、藻类和氨氮等其他因子的变化。因此，要全面模拟水质变化，一般需使用综合性水质预测模型。以下介

绍两种常用的多指标水质动态模拟模型。

(1) QUAL2K 水质模型。QUAL2K(简称 Q2K)模型适用于枝状河流体系模拟,其基本方程为一维平流-扩散物质输送和反应方程,考虑了平流弥散、稀释、水质组分的响应及外源输入的影响。Q2K 模型可以模拟多种水质成分,包括:BOD、DO、温度、藻类-叶绿素 a、有机氮、氨氮、亚硝酸盐氮、有机磷、溶解磷、大肠杆菌等。可根据实际情况,任意选择需要模拟的指标进行组合。Q2K 模型对数据和资料需求少,通用性强,可用于模拟具有多条支流、多个排污口和取水口的河流。

(2) EFDC 水质模型。EFDC 主要包括水动力、水质、泥沙-有毒污染物迁移等模块,可以对河流、湖泊、水库、湿地、河口、近岸水域等进行一维、二维和三维数值模拟。水动力学模块包括淡水流、大气作用、水深、表面高程、底摩擦力、流速、湍流混合、盐度、水温,可以模拟计算流速、温度、盐度、近岸羽流和漂流。水质模块能够从时空分布上模拟水质参数,包括 DO、悬浮藻类、碳、氮、磷、硅循环以及大肠杆菌等。沉积物模块和水质模块的耦合不仅增强了模型水质参数的预测能力,还可以模拟水质条件跟随营养盐负荷变化的情况。泥沙模块可进行多组分泥沙的模拟,根据物理或经验模型模拟泥沙的沉降、冲刷及再悬浮等过程。有毒污染物模块可以模拟各类型污染物在水体中的迁移转化过程,该模块需要针对特定有毒污染物提供具体反应过程,并设定反应系数。

三、环境噪声预测

环境噪声预测,一般采用声源的倍频带声功率级、A 声级来预测计算距声源不同距离的声级。根据预测点和声源之间的距离以及声源发出声波的波阵面,将声源划分为点声源、线声源、面声源后进行预测。实际预测中遇到线声源或面声源可分为若干线的分区或若干面的分区,而每一个线或面的分区可用处于中心位置的点声源表示。因此,本节重点介绍点声源的环境噪声预测方法。

根据已获得的声源源强数据和各声源到预测点的声波传播条件资料,计算出噪声从各声源传播到预测点的声衰减量,由此计算出各声源单独作用在预测点时产生的 A 声级(L_{Ai})。

(一) 声级计算方法

某一预测点的等效声级预测方法如下:

$$L_{eq}=10\lg\left(\frac{1}{T}\sum_{i}t_i\,10^{0.1L_{Ai}}\right) \tag{4-87}$$

式中:L_{eq}——声源 i 在预测点的等效声级贡献值,dB(A);

L_{Ai}——声源 i 在预测点产生的 A 声级,dB(A);

T——预测计算的时间段,s;

t_i——i 声源在 T 时段内的运行时间,s。

若已知声源 i 的倍频带声功率级(从 63 Hz 到 8 000 Hz 标称频带中心频率的 8 个倍频带),则可利用 8 个倍频带的声压级计算声源 i 在预测点 r 处产生的 A 声级:

$$L_A(\mathrm{r})=10\ \lg\left(\sum_{i=1}^{8}10^{[0.1\Delta L_{p_i}(r)-\Delta L_i]}\right) \tag{4-88}$$

式中:$\Delta L_{p_i}(r)$——预测点 r 处的第 i 倍频带声压级,dB;

ΔL_i——i 倍频带 A 计权网络修正值,dB。

预测点 r 处的倍频带声压级可按下式计算：

$$L_p(r)=L_p(r_0)-A \tag{4-89}$$

式中：$L_p(r_0)$——靠近声源处某一参考位置 r_0 的倍频带声压级，dB。

A——倍频带衰减，dB。

若不能取得声源倍频带声功率级或倍频带声压级，只能获得某点的 A 声级时，可按下式作近似计算：

$$L_A(r)=L_A(r_0)-A \tag{4-90}$$

式中：$L_A(r_0)$——已知靠近声源 i 处某一参考位置 r_0 的声源，dB(A)。

（二）户外声传播衰减计算

户外声传播衰减包括几何发散(A_{div})、大气吸收(A_{atm})、地面效应(A_{gr})、屏障屏蔽(A_{bar})、其他多方面效应(A_{misc})引起的衰减。根据声源声功率级或靠近声源某一参考位置处的已知声级(如实测得到的)、户外声传播衰减，计算距离声源较远处的预测点的声级。最常考虑的衰减是几何发散衰减，在只考虑几何发散衰减时，无指向性点声源几何发散衰减的基本公式为

$$L_p(r)=L_p(r_0)-A_{div} \tag{4-91}$$

$$A_{div}=20\lg(r/r_0) \tag{4-92}$$

声源在自由空间中辐射声波时，其强度分布的一个主要特性是指向性。例如，喇叭发声，其喇叭正前方声音大，而侧面或背面小。对于自由空间的点声源，其在某一 θ 方向上距离 r 处的倍频带声压级计算公式如下：

$$L_p(r)_\theta=L_w-20\lg r+10\lg\frac{I_\theta}{I}-11 \tag{4-93}$$

式中：$L_p(r)_\theta$——声源在 θ 方向上距离 r 处的倍频带声压级，dB；

L_w——点声源的倍频带声功率级；

I_θ——某一 θ 方向上的声强，W/m^2；

I——所有方向上的平均声强，W/m^2。

如果按式(4-89)计算具有指向性点声源几何发散衰减时，式(4-89)中的 $L_p(r)$ 与 $L_p(r_0)$ 必须是在同一方向上的倍频带声压级。

四、土壤环境质量预测

根据土壤污染物的输入量和输出量对比，可说明土壤是否污染及污染的程度，也可根据土壤污染物的输入量和残留率的乘积，说明污染的程度。

（一）土壤污染物累积与预测模式

通过各种途径进入土壤的污染物其累积预测模式如下：

$$W=K(B+R) \tag{4-94}$$

式中：W——污染物在土壤中的年累积量，mg/kg；

B——区域土壤背景值，mg/kg；

R——土壤污染物年输入量，mg/kg；

K——土壤污染物年残留率，%。

若预测计算 n 年内土壤污染物的累积量，则有：

$$W_n = K_n\{K_{n-1}[\cdots K_2(K_1(B+R_1)+R_2)+\cdots+R_{n-1}]+R_n\}$$
$$= B\cdot K_1\cdot K_2\cdot\cdots\cdot K_n+R_1\cdot K_1\cdot K_2\cdot\cdots\cdot K_n+R_2\cdot K_2\cdot K_3\cdot\cdots\cdot K_n+\cdot\cdots\cdot+R_n\cdot K_n \tag{4-95}$$

$$K_1=K_2=\cdots=K_n=K \tag{4-96}$$

$$R_1=R_2=R_3=\cdots=R_n=R \tag{4-97}$$

则有：$W_n=BK^n+RK^n+RK^{n-1}+RK^{n-2}+\cdots+RK=BK^n+RK(1-K^n)/(1-K)$

由上式可见，K值对计算结果影响很大。在不同地区，由于土壤特性各异，K值也不完全相同。因此，不同地区应根据盆栽和小区模拟试验，力求准确地求出残留率。

在土壤污染物输入量难以获得，又缺乏本区盆栽试验的情况下，预测污灌土壤中一定年限内污染物的累积量及土壤可污灌的年限，可采用下式计算。

$$W=N_W\cdot x+W_0 \tag{4-98}$$

$$n=(S_i-W_0)/x \tag{4-99}$$

$$x=(W_0-B)/N_0 \tag{4-100}$$

式中：W——预计年限内土壤中污染物的累积量，mg/kg；

n——土壤可污灌（安全）年限，mg/kg；

x——土壤中污染物平均年增长值，mg/kg；

B——土壤环境背景值，mg/kg；

S_i——土壤环境标准值，mg/kg；

W_0——土壤污染物当年累积量，mg/kg；

N_0——已污灌的年限；

N_W——预计污灌的年限。

土壤中污染物平均年增长值 x，可按下式算得：

$$x=QC_i/M \tag{4-101}$$

式中：Q——污灌水量，L/(hm^2·a)；

M——每亩地耕作层土壤重，kg/hm^2；

C_i——灌溉水中 i 污染物的浓度，mg/L。

通过上述公式即可预测土壤环境质量。

（二）土壤中农药残留量预测模式

农药输入土壤后，在各种因素作用下，会产生降解或转化，其最终残留量可以按下式计算：

$$R=ce^{-kt} \tag{4-102}$$

式中：R——农药残留量，mg/kg；

c——农药施用量，kg；

k——降解常数；

t——时间。

从上式可以看出，若连续施用农药，土壤中的农药累积量不断增加，但不会无限增加，达到一定值后便趋于平衡。

假如一次施用农药后，土壤中农药的浓度为 c_0，一年后的残留量为 c，则农药残留率 f 可以用下式表示：

$$f=c/c_0 \tag{4-103}$$

如果以每年一次的频率连续施用农药时,则农药在土壤中数年后的残留总量又可用下式计算:

$$R_n=(1+f+f^2+f^3+\cdots+f^{n+1})c_0 \tag{4-104}$$

式中:R_n——残留农药量,mg/kg;

f——残留率,%;

c_0——一次施用农药在土壤中的平均量,mg/kg;

n——连续施用年数。

当 $n\to\infty$时,则

$$R_n=[1/(1-f)]c_0 \tag{4-105}$$

此式可计算农药在土壤中达到平衡时的残留量。

五、生态系统演变趋势分析

生态系统质量演变的驱动影响因素多,动态过程复杂,目前,难有适应性较强的一揽子预测技术方法。环境规划中,其趋势分析和预测评价的技术思路,整体主要是根据规划对象的生态学特性,在调查、判定该区域主要与次级生态功能及实现这些功能所必需的生态过程的基础上,利用有关模型技术,以定量与定性分析相结合的方式完成。一般,可选用的模型主要有系统动力学模型、大都市扩展模型、元胞自动机模型及多智能体模型等。在生态系统的趋势预测分析中,这些模型利于考虑人类社会经济系统与自然生态系统之间的复杂动态反馈关系。由于生态系统演变过程可通过土地利用/覆盖变化(land use/cover change,简称LUCC)的动态变化和景观格局的演变来反映,并且土地利用/覆盖变化和景观格局具有较强的空间性和时序性,因此不少模型常常会从土地利用变化入手,兼顾时空变化进行预测分析。

以下介绍常用的元胞自动机模型。

元胞自动机(cellular automata,CA),是一种通过局部的运算来模拟时间和空间上离散的复杂现象的模型。元胞、状态、规则和邻域是 CA 模型的主要组成部分。散布在规则格网(lattice grid)中的每一元胞(cell)取有限的离散状态值,遵循同样的作用规则,依据确定的局部规则作同步更新。某一时刻的单元状态依赖于其前一时刻的自身和邻域。四元组公式表达 CA 模型如下:

$$\mathrm{CA}=(L_{\mathrm{d}},S,N,f) \tag{4-106}$$

式中:L_{d}——一个规则划分的网格空间,每个网格空间即为一个元胞;

S——一个离散的有限集合,代表各个元胞的状态;

N——元胞的邻域集合;

f——一个映射函数,可表示为 $S_t\to S_{t+1}$,即根据 t 时刻某个元胞所有邻域的状态组合来确定 $t+1$ 时刻该元胞的状态值,即元胞自动机的转换函数或演化规则。

CA 模型最大的优点是通过定义局部的元胞邻近关系,使用比较简单的局部转换规则,模拟和反映整个系统中复杂现象的时空动态变化,因而已被广泛应用于土地利用变化、城市扩张、生态系统模拟等领域。例如,CA 模型可以从景观组成单元入手,模拟各个景观的状态和局部相互作用以及景观格局的演变过程。基于贝叶斯网络构建的 CA 模型能够反映土地利用现状并对土地利用时空变化进行预测。基于人工免疫系统的 CA 模型可以根据不同的土地利用政策,分析不同的城市扩展情景,解析经济、人口及空间政策对土地利用格局转变的影响作用。此外,CA 模型还可以与泥沙侵蚀、输移以及沉积的简单规律耦合,模拟流域和河道地貌变化。如果将 CA 模型与 Logistic 模型、CLUS-S 模型、GIS 模型、Markov 模型等结合,还可以提高模型在模拟许多生态学现象(如植被、土地利用变化等)时的合理性和有效性。

第五节　环境规划的决策分析方法

决策是对一个事物进行分析综合和思维判断的过程。决策分析则是进行决策方案选择的一套系统分析方法。借助于决策分析工具,将有益于帮助决策者科学合理地展开决策活动,解决复杂的决策问题。由于环境规划决策问题具有的非/半结构化、多目标及价值特征,使得环境规划的决策分析,同样也存在着定性与定量决策分析两类基本技术方法。本节在首先介绍定性决策分析方法后,重点从单目标、多目标两个方面介绍定量化的决策分析技术方法。

一、定性决策分析

环境规划的定性决策分析方法种类多样,其中以德尔菲法、头脑风暴法最为常用。

(一) 德尔菲法

德尔菲(Delphi)法是由美国兰德公司首创并用于预测和决策的方法,也称专家调查法,是一种反馈匿名多次征询,最终逐步取得比较一致结果的决策方法。德尔菲法作为一种主观、定性的方法,在环境规划中,可用于支持环境规划的优先事项、规划目标与指标,环境规划实施方案与政策措施等多种问题的筛选决策。

德尔菲法的主要步骤如下:

(1) 组成专家小组,按照决策所需要的知识范围确定专家。专家人数的多少,根据决策问题与任务的大小和涉及面的宽窄而定,一般不超过 20 人。

(2) 向专家明确决策问题及有关要求,并附以有关决策问题的各种背景资料(包括征询专家对资料信息的需求)。

(3) 组织专家进行书面答复,各个专家回答自己的判断意见,并说明如何利用所发资料与提出决策分析结果。

(4) 将各位专家的判断意见汇总,统计列成图表进行对比分析,并反馈给各位专家,让专家比较本人同其他专家的不同意见,修改自己的意见和判断。或者将各位专家的意见加以整理,请更高级的其他专家给予评论,之后将这些意见再分送给各位专家,以便他们参考后修改自己的意见。

(5) 再次回收专家的修改意见,统计汇总后分发给各位专家,进行第二次修改。以后重复收集意见并为专家反馈信息,直至每一个专家不再改变自己的意见为止。在此基础上根据一致或统计结果确定最终决策分析结果。

德尔菲法具有以下 3 个特点:① 资源利用的充分性。吸收不同的专家预测,充分利用了专家的经验和学识。② 最终结论的可靠性。采用匿名或背靠背的方式,能使每一位专家独立地做出自己的判断,免受其他繁杂因素的影响。③ 最终结论的统一性。预测过程必须经过多次反馈,有助于专家的认识逐渐趋同。正是这些特点,使德尔菲法得以广泛应用。

(二) 头脑风暴法

头脑风暴法(brain storming),最早是由美国创造学家奥斯本(A.F.Osborn)于 1939 年首次提出、1953 年正式发表的一种激发性思维方法,是一种群体决策方法。环境规划决策中头脑风暴法一般比较适用于环境规划的战略定位、基本思路、优先领域、规划目标与指标等确定问题。

头脑风暴法的激发机理主要体现在以下 4 个方面:

(1) 联想反应。联想是产生新观念的基本过程。在集体讨论问题的过程中,每提出一个新观念,都能诱发他人的联想。相继产生一连串的新观念,并形成连锁反应,产生更多的新观念,为创造性地解决问题提供了更多的可能性。

(2) 热情感染。在不受任何限制的情况下,集体讨论问题能激发人的热情。人人自由发言、相互影响、相互感染,形成热潮,突破固有观念的束缚,最大限度地发挥创造性思维能力。

(3) 竞争意识。在有竞争意识的氛围下,人人争先恐后,竞相发言,不断地开动思维机器,力求有独到见解、新奇观念。

(4) 个人欲望。在集体讨论解决问题的过程中,个人的欲望自由,不受任何干扰和控制,人人不得批评仓促地发言,甚至不能有任何怀疑的表情、动作、神色,从而可使每个参与者畅所欲言,提出大量的新观念。

为使与会者互相启发和激励,达到较高效率,头脑风暴法会议必须严格遵循以下原则:

(1) 禁止批评和评论,对别人提出的任何想法都不能批判、不得阻拦。即使自己认为他人设想是幼稚的、错误的,亦不得予以驳斥;同时也不允许自我批判,以从心理上调动每一个与会者的积极性。

(2) 以追求设想的数量为目标,设想越多越好,尽量促使大家多提设想。

(3) 鼓励巧妙地利用和改进他人的设想。每个与会者都要从他人的设想中激励自己,从中得到启示,或补充他人的设想,或将他人的若干设想综合起来提出新的设想等。

(4) 与会人员人人平等。不论是该方面的专家,还是该领域的外行,一律平等,各种设想都要将其完整地记录下来。

(5) 主张独立思考,不允许私下交谈,以免干扰他人思维。会议提倡自由奔放、任意想象、尽量发挥、畅所欲言,启发人们推出好的观念。

(6) 创造民主环境,不以多数人的意见阻碍个人观点的产生,激发个人追求更多更好的想法。

二、单目标决策分析

(一) 环境-费用效益分析

环境规划方案,一方面存在费用投入和代价,另一方面它会减少环境污染或生态环境破坏所带来的损失,从而获得生态环境功能恢复和质量改善的效益。环境-费用效益分析正是利用环境规划行动方案的这种费用与效益关系,支持环境规划方案比选决策的。

1. 环境费用-效益分析的基本程序

环境费用-效益分析的一般过程可概括如图 4-3 所示。

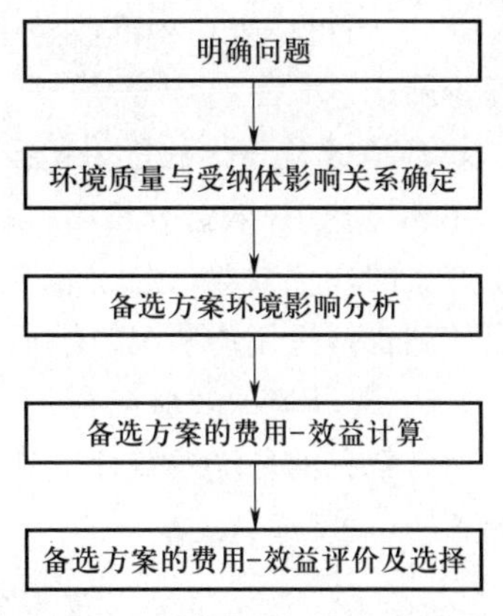

图 4-3　环境费用-效益分析流程图

(1) 明确问题。费用-效益分析的首要工作是明确问题。对于一个环境规划,就是要弄清规划方案中各项活动对环境要素的影响作用、范围和时间,从而为规划方案的环境影响识别分析奠定基础。

(2) 确定环境质量及受纳体影响关系。涉及污染的环境问题,其直接影响表现为环境质量的恶化、进而导致对受纳体(如人体、动植物、资源等)的影响和损害。

为确定污染的损害作用,一项重要工作是建立相应的剂量响应,由此估计环境质量对受纳体的影响,主要工作有:① 估计环境质量变化的时空分布,② 估计受纳体在环境质量变化中的暴露程度,③ 估计暴露对受纳体产生的物理化学和生物效应。

(3) 备选方案的环境影响分析。针对不同规划方案进行环境质量变化的定量化影响估计。

(4) 备选方案的费用/效益计算。为了使规划方案的影响效果具有可比性,需将不同规划方案量化的费用/效益以货币价值化。其中,对规划方案的环境类等非经济效益(损失),则需借助货币化技术方法进行估值。

(5) 备选方案的费用-效益评价。在对备选方案的费用、效益的货币化测算基础上,通过适当的评价准则进行不同方案的比较评价,完成最佳方案的筛选。

2. 费用-效益分析的评价准则

进行规划方案费用-效益的比较评价,通常可采用净效益或费效比等评价准则。

(1) 净效益最大准则。净效益是总效益现值扣除总费用现值的差额:

$$Z_{\mathrm{NPV}}=\sum\frac{(B_t-C_t)}{(1+r)^t}=\sum\frac{B_t}{(1+r)^t}-\sum\frac{C_t}{(1+r)^t} \tag{4-107}$$

式中:Z_{NPV}——净效益(现值);

B_t——第 t 年的效益;

C_t——第 t 年的费用;

r——社会贴现率;

t——时间(以年为单位)。

若 $Z_{\mathrm{NPV}}>0$,表明规划方案得大于失,方案可以接受;否则,方案不可取。对于多个满足净效益大于零的方案,可按净效益最大的准则进行备选方案的筛选。

(2) 费效比最小准则。费效比即总费用现值与总效益现值之比,记作 α:

$$\alpha=\sum\frac{C_t}{(1+r)^t}\Big/\sum\frac{B_t}{(1+r)^t} \tag{4-108}$$

如果费效比 $\alpha<1$,方案的社会费用支出小于其所获得的效益,方案可以接受;否则 $\alpha\geq 1$,方案费用支出大于社会效益,方案应予拒绝。

此外，还可以采用内部收益率，即以净现值为零时的社会贴现率为准则，进行规划方案的评价筛选。

3. 环境效益评价的货币化技术方法

在环境费用-效益分析中，由于环境质量及受纳体影响的多样性和复杂性，因而对人为活动产生的环境效益（损失）的货币化技术方法种类繁多。实践中，还没有哪一种技术方法可以达到普遍适用的状况。因而需要根据具体实际问题条件，选择利用适宜的方法或建立新的方法，对环境的效益或损失货币化。

现有常见的环境效益评价货币化方法大体有3类，它们分别为直接市场法、替代市场法和调查法（表4-2）。

表4-2 常见的环境效益评价货币化方法

类型	评价方法	类型	评价方法
直接市场法	市场价格法（生产率值）	替代市场法	资产价值法
	人力资本法		旅游费用法
	机会成本法		工资差额法
	防护费用法	调查法	支付愿望法
	恢复费用法		专家调查法
	影子工程法		

下面针对前两类方法，简单介绍其中的一些基本思想。

（1）市场价格法：直接根据物品或服务的价格，利用由环境质量变化所引起的产量或利润等变化，进行环境效益或损害的价值估计。该方法应用广泛，如用于因污染造成农产品减产时的环境评价。

（2）人力资本法：将人作为生产要素，以其健康状况，如过早死亡、患病、提前退休等费用支出或损失，反映环境质量变化的价值，如大气污染的货币价值估算。

（3）机会成本法：当将一定的资源用在生产某种产品时，所放弃的对其他产品生产中所能获得的最大收益。根据这一思想，对规划方案设计的环境效益或损失进行估值。

（4）防护费用法：环境资源被破坏引发的经济损失，可以通过为防护该环境资源不受破坏所准备支付的费用来推断。例如，噪声环境的质量，可以用通过建立噪声隔离墙所需的费用来衡量。

（5）恢复费用法：一种环境资源的破坏假定能恢复到原来状态，这种恢复所需要的费用就可作为该环境资源被破坏的相应价值估计。当然，环境退化、生态破坏往往很难恢复到原来功能，所以恢复费用也只是它的最低损失费用。

（6）影子工程法：在环境资源受到破坏之后，如果用人造工程来代替原来的环境功能，这时所需的费用可用来估计破坏该环境资源的经济价值。例如，某处地下水受到污染而失去饮用水功能，可以用重新建造一个饮用水源所需的费用来评估该地下水资源的经济价值。

（7）资产价值法：用环境质量的变化引起资产价值的变化，估计环境污染或改善环境质量所带来的经济效益或损失的方法。例如，利用噪声污染对房地产的价值影响，进行区域环境质量估值。

(8)工资差额法:利用不同环境条件下的人员工资的差异,估计环境质量价值的方法。假如人员可以自由选择工作,污染地区的工作需用高工资来吸引工人,所以工资的地区差异可以一定程度地反映工作区域的环境质量变化。

虽然目前已有许多对环境进行经济评价的估值技术方法,但对环境影响的货币化仍然存在着不少的难点问题。为此,在费用效益分析基础上,可采用的一个简化的方案评价方式是费用效果分析。所谓费用效果分析,在环境规划中,通常是指在满足一定环境要求等前提下,选择费用最小的活动方案的决策分析技术。许多利用数学规划建立的环境规划模型,如下面的线性规划,正是这种费用效果分析思想的体现。

(二) 数学规划方法

1. 线性规划

线性规划是一种最基本且使用最广泛的最优化技术。线性规划问题可描述为:① 通过一组未知量(又称决策变量)表示规划的待定方案,这组未知量的确定值代表了一个具体方案。通常要求这组未知量的取值是非负的。② 对于规划对象,存在若干限制条件。这些限制条件均以未知量的线性等式或不等式约束来表达。③ 存在一个目标要求,这个目标由未知量的线性函数来描述。按所研究的规划问题的决策规则不同,要求目标函数值实现极大化或极小化。

线性规划的一般表达形式为:

$$\begin{cases}\max(\min) f=\boldsymbol{cx}\\ \boldsymbol{Ax}\leqslant(=,\geqslant)\boldsymbol{b}\\ x_i\geqslant 0\end{cases}\tag{4-109}$$

式中:$\boldsymbol{x}$——由 n 个决策变量构成的向量,即规划问题的备选方案 $\boldsymbol{x}=(x_1,x_2,\cdots,x_n)^{\mathrm{T}}$;

$\boldsymbol{c}$——由目标函数中决策变量的系数构成的向量,$\boldsymbol{c}=(c_1,c_2,\cdots,c_n)$;

$\boldsymbol{A}$——由线性规划问题的 m 个约束条件中关于决策变量的系数组成的矩阵;

$\boldsymbol{b}$——由 m 个约束条件中常数构成的向量,$\boldsymbol{b}=(b_1,b_2,\cdots,b_m)^{\mathrm{T}}$。

线性规划中的目标函数,代表了规划方案选择的评价准则。它的确定,集中体现了决策分析中最主要的决策要求或考虑。线性规划模型的约束条件则反映了一个决策问题中对决策变量(方案)的客观限制要求。运用线性规划方法进行决策分析,就是通过对规划对象建立线性规划模型,即在相互关联的各决策变量的多种线性约束条件下,选择实现线性目标函数最优条件下规划方案的过程。

线性规划问题中,如果部分或全部决策变量的取值有整数的限制要求,这类线性规划称为整数规划。整数规划中的一种特殊情况是 0-1 规划,它的决策变量取值仅限于 0 或 1。对于实际中存在着整数规划要求的问题,如污水处理设施数量或建设方案的取舍等污染控制系统规划的决策问题,整数规划是一种有效的分析模型。此外,线性规划模型,还常常作为对具有多目标的规划决策问题进行目标削减后的表达形式。

求解一般线性规划模型最常用的算法是单纯形法,已有大量标准的计算机程序可供选用。对于某些具有特殊结构的线性规划问题,如运输问题、系数矩阵具有分块结构的问题等,还存在一些专门的有效算法。求解整数规划,至今还没有像单纯形法那样的通用算法,目前常用的算法有分支定界法、割平面法及针对 0-1 规划的隐枚举法。

2. 非线性规划

环境规划中,不少决策问题可以归纳或简化为线性规划问题,即其目标函数和约束条件都是决策变量的线性关系式。但是,实际中存在着大量复杂的非线性关系问题,不宜都直接简化为线性模型来描述,例如污水处理费用与污染物去除量(率)间的函数关系。如果规划模型中,目标函数和约束条件表达式中存在至少一个关于决策变量的非线性关系式,这种数学规划问题称为非线性规划问题。非线性规划问题的一般数学模型常表示为如下形式:

$$\max(\min)f(\boldsymbol{x})$$
$$\begin{cases} h_i(\boldsymbol{x})=0 & i=1,2,\cdots,m \\ g_j(\boldsymbol{x})\geqslant 0 & j=1,2,\cdots,p \end{cases} \tag{4-110}$$

式中:　　$\boldsymbol{x}$——n 维欧氏空间 E_n 中的向量,它代表一组决策变量,$\boldsymbol{x}=(x_1,x_2,\cdots,x_n)^{\mathrm{T}}$;

$f(\boldsymbol{x}),h_i(\boldsymbol{x}),g_j(\boldsymbol{x})$——均为决策向量 $\boldsymbol{x}$ 的函数。

与线性规划模型一样,该模型也由目标函数 $f(\boldsymbol{x})$ 和若干约束条件 $h_i(\boldsymbol{x})=0$、$g_j(\boldsymbol{x})\geqslant 0$ 构成,但在 $f(\boldsymbol{x})$ 或 $h_i(\boldsymbol{x})$、$g_j(\boldsymbol{x})$ 中存在决策变量 $\boldsymbol{x}$ 的非线性关系。非线性规划模型解决的是在非线性的目标函数和/或约束关系式条件下选择规划方案的问题。

一般地,非线性关系的复杂多样性,使得非线性规划问题求解要比线性规划问题求解困难得多。因而,不像线性规划那样存在普遍适用的求解算法。目前,除在特殊条件下可通过解析法进行非线性规划求解外,绝大部分非线性规划采用数值法求解。数值法求解非线性规划的算法大体分为两类:其一是采用逐步线性逼近的思想,即通过一系列非线性函数线性化的过程,利用线性规划方法获得非线性规划的近似最优解;其二是采用直接搜索的思想,即根据非线性规划的一些可行解或非线性函数在局部范围的某些特性,采用有规律的迭代程序,通过不断改进目标值的搜索计算,获得最优或满足需要的局部最优解。各种非线性规划求解算法各有所长,这需要根据具体非线性规划问题的数学特征选择使用。

3. 动态规划

动态规划是处理具有多阶段决策过程问题特征的优化方法。所谓多阶段决策问题,是指对由一系列相互联系的阶段活动构成的过程进行决策。如何在预定的活动效果评价准则(目标函数)下,使各阶段所做出的一系列活动选择,达到活动整体效果最佳的问题。多阶段决策问题中,每一阶段可供选择的活动决策往往不止一个,由于活动过程各阶段相互联系,任一阶段决策的选择不仅取决于前一阶段的决策结果,而且影响下一阶段活动决策的选择。因此对这种具有相互联系的多阶段活动过程优化问题,其决策序列的选择确定,通常很难通过线性或非线性规划优化方法来描述并求解,特别对于离散性多阶段决策问题,处理连续性问题的数学规划方法便无用武之地,这时动态规划方法则是一种有效的建模和优化手段。

任何多阶段决策问题的最优决策序列,都具有一共同的基本性质,这就是动态规划问题的最优化原理或称贝尔曼优化原理。该原理可概括为:一个多阶段决策问题的最优决策序列,对其任一决策,无论过去的状态和决策如何,若以该决策导致的状态为起点,其后一系列决策必须构成最优决策序列。根据这一基本原理,可以把多阶段决策问题归结表达成一个连续的递推关系。这种递推关系,若以逆序的方式,即从多阶段活动过程的终点向起点方向对由 n 个阶段的活动过程建立模型,则动态规划逆序求解的递推关系的数学表达形式为

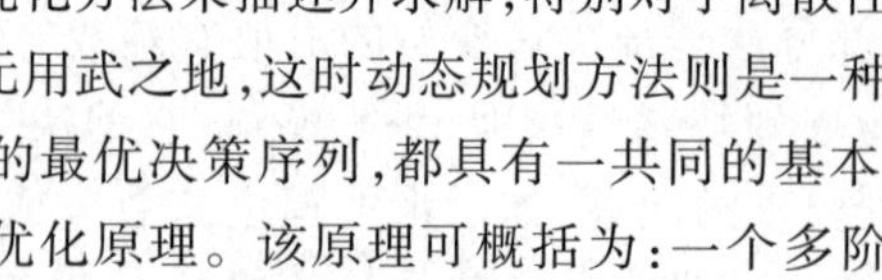

$$\begin{cases} f_k(\boldsymbol{x}_k)=\text{opt}\{d_k[x_k,u_k(x_k)]+f_{k+1}(u_k)\} \\ f_n(\boldsymbol{x}_n)=\text{d}(x_n,G) \end{cases},\quad k=n-1,\cdots,3,2,1 \tag{4-111}$$

式中：　$\boldsymbol{x}_k$——第 k 阶段的状态变量。它为 $k-1$ 阶段决策的结果。第 k 阶段所有状态形成一状态集。

$u_k(\boldsymbol{x}_k)$——第 k 阶段的决策变量，它代表第 k 阶段处于状态 $\boldsymbol{x}_k$ 时的选择，即决策。

$d_k[\boldsymbol{x}_k,u_k(\boldsymbol{x}_k)]$——第 k 阶段从状态 $\boldsymbol{x}_k$ 转移到下一阶段状态 $u_k(\boldsymbol{x}_k)$ 时的阶段效果。根据具体问题确定效果衡量指标，如距离、费用、时间等。

三、多目标决策分析

多目标是决策问题的基本特征。一些条件下，虽然能以削减目标的“降维”方式处理多目标决策问题，但在许多环境规划中，仍然需要直接面对多目标条件下的方案比较选择问题。以下，按照有限与无限方案问题，介绍多目标决策分析的技术方法。

（一）有限方案的多目标决策分析方法

1. 决策树法

决策树是一个多目标决策分析的结构框架，它将规划的多方案、多目标的决策过程，按因果关系、隶属层次和复杂程度分成若干有序的方案和若干等级的目标，形成由对策-目标组成的递阶展开的“树枝状”决策分析系统（图 4-4）。

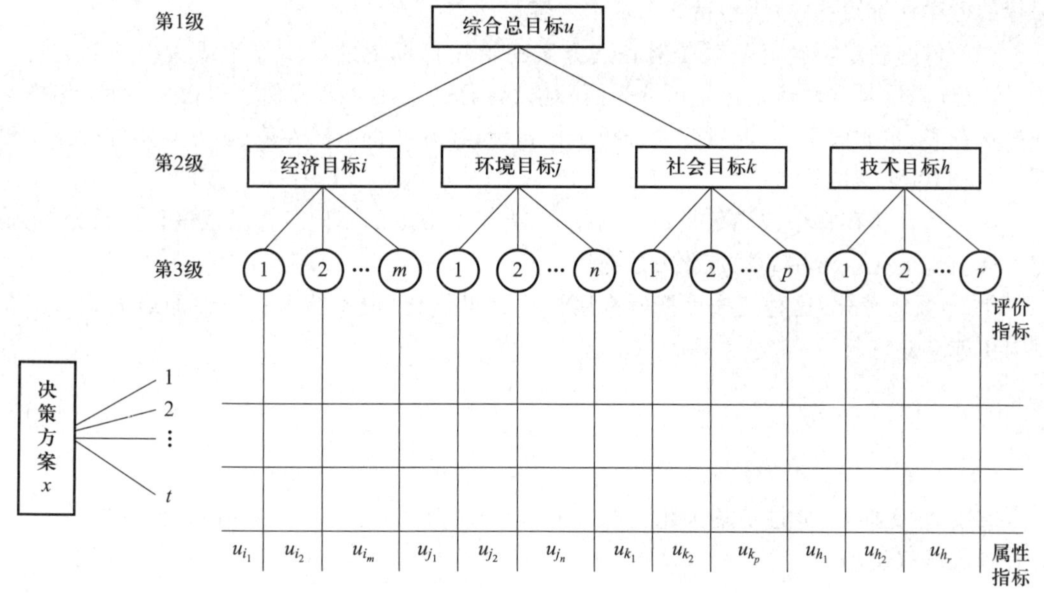

图 4-4　“树枝状”决策分析系统图

在此对策-目标决策分析树系统中，如果能通过价值观的评价实现对复杂因素的量化，将不同性质，如环境、经济、社会等目标指标，置于统一的价值系统之中，就可以对任意方案 $\boldsymbol{x}$ 求得其各级目标值（属性指标值）及其综合总目标的价值 u，从而得出各个方案的相对优劣排序。

决策树分析过程中，关键问题在于对不同性质的目标指标之间的价值权衡。显然这种价值的估计带有很强的主观成分，这与分析者和决策者及两者的配合直接有关。但是原则上还是可以通过价值的测定，取得能反映出客观现实的价值共识，获得较为统一的认识和普遍接受的决策结果。

2. 矩阵法

矩阵法是处理有限方案多目标决策问题简单而直观的评价分析方法。

设一决策问题，$x_1, x_2, \cdots, x_n$ 是决策问题的 n 个目标（属性），$A_1, A_2, \cdots, A_m$ 是满足 n 个目标要求的 m 个可行方案，在此基础上，则可建立决策评价矩阵表（表 4-3）：

表 4-3　决策评价矩阵表

方案	x_1	x_2	$\cdots$	x_j	$\cdots$	x_n	综合评价结果
	ω_1	ω_2	$\cdots$	ω_j	$\cdots$	ω_n	
A_1	V_{11}	V_{12}	$\cdots$	V_{1j}	$\cdots$	V_{1n}	V_1
A_2	V_{21}	V_{22}	$\cdots$	V_{2j}	$\cdots$	V_{2n}	V_2
A_i	V_{i1}	V_{i2}	$\cdots$	V_{ij}	$\cdots$	V_{in}	V_i
A_m	V_{m1}	V_{m2}	$\cdots$	V_{mj}	$\cdots$	V_{mn}	V_m

决策矩阵中，V_{ij}代表方案 A_i 对目标 x_j 的实现程度，即该方案在目标 x_j 下的属性值。ω_j 为各目标间的相对重要性，V_i 为方案 A_i 在目标属性下的综合评价结果。运用矩阵法进行多目标的方案评价筛选，主要包括 3 个基本内容。

（1）V_{ij}的确定。确定 V_{ij}就是对备选方案在给定目标下的贡献作用或实现程度进行评价，按照该属性是定性还是定量可分为两种情况：通过直接计算或估计得出属性值，如方案的投资费用、水质效果等；通过建立分级定性指标，经判断得出属性值，如方案实施的技术难度、公众的可接受性等。

由于属性值存在单位和数量级上的差异，为了对方案的不同目标属性进行比较分析，需把属性值规范化。常用的规范化方法有：

① 向量规范化：这种变换可把所有属性值无量纲化，但不能保证属性的最大或最小值都与 1 或 0 对应。

$$z_{ij} = \frac{V_{ij}}{\sqrt{\sum_{i=1}^{m} V_{ij}^2}} \tag{4-112}$$

② 线性变换：当属性值均为越大越好或越小越好的情况时可以采用线性变化。

越大越好类型：

$$z_{ij} = \frac{V_{ij}}{\max_j V_{ij}} \tag{4-113}$$

越小越好类型：

$$z_{ij} = 1 - \frac{V_{ij}}{\max_j V_{ij}} \tag{4-114}$$

③ 其他变换：

越大越好类型：

$$z_{ij}=\frac{V_{ij}-\min_j V_{ij}}{\max_j V_{ij}-\min_j V_{ij}} \tag{4-115}$$

越小越好类型：

$$z_{ij}=1-\frac{\min_j V_{ij}-V_{ij}}{\max_j V_{ij}-\min_j V_{ij}} \tag{4-116}$$

根据具体问题不同可采用不同形式的变换。

（2）w_j 的确定。在多目标决策问题中，不同目标间的相对重要性或偏好一般可通过权重系数来反映。权重系数是多目标决策问题中价值观念的集中体现，它的确定直接影响规划方案的选择。某种程度上说，多目标决策分析的关键就在于权重系数的确定。确定权重系数大体可分为非交互式和交互式两种方式。非交互式是指在获得决策方案前，通过分析人员与决策者等有关人员的协调对话，先获得一组权重值分布，然后据此进行方案选择。交互式则指在决策分析过程中，通过决策分析人员与决策者等不断交流对话，在获得决策方案的同时确定权重系数值的做法。无论何种方式，常见的具体确定权重系数方法是专家法或德尔菲法，其他还有特征向量法、平方和法等。

（3）V_i 的确定。V_i 表达了任一备选方案在多个目标下的综合评价结果，通过 V_i 的大小比较即可对备选方案进行选择决策。V_i 的确定主要是根据每一方案对全部目标的贡献（属性值 V_{ij}）和各目标间的相对重要性（w_j），构造或选择一相应的算法，求得 V_i。最简单的算法是加性加权法，其计算过程的一般形式为

$$V_i = \sum_{j}^{n} w_j Z_{ij} \tag{4-117}$$

式中：w_j——目标 j 的权重系数；

z_{ij}——方案 i 在目标 j 下的属性规范值。

这里需注意，z_{ij}的计算需和 V_i 的排序规则相匹配。若是按 V_i 最大进行方案的优劣排序，当目标中既含越大越好也含越小越好两种类型的目标时，这在对属性值规范化时必须注意采用相宜的方法，使其最优值都统一为 1，以便进行比较。此外，确定 V_i 还可采用其他对属性进行综合的算法，如乘积的方法。各种算法的使用应根据具体条件加以选择。

3. 层次分析法

层次分析法是美国 A. L. Saaty 于 20 世纪 70 年代提出的一种系统分析方法，它适用于结构比较复杂的决策问题。由于该方法思路简单，运算方便，能够与人们的价值判断推理相结合，使其得到迅速广泛的应用。

层次分析法解决问题的基本步骤如下：

（1）明确问题，建立由目标、备选方案等要素构成的层次分析结构模型。

用层次分析法进行决策分析，首要工作是建立所分析问题的多层次结构模型，即根据具体决策问题的性质和要求，将问题的总目标及备选方案正确合理地进行层次划分，确定各层要素组成。一般地，层次结构模型中最上层表示决策问题的目的或总目标，中间层次多为由目的或总目标分解的具体子目标，或实现预定目标的策略约束、准则指标等；底层为决策问题的备选方案，或相应评价对象。层次结构模型的一般形式如图 4-5 所示。

（2）对隶属同一级的要素，根据评价尺度建立判断矩阵。

判断矩阵是指相对于层次结构模型中某一要素，由其隶属要素两两比较的结果构成的

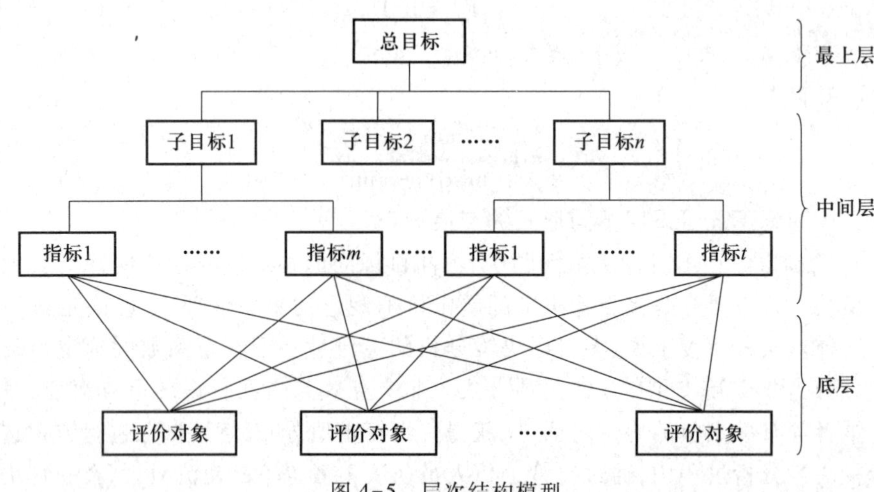

图 4-5 层次结构模型

矩阵。它是应用层次分析法的基础,也是进行相对重要度计算的判断依据。层次分析法要求按层次结构模型自上而下逐层建立判断矩阵,例如,对任一层次的某个要素 C 及其隶属的几个要素 A_1、A_2、…、A_n,以 C 为评价目标,进行 A_1、A_2、…、A_n 重要性的两两比较,所得判断矩阵如下表(表 4-4):

表 4-4 判 断 矩 阵

C	A_1	…	A_n
A_1	a_{11}	…	a_{1n}
⋮	⋮		⋮
A_n	a_{n1}	…	a_{nn}

判断矩阵中元素 a_{ij} 代表要素 A_i 与 A_j 就评价目标 C 而言的相对重要程度值,假定 W_i、W_j 分别为 A_i 和 A_j 在 C 下的权重,则 a_{ij} 可看成 W_i 与 W_j 的比值,即

$$a_{ij}=\frac{W_i}{W_j} \tag{4-118}$$

一般,对任意两个要素 A_i、A_j 进行两两比较,确定相对重要性时,所依据的分级评价准则可按下表(表 4-5)定义判断:

表 4-5 分级评价准则

评价尺度	评价准则定义
1	A_i 和 A_j 同等重要
3	A_i 比 A_j 略微重要
5	A_i 比 A_j 明显重要
7	A_i 比 A_j 特别重要
9	A_i 比 A_j 极其重要
2、4、6、8	介于上述相邻评价准则的中间状态

由表可知，若 A_i 自身比较：$a_{ij}=\frac{W_i}{W_j}=1$

若 A_i 比 A_j 明显重要，则：$a_{ij}=\frac{W_i}{W_j}=5$

反之，A_j 与 A_i 相比，则：$a_{ji}=\frac{W_j}{W_i}=\frac{1}{a_{ij}}=\frac{1}{5}$

（3）根据判断矩阵，计算确定各要素的相对重要程度。

在判断矩阵基础上，就可计算一组要素，A_1、A_2、…、A_n 关于其上层某要素 C_j 的重要程度排序，即权重 $W_i(i=1,2,\cdots,n)$。根据矩阵理论，W_i 正是判断矩阵最大非零特征根对应的特征向量分量，这可采用矩阵特征向量数值方法计算，如常见的方根法或和积法。

多数情况下，对要素 A_i 与 A_j 的比较结果 a_{ij} 只能是对客观事物的近似判断估计。如果这种判断存在偏差，将会导致判断矩阵的特征值计算上的偏差，即权重 W_i 的偏差。因此，只有判断矩阵满足一定条件，才可认为权重计算较好地反映了对评价对象的认识。对判断矩阵进行的检验称为一致性检验，一致性检验的指标可按下式计算：

$$\mathrm{CI}=\frac{\lambda_{\max}-n}{n-1} \tag{4-119}$$

式中：$\lambda_{\max}$——判断矩阵的最大特征根，它可根据 W_i 按下式计算：

$$\lambda_{\max}=\sum_{i=1}^{n}\frac{(AW)_i}{nW_i} \tag{4-120}$$

式中：$(AW)_i$——判断矩阵与权重构成的向量的第 i 个分量。

一般情况，若 $\mathrm{CI}\leqslant 0.1$，即可认为判断矩阵所得到的 W_i 是可接受的，否则，应对判断矩阵进行调整。

（4）计算综合重要度，确定评价方案的优先顺序，提供决策支持。

全要素下的权重排序是指对上一层所有要素，下层各要素的相对优先排序。若已知某层要素为 C_1、C_2、…、C_m，该层各要素在其上层全要素下的综合权重为 W_{a_1}、W_{a_2}、…、W_{a_m}，其下层要素为 A_1、A_2、…、A_n，各要素 A_i 在其上层某要素 C_j 下的权重为 $W_{ij}(i=1,2,\cdots,n)$，则对 C_1、C_2、…、C_m 全部要素，A_1、A_2、…、A_n 的综合权重分布为：

$$\sum_{j=1}^{m}W_{a_j}W_{1j},\quad \sum_{j=1}^{m}W_{a_j}W_{2j},\quad \cdots,\quad \sum_{j=1}^{m}W_{a_j}W_{nj} \tag{4-121}$$

全要素下的综合权重计算过程是由最高层到最底层逐层进行的。其最终结果就是全部备选方案实现预定目标的优先序估计。类似地，对于综合排序结果同样也需要进行一致性检验。

层次分析法的关键在于判断矩阵的建立，为了获得合理的比较判断结果，这可结合专家调查法进行。

（二）无限方案多目标决策问题的优化算法

对于存在无限方案的多目标决策优化问题，伴随计算机与人工智能技术发展而出现的智能优化算法，正突破着传统优化方法难以奏效的困境。当前，用于多目标决策分析的智能优化算法可大体分为演化算法和群体智能算法两类。演化算法中最常用的有遗传算法；群体智能算法中最常用的有粒子群算法和蚁群算法。下面分别概括介绍遗传算法和粒子群算法。

1. 遗传算法

遗传算法(genetic algorithm,GA)是一种基于达尔文的生物进化论、孟德尔的群体遗传学说和魏茨曼的物种选择学说,通过模拟自然界中的遗传和进化过程来搜索问题最优解的智能优化方法。它可以对多参数、多组合的情景进行同时优化,其主要特征如下:

(1) 搜索过程的作用对象是参数编码而不是参数变量;

(2) 搜索过程从多个初始点开始,能有效地使搜索过程跳出局部最优解;

(3) 采用概率的转变原则而非定性原则确定搜索方向;

(4) 不限制寻优函数,能够对非连续函数和隐函数进行操作,具有良好的寻找全局最优解的能力;

(5) 有天生的并行性,即在对群体进行运算的同时,对多个结果进行信息搜索。

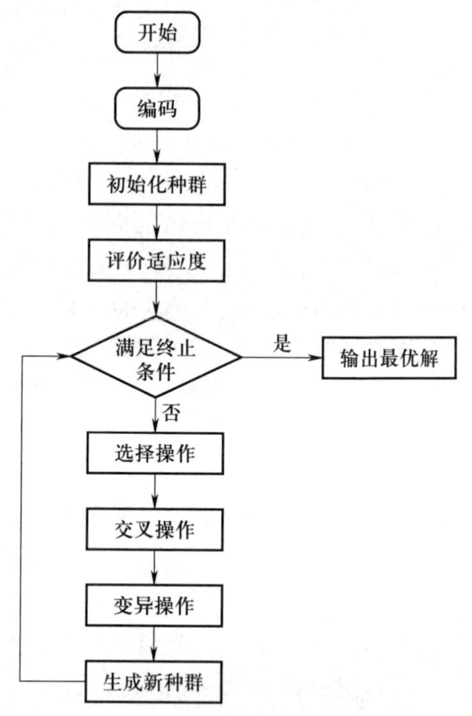

图 4-6　遗传算法的流程

遗传算法的流程如图 4-6 所示。

(1) 编码:在进行搜索之前,需要根据问题本身进行编码,并将解空间的解数据转化为遗传空间的基因型串结构数据。常用的编码方法包括实数编码、二进制编码和数据结构编码等。

(2) 产生初始种群:随机产生 n 个基因型串结构数据作为初始种群,以该群体作为初始点开始迭代。

(3) 评估适应度:适应度函数用来描述种群个体与其适应度之间的关系。具有高适应性的个体有较高的概率将基因传递给后代,而具有低适应性的个体遗传概率较低。种群中每个个体的适应度表明了其个体的优劣性,为群体进化提供了选择依据。针对不同问题,适应性函数的定义方式也不同。

(4) 遗传操作。基本的遗传操作包括:选择、交叉、变异。选择操作是指根据个体适应度大小,保留群体中适应度高的个体,并且去除适应度低的个体,使适应度高的个体有机会为下一代贡献一个或多个后代。常见的选择方法有基于比例的适应度分配方法、期望值选择方法、基于排名的适应度分配方法、轮盘赌选择方法等。交叉操作是遗传算法的核心环节。通过交叉操作可以得到组合了父辈个体特性的新个体,新的个体必须满足编码规律。通常根据具体的问题确定交叉算子,例如二进制交叉、单点交叉、均匀交叉、多点交叉等。变异操作是指通过随机选择的方法选择一个个体,并改变其串结构数据中某个串的值。变异为新个体的产生提供了机会,可以视为用于生成新个体的辅助算法。

遗传算法是模仿自然选择和遗传机制的一种智能优化算法,也可以将其与其他智能算法如模拟退火算法等进行混合构造出更具优势的新的智能算法。

2. 粒子群算法

粒子群算法是一种基于群智能启发式的全局随机优化算法。粒子群由 n 个粒子组成,每个粒子在搜索空间中以一定的速度飞行,并参照群体中目前处于最优位置的个体和自身曾经到达的最优位置来调整下一步的飞行方向和距离。所有的粒子都有一个由目标函数决定的适应值,并且知道自己到目前为止发现的最好位置 p_{best} 和整个群体中所有粒子发现的最好位置 g_{best},即所有 p_{best} 中的最优值。

多目标粒子群算法流程如下:

(1) 初始化粒子群,种群大小为 n,随机初始化每个粒子的位置向量 $\boldsymbol{x}_i$ 和速度向量 $\boldsymbol{v}_i$。

(2) 计算各个子目标函数值,计算最优位置 p_i 和群体最优位置 p_g。

(3) 按照粒子位置变化公式更新粒子速度和位置,若粒子的某一维超过边界,则重新随机初始化此维数据。

(4) 筛选当前粒子群中的非劣解,使之加入精英集合,并剔除精英集合中的劣解。

(5) 判断是否满足终止条件,若满足则退出,否则返回步骤(2)。

粒子群算法具有高效搜索能力,它通过并行方式同时搜索多个非劣解,适合处理多种类型的目标函数和约束,还可以与传统的优化方法结合,从而改进自身的局限性。

四、决策的不确定性分析

(一) 不确定性来源

不确定性是环境、经济等复杂系统的主要特征之一。因此,对不确定性的处理是环境规划决策分析中不可忽视的问题。考虑到环境、经济系统中不确定性的来源,以及规划涉及的现实问题等,可以将环境规划中的不确定性分为两类:

(1) 第一类不确定性。环境规划,特别战略性环境规划,作为对环境保护及其可持续性未来做出的一系列的判断和决策,往往规划对象复杂(涉及环境-经济系统的耦合),规划时空范围较大(如流域、城市、10~20 年规划期等)、规划区域未来的经济社会发展驱动与发展方案难以预先完全准确确定。从而在这些因子的影响下,使得环境规划其目标及相应规划方案(如土地资源使用方案、污染物排放总量)表现出种种不确定性。对此,这里称之为第一类不确定性。

(2) 第二类不确定性。随着环境规划涉及问题的深化,规划技术方法定量化程度的提高,所处理环境信息更加复杂化等,从而表现出用于规划的技术方法或模型工具中,存在输入、输出行为的不确定性,或称之为第二类不确定性。例如,模型应用时,输入输出数据、模型参数的不确定性(随机性、灰色特征等)。

两类不确定性,交叉存在于环境规划过程中。综合考虑复杂规划体系的不确定性,有效辨识、处理和分析系统的不确定性信息,无疑对改进环境规划决策分析技术方法,提高环境规划决策分析结果的可靠性具有重要意义。

(二) 情景分析法

情景分析法是应对具有不确定性未来的一种典型方法。例如,传统的预测方法,往往假定未来发展结果的唯一性,以多年历史发展状态进行趋势外推,来取得对未来发展状况的预测。一般的,这种以惯常的外推式预测结果为基础形成的各种规划,适用于相对稳定或不确定性较低的规划条件。与此相反,情景分析是基于未来前景的不确定性,通过对未来发展做出多种可能的描述实施“预测”。因而,提供多种可选择情景方案的情景分析法,利于认识把握未来发展中具有高度不确定性的复杂系统。

情景分析主要通过剥离可知因素、设置多种情景、采用动态过程的方式降低不确定性。情景分析的目的既不是为了确定未来到底是哪种情景,也不是为了确定各种情景的发生概率,而是通过多种情景的设置演示未来环境的发展变化趋势,并依据情景分析的结果去理解多种不确定性,进行适应性调整以应对未来发展过程中的不确定性。

有关情景分析方法的步骤程序,国内外有着多种描述。按照斯坦福研究院的阐述,大体分为如下6个步骤:

(1)明确决策焦点。明确决策焦点指为达成规划意图在规划中所必须做的决策,即明确所要决策的内容项目。一般,焦点应当具备两个特点:重要性和不确定性。即焦点难以预测,带有一定的不确定性,它们会产生不同的结果。如果问题十分重要但结果是能够确定的,将不作为焦点。

(2)识别关键因素。这是确认所有影响决策成功的关键因素。

(3)分析外在驱动力量。确认重要的外在驱动力量,包括政治、经济、社会、技术等各层面,以决定关键决策因素的未来状态。

(4)选择不确定的轴向。将驱动力量以冲击程度与不确定程度按高、中、低加以归类。从属于高冲击水平、高不确定的驱动力量组合中,选出2~3个作为主体构架,进行情景逻辑开发。

(5)发展情景逻辑。对选定的包括所有焦点的情景,针对各个情景进行具体内容的描绘,充实情景细节。

(6)分析情景的内容。通过角色替代方式进行情景分析检验。所谓角色,是指规划所涉及的相关者,包括企业、政府、公众等。通过这一步骤,使规划制定者不仅达成一致认识,更重要的是使他们认识到未来环境中其他各角色可能做出的反应,从而理解各情景在规划实施决策中管理的含义。

需注意的是,如上方法步骤,常常需重复多次。只有通过对所设情景反复探讨而加深对影响系统的了解,才易于发现恰当的问题,从而对影响规划系统的复杂不确定获得较深入的理解认识与处理。

(三)系统模拟模型的不确定性分析方法

模型系统,例如EFDC水质模型,不仅对环境规划具有预测功能,而且其模拟结果也可对规划的评价、决策具有支持作用。因此,进行复杂模拟模型不确定性的识别分析,对改进规划质量具有重要意义。模拟模型的不确定性,是指由于环境系统的复杂性及相关认识的局限性、观测数据的数量有限性和质量可靠性及对系统抽象表达的简略性等,导致模型在建立及使用过程中出现误差的现象。随着对模型不确定性研究的增多,对模型进行不确定性分析已经逐渐成为模型应用中必须纳入的内容。

一般,模型的不确定性,主要包括模型输入的不确定性、结构的不确定性及参数的不确定性。由于模型输入和模型结构在模型实际应用过程中难以进行调整,因此通常从参数不确定性入手进行分析。参数不确定性一般利用参数后验分布进行表征,即通过模型计算与实测数据的比对,给出参数在取值空间内的可能分布。以下介绍3类参数不确定性分析方法。

(1)一阶估算法。该方法在参数全局最优解附近利用一阶泰勒展开对参数后验分布进行估算。其使用简单,但由于环境模型通常为复杂非线性模型,往往难以找到参数全局最优解。该方法适用性有限。

(2) 基于贝叶斯理论的分析方法。该类方法的核心是应用参数先验分布和模型先验知识来推断参数后验分布。常用的贝叶斯方法主要包括区域灵敏度分析法(RSA)和通用似然不确定性估计法(GLUE)。RSA 法由 Hornberger、Spear 和 Young 于 1980 年开发,也被称为 HSY 方法,该方法按照模型模拟结果与先验知识的符合程度,将参数取值划分为可接受与不可接受两类,进而生成参数后验分布。GLUE 法由 Beven 和 Binley 于 1992 年提出,该方法认为模拟结果与先验知识越吻合,对应参数的可信度越高,反之越低,且当可信度低于一定程度时参数被认为不可信。GLUE 法引入了似然函数值来表征这一可信度。该方法相较 RSA 法,避免了对参数的简单二元划分,更加信任参数样本中模拟结果相对好的参数,因此 GLUE 法所得到的参数后验分布更加集中,进一步平衡了模型模拟精度和可靠性的作用关系。

(3) 基于马尔科夫链的分析方法。该类方法的核心是 1907 年俄国数学家马尔科夫所提出的马尔科夫链概念,即:随机系统下一时间将到达的状态只与当前状态有关,而与之前状态无关。常用方法为引入 Metropolis 准则的马尔科夫蒙特卡洛(MCMC)方法,其基本步骤为:① 随机产生初始参数组 P_0,将其加入接受参数组序列 A;② 利用序列 A 中的最后一个参数组 P_1,在参数条件分布中采样得到下一个参数组 P^*;③ 计算 P^* 的接收概率,该概率与模型结构、条件分布、先验知识等均有关系;④ 生成服从[0,1]均匀分布的一个随机数,与接收概率进行比较,如果随机数小于接收概率则将 P * 加入序列 A 最后,反之则不加入;⑤ 重复②~④步骤,直到序列 A 中参数分布收敛,此时得到的分布即为参数后验分布。

复习思考题

1. 结合一水体(河流、湖泊)水质监测数据,试用不同的评价方法进行水体质量评价,并对评价结果进行比较分析。
2. 根据环境预测的要点,讨论应如何考虑预测的不确定性并改进预测效果。
3. 根据某城市有关资料,讨论怎样选择、运用不同方法进行社会经济预测,并进行预测结果的分析。
4. 以一河流水环境问题为例,概述建立河流水质预测系统的一般过程及要点。
5. 结合有关文献,对生态系统中难以量化的问题,讨论如何进行影响预测。
6. 根据环境规划的实践,如何理解环境规划决策分析的含义与一般过程。
7. 从方法学上讨论费用-效益分析、数学规划、多目标决策分析等不同技术方法处理环境规划决策问题上的差异与内在联系。
8. 根据可持续发展的概念原则,结合多目标决策技术方法,讨论如何处理环境规划中经济、社会、环境等目标的协调分析。
9. 结合区域 $PM_{2.5}$ 控制问题,分析运用费用-效益方法进行环境规划决策的基本过程及处理方法要点。
10. 结合一应用情景分析方法制定环境规划方案的例子,讨论如何建立层次分析决策模型。

参考文献

[1] 汪应洛.系统工程[M].3 版.北京:机械工业出版社,2005.
[2] 程声通,陈毓龄.环境系统分析[M].北京:高等教育出版社,1990.
[3] 国家环保局计划司《环境规划指南》编写组.环境规划指南 [M].北京:清华大学出版社,1994.
[4] 王华东,张敦富,郭宝森,等.环境规划方法及实例[M].北京:化学工业出版社,1988.
[5] 王金南,蒋洪强.环境规划学[M].北京:中国环境出版社,2014.
[6] 傅国伟.环境工程手册:环境规划卷[M].北京:高等教育出版社,2003.
[7] 奥托兰诺 L.环境规划与决策[M].华南环境科学研究所,译.北京:中国环境科学出版社,1988.
[8] 胡运权,郭耀煌.运筹学教程[M].4 版.北京:清华大学出版社,2012.
[9] 经济合作与发展组织.环境项目和政策的经济评价指南[M].施涵,陈松,译.北京:中国环境科学出版社,1996.
[10] 曾思育.环境管理与环境社会科学研究方法[M].北京:清华大学出版社,2004.
[11] 邬扬善.城市污水处理——投资与决策[M].北京:中国环境科学出版社,1992.
[12] 陆雍森.环境评价[M]. 2 版.上海:同济大学出版社,1999.
[13] 冯民权,郑邦民,周孝德.水环境模拟与预测[M].北京:科学出版社,2009.
[14] 陈同斌.区域土壤环境质量[M].北京:科学出版社,2015.
[15] 邢文训,谢金星.现代化计算方法[M].北京:清华大学出版社,1999.
[16] 倪建军,任黎.复杂系统控制与决策中的智能计算[M].北京:国防工业出版社,2013.
[17] 刘纪远,岳天祥,鞠洪波,等.中国西部生态系统综合评估[M].北京:气象出版社,2006.
[18] Back M B. Water quality modeling: A review of the analysis of uncertainty [J]. Water Resource Research, 1987, 23(8): 1393-1442.

第五章

水环境规划

水是人类赖以生存的重要资源。近40年来的社会经济高速发展,加重了水资源枯竭、水环境污染及水生态退化的趋势;而与此同时,人类发展对水量、水质和水生态服务功能的需求却越来越高。如何协调人类社会经济发展与水环境保护之间的关系与矛盾,将直接影响到对水资源的节约利用、对水环境的有效保护乃至人类社会的可持续发展。作为协调人类社会经济发展与水环境保护之间关系的重要途径和手段,水环境规划在水资源危机纷呈的背景下产生和发展,并随着水资源与水环境问题的加剧而受到普遍的重视,在实践中得到了广泛的应用。水环境规划的内容和技术方法也随之得到更新和发展,与环境管理和环境政策的融合也日益密切。2015年,国务院发布《水污染防治行动计划》,要求以改善水环境质量为核心,按照"节水优先、空间均衡、系统治理、两手发力"原则,系统推进水污染防治、水生态保护和水资源管理。

第一节 水环境规划的内容和类型

一、水环境规划的内容

水资源、水环境和水生态是目前水环境规划和管理的重要内容,根据《水污染防治行动计划》的要求,本章所指的水环境涵盖了上述三者的基本概念。在此背景下,水环境规划是对未来某一时期内的水环境保护目标和措施所作出的统筹安排和设计。其目的是在社会经济发展的同时,加强对水环境和水生态的保护,合理开发和利用水资源,充分发挥水体的多功能用途,在达到水环境目标的基础上,寻求最小(或较小)的经济代价或最大(或较大)的经济、生态及环境效益。

水环境规划是区域规划(或流域规划、城市规划)的重要组成部分,在规划中需遵循可持续发展和科学发展观的总原则,并根据规划类型和内容的不同而体现如下的一些基本原则:前瞻性和可操作性原则;突出重点和分期实施原则;以人为本、生态优先、尊重自然的原则;坚持预防为主、防治结合原则;水环境保护和水资源开发利用并重、社会经济发展与水环境保护协调发展的原则。

在水环境规划时,应首先对水环境系统进行综合分析和诊断,合理确定水体功能以及水质和水生态保护目标,进而对水的开采、供给、使用、处理、排放等各个环节作出统筹的安排和决策,从而确保规划的系统性、全面性、科学性、实用性、可操作性和前瞻性。

二、水环境规划的类型及尺度

根据水环境规划研究对象和研究尺度的不同,可将规划分为不同的类型。依据研究对象的不同,水环境规划可分为水污染控制系统规划(或称水质管理规划、水质达标规划)和水资源系统规划(或称水资源利用规划)及水资源、水环境和水生态的统筹规划。前者以实现水体功能要求为目标,是水环境规划的基础;水资源系统规划强调水资源的合理开发利用和水环境保护,它以满足社会经济发展的需要为宗旨,是水环境规划的落脚点;而目前常用的是以水质、水量和水生态协调的综合水环境规划。

依据研究尺度的不同,可将水环境规划分为区域、流域及城市等层次,其中以流域和城市水环境规划最为常见。与水污染控制系统规划和水资源系统规划所不同的是,区域、流域及城市水环境规划更为综合,在规划中统筹考虑到水资源、水环境与水生态等不同的要素,因此更为符合目前对资源综合管理的理念,在实际中也更为常见。

区域尺度的水环境规划强调区域的综合协调和整治,如《珠江三角洲水污染防治规划》。流域环境规划以水环境子系统为核心,将与其密切相关的其他子系统纳入规划的范畴,以保障水质达标和水生态系统健康以及流域社会经济的可持续发展。城市水环境规划以城市水环境改善和水资源优化配置为目标,以水质改善、水生态修复、水生态及生态景观建设及水资源开发利用为核心,针对城市水环境主要问题和制约水环境保护与社会经济协调发展的瓶颈,制定合理的水环境规划目标和指标体系,提出科学可行的目标指标、规划方案以及具体并可操作的规划项目,实现经济、社会、环境可持续发展及人与自然的和谐。

(一) 水污染控制系统规划

水污染控制系统是由污染物的产生、处理、传输及在水体中迁移转化等各种过程和影响因素所组成的系统。广义上讲,它涉及人类的资源开发、社会经济发展规划及与水环境保护之间的协调问题。在规划尺度上,可以是在一条河流(或湖泊)的整个流域上进行水资源的开发、利用和水污染的综合整治规划,也可在一个小区域(如城市或工业区)内进行水质与污水处理系统,乃至一个具体的污水处理设施的规划、设计和运行。因此,水污染控制系统可因研究问题的范围和性质的不同而异。

水污染控制系统规划是以国家或地方颁布的法规和标准为基本依据,在考虑区域社会经济发展规划的前提下,识别区域发展可能存在的水环境问题,以水污染控制系统的最佳综合效益为总目标,以最佳适用防治技术为对策集合,统筹考虑污染发生—防治—排污体制—污水处理—水质及其与经济发展、技术改进和综合管理之间的关系,进行系统的调查、监测、评价、预测、模拟和优化决策,寻求整体优化的近、中、远期污染控制规划方案。

根据水污染控制系统的特点,一般可将其分为 3 个层次:流域系统、城市(区域)系统和单个企业系统(如污水处理厂系统)。因此,亦可将水污染控制系统规划分成 3 个相互联系的规划层次,即流域水污染控制规划、城市(区域)水污染控制规划和水污染控制设施规划,其中以流域和城市尺度的规划最为常见。

1. 流域水污染控制规划

流域规划研究受纳水体(流域、湖泊或水库)控制的流域范围内的水污染防治问题。其主要目的是确定应该达到或维持水体的水质标准;确定流域范围内应控制的主要污染物和主要污染源;依据使用功能要求和水环境质量标准,确定各段水体的环境容量,并依次计算出每个污水排放口的污染物最大容许排放量;最后,通过对各种治理方案的技术、经济和效益分析,提出一两个最佳的(或满意的)水污染控制方案供决策者选择。

(1) 基础资料:① 地图:在地理信息系统(GIS)中对地图数字化,标明规划范围和河流分段情况。② 规划范围内水体的水文与水质现状数据。③ 污染源清单:排入各段水体的污染源一览表,最好以重要性顺序排序;各排污口位置、排放方式与污染负荷及治理现状和规划;非点污染源负荷。④ 流域水资源规划、流域范围内的土地利用规划和经济发展规划等有关的原始规划资料以及现状用水情况。⑤ 流域范围内可考虑采用的水污染控制方法及其技术经济和环境效益的资料。⑥ 有关规划年限(一般可用 20 年、10 年或 5 年等)的要求。

(2) 基本内容:① 依据国家有关法规和各种标准,提出水体可能考虑的用途目标和水质控制指标。② 在费用-效益分析的基础上,确定不同河段的使用目标及水质指标。③ 列出水质超标或可能超标的河段(或其他水体),并指出超标或可能超标的项目。认定有毒污染物的种类,最后确定应控制的主要污染物。④ 确定各河段(或其他水体)主要污染物的环境容量。⑤ 把各河段(或其他水体)的环境容量分配给每个废水排放口。同时,还必须考虑将来可能增加的排污量,上游水质对下游的影响以及非点源污染负荷等因素的影响,并给一定的安全系数。该分配结果应与区域规划和设施规划相一致。⑥ 估计各种治理措施的总费用,包括污水收集系统,各个点源治理费用,河道整治费用和运行费用等。⑦ 规划实施、评估与适应性修正。

2. 城市(区域)水污染控制规划

对某个城市地区内的污染源提出控制措施,以保证该区域内水污染总量控制目标的实现。城市水污染控制规划应有环境保护、城市建设和工业部门等方面的代表参加制定,应成为地方政府解决当地水污染问题的计划依据。城市水污染控制规划的主要内容如下:

(1) 确定整个规划年限内拟建的城市和工业废水处理厂、市政排水系统(区分雨污是否分流)、工业企业与水污染控制有关的技术改造或厂内治理设施等的清单。

(2) 确定与农业、矿业、建筑业及城市地表径流等有关的非点污染源,并提出控制措施。

(3) 提出经处理后的废水和污泥的处置途径和方法。

(4) 估算实现规划所需的费用,并制定实施规划的进度表。

(5) 建立执行规划的管理和评估系统。

3. 水污染控制设施规划

水污染控制设施规划是对某个具体的水污染控制系统,如对一个污水处理厂及与其有关的污水收集系统所作出的建设规划。该规划应在充分考虑经济、社会和环境诸因素的基础上,寻求投资少、效益大的建设方案。设施规划一般包括以下几个方面:

(1) 关于拟建设施的可行性报告,包括要解决的环境问题及其影响,对流域和区域规划的要求等。

(2) 说明拟建设施与其他现有设施的关系,以及现有设施的基本情况。

(3) 第一期工程初步设计、费用估计和执行进度表。可能的分阶段发展、扩建和其他变化及其相应的费用。

(4) 对被推荐的方案和其他可选方案的费用-效益分析。

(5) 对被推荐方案的环境影响评价,其中应包括是否符合有关的法规、标准和控制指标,设施建成后对受纳水体水质的影响等。

(6) 当地有关部门、专家和公众代表的评议,并经地方主管机构批准。

(二) 水资源系统规划

水资源系统是以水为主体构成的一种特定的系统,是一个由相互联系、相互制约、相互作用的若干水资源工程单元和管理技术单元所组成的有机体。水资源系统规划是指应用系统分析的方法和原理,在某区域内为水资源的开发利用和水患的防治所制定的总体措施、计划与安排。它的基本任务是:根据国家或地区的经济发展计划,改善生态环境的要求,以及各行各业对水资源的需求,结合区域内水资源的条件和特点,选定规划目标,拟定合理的开发利用方案,提出工程规模和开发程序方案。它将作为区域内各项水工程设计的基础和编制国家水利建设长远计划的依据。

根据水资源系统规划的不同范围,其亦可分为以下 3 个层次:

1. 流域水资源规划

它是以整个江河流域为对象的水资源规划。对于大的江河流域规划,涉及国民经济发展、地区开发、自然环境、社会福利和国防等各个方面,因此需要开发整治的项目繁多,包括防洪、排涝、灌溉、发电、航运、工业和城市供水、养殖、旅游、环境改善和水土保持等。因此,水资源规划的任务就在于统筹兼顾、合理安排,从整体上制定流域开发治理的战略方案、步骤和某些关键性措施,以达到协调自然和社会之间的矛盾,保障河流生态需水,并满足各部门的要求。对于中小河流规划,多以农业发展为主要服务对象,包括制定地表水与地下水的联合利用、水土资源平衡及灌溉、排涝、水土保持、生态环境等有关的统筹规划。对属于大江大河支流的中小河流,其规划应与整个河流总体规划相一致。

2. 地区水资源规划

它是以行政区或经济区为对象的水资源规划。依据地区范围的大小、特点、经济发展方向以及对水资源开发治理的要求,或以防洪灌溉排水为重点,或以工业和城市供水、改善地区水患、航运或环境为重点,或以水力发电为重点,或兼而有之。规划的基本内容,根据不同情况,大致与大江大河或中小河流域规划相类似。

3. 专业水资源规划

它是以流域或区域某项专业任务为对象的水资源规划,如流域或区域的防洪规划、水力发电规划、灌溉规划、航运规划及综合利用枢纽或单项工程的规划等。专业水资源规划通常是在流域或区域规划的基础上进行的,并作为相应规划的组成部分。

第二节 水环境规划过程与主要步骤

一、水环境规划过程

水环境规划是对特定规划时期内研究区域的水环境保护目标和措施所做出的统筹安排和设计,水环境规划可遵循如下过程开展(图 5-1):

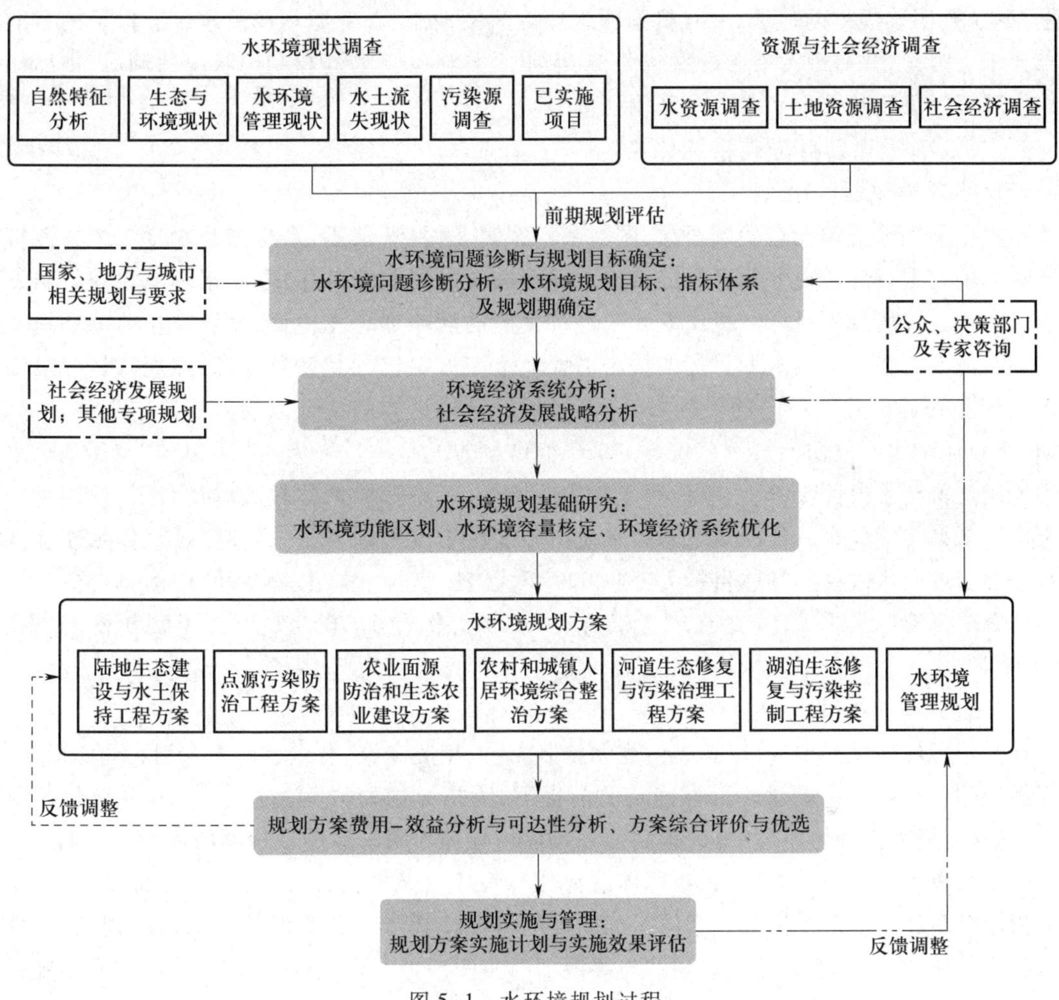

图 5-1　水环境规划过程

二、水环境规划的主要步骤

（一）水资源、水环境与社会经济现状调查

依据所研究区域或流域的特点，收集规划区内自然环境信息、社会经济发展信息、水环境与水资源系统信息及相关的管理信息；收集国家、地方的相关规划及发展要求。调研已实施的项目情况，对前期规划做出评估，主要可分为：污染治理项目建设及资金落实情况分析、总量削减情况评估、水质评价与分析、规划目标评估以及管理措施评价等。同时，对水系的水质与水生态现状、污染源、城镇管网与污水处理现状等进行调查与收集，在必要的情况下，还需补充污染源、水文和水质监测等数据。

（二）水环境问题诊断

对规划基准年的污染负荷进行核算。在对环境系统综合分析的基础上，找出区域（流域）在水量、水质、水资源利用、污染源治理、陆地和水生态以及水环境管理等方面存在的问题，诊断问题存在的原因，为确定规划目标以及规划方案提供依据。具体而言，识别在水量、水质、水资源利用等方面存在的问题，并查明问题的根源所在，也即“明确问题”。“明确问题”除了要明确规划的范围,并且要指明水环境污染控制、水资源利用及水生态保护的方向与要求。为此,要通过污染源的调查分析、水质的监测以及水资源利用状况的调研,进而作出水环境污染现状评价和水资源利用评价。

（三）确定规划目标和指标体系

1. 水环境规划目标

根据国民经济和社会发展要求,同时考虑客观条件,从水质、水生态和水量3个方面拟定水环境规划目标。规划目标是经济与水环境协调发展的综合体现,是水环境规划的出发点和归宿。环境规划目标的提出既要与经济发展的战略部署相协调,又要与目前的环境状况和经济实力相适应。规划目标的提出需要经过多方案比较和反复论证,在规划目标最终确定前要先提出几种不同的目标方案,在经过对具体措施的论证以后才能确定最终目标。如《重点流域水污染防治规划(2016—2020年)》确定的总体目标为:到2020年,全国地表水环境质量得到阶段性改善,水质优良水体有所增加,污染严重水体较大幅度减少,饮用水安全保障水平持续提升。长江流域总体水质由轻度污染改善到良好,其他流域总体水质在现状基础上进一步改善。具体目标为:到2020年,长江、黄河、珠江、松花江、淮河、海河、辽河等7大重点流域水质优良(达到或优于Ⅲ类)比例总体达到70%以上,劣Ⅴ类比例控制在5%以下。

2. 规划指标体系

在实际规划过程中,可以首先由规划编制人员、相关专家、公众及政府部门共同协商,确定规划的总目标。在规划总目标确定的前提下,为指导规划方案的制定、实施并评估其效果,需提出规划指标体系,并分解得到规划具体指标和不同阶段应该达到的目标。

以城市水环境规划为例,其指标体系常分为水环境保护指标、水资源开发指标、社会经济指标以及环境管理指标等。具体指标的提出需要综合考虑研究城市的水环境现状,选择具有代表性的因子,参考相关规划并与决策部门协商确定。常用的指标包括:城市水功能区水质达标率、水系水质、万元GDP的COD排放强度、集中式饮用水源水质达标率、城镇生活污水集中处理率、工业用水重复利用率、重点污染源工业废水排放达标率、COD排放总量、NH_3-N排放总量、单位GDP水耗、实施清洁生产企业的比例、规模化企业通过ISO 14000认证比率、环境保护宣传教育普及率、公众对环境的满意率、城市水面比例以及重点污染源自动在线监控率等。根据选择的指标,列出规划基准年的现状值,并分阶段提出预期可达到的目标值。

（四）选定规划方法

在水环境规划中,通常可以采用两类规划方法:数学规划法和模拟比较法。前者是一种最优化方法,包括线性规划法、非线性规划法和动态规划法。它是在满足水环境目标,并在与水环境系统有关要素约束和技术约束的条件下,寻求水环境最优的规划方案。模拟比较法是一种多方案模拟比较的方法,如系统动力学、层次分析法和组合方案比较法。组合方案比较法是依据所研究系统确定的水环境规划目标(近期、中期或远期),在经济技术可行的前提下,提出为达此目标拟采取的各种控制措施,并由这些措施组合成若干个供选方案;然后通过对每个方案进行模拟及费用-效益分析和比较,从中选出一两个最佳的或满意的方案供决策部门采纳。采用何种规划方法,应视具体的水环境规划类型来确定。

（五）拟定规划措施

水环境规划方案的总体设计以流域分析方法为指导，首先划分子流域，作为规划的基础单元；以河道为纽带，通过对子流域点源、面源的控制，减少入河或入湖库的污染物量；通过对河道的污染治理和生态恢复，增强对污染物的削减和生态作用。

为实现规划目标，在方案的空间布局上以流域的景观格局分析为基础，完成"源头（点源治理、农业和农村面源控制、水土流失防治）、途径（河道生态修复与污染控制）、末端（河口污染削减）及汇（内源清除）"的全过程污染控制和生态修复技术体系，主要包括陆地生态恢复、农业面源治理、河道生态修复、农村和城镇人居环境整治，以及流域水环境管理等（图 5-2）。对于包含湖泊的流域，还要设计湖泊生态修复的工程方案。

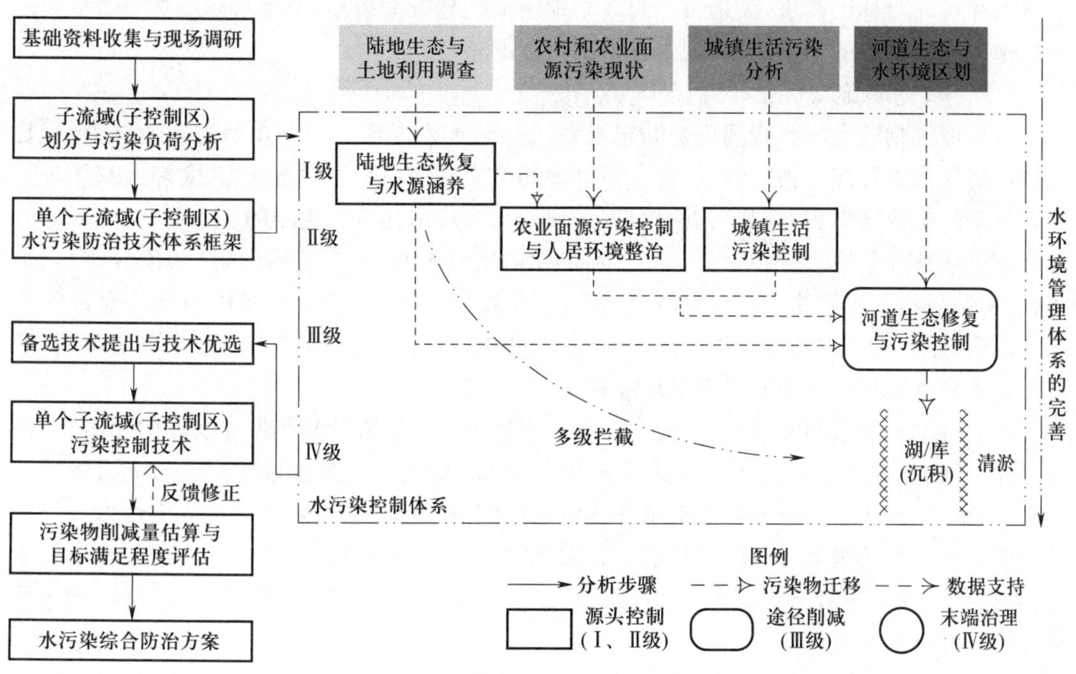

图 5-2　水环境规划的方法框架

由于流域界限与行政边界大多不重叠，在一定程度上制约了流域保护方法的切实应用，因此在制定流域环境规划时，需首先划分出一些面积相对较小、行政区划相对简单的子流域。

在制定水环境规划的方案中，常从结构减排、工程减排和管理减排 3 方面开展，如在《水污染防治行动计划》中提出了全面控制污染物排放、推动经济结构转型升级、着力节约保护水资源等措施。具体而言，包括：经济结构和工业布局调整；实施清洁生产工艺；提高水资源利用率；充分利用水体的自净能力；农业与城镇非点源污染防治；水系生态修复；增加污水处理设施等。在水环境目标确定后，实现这一目标的途径、措施可能有多种方案，如何寻找最小费用的方案是水环境规划的重要任务。在目前的水环境规划措施制定中，多采用环境经济大系统的规划方法，从污染末端治理向生产全过程控制转移。从产业的结构、布局、工艺过程来考虑，促进采取有利于环境的产业结构、布局、技术、装备和政策。在水环境规划中，将环境因素介入生产过程，采取节能、低耗、少污染的工艺，有利于提高能源、资源的利用率。对于进入环境中的污染物,要通过合理利用环境的自然净化能力及生态工程措施来消纳。最后,对水环境自净能力不能容纳的污染物,要采取无害化处理。无害化处理有多种形式,通常集中治理与分散治理相比,集中治理的投资效益高,经济费用低。

对于每项规划方案措施,首先要根据规划目的和需解决的问题提出备选的技术措施,然后对技术措施进行分析和评价。根据评价结果提出可供选择的实施方案。

(六)规划方案优选

将各种措施综合起来,提出可供选择的实施方案。为了检验和比较各种规划方案的可行性和可操作性,可通过费用-效益分析、方案可行性分析和水环境承载力分析对规划方案进行综合评价和优选,从而为最佳规划方案的选择与决策提供科学依据。此外,根据资金支付能力和规划目标的要求,筛选出不同规划期内的优选方案清单,也是水环境规划的重要内容。根据方案评价的结果,对规划方案做出反馈调整。

(七)规划实施与评估

水环境规划的实施和管理也是制定规划的一个重要内容。一个规划的成功与否,就是看最终的规划方案能否被采纳、执行。不管规划方案是以何种形式被实施,实际上都体现了规划自身的价值与作用。同时,需要根据区域的水环境退化以及规划的实施情况,对规划的实施效果进行评估:建立规划评估制度、确定评估指标体系、建立监测计划(污染源监测、水质、水生态与水资源监测)、评估结果的反馈。在规划管理中,确定不同机构和政府部门的职责范围,建立完善水环境保护的体制与制度,实施规划的监督、反馈与适应性管理机制,逐步调整规划政策保障措施并提出水环境科学研究的新方向。

在进行水环境规划时,特别要注意以下几个问题:① 根据目前和将来水体的用途,严格划分保护区,首先要保证饮用水源的水量和水质;② 要充分注意流域的用地与人口的增长对水量、水质、水生态的改变以及对水环境污染的影响;③ 应把流域及其水环境作为一个完整的复合生态系统来考虑;④ 要特别注意减免洪水灾害的问题;⑤ 在治理上不能采取污染转移的做法,要妥善处理干支流、上下游、左右岸及各种水环境的相互关系;⑥ 应明确水环境保护的方针和政策。

总而言之,水环境规划过程是一个反复协调决策的过程,以寻求一个最佳的统筹兼顾方案。因此,在规划中,要特别处理好近期与远期、需要与可能、经济与环境等的相互关系,以确保规划方案的可操作性。

第三节 水环境规划基础

在进行水环境规划时,往往会涉及一些与此规划紧密相关的问题,如水环境容量的确定、水环境功能区和水污染控制单元的划分及水环境规划模型的选择等问题。在一些水环境规划中,这些问题对于确保规划目标的实现以及规划方案的有效实施,将起到极为重要的作用。

一、流域环境功能区划

根据流域内生态环境现状及其空间分布、产业结构布局和社会发展状况,以及相关法规要求,通过对流域生态环境问题的分析和景观生态安全格局的构建,并结合流域内未来的发展方向进行流域环境功能区划。该区划将充分体现流域内不同地域生态环境特点及其对未来发展的支撑能力,并分区实施针对性的污染控制、生态恢复、资源开发及保护策略。

流域环境功能区划的依据:① 从宏观上以地形地貌、水系分布、气象、植被为依据实施划分一级区,表现出自然特征差异;② 根据社会经济发展、资源特点和生态环境问题进行二级亚区划分。流域环境功能区划多采用定性分区和定量分区相结合的方法,边界的确定应考虑利用山脉、河流等自然特征与行政边界。采用 GIS 支持下的层次因子法,从自然环境结构特征、生态功能现状和污染控制管理等层次,进行多因子信息综合,分析环境目标及其与各种因子和不同区域的关系,在此基础上划分环境功能区。一级区划界时,应注意区内自然特征的相似性与地貌单元的完整性;二级亚区划界时,要注意区内社会经济发展、资源特点和生态环境问题等的一致性。

二、水环境功能区划

流域环境功能区划的重点是整体区划,体现了水环境保护与社会经济发展的协调。而水环境功能区划是水环境保护的基础性工作,是我国目前实施的水环境分级管理及环境管理目标责任制的基础,是确定和实施水污染物排放总量控制的基本单元以及水质评价的基础。我国的水环境功能区划工作主要是依据《地表水环境质量标准》(GB 3838—2002)开展的。自 2002 年开始,在全国各省市水环境功能区划工作的基础之上,原国家环境保护总局开展了全国水环境功能区划的汇总工作,编制完成全国水环境功能区划:① 国家层次,具体包括全国水环境功能区划、国控断面和省界断面所在的水环境功能区、分流域或水资源区水环境功能区划、31 个省级水环境功能区划等;② 重点城市层次,113 个环境保护重点城市城区水环境功能区划。

(一) 水环境功能区划原则

地表水环境功能区划的原则可归纳以下几点:

(1) 集中式饮用水源地优先保护。在规定的五类功能区中,以饮用水水源地为优先保护对象。在保护重点功能区的前提下,可兼顾其他功能区的划分。饮用水源地优先保护将是未来一段时间内我国水环境管理的核心。

(2) 不得降低现状使用功能,兼顾规划功能。对于一些水资源丰富、水质较好的地区,在开发经济、发展工业、制定规划功能时,应经过严格的经济技术论证,并报上级批准。

(3) 统筹考虑专业用水标准要求。对于专业用水区,如卫生部门划定的集中式饮用水取水口及其卫生防护区,渔业部门划定的渔业水域,排污河渠的农灌用水,均执行专业用水标准。

(4) 上下游、区域间互相兼顾,适当考虑潜在功能要求。划分功能区不应影响潜在功能的开发和下游功能的保障。在功能区划分中,要对可被生物富集的或环境累积的有毒有害物质所造成的环境影响给予充分的考虑。

(5) 合理利用水体自净能力和环境容量。在功能区划分中,要从不同水域的水文特点出发,充分利用水体的自净能力和水环境容量。

(6) 与陆上工业合理布局相结合。划分功能区要层次分明,突出污染源的合理布局,使水域功能区划分与陆上工业合理布局、城市发展规划相结合。

(7) 考虑对地下饮用水源地污染的影响。如属地下饮用水源地的补给水,或地质结构造成明显渗漏时,应考虑对地下饮用水源地的影响。

(8) 实用可行,便于管理。功能区划分方案实用可行,有利于强化目标管理,解决实际问题。

(二) 水环境功能区划分的方法与步骤

1. 系统分析

水环境保护功能区划分的目的,就是提出明确的水质保护目标并最终加以实现。确定该水质目标的过程是一个系统分析过程(图 5-3)。

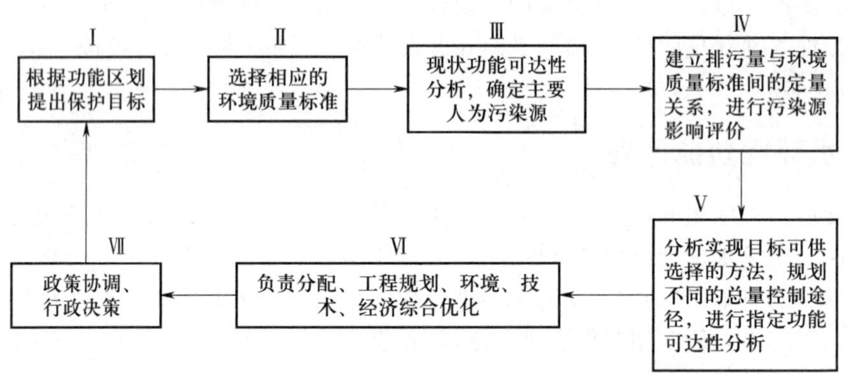

图 5-3 确定环境保护目标的系统分析过程图

(引自:国家环境保护局,中国环境科学研究院.总量控制技术手册.中国环境科学出版社,1990)

图 5-3 概括了水环境功能区划的全部内容,其由 7 个步骤组成:

(1) 系统分析的开始与终结。从拟定的环境保护目标出发,到确定最终的环境目标,这是一个反复论证和考核的过程。因为,初定的环境目标往往不是一个,且经济、技术可行性也有多个约束,所以该环境目标必须经过多次重复论证和考核才能确定。

(2) 将环境目标具体化为环境质量标准中的数值。

(3) 对功能可达性进行分析,确定引起污染的主要人为污染源。

(4) 建立污染源与水质目标之间的定量关系及影响评价。将各种污染源排放的污染物输入各类水质模型,以评价污染源对水质目标的影响。

(5) 分析实现环境目标的各种可能的途径和措施,为定量优化选择可行方案做准备。

(6) 通过对多个可行方案的优化决策,确定技术、经济最优的方案组合。

(7) 为政策协调和管理决策确定最终环境保护目标和水环境功能区划方案。如果(6)所提方案不合适,则返回到(1),再重复后面的过程。

2. 区划步骤

水环境功能区划遵循“技术准备→定性判断→定量计算→综合决策”的过程,主要步骤如下:

(1) 技术准备阶段

① 收集和汇总现有的基础资料和数据。内容包括:区域自然环境调查,如气候、地质、地貌、植被及水文、流量、流速和径流量等;城镇发展规划调查,如人口数量与分布、工业区与农业区和风景区布局等;污染源和水污染现状及治理措施调查,如污染源数量和排放口位

置、污染物种类和排放量、水体水质及季节变化、水污染治理措施等；水质监测状况调查，如监测点位置、断面分布、监测项目和采样频率等；水资源利用情况调查，如水厂位置、各部门用水量及对水质的要求，以及各用水部门间、上下游间用水矛盾与否；生态需水量调查；水利设施调查，如工农业和生活取水、调水、蓄水、防洪、水力发电和通航水位等；区域经济发展状况调查；政策和法规调查等。② 确定工作方案。初步划分工作范围与工作深度；对需补测的项目，制定必要的现场监测方案；所需专业与行政管理合理组合。

（2）定性判断阶段

① 分析使用功能及其影响因素。分析水体现状使用功能，对水环境现状进行评价，确定影响使用功能的污染因子和污染时段。分析污染源优先控制顺序，将现状功能区中水质要求不符合标准的水域，依据污染因子列出相应污染源。提出规划功能及相应水质标准，预测污染物排放量的增长与削减。② 提出功能区划分的初选方案或多种供选方案。

（3）定量计算阶段

① 确定设计条件。设计条件必须在定量计算前进行，其主要包括设计流量、设计水温、设计流速、设计排污量、设计达标率与标准、设计分期目标。② 选择水质模型及计算。③ 计算混合区范围。在削减排污量方案费用较高、技术不可行时，为了保证功能区水质符合要求，可考虑改变排污去向至低功能水域，或减少混合区范围以及利用大水体稀释扩散能力。在这些情况下，如开辟新取水口均应进行混合区范围计算。④ 优化模拟。对功能区达到各个环境目标的技术方案及投资进行可达性分析。

（4）综合决策阶段

① 通过对水环境功能区的综合评价，确定切实可行的区划方案。② 拟订分期实施方案。

三、水污染控制单元

在水环境规划中，基于流域分区的控制单元划定是实施分级分类管理的基础。水污染控制单元是由源和水域两部分组成的可操纵实体。水域根据水体不同的使用功能并结合行政区划而定，源则是排入相应受纳水域的所有污染源的集合。水污染控制单元作为可操作实体，既可体现输入响应关系时间、空间与污染物类型的基本特征，又可以在单元内与单元间建立量化的输入响应模型，反映出源与目标间、区域与区域间的相互作用；优化决策方案可以在控制单元内得以实施；复杂的系统问题可以分解为单元问题来处理，以使整个系统的问题得到最终解决。

（一）水污染控制单元的划分

根据对水环境污染的分析，并考虑行政区划、水域特征、污染源分布等特点，将源所在区域与受纳水体区域划分为若干个不同的水污染控制单元。

（1）对于每一个控制单元，可单独进行环境评价，实施不同的控制路线。

（2）针对不同的水质目标和不同的污染物，在同一区域可以有多种控制单元的划分方案，以适应解决不同环境问题的需要。也就是说，对于不同的控制目的，可以有不同的控制单元与之相对应。

（3）在每个控制单元内，污染物排放清单应齐全，水域控制断面应有常规监测资料。

（4）对各控制单元间的相互影响，应根据水量与质量平衡关系，通过污染物的输入和输出来定量表达。

（5）强化水功能区水质目标管理，将含有重要饮用水水源、具有重要生态功能以及水质达标难度较大的控制单元列为优先控制单元，强化污染防治。

在《重点流域水污染防治规划（2016—2020年）》中，全国共划分为341个水生态控制区、1 784个控制单元，其中含580个优先控制单元和1 204个一般控制单元。结合地方水环境管理需求，优先控制单元进一步细分为283个水质改善型和297个防止退化型单元，实施分级分类管理，因地制宜综合运用水污染治理、水资源配置、水生态保护等措施，提高污染防治的科学性、系统性和针对性。如：长江流域共划分628个控制单元，筛选200个优先控制单元，其中水质改善型98个，防止退化型102个；黄河流域共划分150个控制单元，筛选50个优先控制单元，其中水质改善型23个，防止退化型27个；淮河流域共划分188个控制单元，筛选75个优先控制单元，其中水质改善型39个，防止退化型36个。

（二）水污染控制单元解析归类

水污染控制单元的解析归类包括以下几个方面的内容：

（1）水污染控制单元划分。

（2）对各控制单元的主要功能进行分析说明。包括单元控制范围内的主要功能区及其所在位置和范围等，以及各功能区应执行标准（GB 3838—2002）的类别或专业用水标准。

（3）水质现状及控制断面。包括单元控制范围内设立的控制断面及其作用和水质情况。

（4）排放情况和主要污染源。分析各单元内排污源的位置、排放方式、排放强度和排放量，不同污染物的主要污染源，以及水体污染现状，确定各个单元间的现状排放情况。

（5）排污量与水质预测。说明预测年控制单元内污染物的排放情况，利用水量、质量平衡关系预测设计水文条件下控制断面的水质。

（6）主要水环境问题诊断。根据水质监测数据，以地面水水质标准为依据，对各控制单元水质状况进行评价，明确现阶段单元的主要水环境问题。

（7）控制路线的制定。分析单元内各污染源不同污染指标的控制路线，控制路线即指浓度控制、总量控制或浓度控制与总量控制相结合。

（8）容许排放量的确定。在设计条件下，根据各控制断面控制因子应达到的标准值，计算单元内各排放口排入受纳水域的容许纳污量。

通过对各个控制单元的解析与评价，然后给出所研究水域内各单元的总体综合性结论。

四、水环境容量

（一）水环境容量的定义

水环境容量是指某水体在特定的环境目标下所能容纳污染物的量。在理论上，水环境容量是环境的自然规律参数与社会效益参数的多变量函数；它反映污染物在水体中的迁移、转化规律，也满足特定功能条件下水环境对污染物的承受能力。

$$W_C = f(C_p, S, d, Q, Q_E, t) \tag{5-1}$$

式中：W_C——水环境容量；

C_p——水体中污染物的背景浓度；

S——水质标准；

d——距离；

Q——水体流量；

Q_E——污水排放量；

t——时间。

在实践上，水环境容量是环境目标管理的基本依据，是水环境规划的主要环境约束条件，也是污染物总量控制的关键参数。容量的大小与水体特征、水质目标和污染物特性有关。规划区域要建立水环境承载能力监测评价体系，实行承载能力监测预警，已超过承载能力的地区要统筹衔接水污染物排放总量和水功能区限制纳污总量，实施水污染物削减方案，加快调整发展规划和产业结构，实施差别化的环境准入政策。

1. 水体特征

水体特征包括一系列自然参数，如几何参数（形状、大小）、水文参数（流量、流速、水温）、水化学参数（pH、离子含量）及水体的物理、化学和生物自净作用等。这些自然参数决定着水体对污染物的稀释扩散能力，从而决定着水环境容量的大小。

2. 水质目标

水体对污染物的纳污能力是相对于水体满足一定的功能和用途而言的。因此，水体的功能和用途要求不同，其容纳污染物的量亦不同。依据地表水水域环境功能和保护目标，我国的地表水水质标准按功能高低依次划分为五类：① 源头水、国家自然保护区；② 集中式生活饮用水地表水源地一级保护区、珍稀水生生物栖息地、鱼虾类产卵场、仔幼鱼的索饵场等；③ 集中式生活饮用水地表水源地二级保护区、鱼虾类越冬场、洄游通道、水产养殖区等渔业水域及游泳区；④ 一般工业用水区及人体非直接接触的娱乐用水区；⑤ 农业用水区及一般景观要求水域。

依据《地表水环境质量标准》（GB 3838—2002）的要求，不同功能类别分别执行相应类别的标准值；水域功能类别高的标准值严于水域功能类别低的标准值；如果同一水域兼有多类使用功能的，应当执行最高功能类别对应的标准值。近年来，随着我国对饮用水源地关注度的日益提高，饮用水源地的水环境规划与管理也成为各级环境行政主管部门的重要工作内容，是水环境规划的一项重要任务。

3. 污染物特性

由于不同的污染物对水生生物的毒性作用及对人体健康的影响程度不同，因此其在水体中的允许量亦不同。也就是说，针对不同的污染物有不同的水环境容量。再有，水环境容量还与污染物的排放方式和排放的时空分布密切相关。

（二）水环境容量分类

水环境容量可根据应用机制的不同进行分类，分类结果见图 5-4。下面仅对按水环境目标、污染物性质和降解机理的分类做简要介绍。

1. 按水环境目标分类

（1）自然水环境容量：以污染物在水体中的基准值为水质目标，则水体的允许纳污量称为自然环境容量。其模型为

$$E=\int_V K_{自}(c_{基}-c)\,\mathrm{d}V \tag{5-2}$$

式中：E——水环境容量；

$c_{基}$——污染物在水体中的基准值；

c——污染物在水体中的浓度；

V——水的体积；

$K_{自}$——水体自净系数。

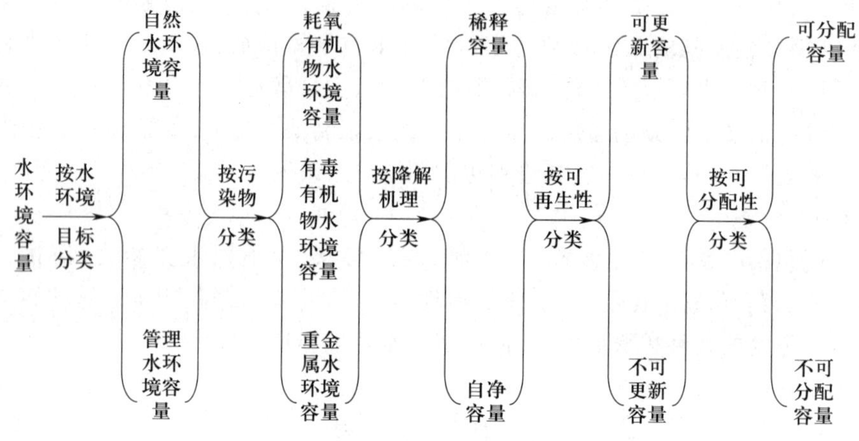

图 5-4 水环境容量分类

（2）管理（或规划）环境容量：以污染物在水体中的标准值为水质目标，则水体的允许纳污量称为管理环境容量；当以水污染损害费用与治理费用之和最小为约束条件所规划的允许向水体中的排污量，称为规划环境容量。其模型为

$$E=\int_V K_{自}(c_{标}-c)\,\mathrm{d}V=\int_v K_{自}(K_{标}\,c_{基}-c)\,\mathrm{d}V \tag{5-3}$$

式中：$K_{标}$——以技术经济指标为约束条件的社会效益参数，一般 $K_{标}\geqslant 1$；

$c_{基}$——污染物在水体中的标准值。

规划环境容量是结合本地区的社会、经济技术条件，对污染源排污进行优化规划的结果。一般地，可把问题简化为建立治理费用与污染物相关关系，对污染源排污进行优化规划，以确定规划环境容量。规划环境容量在环境管理中具有重要的应用价值。

2. 按污染物性质分类

（1）耗氧有机物的水环境容量耗氧有机物能被水中生物氧化分解为简单的无机物，其有较大的水环境容量。该容量即是通常所说的水环境容量。

（2）有毒有机物的水环境容量有毒有机物是指人工合成的毒性大、难降解有机物。这类有机物的同化容量极小，一般只考虑水体的稀释作用。但是，有毒有机物主要应消除在污染源，而不是开发利用水体的环境容量。

（3）重金属的水环境容量重金属也可被水体稀释到阈值以下。如从这个意义上讲，重金属有环境容量。但是，重金属是保守性污染物，它只发生状态和空间位置的变化，而不能被分解。因此，重金属没有同化容量。对于重金属污染物更要严格控制在污染源。

（三）水环境容量的设计条件

水环境容量的设计条件是根据已出现过的各种环境条件和污染条件，如水文、水温、流速、流量、水质、排污浓度和排污量等，考虑各种可预测到的未来变化范围，寻求最不利于控制污染的自然条件，并提出这种自然条件下的环境目标条件及其他约束条件。

1. 设计条件的类型和内容

平均化过程是设计条件的主要过程，即在稳态条件下平均化，或在概率分布条件下平均化。由此构成了两类设计条件：随机（或概率分布）设计条件和稳态（或定常）设计条件。

设计条件的内容主要包括自然条件、排污条件、目标条件和约束条件等。时期、时段和保证率是建立这些条件必不可少的三要素。建立设计条件的过程是对污染源及水质目标这一输入、响应系统的分析过程，是对污染最严重时期、时段，主要污染指标及相应污染源已有资料的匹配和精度水平的分析过程，也是对多年资料的统计参数和经验频率的分析过程。具体内容归纳如下：

（1）设计自然条件主要包括设计水量、水温、流速、上游设计断面及其水质浓度、横向混合系数和纵向混合系数等。

（2）设计排污条件包括设计排污流量、浓度、排放地点、排放方式和排放强度等。

（3）设计目标条件主要包括设计污染控制因子、控制区段与断面、水质标准及达标率等。

（4）设计约束条件包括与确定总量控制指标及控制方案有关的约束性因素，如经济投资约束条件、工业布局及城市规划约束条件等。

2. 随机设计条件

污染物的排放量与水质问题的发生都具有随机性和不确定性。随机设计条件即是在平均化过程中，考虑了这种随机不确定性，将河流流量等变量视为随机变量，在概率分布下进行平均化。

这类设计条件主要针对河流流量、河水浓度、污水排放量和污水浓度 4 个变量。提供这 4 个变量的概率设计条件，可通过排污量、河水浓度和排放浓度的概率分布确定下游河水中污染物浓度的概率分布。

3. 稳态设计条件

稳态设计条件忽略各变量的波动过程，取各设计变量的平均值。与随机设计条件相比，该方法的缺点是忽视了各变量的波动性，但因其较为成熟，对于一些较复杂的容量计算，如研究污染物迁移转化过程，模拟多种控制方案的环境影响，以及计算污染带范围和污染物排江排海等，目前常采用稳态设计条件。

稳态设计条件主要包括：

（1）设计保证率通常选取 90%保证率，也就是选取自然条件最恶劣、排污量最大的情况。

（2）设计流量的设计时期应根据拟解决的水质问题发生时间确定；设计时段可以有 7 d、15 d 和 30 d 三种选择。根据我国各流域水环境的水文、水力学特征，一般淮河流域和长江流域以北分别选 30 d 和 15 d，长江流域以南选 7 d。

（3）设计流速一般利用曼宁公式结合实测值和设计流量计算。

（4）设计排污条件通过对污染源的调查和实测数据等的综合分析，确定代表性时段和代表性生产过程的排污量数值与排污口的排放条件。

（5）设计水温根据设计流量和代表性排污条件所处时期，确定该时期的平均水温值。

式（5-2）和式（5-3）为水环境容量核算的基本模型方程。在实际的规划过程中，还需要根据河流形态、污染源分布情况及数据收集情况等，合理确定计算不同污染物环境容量的具体水质模型方程,如 BOD-DO 模型。

(四) 最大日负荷总量

由于水污染的严重性,我国计划在部分区域实施最大日负荷总量(total maximum daily load,TMDL)计划,即在满足水质标准的条件下,水体能够接受的某种污染物的最大日负荷总量,以此来加强我国的水质管理。TMDL 源于美国。20 世纪 70 年代,依据《清洁水法》的规定,美国开始实施 TMDL,将水体点源和非点源污染统一纳入水质管理范畴;核算在满足水质目标和标准的条件下,水体能够接受的某种污染物的最大日负荷总量;并将可分配的污染负荷分配到各个污染源。TMDL 由 4 部分组成:点源污染负荷、非点源污染负荷、水体本底负荷及边际安全值(margin of safety)。此外,TMDL 还同时考虑污染源的季节变化,以保障水质达标。

五、社会经济发展预测

1. 社会经济系统特征分析

(1) 系统性:涉及规划区的社会、经济与水资源和水环境系统的各个方面,不同子系统间相互联系,共同构成一个整体(图 5-5)。

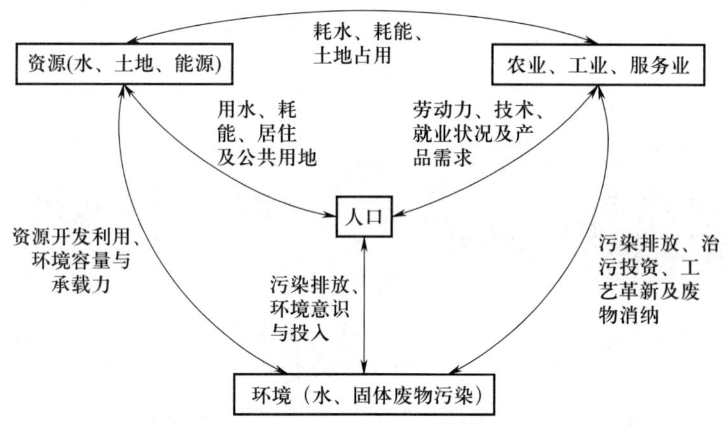

图 5-5 流域社会经济与水环境系统分析

(2) 动态性:社会经济发展是一个动态的过程,不仅有自身发展的规律,同时受到政策和社会大环境的影响。

(3) 目的性:社会经济系统是在政府导向和控制的前提下发展的。

(4) 复杂性和不确定性:社会经济系统涉及的因素多,在规划中要考虑不同子系统和要素间的复杂关系,且其发展带有很明显的不确定性。

2. 社会经济系统预测

水环境规划方案要以社会经济发展预测为基础,常用的预测方法是采用历史数据与发展指标相结合的趋势分析法(即水平法)。趋势分析法需要大量的历史数据进行回归分析,结合发展指标来确定社会经济指标的增长速度,代入公式进行计算。此外,作为一种以控制论、信息论和系统论作为理论基础的动态分析法,系统动力学(SD)在区域社会经济预测中也得到了广泛的应用。系统动力学方法的主要步骤为:分析主要问题,明确建模的目的;确定系统边界，划分子系统，选取变量，建立系统流程图；编写系统方程组，完成模型的相关校正和检验；根据建模目的，选取控制变量设计方案，并对方案进行分析比较。

六、水环境污染控制规划模型

在水环境污染控制系统规划中，规划方法的选择是决定规划成败的关键，也是规划的核心内容。根据解决水污染问题的途径，可将水环境污染控制系统规划分为两大类，即最优化问题和模拟选优问题。

（一）最优化问题

所谓水环境污染控制系统的最优化问题，就是利用数学规划方法，科学地组织污染物的排放或协调各个治理环节，以便用最小的费用达到所规定的水质目标。对于这类问题可分为 3 种：排污口最优化处理、最优化均匀处理和区域最优化处理。

1. 排污口最优化处理

它以各小区的污水处理厂为基础，在水质条件的约束下，寻求满足水体水质要求的各污水处理厂最佳处理效率的组合。对排污口最优化处理问题研究出现得最早，当时称之为水质规划问题。其数学模型可写为

$$\begin{cases}\min Z=\sum_{i=1}^{n}C_i(\eta_i)\\ \text{st.}\quad \boldsymbol{UL}+\boldsymbol{m}\leqslant \boldsymbol{L}^0\\ \qquad \boldsymbol{VL}+\boldsymbol{n}\geqslant \boldsymbol{O}^0\\ \qquad\quad \boldsymbol{L}\geqslant \boldsymbol{O}\\ \qquad \eta_i^1\leqslant\eta_i\leqslant\eta_i^2\quad \forall_i\end{cases}\tag{5-4}$$

式中：$C_i(\eta_i)$——第 i 个小区的污水处理厂的污水处理费用，它是污水处理效率 η_i 的单值函数；

$\boldsymbol{L}^0$——河流各断面的 BOD_5 约束组成的 n 维向量；

$\boldsymbol{O}^0$——河流各断面的 DO 约束组成的 n 维向量；

η_i^1,η_i^2——第 i 个污水处理厂的处理效率的下限与上限约束；

$\boldsymbol{L}$——输入河流的 BOD 向量；

U,V——河流中 BOD 和 DO 的响应矩阵；

$\boldsymbol{m},\boldsymbol{n}$——起始断面 BOD 和 DO 对下游各断面影响的向量。

这里的约束方程中列举了一维河流的状态，对于二维和一维河口问题，可将相应的水质状态方程写成约束形式，形成相应的水质约束方程。一般情况下，这是一个非线性规划问题，其目标函数是非线性的费用函数，约束条件则是线性的。如对目标函数进行线性化或分段线性化处理，即可将上述问题转换为一个线性规划问题。

2. 最优化均匀处理

它是在污水处理效率固定的条件下，寻求区域的污水处理和管道输水的总费用最低时，污水处理厂的最佳位置和容量的组合。这个问题也被称为厂群规划问题。在有些发达国家中，法律规定要求所有排入水体的污水都要经过二级处理，这种条件下的最优化问题就属于最优化均匀处理。最优化均匀处理的模型可用如下数学形式表述：

$$
\left.\begin{aligned}
&\min \quad Z=\sum_{i=1}^{n} C_i(Q_i)+\sum_{i=1}^{n}\sum_{j=1}^{n} C_{ij}(Q_{ij}) \\
&\text{st.} \quad q_i+\sum_{j=1}^{n} Q_{ji}-\sum_{i=1}^{n} Q_{ij}-Q_i=0 \quad \forall_i \\
&\qquad Q_i, q_i \geqslant 0 \quad \forall_i \\
&\qquad Q_{ji}, Q_{ij} \geqslant 0 \quad \forall_{i,j}
\end{aligned}\right\} \tag{5-5}
$$

式中：$C_i(Q_i)$——第 i 个污水处理厂的污水处理费用，它是污水处理厂的规模 Q_i 的单值函数；

$C_{ij}(Q_{ij})$——节点 i 输水至节点 j 的输水费用，它是输水量 Q_{ij} 的函数；

q_i——第 i 个小区本地收集的污水量；

Q_{ji}——第 j 小区输往第 i 小区的污水处理厂的水量；

Q_{ij}——第 i 小区输往第 j 小区的污水处理厂的水量；

Q_i——第 i 小区的污水处理厂接受处理的污水量。

与排放口最优化处理问题一样，最优化均匀处理模型也是一个非线性模型，有时也可以转换为线性模型。

3. 区域最优化处理

它要求综合考虑水体自净、污水处理和管道输水的 3 种因素。也就是说，为了使系统的总费用最低，区域最优化处理既要考虑污水处理厂的最佳位置和容量，又要考虑每座污水处理厂的最佳处理效率；它既要充分发挥污水处理系统的经济效能，又要合理利用水体的自净能力。区域最优化处理的规划模型可表达为

$$
\left\{\begin{aligned}
&\min \quad Z=\sum C_i(Q_i,\eta_i)+\sum_{i=1}^{n}\sum_{j=1}^{n} C_{ij}(Q_{ij}) \\
&\quad \text{st.} \quad \boldsymbol{UL}+\boldsymbol{m}\leqslant \boldsymbol{L}^0 \\
&\qquad\quad \boldsymbol{VL}+\boldsymbol{n}\geqslant \boldsymbol{O}^0 \\
&\qquad\quad q_i+\sum_{j=1}^{n} Q_{ji}-\sum_{i=1}^{n} Q_{ij}-Q_i=0 \quad \forall_i \\
&\qquad\quad \boldsymbol{L}\geqslant \boldsymbol{O} \\
&\qquad\quad Q_i, q_i \geqslant 0 \quad \forall_i \\
&\qquad\quad Q_{ij}, Q_{ji} \geqslant 0 \quad \forall_{i,j} \\
&\qquad\quad \eta_i^1 \leqslant \eta_i \leqslant \eta_i^2 \quad \forall_i
\end{aligned}\right. \tag{5-6}
$$

式中：$C_i(Q_i,\eta_i)$——第 i 个小区的污水处理厂的污水处理费用。这时，它既是污水处理规模（Q_i）的函数，又是污水处理效率（η_i）的函数。

区域最优化处理问题比以上两种更为复杂，目前尚未有成熟的求解方法。对于这种问题可采用试探分解法来求解。试探分解法是基于“全部处理或全不处理”的策略，也就是将原问题分解成两个子问题：排污口最优化处理问题和输水管线的最优计算问题。这两个子问题独立最优化之后的费用之和即为一次试探的总费用，将这个总费用返回原问题进行协调，与上一次保留的最优解进行比较，舍劣存优。然后重复进行分解和协调，不断使目标获得改进，直至取得满意的解。

（二）模拟选优问题

最优规划问题的共同特点是根据污染源、水体、污水处理厂和输水管线提供的信息，一次求出水污染控制系统的最佳方案。但在许多情况下，由于进行最优化的条件不尽具备，或者由于采用了某种特殊的处理方式和排放方式，致使问题不易被纳入最优化的目标与约束之中，从而限制了最优规划方法的运用。这时，规划方案的模拟选优就成为水污染控制系统规划的主要方法。

规划方案的模拟选优与最优规划方法不同，其是先进行污水输送与处理设施规划研究，提出各种可供选择比较的规划方案，这时，可先不考虑污水输送和处理系统与水体之间的关系，然后对各种方案中的污水排放与水体之间的关系进行水质模拟计算，检验规划方案的可行性，最后从可行方案中找出比较好的方案。该方法将定性分析与定量计算结合在一起，先定性确定模拟的范围再进行定量的模拟计算，最后选优确定最佳实用方案。应用规划模拟方法得到的解，一般不是区域的最优解。由于这种方法的解的好坏在很大程度上取决于规划人员的经验和能力，因此在应用规划方案的模拟选优方法时，要求尽可能多提出一些初步规划方案，以供筛选。在很多情况下，规划方案的模拟是一种更为有效实用的方法。

第四节　水环境规划的技术措施

水环境规划方案是由许多具体的技术措施构成的组合方案，这些技术措施涉及水资源开发利用、水生态保护和水污染控制的各个方面。在《水污染防治行动计划》中提出要全面控制污染物排放、推动经济结构转型升级、着力节约保护水资源、切实加强水环境管理、严格环境执法监管、全力保障水生态环境安全、强化公众参与和社会监督等措施。通常，水环境规划的方案对策可主要归结纳为：① 源头控制，通过产业结构减少污染物排放负荷，对工业企业主要采取清洁生产工艺，对城镇与农业非点源污染多采用最佳管理措施（BMP）；② 提高或充分利用水体的自净能力；③ 生态修复技术；④ 末端治理措施；⑤ 水资源的保护与开发技术；⑥“海绵城市”建设。

一、清洁生产和循环经济

清洁生产定义为对生产过程和产品实施综合防治战略，以减少对人类和环境的风险。对生产过程，包括节约原材料和能源，革除有毒材料，减少所有排放物的排污量和毒性；对产品来说，则要减少从原材料到最终处理的产品的整个生命周期对人类健康和环境的影响（UNEP）。清洁生产着眼于在工业生产全过程中减少污染物的产生量，同时要求污染物最大限度资源化；它不仅考虑工业产品的生产工艺，而且对产品结构，原料和能源替代，生产运营和现场管理，技术操作，产品消费，直至产品报废后的资源循环等诸多环节进行统筹考虑。清洁生产具有经济和环境上的双重目标，通过实施清洁生产，企业在经济上要能赢利，环境上也能得到改善，从而使保护环境与发展经济真正协调起来。因此，实施清洁生产是深化我国工业污染防治工作，实现可持续发展战略的根本途径，也是城市水环境规划中应采纳的重要措施。国家也要求以区域性特征行业为重点，鼓励污染物排放达到国家或者地方排放标准的企业自愿开展清洁生产审核。循环经济的含义更为广泛，遵循减量、再利用与再循环的基本原则。这部分内容可参见第二章的相关论述。

实现清洁生产的途径很多,其中包括资源的合理利用,改革工艺和设备、企业物料循环,产品体系的改革,必要的末端处理及加强管理等。

二、污水处理与配套管网建设

建立污水处理厂是水环境规划方案中常考虑采用的重要措施。一般污水处理程度可分为一级、二级和三级处理(深度处理),其中三级处理不仅技术上要求严格而且费用昂贵,但可以在二级处理后建设生态工程,如人工湿地等。污水处理费用主要为建厂投资和运转费用,可用污水处理费用函数表示,准确估算污水处理费用函数是评价污水处理厂费用的关键环节。此外,污水收集配套管网的设计、建设与投运应与污水处理设施的新建、改建、扩建同步,并统筹水功能区监督管理要求来合理布局入河排污口,充分发挥污水处理设施效益,推动城镇污水处理的提质增效。

三、提高或充分利用水体纳污容量

(一) 人工复氧

河内人工复氧是改善河流或者小型城市湖泊水质的重要措施之一。它借助于安装增氧器来提高水体中的溶解氧浓度。在溶解氧浓度很低的水体中使用这项措施尤为有效。人工复氧的费用可表示为增氧机功率的函数。

(二) 污水调节

在河流同化容量低的时期(枯水期)用蓄污池把污水暂时蓄存起来,待河流的纳污容量高时释放,由于更合理地利用了河流的同化容量,从而提高了河流的枯水水质。这项措施称污水调节。污水在蓄存期间,其中的有机物还可降解一部分。污水调节费用主要是建池费用。如能利用原有的坑塘则更为经济。缺点是占地面积大、有可能污染地下水等。如果是原污水还可能会产生恶臭并影响观瞻,因此目前使用较少。

(三) 河流流量调控

实行流量调控可利用现有的水利设施,也可新建水利工程。利用现有水利工程提高河流枯水流量造成的损失,主要包括由于减少了可用于其他有益用途的水量而使来自这些用途的收益的减少量。新建流量调控工程除了控制水质方面的效益外,还同时具有防洪、发电、灌溉、娱乐等效益。由于水利工程具有多目标性,建立其费用函数具有很大的困难。同时,由于流量调控效益的多重性,目前仍未找到把费用公平合理地分配给每种用途的方法。目前把流量调控费用引入水质规划最优化模型常用的方法有两个:① 分别把不同比例的流量调控费用武断地分配给水污染控制,研究与各比值对应的水质规划最优解下的流量调控量;② 研究不同调控流量时系统的边际费用和经济效益。就目前情况而言,如何把水利工程的多重效益和损失定量化并引入水质模型中的问题尚未真正解决,这方面的研究亟待加强。

四、水生态保护与修复技术

划定并严守生态保护红线、积极保护生态空间、提升生态系统整体功能,是加强河湖水生态保护的重要基础。生态修复是目前水环境保护的重要技术,目前在湖泊湖滨带恢复以及城市水系的治理中使用较为广泛。以城市水系为例,生态修复技术主要有3个方面的内容:① 恢复城市水系环境:恢复河流水系的形态、结构和自然特征;② 恢复水生态系统的结构和功能:恢复河流水系生态系统的结构(群落组成、营养结构、空间和季节结构),以提高生态系统的功能,增强其净化水质的能力;③ 维护和改善河流水系的景观效果:这也是城市水系恢复的特殊之处。湖滨带的生态修复技术主要是通过在入湖河口、水陆交错带实施人工湿地和植被恢复等技术手段,增强湖滨带的生态功能。

生态修复需遵循2个重要的原则:① 自然法则:自然法则是水系水质净化和生态恢复的基本原则,只有遵循自然规律,河流水质和生态系统才能得到真正的恢复,具体包括地域性原则、生态学原则、顺应自然原则、本地化原则等;② 社会经济技术原则:社会经济技术条件和发展需求影响河流水系水质净化和生态恢复的目标,也制约着水质净化和生态恢复的可能性、恢复的水平和程度,具体包括可持续发展原则、风险最小和效益最大原则、生态技术和工程技术结合原则、社会可接受性原则和美学原则。水环境保护中常用的生态修复技术有:投菌净化技术、河道生物滤床技术、人工湿地净化技术、生物浮岛技术、水陆生物系统配置技术以及生态堤岸技术等。

五、水资源开发利用与保护技术

水资源保护及开发利用的总体框架是:节水优先,治污为本,多渠道开源。其中节水的途径包括农业、工业和生活用水节水等;治污的途径包括城镇污水处理、农业面源与畜禽养殖治理、河道净化等;多渠道开源的途径包括中水回用、雨水综合利用、地表水利用、跨区域调水工程等。由此,相关的技术主要体现在治污、节水、开源和利用4个方面,其中:治污主要体现在城镇污水处理提供中水回用潜力和水体水质改善、实现区域水功能区划目标;节水是从根本上保护水资源,也是实现区域社会经济可持续发展的前提;开源是水资源保护有效的补充;利用则是实现社会经济可持续发展的重要基础。

六、“海绵城市”建设

“海绵城市”是指充分发挥建筑、道路和绿地、水系等生态系统对雨水的吸纳、蓄渗和缓释作用,有效控制雨水径流,实现自然积存、自然渗透、自然净化的城市发展方式。作为一种生态途径,它有别于传统的工程依赖性治水思路和“灰色”基础设施,其构建核心在于建立跨尺度的水生态基础设施,以综合解决中国城市突出的水问题。

2013年召开的中央城镇化工作会议提出,在提升城市排水系统时要优先考虑把有限的雨水留下来,优先考虑更多利用自然力量排水,建设自然积存、自然渗透、自然净化的“海绵城市”。2014年11月,《海绵城市建设技术指南》发布,海绵城市建设试点工作全面铺开。《国务院办公厅关于推进海绵城市建设的指导意见》(国办发〔2015〕75号)中提出,通过海绵城市建设,综合采取“渗、滞、蓄、净、用、排”等措施,最大限度地减少城市开发建设对生态环境的影响,将70%的降雨就地消纳和利用;并要求到2020年城市建成区20%以上的面积达到目标要求,到2030年城市建成区80%以上的面积达到目标要求。

“海绵城市”建设坚持生态为本、自然循环,充分发挥山水林田湖草沙等原始地形地貌对降雨的积存作用,充分发挥植被、土壤等自然下垫面对雨水的渗透作用,充分发挥湿地、水体等对水质的自然净化作用,努力实现城市水体的自然循环。在《住房城乡建设部关于印发海绵城市专项规划编制暂行规定的通知》(建规〔2016〕50号)中,对规划的编制内容做出如下建议:① 综合评价海绵城市建设条件;② 确定海绵城市建设目标和具体指标,主要为雨水年径流总量控制率、达到海绵城市要求的面积和比例等;③ 提出海绵城市建设的总体思路;④ 提出海绵城市建设分区指引,识别山、水、林、田、湖等生态本底条件,提出海绵城市的自然生态空间格局,明确保护与修复要求,划定海绵城市建设分区并提出建设指引;⑤ 落实海绵城市建设管控要求,根据雨水径流量和径流污染控制的要求,将雨水年径流总量控制率目标进行分解,并提出管控要求;⑥ 提出规划措施和相关专项规划衔接的建议,按照源头减排、过程控制、系统治理的原则,制定积水点治理、截污纳管、合流制污水溢流污染控制和河湖水系生态修复等措施,并提出与城市道路、排水防涝、绿地、水系统等相关规划相衔接的建议;⑦ 建设重点、规划保障措施和规划实施建议。

第五节 规划方案的综合评价

水环境规划方案制定后,为了检验和比较各个方案的可行性与可操作性,可通过费用-效益分析、可行性分析及水环境承载力分析,对规划方案进行综合评价,从而为最佳规划方案的选择与决策提供科学依据。

一、费用-效益分析

关于费用-效益分析已如第四章中所述,这里不再过多涉及。下面仅对水环境规划方案中污水处理厂的费用函数做简要介绍。

污水处理厂的费用可以表为污水流量(Q)与处理效率(η)的函数,即

$$C=f(Q,\eta) \tag{5-7}$$

建立费用函数首先应收集污水处理厂的费用数据,将所收集的数据以 Q 为列,以 η 为行组成一个费用矩阵。费用矩阵确定后,即可建立费用函数,其形式较多的是幂函数。首先对每一种处理效率下的一组流量作出费用-流量函数:

$$C=\alpha Q^{\beta} \tag{5-8}$$

式中,参数 α、β 可由曲线拟合求得。显然,α,β 又可表为处理效率 η 的函数。国外的统计资料表明,β 值随 η 的变化较小,可取为常数。α 值可用 η 的幂函数表示:

$$\alpha=k+r\eta^{\sigma} \tag{5-9}$$

两式合并整理后,得

$$C=k_1Q^{k_2}+k_3Q^{k_2}\eta^{k_4} \tag{5-10}$$

式中,参数 k_1、k_2、k_3、k_4 可由费用矩阵提供的数据通过参数估值求出。

二、可行性分析

水环境规划方案的可行性可从两方面展开分析:规划目标的可达性、方案投资的可行性。

1. 规划目标的可达性分析

可利用已建立的水环境数学模型,通过对各个方案的水质模拟,来检验规划方案是否能

达到预定的水环境规划目标。

2. 方案投资的可行性分析

当规划方案确定后,检验其可行性的关键条件是看方案中的投资能否被当地的经济实力所承受。可根据区域的国民生产总值规模及国家对环境保护投资占国民生产总值的百分比来综合权衡方案投资的可行性。如果投资规模过大,就需要对方案的优先性进行识别并列出优先方案的清单以供决策参考。

此外,还应建立规划的评估体系。监督规划的实施进度,为规划实施中出现的新问题提供技术支持,并对规划中的不足进行完善。如在规划期内发生规划不适应社会、经济发展与环境保护的情况,可及时对规划目标及规划任务进行调整。

三、水环境承载力分析

水环境承载力是指某一地区、某一时间、某种状态下水环境对经济发展和生活需求的支持能力。也就是说,水环境承载力因经济发展的速度和规模不同而异。因此,其可用来评判规划方案的水环境承载力负荷的大小,可从水环境对人类提供物质、能量等的限度方面加以考虑。

(一)水环境承载力的指标

研究水环境承载力的关键是建立其指标体系。水环境不仅为人口和经济的发展提供必要的物质基础和条件,而且还是污水的受纳体。因此,水环境承载力的指标应以与人口、经济有关的水资源和水污染状况、污水处理投资和供水费用等方面来表征。

具体指标包括:城市化水平的倒数、人均工业产值、工业固定资产产出率、可用水资源总量与城市总用水量之比、单位水资源消耗量的工业产值、单位水资源消耗量的农灌面积、污水处理投资占工业投资之比、污水处理率、单位COD(BOD)排放量的工业产值、COD(BOD)控制目标与COD(BOD)浓度之比,等等。这些指标和水环境承载力的大小成正比关系。

(二)水环境承载力的定量表述方法

在探讨水环境承载力的定量表述方法之前,首先引进两个概念:发展变量和支持变量。发展变量是表征城市社会经济发展对水环境作用的强度,它可用与社会经济发展有关的人口、产值、投资、水资源的利用量、向水环境排放的废水和污染物量等因子来表述。这些因素构成了一个集合——发展变量集,其中的元素称发展因子。发展因子可予以量化,则发展变量即可表示成 n 维空间的一个向量:$\boldsymbol{d}=(d_1,d_2,\cdots,d_n)$。支持变量是水环境系统结构和功能状况对城市经济发展支持能力及其相互作用的表现。全部支持变量构成了支持变量集,其中的元素称为支持因子。同样,支持因子也可量化,即将支持变量表示成 n 维空间的一个向量:$\boldsymbol{s}=(s_1,s_2,\cdots,s_n)$。

水环境承载力是 n 维发展变量空间中的一个向量,其各个分量由上述与发展因子和支持因子有关的具体指标来确定。对于同一城市而言,该向量可因城市经济发展方向的不同而有不同的方向。也就是说,不同城市经济发展策略下,发展因子和支持因子的大小会发生变化,从而导致水环境承载力大小的不同。由于水环境承载力的各个分量具有不同的量纲,为了比较其大小,首先必须对其各分量进行归一化处理。

假设在一个地区的经济发展规划中,有 m 个发展方案,因而存在 m 个水环境承载力。不妨设此 m 个水环境承载力为 $E_j=(j=1,2,\cdots,m)$,再设每个水环境承载力由 n 个具体指标确定的分量组成,即

$$E_j=(E_{1j},E_{2j},\cdots,E_{nj}) \tag{5-11}$$

归一化处理后则为

$$\tilde{E}_j=(\overline{E}_{1j},\overline{E}_{2j},\cdots,\overline{E}_{nj}) \tag{5-12}$$

式中，

$$\overline{E}_{ij}=\frac{E_{ij}}{\sum_{i=1}^{m}E_{ij}} \quad (i=1,2,\cdots,n) \tag{5-13}$$

这样，第 j 个水环境承载力的大小，可用归一化后的向量的模来表示，即

$$|\overline{E}_j|=\sqrt{\sum_{i=1}^{n}(\overline{E}_{ij})^2} \tag{5-14}$$

为了突出水环境对不同经济发展方案的支持因子的支持作用，可用下式表示第 j 个水环境承载力的相对大小：

$$E_j=\sqrt{\frac{m^2}{n}\sum_{i=1}^{n}(\overline{E}_{ij})^2} \tag{5-15}$$

复习思考题

1. 水环境规划可分为哪几种类型？
2.《水污染防治行动计划》的要点有哪些？
3. 简述水污染控制系统规划的内容和特点。
4. 城市水污染控制规划主要包含哪些内容？
5. 水资源系统规划的目的、任务和层次。
6. 简答水环境容量的类型。
7. 水环境功能区如何划分？如何确定水污染控制单元？
8. 试述水环境规划方案中可以考虑采取的技术措施。
9. 查阅文献，简述生态修复的概念及内容。
10. 污水处理厂的费用函数如何表达？
11. 如何评估水环境规划方案的可行性？
12. 概括说明水环境承载力及其表述方法。
13. 查阅文献，简要阐述 TMDL 的计算方法，分析在我国实施 TMDL 计划可能面临的问题。
14. 试评论我国水环境规划的过去、现状与展望，分析存在的问题与建议。
15. 习题

参考文献

[1] Chapra S C.Surface water-quality modeling[M].New York:McGraw-Hill Companies,1997.
[2] Liu Y,Guo H C,Zhang Z X,et al.An optimization method based on scenario analysis for

watershed management under uncertainty[J]. Environmental Management, 2007, 39(5): 678-690.

[3] USEPA.Protocol for developing nutrient TMDLs[Z].US Environmental Protection Agency, Office of Water(4503F),1999:135.

[4] 曹型荣.城市水资源的调查利用和预测[M].北京:中国环境科学出版社,1998.

[5] 戴永立,郭怀成,刘永,等.城市经济开发新区经济发展战略分析[J].中国环境科学,2004,24(5):627-631.

[6] 傅国伟.环境工程手册:环境规划卷[M].北京:高等教育出版社,2003.

[7] 郭怀成.系统动力学在城市水污染控制规划中的应用[J].环境科学丛刊,1989,10(3):13-22.

[8] 郭怀成,唐剑武.城市水环境与社会经济可持续发展对策研究[J].环境科学学报,1995,15(3):363-369.

[9] 郭怀成,王金凤,刘永,等.城市水系功能治理方法及应用[J].地理研究,2006,25(4):596-605.

[10] 郭怀成.环境规划方法与应用[M].北京:化学工业出版社,2006.

[11] 郭怀成,贺彬,宋立荣,等.滇池流域水污染治理与富营养化控制技术研究[M].北京:中国环境出版社,2017.

[12] 国务院.《国务院关于印发水污染防治行动计划的通知[EB/OL].[2015-04-02].

[13] 国家环保局计划司《环境规划指南》编写组.环境规划指南[M].北京:清华大学出版社,1994.

[14] 国家环境保护局.总量控制技术手册[M].北京:中国环境科学出版社,1990.

[15] 国家环境保护总局环境规划院.全国水环境容量核定技术指南[R].北京,2003.

[16] 刘永,郭怀成,王丽婧,等.环境规划中情景分析方法及应用研究[J].环境科学研究,2005,18(3):82-87.

[17] 刘永,郭怀成.城市湖泊生态恢复与景观设计[J].城市环境与生态,2003,16(6):13-16.

[18] 刘永,阳平坚,盛虎,等.滇池流域水污染防治规划与富营养化控制战略研究[J].环境科学学报,2012,32(8):1962-1972.

[19] 陆雍森.环境评价[M].2 版.上海:同济大学出版社,1999.

[20] 尚金城.环境规划与管理[M].北京:科学出版社,2005.

[21] 王超,王沛芳.城市水生态系统建设与管理[M].北京:科学出版社,2004.

[22] 翁焕新.城市水资源控制与管理[M].杭州:浙江大学出版社,1998.

[23] 夏青,孙艳,许振成,等.水环境保护功能区划分[M].北京:海洋出版社,1989.

[24] 夏青,王华东.水环境容量开发与利用[M].北京:北京师范大学出版社,1990.

[25] 张丙印,倪广恒.城市水环境工程[M].北京:清华大学出版社,2005.

[26] 张永良,刘培哲.水环境容量综合手册[M].北京:清华大学出版社,1991.

[27] 张忠祥,钱易.城市可持续发展与水污染防治对策[M].北京:中国建筑工业出版社,1998.

[28] 仇保兴.海绵城市(LID)的内涵、途径与展望[J].建设科技,2015,(1):11-18.

[29] 俞孔坚,李迪华,袁弘,等."海绵城市"理论与实践[J].城市规划,2015,39(6):26-36.

第六章

大气环境规划

大气环境是人类赖以生存的基本要素之一，大气环境质量的优劣不仅直接影响以人为主体的城市生态系统，而且关系到城市社会经济能否持续发展。为了协调城市社会经济发展与大气环境保护之间的关系，制定与社会经济发展相匹配的大气环境规划是行之有效的手段。本章对大气环境规划的内容、类型、技术方法及污染物的组成、总量控制方法与控制措施等做了系统的介绍。

第一节　大气环境规划的内容和类型

一、大气环境规划概述

规划是指个人或组织制定的比较全面长远的发展计划，是对未来整体性、长期性、基本性问题的思考和考量，涉及未来整套行动的方案，包含两层含义：① 描绘未来，② 行为决策，而环境规划主要在于调控人类自身的生产和生活，减少污染、改善生态环境，防止资源破坏，保护人类生存、经济和社会持续稳定发展所依赖的环境。因此，大气环境规划就是为平衡和协调某一区域的经济、社会发展和大气环境保护之间的关系，以期达到大气环境系统功能的最优化，最大限度地发挥大气环境系统组成部分的功能，寻求解决该区域大气环境问题的环境方案，促进经济社会与大气环境的可持续发展。

（一）大气环境规划的特征

环境规划是为使环境与经济、社会协调发展而对自身活动和环境所做的合理安排，它具有整体性、综合性、区域性、动态性，以及信息密集和政策性强等基本特征。大气环境规划主要是污染防治规划，针对大气环境改善或大气污染物排放量的削减要求，对 SO_2、NO_x、挥发性有机物、氨气等常规气态污染物，大气颗粒物等气溶胶的主要组成部分，以及重金属、二噁英等有毒有害气体中的一种或几种，提出一段时间内的控制目标，并制定为达到此目标所需要采取的措施。从国内外的大气环境质量管理经验来看，在科学分析大气污染特点和主要来源的基础上，合理制定大气环境规划，并保障规划措施的落实，是改善国家、区域和城市空气质量的重要步骤。随着人类对大气物理和化学了解的逐渐深入，大气污染防治规划的空间尺度逐渐扩展，以应对从局地到区域、跨洲和全球的大气环境问题。

与其他领域的环境规划相比，大气环境规划所涉及的系统更加复杂。大气环境规划体现的特点：① 大气污染所发生和影响的大气圈不存在明显的边界，大气污染所影响的范围和尺度远大于在水、土壤等介质中的污染;② 大气污染物的排放来源于各种人类活动,其中最主要的是能源消费的过程,因此,大气环境规划会涉及宏观的能源消费和经济活动,需要综合使用多学科的手段来进行规划。

(二)大气环境规划的基本要求

大气环境污染问题涉及许多领域,大气环境规划只是众多规划中的一个组成部分,因此它必须与其他规划相融或相关,同时又与这些规划有着明显的差异性,主要体现在:它具有明确的大气环境目标,防止大气环境污染与破坏,解决大气环境问题的具体措施。可持续发展是环境规划的一个重要指导思想,大气环境规划的目的在于了解目前大气污染状况,如何开展环境管理、经济发展,如何合理布局,以最小的投资获取最佳的环境经济效应,既能保证经济迅速发展,又能使环境不会受到污染。

(三)大气环境规划的编写原则

1. 以规划区域环境功能为基础,合理确定大气保护目标

进行大气规划时要对规划区的性质和功能进行综合分析,坚持实事求是,抓住区域特点,区别对待,提出恰当的环境目标要求。大气环境目标是环境规划的灵魂,只有明确目标,才能与经济发展规划中的经济目标综合平衡,区别对待、合理安排,从而制定出切实可行的环境规划。

2. 以经济、社会和环境协调发展和保护公众健康为基本要求

可持续的国民经济发展要求以经济建设为中心,将经济、技术、社会发展相结合,人口、资源、环境协调发展。发展的最终目的是满足人民群众日益增长的物质文化需求和健康环境要求,发展必须讲求环境效益和公众健康,保证经济社会可持续性。如果只有经济建设目标,而无大气环境保护目标,必然会造成环境污染和生态破坏,公众健康受到威胁,那么经济增长也不可能持续下去。

3. 以合理开发利用环境资源和满足环境容量为前提

建立"低投入、多产出、低消耗、高效益"的社会经济结构,是制定大气环境规划的重要原则,在制定大气环境规划时,要考虑规划区域大气环境承载力、污染足迹、生态足迹、碳足迹的变化趋势和控制要求。

4. 以生态系统管理、全过程控制和科技创新为重要手段

环境保护最根本的措施是源头控制,因此,大气环境规划要与经济结构调整、生产力合理布局相结合。大气环境规划要体现大力发展清洁生产和循环经济,积极采用先进的、经济的治理技术,将污染消灭在生产过程中的要求,大气环境规划还应有强有力的科技创新支持系统。

5. 以强化环境规划的可操作性和有效性,提升规划水平

进行规划时,必须坚持以防为主、防治结合、全面规划、合理布局、突出重点、兼顾一般的环境管理的主要方针。积极推行环境经济政策的运用,把强化环境管理的原则贯穿到大气环境规划的编制和实施中。通过运用法律、经济、市场和行政手段确保环境规划的实施,提高大气环境规划实施的约束性和倒逼作用。

二、大气环境规划的内容

在制定大气环境规划时,应首先对大气环境进行系统分析,确定各子系统之间的关系;

其次，对规划期内的主要资源进行需求分析，重点分析城市能流过程，从能源的输入、输送、转换、分配和使用各个环节中，发现产生污染的主要原因并分析污染物的组成，找出控制污染的主要途径，从而为确定和实现大气环境目标提供可靠保证。大气环境规划主要内容可概括为图 6-1。

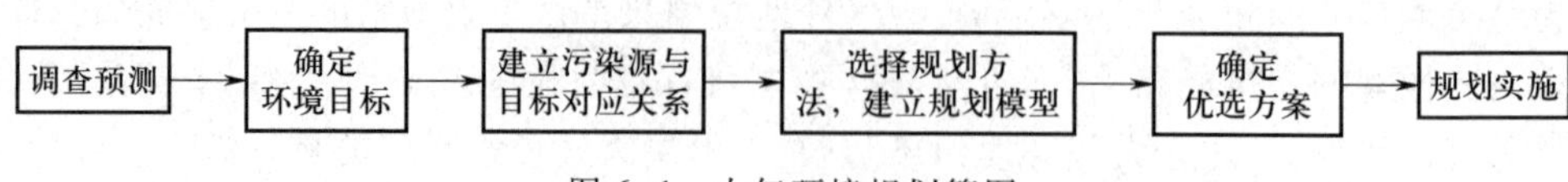

图 6-1 大气环境规划简图

（一）调查预测

环境问题的发生和解决是环境规划的开始和归宿。通过调查和评价，分析污染物的产生、排放、治理措施的现状及发展趋势，评价大气环境现状并预测其发展趋势，从而找出主要环境问题。

（二）确定环境目标

在大气环境现状调查、预测及各功能区的功能确定基础上，根据规划期内所要解决的主要环境问题和社会经济与大气环境协调发展的需要，确定合理的大气环境目标。同时给出表征环境目标的大气环境指标，制定实现目标的方案，通过投资估算和可行性分析及反复平衡，最后才能确定规划目标。

（三）建立污染源与目标对应关系

确定源与目标之间的关系，是直接影响大气总量控制规划方案的重要因素之一。可通过实测资料建立的大气质量模型，建立污染源与大气环境质量间的输入响应关系，定量描述源强场与环境浓度场。有时也可以是实测资料的回归曲线，或简单的线性关系。需通过上述方法，完成以下工作：

① 污染源布局评价。

② 污染源贡献评价。

③ 控制方案的评价。

④ 建立技术经济优化模型的环境约束方程。

（四）选择规划方法，建立规划模型

目前，我国大部分城市地区的首要污染为 $PM_{2.5}$、SO_2、O_3 等污染，基于这种特点，大气环境规划方法普遍采用系统分析方法和数学规划模型的方法。O_3 污染发生的主要原因是空气中的 NO_x 和挥发性有机物反应产生二次污染物，这一过程同样是可吸入细颗粒物的重要来源之一，可采用源治理与集中控制相结合的方法，建立包括能源性污染和工艺在内的综合控制规划模型，寻求对各类用能设施、各类工艺尾气中 NO_x 和挥发性有机物的综合优化方案。对于其他类大气污染物应针对筛选出的重点污染源，逐一进行工艺全过程分析，以确定减少排放、综合治理的最佳方案。

（五）确定优选方案

规划目标的实现，可能存在多种途径，可以提出多种可供选择的方案，每个方案中必须包括切实可行的治理措施。如能源的合理利用与结构的改变、城市的合理布局、调整经济结构、实施清洁生产工艺、处理设备的费用及效率等，确定需经过多方案比较和反复论证。

（六）规划实施

规划方案的编制和实施是大气环境规划的两个重要组成部分。规划方案只有实际应用并取得成效，才能真正体现大气环境规划的目的。规划方案的实施取决于两个方面：环境规划方案是否切实可行，环境管理政策措施是否得当。

三、大气环境规划的类型

（一）大气环境系统

构成大气环境系统的子系统可以概括为大气环境过程子系统、大气污染物排放子系统、大气污染控制子系统及区域生态子系统，如图 6-2 所示。系统的状态主要由大气环境质量描述。

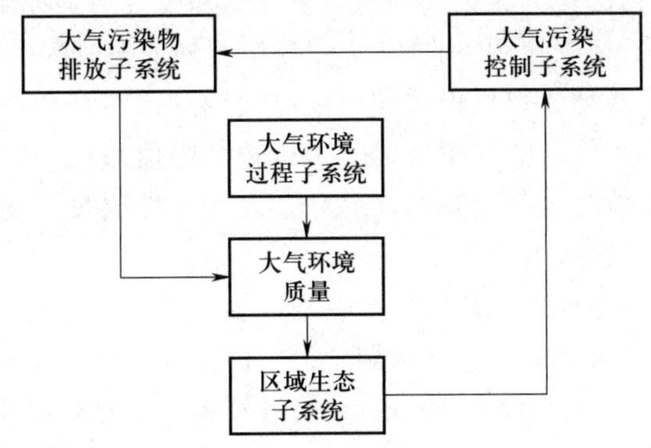

图 6-2　大气环境系统

1. 大气环境过程子系统

大气环境过程决定污染物在大气中的输送和稀释扩散能力，受人类活动的影响极为有限，基本上是一个自然系统。通过实验或历史资料的分析，可以掌握其因子的运动规律，并根据需要将它们参数化。由于大气环境过程及描述该过程特征的变量基本上都是随机变量，在对它们进行参数化处理时，必须说明其统计含义，如发生频度、置信度或置信区间等。

2. 大气污染物排放子系统

大气污染物排放子系统主要包括点源、面源和线源。污染物的排放直接影响大气环境质量，进而影响城市生态子系统。

3. 大气污染控制子系统

区域大气污染的控制不仅仅是污染源本身的治理。首先应立足于尽可能通过采用少污染或无污染的工艺或技术，节约燃料或原料，提高装置整体性能等措施减少污染物的产生量，其次才是控制问题。此外，还应把污染源的治理与旨在控制大气污染的城市基础设施的建设结合起来，对区域大气环境进行综合整治。

4. 区域生态子系统

以人为主体的城市生态子系统是大气环境保护的对象，它的具体表述是区域大气环境规划。制定大气环境规划，就是通过协调大气环境系统中各子系统之间的关系，采用大气污染综合治理组合技术，充分利用大气的自净能力，以最小的治理费用对污染源进行控制，使大气环境质量满足保护以人为主体的区域生态系统的需要。

（二）大气环境规划的不同分类

（1）根据时间跨度可分为近期、中期和长远大气环境规划。不同时间跨度的大气环境规划是同时期国民经济发展规划的组成部分，国民经济发展规划为大气环境规划中的能源消费与结构分析及大气污染预测提供背景和依据，而大气环境质量目标及防治措施的制定要与国民经济发展规划相适应。同时，不同时期的大气环境规划也是同时期国民经济发展规划的制定依据，以确保社会经济与生态环境协调发展。

（2）根据规划层次可分为国家大气环境规划、区域大气环境规划和部门大气环境规划等。

（3）根据行政区划大小可分为国家大气环境规划、省市区域大气环境规划和县域大气环境规划等。

（4）根据规划控制目标可分为大气环境质量规划和大气污染控制规划两大类。这两类规划相互联系、相互影响、相互作用，构成了大气环境规划的全过程。

其中，大气环境质量规划是以城市或城市集群区域总体布局和国家大气环境质量标准为依据，规定了城市不同大气功能区主要大气污染物的限值浓度。它是城市大气环境管理的基础，也是城市建设总体规划的重要组成部分。大气环境质量规划模型主要是建立污染源排放和大气环境质量的输入响应关系。

大气污染控制规划是实现大气环境质量规划的技术与管理方案。可细分为大气污染物排放总量控制规划和大气污染综合治理规划。大气污染物排放总量控制规划是以总量控制为指导思想，直接或间接地以环境质量为目标，通过控制一定时间内排放到环境中的污染物总量，来实现环境质量达标或目标总量达标的大气环境规划。而大气污染综合治理规划是一个系统工程，从各城市区域实际出发，对减轻环境污染的方案进行经济、技术比较，并根据城市区域各自的特点、经济能力和管理水平等因素，确定在规定时间内能实现的最佳方案。

第二节 大气环境规划的依据与能流分析

一、大气环境规划的依据与范围

（一）大气环境规划的依据

规划是一种政府的规范性和制度化管理行为，大气环境规划编制要有充分的依据。目前，主要有下列 3 类依据。

1. 法律法规

《中华人民共和国环境保护法》是我国环境保护的根本大法，其第四条指出："保护环境是国家的基本国策。国家采取有利于节约和循环利用资源、保护和改善环境、促进人与自然和谐的经济、技术政策和措施，使经济社会发展与环境保护相协调。"它规定了环境保护规划的地位。我国施行的《中华人民共和国大气污染防治法》明确规定了规划的目的和责任主体，其中第二条指出，"防治大气污染，应当以改善大气环境质量为目标，坚持源头治理，规划先行，转变经济发展方式，优化产业结构和布局，调整能源结构。"第十四条指出，"未达到国家大气环境质量标准城市的人民政府应当及时编制大气环境质量限期达标规划，采取措施，按照国务院或者省级人民政府规定的期限达到大气环境质量标准。”

《中华人民共和国环境保护法》和《中华人民共和国大气污染防治法》规定了大气污染防治规划的范围、层次、负责编制部门和实施主体。除了国家颁布的一系列法律制度外，部分地方人民代表大会也出台了适用于各地政府行政辖区的地方法规和实施细则。在进行规划之前要对它们仔细了解，在规划中也要遵守和执行。

2. 标准与规范

国家制定的各种标准也属于法律范畴，在大气环境保护规划中必须遵循。其中，最主要的标准是《环境空气质量标准》(GB 3095—2012)，它是大气环境规划目标的最终体现，也是大气环境规划实施成果最终的验证标尺。我国的《环境空气质量标准》首次发布于 1982 年。其他标准还包括各类大气污染物排放标准和技术规范、指南等。目前，我国的大气固定源污染物排放标准共有 30 余条，涉及汽车、摩托车、农用车的大气移动源污染物排放标准共有 20 余条；北京、上海、广东等许多省市也发布和执行了比国家排放标准要求更严格的地方大气污染物排放标准。以上这些标准都需要作为大气环境规划的参考和依据，其他一些行业标准和规范，如清洁生产标准等，也都可以作为规划的参考。

3. 上级规划和行政命令

由于我国大气污染的区域性特征正在逐渐加强，从国家和区域的要求出发，进行大气污染防治规划已经成为大气污染防治的一个重要手段。例如，2012 年 10 月，环境保护部、发展改革委、财政部印发《重点区域大气污染防治“十二五”规划》；2013 年 9 月 10 日，国务院印发《大气污染防治行动计划》。在这样的情况下，大气污染防治工作呈现出“国家—区域/省—城市”的多级责任主体的结构，下级在进行规划的过程中，必须参照上级规划提出和制定的原则。例如在国家层面，我国层级最高的规划是每五年的环境保护规划，所有的规划都应尽可能与之协调。

（二）大气环境规划的范围

1. 空间范围

大气环境规划的空间范围是指规划所涉及的地域的广度。规划的空间范围通常与行政区的地域管辖范围相互对应。从行政资源利用及责任落实的角度，特别是对污染源的控制管理角度看，将规划区与行政区相对应是较为有利的。但是大气污染防治是一项系统工程，涉及能源使用、生产活动和人民生活等诸多方面的问题，而且大气跨区域传输的特点会在很大程度上影响城市、区域，甚至国家的空气质量。因此，即使是针对一个特定行政辖区的大气环境保护规划，也应当考虑其周边区域对大气环境的影响。

2. 时间范围

大气环境规划的时间范围是指规划的年限，通常分为基准年、近期目标年和远期目标年，有的项目还设有规划远景年。

基准年的数据是规划的基础，一般选择具备比较完整数据资料的最近年份，如采用某一“五年规划”的末年或环境空气质量标准等法律法规开始实施的年份作为基准年。近期目标年和远期目标年由决策者给定，一般近期规划强调对具体工程措施与项目的安排与配置，突出实践操作性，除年度规划按年设定目标外，近期目标年距基准年应不小于 5 年。五年规划由于同我国国民经济与社会发展规划体系同步，是应用较多的规划。远期规划具有宏观性、战略性，远期目标年距基准年一般应不小于 10 年。

城市环境空气质量达标规划的时间范围除了满足上述要求外，还需要根据城市空气质量现状与达标的差距，根据达标所需的时间要求确定规划的时间范围。规划的时间范围根据大气污染物超标程度，分别定在5年、10年、15年之内，一般不得超过20年。

二、能流分析

在现代社会中，大部分环境问题的产生都与经济发展和能源供求有着密切的关系，大气污染问题就是一个典型例子。对于不同的一次能源、不同的能源消费过程、不同的技术背景，污染的来源、污染的特征及污染的贡献是不同的。在发展经济和改善人们生活水平的过程中，能源是必不可少的支柱之一。任何能源在其生产、运输、转换、消费过程中，或者其中的一个或几个阶段都会产生环境影响，需要付出代价。也就是说，在社会经济系统中，存在着这样一种连锁反应关系，即：① 发展经济和提高生活水平→② 能源消费的增加→③ 大气污染物产生量的增加→④ 大气污染物排放量的增加→⑤ 大气环境质量的恶化。为此有必要了解能流过程。

能流分析是大气环境规划基本方法之一，其主要针对能源的输入、转换、分配，使用的全过程系统分析，以剖析大气污染物的产生、治理、排放规律，找出主要环境问题，找出解决问题的最佳方案。能流分析的基础是能流网络图，可以采用以用能部门为终端和以用能设施为终端两种形式，而前者更适用于宏观分析。图6-3为能源能流网络图。

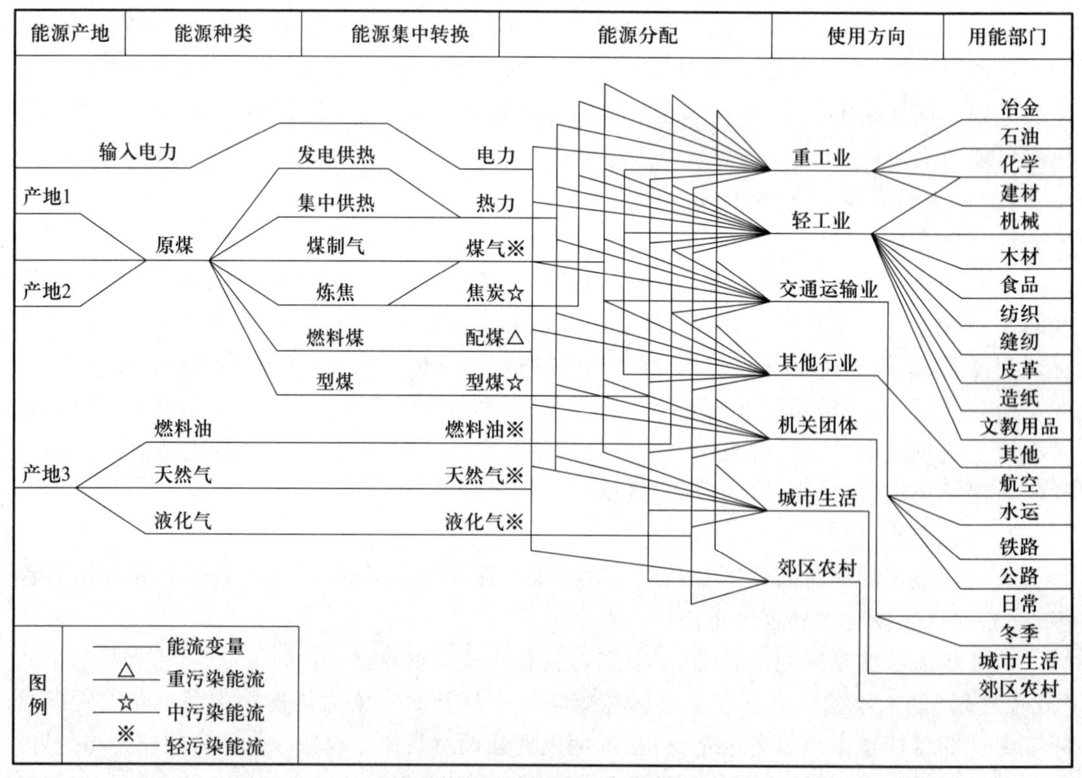

图6-3 能源能流网络图

（引自：国家环保局计划司《环境规划指南》编写组.环境规划指南.北京：清华大学出版社，1994）

能流分析的基本内容包括：

（一）能流过程分析

能流过程主要包括 4 个过程，即能源输入过程、能源集中转换过程、能源分配过程及终端用能过程。能源输入过程重点分析能源总量、结构和污染物含量。能源集中转换过程重点分析转换能源总量、比例、效率、投资及其环境效益。能源分配过程重点分析能源分配合理性。终端用能过程重点分析总量、结构和对大气环境的危害。中国大气主要污染物与地区性的交通、石化行业和燃煤锅炉等工业生产污染源的排放特征，以及地形和气象条件密切相关。

（二）能流平衡分析

重点分析能源各阶段输入、输出和流失量之间的平衡关系，包括能量和污染物量两个方面。污染物流失量又包括排放量和治理量，其比例的大小反映了城市能源系统先进程度和对污染物的控制能力。

（三）能流过程优化分析

在能流转换效率、排污系数、投资费用系数、经济技术的约束等参数的分析基础上，采用数学规划方法建立优化分析模型，主要目的在于合理优化能源分配途径，合理安排能源改造项目，以控制大气污染。

优化分析仍以能流图为基础，但要充分考虑到规划期内可能增加的新的能源形式和转换过程。其中各能流的效率系数和排污系数应充分考虑到各规划期内科技进步的因素并与费用系数相对应，与详细规划参数相协调。在能流优化分析中，常用的数学规划方法有多目标线性规划和目标规划的方法。利用这些方法除可直接得到城市优化的能流规划方案外，更重要的是可以建立起目标间的相互关系，为决策提供重要依据。

第三节　大气环境规划的现状评价和预测

一、大气环境现状分析与评价

（一）大气污染源类型

为有效评价、预测、控制大气污染，首先要对大气环境中产生有害物质的污染源进行研究。大气污染源可分为人为大气污染源和天然大气污染源。

1. 人为大气污染源

人为大气污染源主要是资源和能源的开发、燃料的燃烧及向大气释放出污染物的各种生产场所、设施和装置等。人为污染源按空间分布可分为点源、线源和面源；按人们的社会活动又可分为工业污染源、生活污染源和交通污染源。

2. 天然大气污染源

天然大气污染源主要是森林火灾、火山爆发、自然溢出煤气和天然气，煤田和油田及腐烂的动植物等释放出有害气体，以及植被排放的 VOCs 等，这些自然现象也能引起空气污染。一般来说，这种情况仅占大气污染的很小一部分，而且这种天然污染源造成的大气污染，目前还不能加以控制。

（二）大气污染源调查分析

收集规划区域内与污染源排放相关的信息，建立大气污染物排放清单，分析规划区域内主要大气污染源排放水平和时空分布特征。

（1）收集大气污染物排放清单所需的基础数据，包括规划区域内的人口及分布，能源消费总量及消费结构，机动车保有量，主要工业企业的基本信息，包括地理位置、主要产品和原/燃料种类、生产工艺、大气污染物排放控制技术和管理水平、产量和原/燃料消费量等。

（2）编制规划区域内大气污染物排放清单，包括 SO_2、NO_x、颗粒物、挥发性有机物、氨等。

（3）在排放清单的基础上，对不同污染物排放的特征进行统计分析，包括规划区域内不同子区域的大气污染物排放强度分布、主要污染物排放源的部门分布和空间分布、工业污染源的整体污染控制水平等。

（4）对规划区域重点行业及重点污染源根据污染物排放量进行排名，并结合其对环境空气质量影响的初步分析，得到首要污染控制行业和污染源名单。

（5）结合空气质量模型，分析本地污染源和外地污染输入对大气污染的贡献。

（三）大气环境现状评价与分析

大气环境现状评价和分析是弄清大气污染物来源、性质、数量和分布的重要手段。依据此评价结果，可以了解区域内大气环境质量现状的优劣，为确定大气环境的控制目标提供依据；也可通过大气污染物浓度的时空分布特征，了解当地烟气扩散的特征和污染物来源，进行大气污染趋势分析，并可为建立污染源和大气环境质量的响应关系提供基础数据。

评价前先需要收集和整理规划区域现有的环境空气质量数据。主要包括：① 明确规划区域内的环境空气质量监测点信息，包括所有监测点的位置、性质（区域背景点、城市对照点、城市普通点、交通路边点等）、监测大气污染物的种类、监测频率、监测方法等。② 收集所有监测点近 3 年来的环境空气质量监测数据。对于 SO_2、NO_2、颗粒物（PM_{10}和 $PM_{2.5}$），尽量收集每个监测点监测时段内的浓度日均值数据；对于 O_3，尽量收集每个监测点监测时段内的浓度小时均值数据，对于交通路边点，进一步收集 NO_2浓度小时均值数据。

大气环境现状的评价应当基于《环境空气质量标准》（GB 3095—2012），判断是否达到环境空气质量标准；评价的过程可以使用《环境空气质量评价技术规范（试行）》（HJ 663—2013）推荐的方法。

除了对规划范围内大气环境的达标现状进行整体评价外，还需要对环境空气中污染物分布的时空特征进行分析。从时间维度上来看，需要结合 SO_2、NO_2、PM_{10}、$PM_{2.5}$、CO 和 O_3的日评价和季节评价结果，分析规划区内这些污染物浓度分布的季节变化、月变化规律，为针对重点控制时段进一步规划提供指导性意见；从空间维度上来看，需要结合点位评价的结果，分析规划区内这些污染物浓度分布的空间特征，为针对重点控制区进一步规划提供指导性意见。

二、大气环境污染预测

在进行大气环境污染预测时，首先应确定主要大气污染物，以及影响排污量增长的主要因素;然后预测排污量增长对大气环境质量的影响,这就需要确定描述环境质量的指标体系,并建立或选择能够表达这种关系的数学模型。大气环境污染预测主要包括两个部分:① 污染物排放量(源强)预测,② 大气环境质量预测。

(一) 污染物排放量预测

在社会经济发展和能源消耗预测的基础上,结合大气污染物排放清单编制技术,考虑工业生产、能源使用、污染物控制等技术的发展,预测全社会(包括生产和生活)规划目标年的主要大气污染物排放量。主要大气污染物包括 SO_2、NO_x、颗粒物(总悬浮颗粒物、PM_{10}和 $PM_{2.5}$等)、挥发性有机物、氨、CO 等。预测中有 4 个重点。

(1) 工业大气污染物排放量预测,需要考虑工业结构调整、现有工业大气污染物排放标准的逐渐实施等因素对污染物排放量的影响。

(2) 移动源污染物排放量的预测,需要考虑随着新车标准的进一步实施、现有老旧车辆逐步淘汰、燃油优化等正面因素,以及机动车保有量和交通周转量的持续升高等负面因素对污染物排放量的影响。

(3) 居民污染源排放量的预测,主要需要考虑随着城镇化的进程,对于炊事、采暖等需求的升高导致的化石燃料使用增加而排放的污染物。

(4) 农业等面源排放量的预测,需要结合农业、畜牧业的发展着重预测氨等污染物排放量的变化情况。

(二) 大气环境质量预测

大气环境质量预测目的是构造污染物排放量变化与规划区域环境大气污染物浓度水平的相关关系,以此预测区域(城市)由于实施经济、社会发展规划而产生的环境影响。使用大气规划情景方案模拟技术,可以实现这部分的预测目标。目前大气规划情景方案模拟技术都已经非常成熟,在此基础上通过构造基准情景(BAU)或者现有政策情景(CLE)等,定量预测规划目标年的大气环境质量,并通过与标准进行比较,从而解析大气环境压力。

利用空气质量模型进行空气质量模拟是现代大气环境规划过程中必不可少的一个环节。在输入的地形、气象和污染物排放等数据的基础上,模拟计算污染物在大气中的迁移、扩散、转化过程,给出污染物在环境中浓度的时空分布和沉降特征;针对不同的规划控制情景,分析不同地区、不同源的大气污染物排放对区域环境的影响,最终用于对规划控制方案的评价、筛选和优化。

空气质量模型一般可以按照模拟的空间尺度,分为城市模型、区域模型和全球模型。也可以按照模型的机理,分为统计模型和数值模型,前者是基于现有的大量数据,通过统计分析建立的模型;后者是通过对污染物在大气中发生的物理化学过程(如传输、扩散、化学反应等)进行数学抽象而建立的模型。还可按照模拟对象,分为拉格朗日模型和欧拉模型,前者的模拟对象是随流体移动的空气微团,通过对微团的跟踪模拟描述污染物浓度的变化;后者的模拟对象是相对于固定的空间坐标系,保持固定的空间元,研究空间元内和空间元间污染物的运动和转化。此外,按照模型研究对象,还可分为惰性气体扩散模式、光化学氧化模式、酸沉降模式、气溶胶细粒子模式和综合空气质量模式。目前主要的空气质量模型分类如表 6-1 所示。

表 6-1 目前主要空气质量模型分类

扩散模式	模型机理	特点	限制
统计模式	回归方程	根据历史空气质量和气象条件建立浓度和气象参数之间的回归方程,由气象条件推算浓度,计算非常简单,可用于所有大气污染物	不能反映污染源排放与环境质量之间的输入响应关系
高斯烟流模式	分布函数	以 ISC、AERMOD、ADMS 为代表,可用于模拟 SO_2、NO_2、PM_{10} 等;简化了物理和化学过程,只需要单点气象资料;计算简单,可逐时、逐日进行长期浓度模拟	属于稳态烟流模型,不能考虑流场的空间变化
拉格朗日轨迹模型	烟团模型	以 CALPUFF、CALGRID 为代表,用于模拟 SO_2、NO_2、PM_{10} 和 O_3 等,可使用客观分析法处理三维气象场;计算量适中,可逐时、逐日进行长期浓度模拟	与高斯模式相比,计算量较大;与网格模型相比,考虑的化学机制相对简单
拉格朗日轨迹模型	经验动力学模型	以 EKMA 为代表,便于使用,考虑的化学反应较为详细,计算速度快	物理过程过于简单,可模拟的周期短,不能准确地模拟多天时间或长距离输送
欧拉网格模型	城市网格模型	以 UAM 为代表,物理过程详细,适用于城市多天污染事件模拟	计算量大,模拟长距离输送问题时对边界条件很敏感
	区域网格模型	以 RADM、ADOM、ROM 为代表,物理、化学过程详细,适用于区域臭氧及酸沉降污染模拟	计算量大,空间分辨率有限,不能很好地适用于研究城市污染物动态变化
	嵌套网格模型	以 CMAQ、CAMx、WRF-CHEM、NAQPMS 为代表,基于“一个大气”理念设计,物理、化学过程详细,可同时模拟区域和城市尺度各种大气污染过程,在重点地区进行网格嵌套	模拟机理复杂,数据需求苛刻,计算量大,专业门槛高

第四节 大气环境规划目标和功能区划分

一、大气环境规划目标和指标体系

(一)大气环境规划目标

环境规划是为了实现预定的环境目标。所以,制定科学、合理的大气环境规划目标是编制大气环境规划的重要内容之一。大气环境目标是在区域大气环境调查评价和预测以及区域大气环境功能区划分的基础上,根据规划期内所要解决的主要大气环境问题和区域社会、经济与环境协调发展的需要而制定的。大气环境规划目标的决策过程一般是初步拟定大气环境目标,然后编制达到大气环境目标的方案;论证环境目标方案的可行性,当可行性出现问题时,反馈回去重新修改大气环境目标和实现目标的方案,再进行综合平衡,经过多次反复论证,最后才能比较科学地确定大气环境目标。

大气环境规划目标主要包括大气环境质量目标和大气环境污染总量控制目标两大类。

1. 大气环境质量目标

大气环境质量目标是大气环境规划的基本目标,依据不同的地域和功能区而不同,由一系列表征环境质量的指标来体现。

2. 大气环境污染总量控制目标

大气环境污染总量控制目标是为了达到质量目标而规定的便于实施和管理的目标,其实质是以大气环境功能区环境容量为基础的目标,将污染物控制在功能区环境容量的限度内,其余的部分作为削减目标或削减量。

(二) 大气环境规划指标体系

大气环境规划指标体系是用来表征所研究具体区域大气环境特性和质量的指标体系,确定大气环境指标体系是研究和编制大气环境规划的基础内容之一。目前,国内外已有了统一的、为大家公认的大气环境系统的指标体系。在大气环境规划中,作为大气环境指标体系要同时考虑环境污染防治、环境建设等因素。大气环境规划指标体系必须具有以下特点:① 能反映大气环境的主要组成要素;② 必须是一个完整的指标体系,各个指标之间是相互关联的;③ 能定量或至少能半定量地表达;④ 表征这些指标的信息是可以得到的。

根据这些基本要求和大气环境的基本特征,可以提出一般的大气环境规划指标体系。

(1) 气象、气候指标。气象、气候等指标是决定大气扩散能力的最重要因素,也是进行大气环境规划前需要首先了解的基础大气资料。主要指标有:气候带、气温、气压、风向、风速、风频、总云量、低云量、日照、辐射、降水量、相对湿度、大气稳定度、混合层高度等。

(2) 大气环境质量指标。其主要指标有:细颗粒物($PM_{2.5}$)、可吸入颗粒物(PM_{10})、SO_2、NO_2、CO、O_3、酸雨频度与平均 pH、总悬浮颗粒物(TSP)、NO_x、Pb、挥发性有机物、氨、光化学氧化剂、氟化物等。

(3) 大气环境污染控制指标。其主要指标有:达到重度或严重污染的天数;O_3超标天数;$PM_{2.5}$、PM_{10}、SO_2、NO_x、CO、工业粉尘、烟尘、VOCs、废气的排放总量;污染物排放强度;SO_2排放总量削减比例;NO_x排放总量削减比例;工业烟(粉)尘回收量;烟(粉)尘的去除率;光化学氧化剂排放量;烟尘控制区覆盖率;工艺尾气达标率;汽车尾气达标率等。

(4) 城市环境建设指标。其主要指标有:城市用气普及率、城市集中供热率、城市型煤普及率、建成区绿地覆盖率、人均公共绿地等。

(5) 城市社会经济指标。其主要指标有:国内生产总值、人均国内生产总值、工业总产值、各行业产值、三产结构、生产总值增长率、能耗、单位 GDP 能耗、各行业能耗、生活耗煤量、万元工业产值能耗、城市人口总量、城镇化率、分区人口数、人口密度及分布、人口自然增长率等。

二、大气环境功能区划分

正确划分大气环境功能区是研究和编制大气环境规划的基础和重要内容,也是实施大气环境总量控制的基本前提。

（一）大气环境功能区划原则与依据

1. 环境功能区划的原则

大气环境功能区的划分应遵循以下原则：① 应充分利用现行行政区界或自然分界，考虑规划区的地理、气候条件；② 宜粗不宜细；③ 既要考虑空气污染状况，又要兼顾城市发展计划；④ 不能随意降低已划定的功能区类别。正确划分大气环境功能区是研究和编制大气环境规划的基础和重要内容，也是实施大气环境总量控制的基本前提。

2. 环境功能区划的依据

（1）保证功能与规划相匹配。保证区域或城市总体功能的发挥与区域或城市总体规划相匹配。

（2）依据自然条件划分功能区。依据地理、气候、生态特点或环境单元的自然条件划分功能区。如自然保护区、风景旅游区、水源区或河流及其岸带、海域及其岸带等。

（3）依据环境的开发利用潜力划分功能区。如新经济开发区、绿色食品基地、名贵花卉基地和绿地等。

（4）依据社会经济的现状、特点和未来发展趋势划分功能区。将辖区划分为工业区、居民区、科技开发区、教育文化区和经济开发区等，城市环境综合功能分区还包括商业娱乐区、风景旅游区等。其中工业区还可以细分为化工区、机械工业区、轻工业区、重工业区等。

（5）依据行政辖区划分功能。行政辖区往往不仅反映环境的地理特点，而且也反映某些经济社会特点。按一定层次的行政辖区划分功能区，有时不仅有经济、社会和环境合理性，而且亦便于管理。

（6）依据环境保护的重点和特点划分功能区。一般可分为重点保护区、一般保护区、污染控制区和重点污染治理区等。

（二）大气环境功能区类型

《环境空气质量标准》（GB 3095—2012）将环境空气功能区分为两类：一类区为自然保护区、风景名胜区和其他需要特殊保护的区域；二类区为居民区、商业交通居民混合区、文化区、工业区和农村地区。一类区适用一级浓度限值，二类区适用二级浓度限值，有一些特殊的污染物浓度限值适用于牧业区和以牧业为主的半农半牧区、蚕桑区。大气环境功能区常划分为工业区、商业区、居民区、文化区、交通稠密区、清洁区等。

（1）工业区：工业区以各种工业为主体，由于释放大量的烟尘、SO_2、NO_2等，使得这里的大气污染十分严重，一般难以治理清洁，故居民区一般都与工业区之间有一定间隔。

（2）商业区：商业区以经营各种商品为主，但由于流动人口多，解决流动人口的食宿服务设施也就应运而生，各种饮食摊点的污染源排放就成了商业区的重要污染源。

（3）居民区：居民区是居民生活、休息的场所。由于用餐、取暖，因此也释放出大量污染物。

（4）文化区：文化区是指文化、教育、科技相对集中的地区。但中国的实际情况往往是文化区也夹杂着居民区。

（5）交通稠密区：交通稠密地区常常由于汽车排放出的大量尾气而使污染十分严重。它包括城市交通枢纽和交通干线两侧。一般把交通线两侧到以外 50 m 处的范围都划成交通稠密区。

(6) 清洁区：清洁区要求达到一级标准。它包括国家规定的自然保护区、风景名胜区和其他需要特殊保护的区域。

三、大气环境功能区划分的程序

(一) 功能区与环境功能区划

功能区通常是指对经济和社会发展或者生态系统功能起特定作用的地域或环境单元。而环境功能区是按环境要求的功能划分，同时也是与经济社会相关的综合性功能区，是依据不同地区在生态环境结构、状态和功能上的差异，结合经济社会发展战略布局，合理确定环境功能并执行相应环境管理要求的区域。

环境功能区划则是根据环境系统的功能和结构特征，统筹考虑人类社会经济活动与生态环境之间的影响关系，提出的一种分区管理、分类指导的环境管理和政策框架，是协调环境与经济发展、产业布局、城镇建设的重要手段，是从环境资源承载力角度引导我国社会经济发展布局的关键，是探索资源节约型和环境友好型发展道路的基本制度安排。

在大气环境规划中进行功能区的划分，对于不同地区而言，因其自然条件和人为利用方式不同，具体表现为该区域内所执行的环境功能不同，对环境的影响程度各异，要求不同地区达到同一环境质量标准的难度也就不一样。因此，考虑到大气环境污染对人体的危害及环境投资效益两方面的因素，在确定大气环境规划目标前，常常要先对研究区域进行功能区的划分，然后根据各功能的性质分别制定各自的环境目标。

(二) 大气环境功能区划

大气环境功能区划是按功能区对大气污染物实行总量控制和进行大气环境管理的依据。所谓大气环境功能区并不是对大气环境的区划，而是指为确定研究地区的大气环境规划目标而对这些地区进行的功能区划。此外，从大气污染控制的角度出发，需要根据环境空气功能区制定控制功能分区。

大气环境功能区划的基本步骤是：第一，根据大气环境功能评估结果进行。在调查基础上，大气环境功能评估需要确定评估指标，目前主要选择 SO_2、NO_x、PM_{10}、$PM_{2.5}$、CO、O_3 等污染物作为大气环境功能的指标要素。根据环境空气质量标准以及环境空气功能区，评价环境空气功能区达标情况，划出空气质量达标区和不达标区。

第二，进行大气污染要素的污染评价。对于 SO_2 来说，可以根据每个城市的 SO_2 排放等级和 SO_2 综合污染指数，考虑地区之间的气象传输贡献评价，将研究区划分为 SO_2 无须控制区、低度控制区、中度控制区、高度控制区、严格控制区等类型；对于 NO_x，可以综合考虑全国各城市的 NO_x 污染浓度分级、考虑部分省市之间的气象传输矩阵，对基于 O_3 污染的 NO_x 污染控制分区进行修正，最终确定 NO_x 污染控制区，可以分为 NO_x 免控区、低度控制区、中度控制区、高度控制区、严格控制区；对于 PM_{10} 或 $PM_{2.5}$，可以根据不同城市的 PM_{10} 或 $PM_{2.5}$ 年日均浓度和超标率的数据将全国 31 个省、市、自治区分别划分到 4 个不同等级的 PM_{10} 或 $PM_{2.5}$ 污染控制区，如《全国环境功能区划方案》将 PM_{10} 或 $PM_{2.5}$ 污染控制分为 PM_{10} 暂缓控制区、PM_{10} 污染控制区、$PM_{2.5}$ 污染控制区、PM_{10} 与(或) $PM_{2.5}$ 控制区。

第三，在不同大气环境要素污染控制分区的基础上，综合不同污染控制分区，进行环境功能初步分区。结合其他区划，考虑行政区划方便环境政策落实的优点，对分区方案进行调整。

第四，在上述的基础上进行控制分级，然后确定目标控制区的目标及其对大气环境的要求，提出综合考虑不同大气环境要素的环境管理考核指标。

第五，根据大气环境要素污染特征、控制区环境保护目标和社会经济发展情况，分别制定各种情景下的大气环境管理战略和政策（图 6-4）。

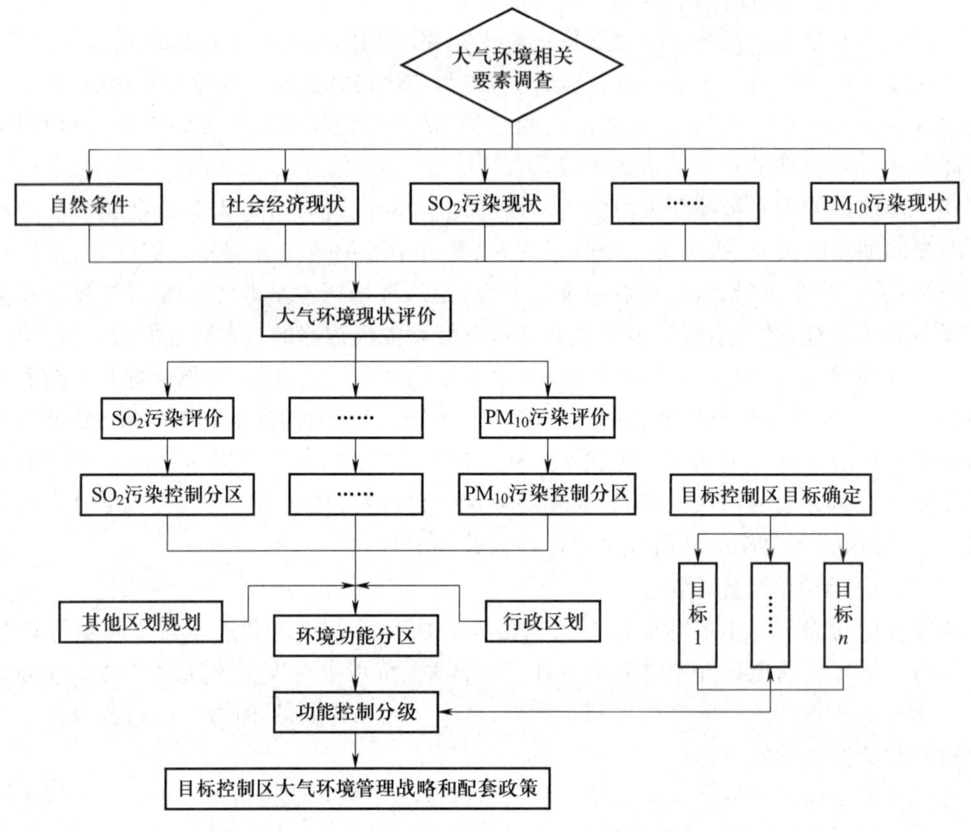

图 6-4　大气环境功能区划分的程序

第五节　大气污染物总量控制

大气污染物总量控制是通过控制给定区域污染源允许排放总量，并将其优化分配到源，以确保实现大气环境质量目标值的方法。随着我国城市经济的不断发展，实行浓度控制和 P 值控制已不能阻止污染源密集区域的形成，也不能实现大气环境质量目标。因此，根据我国国情和城市现有大气污染特征，提出在我国城市推行区域大气总量控制法。只有实行总量控制，才能建立大气污染物排放总量与大气环境质量的定量关系，建立污染物削减与最低治理投资费用的定量关系，从而确保实现城市的大气环境质量目标。

一、大气污染物总量控制区边界的确定

大气污染物排放总量控制区（以下简称总量控制区）是当地人民政府根据城镇规划、经

济发展与环境保护要求而决定对大气污染物排放实行总量控制的区域。总量控制区以外的区域称为非总量控制区,例如广大农村及工业化水平低的边远荒僻地区。但对大面积酸雨危害地区应尽量设置 SO_2 和 NO_x 排放总量控制区。一般根据环境保护的目标来确定大气总量控制区域的大小。在确定总量控制区域时通常要注意以下几个方面:

(1) 对于大气污染严重的城市和地区,控制区一定要包括全部大气环境质量超标区,和对超标区影响比较大的全部污染源。非超标区根据未来城市规划、经济发展适当地将一些重要的污染源和新的规划区包括在内。

(2) 对于大气污染尚不严重,但是存在着孤立的超标区或估计不久会成为严重污染的区域,总量控制区的划定方法同(1)。如果仅仅要求对城市中某一源密集区进行总量控制,则可以将该源密集区及它的可能污染区划为控制区。

(3) 对于新经济开发区或新发展城市,可以将其规划区作为控制区。

(4) 在划定总量控制区时,无论是哪种情况,都要考虑当地的主导风向,一般在主导风向下风方位,控制区边界应在烟源的最大落地浓度以远处,所以在该方位上控制区应该比在非主导风向上长些。

(5) 总量控制区不宜随意扩大,应以污染源集中区和主要污染区为主,它不同于总量控制模式的计算区,计算区要比控制区大,大出的范围由控制区边缘处的烟源的最大落地浓度的距离而定。

二、大气污染物允许排放总量计算方法

(一) A-P 值法计算控制区域允许排放总量

1. A 值法

A 值法属于地区系数法,只要给出控制区总面积及各功能分区的面积,再根据当地总量控制系数 A 值就能计算出该面积上的总允许排放量。A 值法是以地面大气环境质量为目标值,使用简便的箱模式而实现的具有宏观意义的总量控制,是对以往实行的 P 值法的修改。

A 值法的基本原理:如果假定某城市分为 n 个区,每个分区的面积为 S_i,总面积 S 为各个分区面积之和[式(6-1)]。全市排放的允许总量可由式(6-2)确定,各分区排放总量由式(6-3)确定。

$$S = \sum_{i=1}^{n} S_i \tag{6-1}$$

式中:S——总量控制区总面积,km^2;

S_i——第 i 功能区面积,km^2。

$$Q_{ak} = \sum_{i=1}^{n} Q_{aki} \tag{6-2}$$

式中:Q_{ak}——总量控制区某种污染物年允许排放总量限值,10^4 t;

Q_{aki}——第 i 功能区某种污染物年允许排放总量限值,10^4 t;

n——功能区总数;

i——总量控制区内各功能分区的编号。

各功能分区污染物排放总量限值由式(6-38)计算:

$$Q_{ai}=A \cdot \rho_{si} \cdot \frac{S_i}{\sqrt{S}} \tag{6-3}$$

式中：Q_{ai}——第 i 功能分区污染物年允许排放总量限值，10^4 t/a；

ρ_{si}——国家和地方有关大气环境质量标准所规定的与第 i 功能区类别相应的年日平均浓度限值，mg/m^3；

A——地理区域性总量控制系数，10^4 km^2/a；主要由当地通风量决定，可参照表 6-2 所列数据选取。

表 6-2 我国各地区（未包含香港、澳门）总量控制系数 A，低架源排放分担率 α，点源控制系数 P 值表

地区序号	省、自治区、直辖市	A	α	P	
				总量控制区	非总量控制区
1	新疆、西藏、青海	7.0~8.4	0.15	100~150	100~200
2	黑龙江、辽宁、吉林、内蒙古（阴山以北）	5.6~7.0	0.25	120~180	120~240
3	北京、天津、河北、河南、山东	4.2~5.6	0.15	120~180	120~240
4	内蒙古（阴山以南）、山西、陕西（秦岭以北）、宁夏、甘肃（渭河以北）	3.6~4.9	0.20	100~150	100~200
5	上海、广东、广西、湖南、湖北、江苏、浙江、安徽、海南、台湾、福建、江西	3.6~4.9	0.25	50~75	50~100
6	云南、贵州、四川、重庆、甘肃（渭河以南）、陕西（秦岭以南）	2.8~4.2	0.15	50~75	50~100
7	静风区（年平均风速小于 1 m/s）	1.4~2.8	0.25	40~80	40~80

在夜间大气温度层结稳定时，高架源对地面影响不大，但低架源及地面源都能产生严重污染，因此需确定夜间低架源的允许排放总量。总量控制区内低架源的大气污染物年允许排放总量计算：

$$Q_{bk}=\sum_{i=1}^{n} Q_{bki} \tag{6-4}$$

式中：Q_{bk}——总量控制区某种污染物低架源年允许排放总量限值，10^4 t；

Q_{bki}——第 i 功能区某种污染物低架源年允许排放总量限值，10^4 t。

各功能区低架源污染物排放总量限值按式（6-40）计算：

$$Q_{bki}=\alpha \cdot Q_{aki} \tag{6-5}$$

式中：α——低架源排放分担率，见表 6-4。

2. A-P 值法

在 A 值法中，只规定了各区域总允许排放量而无法确定每个源的允许排放量。而 P 值法则可以对固定的某个烟囱控制其排放总量，但无法对区域内烟囱个数加以限制，即无法限制区域排放总量。若将两者结合起来，则可以解决上述问题。所谓的 $A-P$ 值法是指用 A 值法计算控制区域中允许排放总量，用修正的 P 值法分配到每个污染源的一种方法。下面就如何计算修正的 P 值进行说明。

将点源分为中架点源（几何高度在 100 m 以下，30 m 以上）与高架点源（几何高度在 100 m 以上）。中架点源与低架点源一般主要影响邻近区域所在功能区的大气质量，而高架点源则可以影响全控制区大气质量。因此在某功能区内有：

$$Q_{\mathrm{ak}i} \leqslant \sum_{i=1}^{n} \beta_i \times P \times H_{\mathrm{e}i} \times 10^{-6} + Q_{\mathrm{bk}i} \tag{6-6}$$

式中：β_i——调整系数；

P——点源控制系数；

$H_{\mathrm{e}i}$——烟囱有效高度，m。

式（6-41）表示 i 在功能区所有几何高度在 100 m 以下的点源及低架源排放的总量不得超过总允许排放量 $Q_{\mathrm{ak}i}$。

各功能分区的中架点源（$H<100$ m）的总允许排放量为

$$Q_{\mathrm{mk}i} \leqslant \sum_{i=1}^{n} P \times H_{\mathrm{e}i} \times \rho_{\mathrm{s}i} \times 10^{-6} \tag{6-7}$$

根据式（6-6）和式（6-7）可得：

$$\beta_i = (Q_{\mathrm{ak}i} - Q_{\mathrm{bk}i}) / Q_{\mathrm{mk}i} \tag{6-8}$$

当 β_i 大于 1 时，取值为 1。

整个城市中架点源（$H<100$ m）的总允许排放量为

$$Q_{\mathrm{mk}} = \sum_{i=1}^{n} \beta_i \cdot Q_{\mathrm{mk}i} \tag{6-9}$$

各功能分区的高架点源（$H>100$ m）的总允许排放量为

$$Q_{\mathrm{H}i} = \sum_{i=1}^{n} P \times H_{\mathrm{e}i} \times \rho_{\mathrm{s}i} \times 10^{-6} \tag{6-10}$$

整个城市高架点源（$H>100$ m）的总允许排放量为

$$Q_H = \sum_{i=1}^{n} \beta_i \cdot Q_{\mathrm{H}i} \tag{6-11}$$

根据 Q，可以计算全控制区的总调整系数 β

$$\beta = (Q_{\mathrm{a}} - Q_{\mathrm{b}}) / (Q_{\mathrm{m}} + Q_{\mathrm{H}}) \tag{6-12}$$

当 β 大于 1 时，取值为 1。

当 β_i 和 β 确定后，各功能区的点源控制系数 P 可变成：

$$P_i = \beta \times \beta_i \times P \tag{6-13}$$

式中：P_i——修正后的 P 值。

各功能区点源新的允许排放率限值为

$$q_{pi} = \beta \times \beta_i \times P \times \rho_{\mathrm{s}i} \times H_{\mathrm{e}}^2 \times 10^{-6} \tag{6-14}$$

当实施新的点源允许排放率限值后，各功能区即可保证排放总量不超过总排放总量。此外也可以选取比 P_i 稍大的值作为实施值，只要该功能区内实际排放的 $Q_{\mathrm{ak}i}$ 及 $Q_{\mathrm{bk}i}$ 在允许排放总量范围之内即可。

（二）反推法计算控制区域允许排放量

大气总量控制规划需说明新增污染源的大致位置、源强、排放高度等一系列问题，而使用 $A-P$ 值法就很难解决这些问题。因为 $A-P$ 值法必须在现有的基础上，计算出总排放量及各功能区的 P 值，才能将允许排放量分配到各个源上去，而这些源只能是原有的旧源，$A-P$ 值法不能确定新源的位置。

利用大气环境质量模型，在确定大气环境质量标准的情况下，通过模型反推，可以计算控制区域各种污染源的排放总量，也可以规划新源的位置、源强和排放高度。

反推法的基本原理：

$$\rho=f(Q) \tag{6-15}$$

式中：ρ——某区域大气污染物浓度；

Q——影响该区域的大气污染物排放量。

上述即为根据排放量预测大气污染物浓度的基本关系式。在最大允许排放量的计算中，大气污染物浓度 ρ_0（即大气质量标准）是已知的，上式可变为

$$Q=f'(\rho_0) \tag{6-16}$$

运用反推法，在已知 ρ_0 的情况下，求出最大允许排放量 Q。实际工作中，最大允许排放量的计算经常按污染源的性质划分为以下两种情况。

1. 高架源允许排放量的计算

高架源指烟囱的几何高度大于 30 m 的排放源。在大气环境预测中经常根据高架源排放量和面源排放量分别预测其对环境的浓度贡献值，然后叠加求总浓度。因此，污染物允许排放量的计算也按源的性质分别对待。如果预测中高架源使用的是高斯烟流模型，那么污染物的地面浓度为

$$\rho(x,y,0,H)=\frac{Q}{\pi u\,\sigma_y\sigma_z}\exp\left(-\frac{y^2}{2\,\sigma_y^2}\right)\exp\left(-\frac{H_e^2}{2\,\sigma_z^2}\right) \tag{6-17}$$

式中：Q——高架源排放量，如果以排放点为原点 O，烟流扩散中心线为 x 轴，y 是指源距 y 轴距离，其他参数均指受大气条件影响的参数。如果气象条件不随源距 y 轴距离变化时，从式（6-52）可以看出，ρ 仅与排放量有关，即

$$\rho=K\cdot Q \tag{6-18}$$

式中：K——高架源转化系数。

那么可用下式计算高架源允许排放量：

$$Q_{高架源允许}=\frac{\rho_{高}}{K} \tag{6-19}$$

式中：$\rho_{高}$——高架源污染物浓度的大气环境目标。

2. 面源允许排放量的计算

高架源以外的源都可当作面源。在大气预测中，面源常用箱模型进行预测，箱模型的简单形式可表示为

$$\rho=\frac{Q\cdot L}{u\cdot H}+\rho_0 \tag{6-20}$$

式中：ρ——污染物平衡浓度预测值，mg/m_N^3；

ρ_0——上风向大气环境背景浓度值，mg/m_N^3；

Q——该地区面源源强,mg/(m^2·s);

u——进入箱内的平均风速,m/s;

H——箱内的高度,大气混合层的高度,m;

L——箱的长度,m。

如果气象因素稳定,城市边缘以外基本没有污染源,即 $\rho_0=0$,那么:

$$\rho=\frac{Q\cdot L}{u\cdot H}=K\cdot Q \tag{6-21}$$

式中:K——面源转化系数。

面源允许排放量的计算式为

$$Q_{面源允许}=\frac{\rho_{面}}{K} \tag{6-22}$$

式中:$\rho_{面}$——面源污染物浓度的大气环境目标。

3. 高架源和面源的环境目标确定

要分别计算高架源和面源的允许排放量,就必须知道高架源和面源的环境目标要求。但在实际规划中,不可能分别制定高架源和面源的环境目标,往往是确定总的环境目标。即

$$\rho_{总}=\rho_{高}+\rho_{面} \tag{6-23}$$

式中:$\rho_{总}$——总污染物浓度的环境目标值。

如何分配 $\rho_{高}$ 和 $\rho_{面}$ 的值,直接关系到计算高架源和面源的允许排放量,必须根据具体条件确定,可考虑的原则有:① 高架源和面源的现状污染分担率;② 高架源和面源的现状排污分担率;③ 高架源和面源治理措施的现状和潜力;④ 大气各污染源防治计划。

三、总量负荷分配原则

如何将允许排放总量分配给每个污染源,是总量控制方法中的技术核心。概括国内外一些做法,这种分配原则可以分为以下几类。

(一) 按燃料或原料用量的分配方式

这种分配方式,就是将计算得到的控制区允许排放总量,按各污染源或工厂(烟源群)使用的燃料和原料用量进行分配,从而控制全区大气污染的方法。它无论从理论上还是从实践上看都是有效的。而且,采用这种方式对于民用小烟源群也可以进行有效的控制。然而,这种方法对排放高度没有限制,也没有考虑不同源对环境质量的贡献率,因而不能区别对待不同排放高度和不同位置的污染源实际造成危害的差别。而且,如果燃料供应和燃料品质的选择不能稳定的话,事实上带来了实施过程中的困难。

(二) 一律削减排放量的分配原则

这种分配原则,通常是在使用大气扩散模式法模拟计算允许排放总量过程中使用的,它通过对所有源排放量都进行削减,来实现大气环境质量目标,从而确定控制区允许排放总量,并且同时完成总量负荷分配到源的方式。这种分配原则有以下 3 种:

1. 等比例削减的分配原则

这种分配原则十分简单,即对所有烟源采取同样的比例削减排放量,从而将允许排放总量分配到源。可是,不同源对地面大气环境质量浓度超标贡献率大小不一样,自身治理的水

平也不相同,所有烟源采取同样的比例削减排放量,存在明显不公平性。这种分配原则,只有在控制区域比较小或污染源相当密集的情况下才能使用。一般情况下最好不用。

2. *A*-*P* 值分配原则

这种分配原则,就是由 *A* 值法计算出控制区或不同环境功能区允许排放总量,然后将其按 *P* 值法分配给源的方法。它需要的条件少,简便易行,短时间内利用常规资料就能完成,而且从宏观意义上讲是很有用处的。但也未考虑不同位置的污染源对地面大气环境质量浓度超标贡献率的差异。

3. 按贡献率削减排放量的分配原则

所谓按贡献率削减排放量,就是按各污染源对控制区地面大气环境质量浓度贡献大小削减排放量。显然,对于环境质量影响大的要多削减,影响小的要少削减。这对各污染源来说是比较公平合理的。但是从总量控制的总体观念上看又是不合理的。因为,它不具备削减量总和或削减率总和最小的源强优化规划特点,也不具备治理费用总和最小的经济优化规划特点。

(三)优化规划分配原则

1. 源强优化规划分配原则

这种分配原则适用于多源模式,在控制区达到环境目标值的约束条件下,使污染源排放量的削减量总和或削减率总和最小,从而求出污染源的允许排放量和削减量的最佳分配原则,即

$$\Delta Q = \sum_{i=1}^{n} (q_{1i} - q_{2i}) \longrightarrow \min \tag{6-24}$$

式中:ΔQ——污染源排放量削减量总和;

q_{1i}——第 i 源削减前的排放量;

q_{2i}——第 i 源削减后的排放量。

或

$$\Delta R = \sum_{i=1}^{n} \left(\frac{q_{1i} - q_{2i}}{q_{1i}}\right) = \sum_{i=1}^{n} \left(1 - \frac{q_{2i}}{q_{1i}}\right) \longrightarrow \min \tag{6-25}$$

式中:ΔR——污染源的削减率总和。

其他符号意义同前。

它们的约束条件一般可写成:

$$\begin{bmatrix} \rho_{11} & \cdots & \rho_{1n} \\ \vdots & & \vdots \\ \rho_{m1} & \cdots & \rho_{mn} \end{bmatrix} \begin{bmatrix} R_1 \\ \vdots \\ R_m \end{bmatrix} = \begin{bmatrix} \Delta\rho_1 \\ \vdots \\ \Delta\rho_n \end{bmatrix} \tag{6-26}$$

式中:ρ_{ij}——第 i 源对第 j 控制点的大气环境质量浓度贡献;

R_i——第 i 源排放量的削减率($0<R_i<1$);

$\Delta\rho_j$——各污染源对 j 控制点的环境质量浓度削减总和;

m,n——为 i,j 的最大值。

由此,获得的各污染源的允许排放量和削减量,是要获得控制区允许排放总量最大的最佳分配。显然这样的分配对各污染源来说是不公平合理的。但是从总量控制的总体观念上讲是合理的,它有利于发展生产和降低治理费用投资。

2. 最小治理费用的分配原则

这个分配原则也是用于多源模式。在控制区达到大气环境质量目标值的约束条件下，使污染治理费用投资总和为最小，来求解各污染源的允许排放量和削减量的最佳分配原则。

目标函数可写成：

$$\Delta Y = \sum_{i=1}^{n} Y_i(q_{1i} - q_{2i}) \longrightarrow \min \tag{6-27}$$

式中：ΔY——治理污染总投资；

Y_i——第 i 源达标治理投资费用；

q_{1i}——第 i 源削减前的排放量；

q_{2i}——第 i 源削减后的排放量。

第六节　大气污染综合防治的意义、措施与管理对策

一、大气污染综合防治的意义

大气污染综合防治是防与治这两个基本点的综合，它立足于环境问题的区域性、系统性和整体性之上，其实质就是为了达到区域环境空气质量控制目标，对多种大气污染控制方案的技术可行性、经济合理性、区域适应性和实施可能性等进行最优化选择和评价，从而得出最优的控制技术方案和工程措施。它不仅要求对工业企业的集中点源进行污染物排放总量控制，同时还应对分散的居民区污染源进行控制和改革，并将机动车尾气排放、道路扬尘、建筑施工环境、城市绿化、城市卫生、城市功能区规划等方面全部纳入城市环境规划与管理。

城市或工业区的大气污染控制，是一项十分复杂、综合性很强的技术、经济和社会问题。一方面，它涉及污染源的类型、数量和分布及污染物排放的种类、数量、方式和特性等；另一方面，它涉及城市的发展规模、城市功能区划分、人口增长和分布、经济发展类型、规模和速度、能源结构及改革、交通运输发展和调整等各个方面。因此，为了实现环境规划与管理的目标，控制城市和工业区的大气污染，必须在进行区域性经济和社会发展规划的同时，采取强有力的大气污染综合防治措施。

二、大气污染综合防治的措施与管理对策

（一）调整优化产业结构，发展循环经济，推进产业绿色发展

（1）优化产业结构和布局，加大区域产业布局调整力度。对企业布局进行科学调整和合理分析，加快“核心控制区、重点控制区、一般控制区”划分工作，实行分区分类管理。积极推行区域、规划环境影响评价，结合企业自身的特点进行搬迁，加快城市建成区重污染企业搬迁改造或关闭退出，在城镇化推进过程中预留“清风廊道”。

（2）严控“两高”行业产能。建立以节能环保标准促进“两高”行业产能控制机制，加大落后产能淘汰和过剩产能压减力度，严格执行质量、环保、能耗、安全等法规标准，提高重点区域过剩产能淘汰标准。

(3) 强化"散乱污"企业综合整治。全面开展"散乱污"企业及集群综合整治行动。根据产业政策、产业布局规划,以及土地、环境保护、质量、安全、能耗等要求,制定"散乱污"企业及集群整治标准。

(4) 深化工业污染治理,推进重点行业污染治理升级改造。制定实施重点行业限期整治方案,加大超标处罚和联合惩戒力度,未达标企业一律依法停产整治,建立覆盖所有固定污染源的企业排污许可,确保各类污染全面达标排放。

(5) 大力发展循环经济,培育绿色环保产业。把发展循环经济、产业绿色化作为实施创新驱动发展战略、经济转型发展的重要基点,大力发展智能绿色制造技术和循环经济,壮大绿色产业规模,提高清洁生产和污染治理水平,推动传统优势产业转型升级,提升产业层次,引导战略性新兴产业与现有产业融合发展。

(二) 加快调整能源结构,构建清洁低碳高效能源体系

(1) 大力推广清洁能源。根据城市和区域能源发展规划,提出清洁能源尤其是燃气发展计划,提出开展清洁能源利用的重点示范项目,确定城市清洁能源使用比重,从环境保护角度提出清洁能源优化使用的分配方案。

(2) 发展城市集中供热。加大城市集中供热发展力度,包括生活供热和工业供热。围绕环境质量改善需求,结合城市热电联产规划和供热发展计划,提出城市集中供热的发展规模、集中供热率及重点供热建设项目,并对集中供热设施污染防治提出具体要求。

(3) 制定煤炭消费控制要求。结合城市高污染燃料禁燃区和区域重点控制单元的划定结果,提出区域煤炭消费的空间布局要求;推进城市低硫、低灰分配煤中心建设,提出城市配煤中心建设计划,确定煤炭洗选比例及城市直接燃用的煤炭硫分、灰分要求。根据城市、区域环境承载空间及煤炭消费情况,探索试点煤炭消费总量等政策。

(4) 划定高污染燃料禁燃区。加强高污染燃料禁燃区的划定工作。根据发展计划,提出城市高污染燃料禁燃区的划定方案,扩大禁燃区范围,禁止原煤散烧,制定相应的环境管理政策;对禁燃区提出供热来源方案。

(三) 优化调整城市空间布局,建设绿色生态屏障

(1) 完善城市绿地系统规划,优化城市绿地布局,推动建立健全国土空间开发与保护制度,充分利用绿地、水域等生态空间,合理规划建设各类城市绿地,在工业企业和工业园区周边、城市不同功能区之间建设绿色生态屏障,着力提升城市绿化的生态效益。

(2) 加强扬尘综合治理,严格施工扬尘监管,开展城市山体、水体、废弃地、绿地修复,实施生态修复示范工程项目,积极开展城市周边裸露山体绿化,加大自然植被保护力度,科学开展生态退化区的恢复与治理,继续实施防沙治沙和水土流失综合治理。

(3) 加强城市绿道与慢行交通体系建设,加快道路林网建设,选用能够净化汽车尾气、抑尘的树种,同时加强机动车排气污染控制,重点沿公路、铁路等地面交通网络打造绿色通道。

(四) 强化环境保护科技支撑,推进专业治污

(1) 在动态更新的大气污染排放源清单基础上,建立健全空气质量调控综合决策支撑服务体系,用好环境保护大数据监管平台,建立完善全要素、全覆盖的生态环境立体监测网络,以实时监测数据精准锁定污染源,运用大数据动态分析污染产生、扩散与迁移,实现对污染的快速预判、准确分析、及时报警,及时快速遏制和消除污染。

（2）加强核心技术攻关和技术成果推广。针对重点大气污染问题，开展科技攻关，形成源头预防、末端治理和生态环境修复的成套技术，开发具有自主知识产权的核心技术和主导产品，发挥企业的技术创新主体作用。同时，加强生态环境科技成果共享平台建设。

（五）完善环境规划保障制度体系

（1）改善总量控制制度，推动自主减排管理，深化重点污染物减排。各地加强重大工程调度，对进度滞后地以省级为主体实施核查核算，总量减排考核服从于环境质量考核，鼓励将持续有效改善环境质量的措施纳入减排核算，重点审查环境质量未达到标准、减排数据与环境质量变化趋势明显不协调的地区，并根据环境保护督察、日常监督检查和排污许可执行情况，对各市、县（市、区）自主减排管理情况实施"双随机"抽查。

（2）划定和严守大气环境红线。基于大气环境功能重要性、敏感性与脆弱性评价结果，识别出需要特别保护或治理的空间区域，以及针对区域提出环境质量目标、污染物排放控制目标和风险管理要求，逐步健全大气环境红线管理政策体系，开展大气环境红线区规范化建设，实施最严格分级分类管控措施。

（3）完善环境风险监测预警及评估体系。建立"天地一体化"的环境监测体系，开展环境风险隐患排查，加强重点环境风险评估，对造成环境健康风险的企业和污染物实施清单管理；强化重污染天气、有毒有害气体等预警工作，严格环境风险预警管理，建立全防全控的环境安全管理体系。

（4）完善主体功能区环境政策体系。以主体功能区规划为基础，规范完善资源环境空间管控、承载力调控、环境质量底线控制、战略与规划环评，实施环境功能区划，制定相应的环境质量目标、准入标准和评估体系。

（5）明确落实各方责任，切实加强组织领导，严格考核问责；建立健全环境保护信息强制性公开和公众参与制度，重点排污单位及时公布自行监测和污染排放数据、污染治理措施、重污染天气应对、环境保护违法处罚及整改等信息，鼓励公众通过多种渠道举报环境违法行为，构建全民行动格局。

复习思考题

1. 描述大气环境系统的组成及各子系统之间的关系。
2. 简述大气环境规划的内容。
3. 能源构成与大气污染之间存在什么关系？
4. 大气环境规划与城市规划的关联性如何？
5. 简述大气环境规划的组成及各组成部分在规划中所起的作用。
6. 试述大气环境规划目标和指标体系。如何确定大气环境规划目标及其指标体系？
7. 为什么要进行大气功能区的划分？如何进行划分？
8. 大气综合防治措施有哪些？怎样综合应用各种措施进行防治？
9. 降低污染物排放量的有效措施有哪些？
10. 何谓大气总量控制？大气环境规划中实行总量控制有哪些必要性？
11. 浓度控制法、P 值法和总量控制法的区别是什么？
12. 大气总量负荷的分配原则是什么？分配时如何体现公平性？

参考文献

[1] 王金南,蒋洪强.环境规划学[M].北京:中国环境出版社,2014.
[2] 薛文博,汪艺梅,王金南.大气环境红线划定技术研究[J].环境与可持续发展,2014,39(3):13-15.
[3] 尚金城.城市环境规划[M].北京:高等教育出版社,2008.
[4] 郭怀成,尚金城,张天柱.环境规划学[M].2版.北京:高等教育出版社,2009.
[5] 丁忠浩.环境规划与管理[M].北京:机械工业出版社,2006.
[6] 许宁,胡伟光.环境管理[M].北京:化学工业出版社,2007.
[7] 刘建秋.环境规划[M].北京:中国环境科学出版社,2006.
[8] 何德文,刘兴旺,秦普丰,等.环境规划[M].北京:科学出版社,2013.
[9] 李天昕.环境规划与管理实务[M].北京:冶金工业出版社,2014.
[10] 国务院.国务院关于印发"十三五"生态环境保护规划的通知[EB/OL].[2016-11-24].
[11] 山东省人民政府.山东省人民政府关于印发山东省生态环境保护"十三五"规划的通知[EB/OL].[2017-04-07].
[12] 济南市人民政府.济南市人民政府关于印发济南市打赢蓝天保卫战三年行动方案暨大气污染防治行动计划(三期)的通知[EB/OL].[2018-12-03].

第七章

土壤污染防治规划

由于人类将一些物质排入陆地表层土壤,从而改变了土壤的理化、生物特性和使用功能,特别是受到污染的农田土壤,其作物会对人体健康造成直接危害。因此,制定土壤污染防治规划就成为有效防控和治理土壤污染的最佳途径和手段。本章简要介绍了土壤污染防治规划的基本内容。

第一节　土壤污染防治规划概述

一、土壤污染防治规划的背景

土壤污染是指因人为因素导致某种物质进入陆地表层土壤,引起土壤化学、物理、生物等方面特性的改变,影响土壤功能和有效利用,危害公众健康或者破坏生态环境的现象。随着我国城市化进程的加快与工业化生产的发展,越来越多的废水、废渣和废气被直接排放或间接富集到土壤中。2014 年 4 月 17 日,原环境保护部与原国土资源部联合发布的《全国土壤污染状况调查公报》显示,我国土壤环境质量总体状况不容乐观,全国土壤总的点位超标率为 16.1%,部分地区土壤污染严重,耕地土壤环境质量堪忧,工矿业废弃地土壤环境问题突出。

与早已展开的空气和水污染治理相比,我国土壤污染治理修复产业尚处于起步阶段,面临着技术装备落后、修复成本高等严重问题。面对较严峻的土壤污染形势和挑战,如何把土壤污染防治工作做好,如何协调好治理成本和土壤环境质量要求的关系,已成为政府、有关企业和研究人员迫切求解的重大任务。对土壤污染的防控与保护,也成为我国环境质量保护工作的重要组成部分。

2014 年原环境保护部出台了一系列标准,针对场地环境调查、监测、污染场地风险评估与土壤修复的流程和要求作出了详细说明。2016 年国务院发布了《土壤污染防治行动计划》,明确了我国土壤污染防治工作的总体要求、工作目标和具体计划。“计划”第二十二条明确提出:各省(区、市)要以影响农产品质量和人居环境安全的突出土壤污染问题为重点,制定土壤污染治理与修复规划;第二十七条提出:推动治理与修复产业发展,通过政策推动,加快完善覆盖土壤环境调查、分析测试、风险评估、治理与修复工程设计和施工等环节的成熟产业链。

2019 年 1 月 1 日,《中华人民共和国土壤污染防治法》正式实施,第十一条规定:设区的市级以上地方人民政府生态环境主管部门应当会同发展改革、农业农村、自然资源、住房城乡建设、林业草原等主管部门，根据环境保护规划要求、土地用途、土壤污染状况普查和监测结果等，编制土壤污染防治规划。

在诸多政策的驱动下，我国土壤污染问题受到了广泛关注，并且规划工作的重心也逐渐由污染治理修复转向污染防治相结合。

二、土壤污染防治规划的发展

在我国环境规划体系中，大气和水环境规划已经实施多年，规划体系相对成熟。而在对土壤污染防治规划上，我国长期处于缺位状态。在土壤污染方面，多集中于中外环境政策对比分析、土壤污染治理修复技术和土壤环境质量评价方法研究等领域。

我国对土壤相关规划方面，多集中于土壤环境区划研究。如李志艺等采用遥感和地理信息系统技术，将南京市划分为 4 类土壤环境功能区；郭如海、吴波通过对全国土壤背景、生态地球化学等调查数据的挖掘，基于土壤污染成因，完成了全国尺度的土壤质量区划、土壤环境功能区划和土壤环境保护与污染控制规划；吴运金等提出了三级土壤环境功能区划体系，主张将土壤功能区划分为 8 类土壤环境功能亚区以及 20 个土壤环境管理区。

近年来，我国陆续出台了要求制定土壤污染修复治理规划和土壤污染防治规划的政策文件。2016 年国务院发布了《土壤污染防治行动计划》，提出制定土壤污染修复与治理规划。2019 年实施的《中华人民共和国土壤污染防治法》，要求设区的市级以上人民政府编制土壤污染防治规划。

第二节　土壤污染防治规划的内容

土壤污染防治规划相较于当前广泛开展的土壤污染修复与治理规划，在规划内容上有所差异，其在对土壤环境质量调查时，需要同时开展土壤污染防治管理与治理修复工作。也就是说，土壤污染防治规划要将预防和治理措施同时纳入规划体系之中，从而避免“边治理，边污染”的情况发生。

土壤污染防治规划的主要内容包括：土壤环境质量调查、土壤环境质量评价、土壤环境预测、土壤污染防治重点区域划分、规划目标与指标体系、土壤污染防治方案设计、方案评价与选择。

一、土壤环境质量调查

土壤环境质量调查是土壤污染防治规划的基础工作，可以根据调查内容和进程划分为 3 个阶段。第一阶段是以资料收集、现场踏勘和人员访谈为主的污染识别阶段，不进行现场采样分析。若经过第一阶段环境调查后认为土壤环境状况可以接受，调查活动即可结束。第二阶段是以采样分析为主的污染证实阶段，若在第一阶段调查中发现有潜在污染源如化工厂、农药厂、冶炼厂、加油站、化学品储罐、固体废物处理设施等，或者无法排除土壤污染风险，则根据具体情况开展采样分析。第三阶段以补充采样和测试为主，当经过第二阶段环境调查后，若判断需要进行风险评估和土壤修复，则继续进行第三阶段环境调查，以获得满足风险评估和修复工作所需的参数。

(一) 第一阶段

1. 资料收集

资料收集有助于快速掌握区域状况并减少工作量,节约人力物力。所需收集的资料包括场地利用变迁资料,前期土壤环境监测数据,污染源产生排放状况,自然环境、人口、经济状况,区域土壤污染防治工作实施情况等内容。

2. 现场踏勘

现场踏勘主要内容包括场地和相邻区域的现状与历史情况、区域的水文、地质、地形情况。

3. 人员访谈

人员访谈主要内容包括资料收集和现场踏勘所涉及的疑问、信息补充和已有资料的考证。

(二) 第二阶段

本阶段可分为初步采样分析和详细采样分析,这两部分工作步骤大体相同,均包括制定采样分析工作计划、现场采样、数据评估与分析 3 方面内容。根据初步采样分析结果,如果污染物浓度符合国家及地方相关标准,且经确认不需要再作调查后,此阶段环境调查即可结束;否则,需要开展详细采样分析,以便进一步确认土壤污染的程度与范围。表 7-1 给出了几种常见的土壤采样布点方法及适用条件。

表 7-1　几种常见的采样布点方法及适用条件

布点方法	适用条件
系统随机布点法	适用于污染分布均匀的场地
专业判断布点法	适用于潜在污染明确的场地
分区布点法	适用于污染分布不均匀,并获得污染分布情况的场地
系统布点法	适用于各类场地情况,特别是污染分布不明确或污染分布范围大的情况

(三) 第三阶段

本阶段可采取资料查询、现场实测和实验室分析测试的方式进行,主要内容包括场地特征参数和受体暴露参数的调查。

场地特征参数包括不同位置和土层的土壤样品的理化性质分析数据,如土壤 pH、容重、有机碳含量、含水量和质地等;场地气候、水文、地质特征数据,如地表年平均风速和水力传导系数等。受体暴露参数包括场地及周边土地利用方式、人群及建筑物等信息。

本阶段的调查工作既可单独进行,也可在第二阶段调查过程中同时开展。

二、土壤环境质量评价

土壤环境质量评价就是对环境素质优劣的定量、半定量甚至是定性的描述。其评价流程主要包括:选取污染物作为评价因子、获取所选污染物的浓度等数据、选择对应的环境质量标准、选择合适的方法进行单因子评价和综合评价。

(一) 选取评价因子

评价因子的选取直接关系到评价结果的科学性与正确性。根据评价地块性质和用途选取合适的评价因子是土壤环境质量科学评价的重要前提。

我国土壤环境质量标准中农用地的可选评价因子包括 Cd、Hg、As、Pb、Cr、Cu、Ni、Zn、六六六、滴滴涕、苯并[a]芘的浓度值；建设用地的可选评价因子包括重金属和无机物、挥发性有机物、半挥发性有机物、有机农药类、多氯联苯、多溴联苯和二噁英类、石油烃类等共计 85 种污染物，可以根据实际地块性质和用途进行选择。

在拥有多种地块类型的市级行政区域范围内，尽可能选择具有区域代表性的评价因子，即在每个采样点采集的土样所需检测的污染物项目需要更加全面。

（二）确定评价标准

土壤环境质量评价标准，主要根据《土壤环境质量 农用地土壤污染风险管控标准（试行）》（GB 15618—2018）和《土壤环境质量 建设用地土壤污染风险管控标准（试行）》（GB 36600—2018）进行。由于我国采取风险筛选值与管制值对土壤环境质量风险进行管控，因此评价过程中，不可避免地会遇到选取风险筛选值还是风险管制值作为评价标准的问题。

风险筛选值是指若污染物含量等于或低于该值，则对人体健康的风险可以忽略；若超过该值，则对人体健康可能存在风险，需要进一步确定风险水平。

风险管制值是指若污染物含量超过该值，则对人体健康存在不可接受风险，应当采取风险管控或修复措施。

一般风险筛选值远低于风险管制值，而评价标准在评价方法中往往作为分母存在。因此，若选取风险筛选值作为评价标准，则会面临标准太过严苛的问题；同样的，若选取风险管制值作为评价标准，则会面临标准太过宽松的问题。

基于以上分析，对评价标准选择问题有 3 种思路：

（1）充分分析各类土壤污染物的土壤污染风险筛选值和管制值的制定依据，利用数学方法计算出一个存在于筛选值与管制值之间的且能反映出该种污染物对于土壤污染风险水平的值，利用该值作为该种污染物的评价标准进行土壤环境质量评价。

（2）同时将土壤污染风险筛选值和管制值作为评价标准，每个点位的每种污染物进行两次评价，得出两种评价结果，对两种结果分别进行分析。

（3）使用 1995 年发布的旧版土壤环境质量标准进行评价。

以上 3 种思路各有优缺点：思路（1）相对较为科学、精确，但具有一定操作难度，需要专业且深入的研究作为前提；思路（2）中两种评价过程互不干扰，但计算出的评价结果所反映的污染程度可能差异较大，需要制定合理有效的方法处理这两种评价结果，保障评价结果的科学性；思路（3）是最为便捷简单的方法，但旧版标准的很多内容已经不适用于现今的土壤环境和社会需求，难以保证评价结果的科学性和合理性。

（三）选取评价方法

常见的土壤环境质量评价方法包括单因子指数法、综合指数法、地质累积指数法、模糊数学评价法、层次分析法及灰色聚类法等。

1. 单因子指数法

单因子指数法通过单个污染物的实测值与标准值之间的比值判断环境受此类污染物的污染程度，如式（7-1）。其优点是简单易操作，缺点是只能反映单个污染物的污染程度，难以综合反映环境污染状况。表 7-2 为单因子污染指数评价标准分级。

$$P_i = \frac{C_i}{S_i} \tag{7-1}$$

式中：P_i——第 i 个单因子污染指数；

C_i——第 i 个污染物的实测值；

S_i——第 i 个污染物的评价标准。

表 7-2　单因子污染指数评价标准分级

等级	单因子污染指数	污染程度
0	$P_i \leqslant 1$	无污染
1	$P_i > 1$	污染

2. 综合指数法

综合指数法是将各污染物所计算出的单因子指数法通过一定的数学计算进行综合分析的方法，包括简单叠加法、算术平均法、加权平均法和内梅罗指数法等。综合指数法也是当前主流的环境质量评价方法，下面仅介绍使用频率较高的内梅罗指数法：

$$P_{综} = \left(\frac{P_{ave}^2 + P_{imax}^2}{2}\right)^{\frac{1}{2}} \tag{7-2}$$

式中：$P_{综}$——采样点的综合污染指数；

P_{ave}——各单因子污染指数的平均值；

P_{imax}——单因子污染指数中的最大值。

表 7-3 为内梅罗指数评价标准分级。

表 7-3　内梅罗指数评价标准分级

等级	内梅罗污染指数	污染程度
Ⅰ	$P_{综} \leqslant 0.7$	安全
Ⅱ	$0.7 < P_{综} \leqslant 1.0$	警戒线
Ⅲ	$1.0 < P_{综} \leqslant 2.0$	轻度污染
Ⅳ	$2.0 < P_{综} \leqslant 3.0$	中度污染
Ⅴ	$P_{综} > 3.0$	重度污染

3. 地质累积指数法

地质累积指数法又称为 Muller 指数法，其广泛应用于土壤中重金属的污染评价。表 7-4 为地质累积指数评价标准分级。该方法不仅考虑了土壤背景值的影响，更兼顾了人类活动的影响，但是其只能得出各点位上某种重金属元素的污染指数，具有一定局限性。地质累积指数的计算公式如下：

$$I_{geo} = \log_2\left(\frac{C_n}{1.5B_n}\right) \tag{7-3}$$

式中：I_{geo}——元素 n 的地质累积指数；

C_n——样品中元素 n 的浓度；

B_n——土壤中元素 n 的背景浓度。

表 7-4 地质累积指数评价标准分级

等级	地质累积指数	污染程度
0	$I_{geo}<0$	无污染
1	$0\leqslant I_{geo}<1$	无污染~中度污染
2	$1\leqslant I_{geo}<2$	中度污染
3	$2\leqslant I_{geo}<3$	中度污染~强污染
4	$3\leqslant I_{geo}<4$	强污染
5	$4\leqslant I_{geo}<5$	强污染~极强污染
6	$I_{geo}\geqslant 5$	极强污染

三、土壤环境预测

土壤环境预测是在对土壤环境现状调查和评价的基础上，运用各种方法模拟推测未来经济、社会、环境的发展趋势，为土壤环境规划目标制定和规划方案筛选提供科学依据。其主要预测内容包括经济社会发展预测、污染物排放量预测、污染物排放对环境质量影响预测、污染治理投资预测等。

土壤环境预测的定量方法一般包括回归分析法、时间序列分析法、人工神经网络法、灰色预测法、支持向量机法、系统动力学等；定性预测方法则包括德尔菲法、情景分析法、推断预测法、交叉影响分析预测法等。根据土壤污染防治规划工作的需要，本节主要从污染物产生量、人口、经济方面介绍土壤环境预测方法。与土壤相关的预测方法参见第四章。

（一）污染物排放量预测方法

土壤环境污染来源包括人为因素和自然因素。人为因素包括工业生产中"三废"排放和跑冒滴漏、农业生产中农药化肥和农膜的使用、人类生活垃圾处置、大气污染物沉降、地表水和地下水污染物迁移转化等途径。其中，对污染物排放量预测，当前可操作性较强的包括农药化肥使用量预测、农膜使用量预测、生活垃圾填埋量预测等。在数据不够详细的情况下，可以使用灰色预测模型进行中短期预测。

灰色预测模型（grey model，简称 GM）是灰色系统理论领域最为活跃的分支之一，是研究"小样本""贫信息"不确定系统的常用方法。针对现实世界中存在大量的灰色不确定性预测问题，利用少量"已知数据"（最少 4 个数据），通过序列的累加生成，提取有价值的信息，揭示系统未来的发展趋势。经过 30 多年的发展，灰色预测模型已经在许多领域得到广泛应用，并成功解决了大量的实际问题。对于土壤污染源预测问题，也可采取灰色预测模型进行相关预测。

GM(1,1)模型是 GM 模型的一种，第一个"1"表示微分方程是一阶的，后面的"1"表示只有一个变量。其基本形式如下式：

$$\chi^{(0)}(k)+az^{(1)}(k)=b \qquad (7-4)$$

$$\chi^{(0)}(k)=-az^{(1)}(k)+b \qquad (7-5)$$

$$\chi^{(0)}(k)=\chi^{(1)}(k)-\chi^{(1)}(k-1)=(1-\mathrm{e}^{a})\left[\chi^{(0)}(1)-\frac{b}{a}\right]\mathrm{e}^{-ak-1},\quad m=1,2,\cdots,n \qquad (7-6)$$

式中：$X^{(0)}(k)$——原始数据序列，紧邻均值序列 $z^{(1)}(k)$ 为 $X^{(0)}(k)$ 序列一次向后累加后生成的序列 $X^{(1)}(k)$ 相邻元素求均值所得；

k——原始数据序号；

b——灰作用量；

$-a$——发展系数。

GM 模型预测步骤包括：数据的检验与处理、建立模型、检验预测值（残差检验、级比偏差检验）、预测数据。具体而言，可分为以下过程：

第 1 步先通过原始数据序列 $X^{(0)}(k)$ 求得累加序列 $X^{(1)}(k)$，再通过相邻元素求和得到紧邻均值序列 $z^{(1)}(k)$。

第 2 步通过公式 7-5 回归得到线性回归方程，该方程图形的斜率即为发展系数 $-a$，截距为灰作用量 b。

第 3 步通过预测公式 7-6 求得预测值。

第 4 步进行准指数规律、残差、级别残差检验，残差与级比残差小于 0.2 即被认为预测结果达到要求，小于 0.1 则被认为效果很好。

（二）人口预测方法

人口预测方法包括人口规模预测与人口结构预测。人口预测方法和模型种类多样，如人工神经网络模型、Leslie 人口预测模型、系统动力学模型、灰色预测模型等，而使用较为广泛的主要包括线性回归模型、CPPS 软件和阻滞增长模型。

1. 一元线性回归模型

$$y=\beta_0+\beta_1 x+\varepsilon \tag{7-7}$$

式中：β_0、β_1——回归系数；

ε——随机误差项，且 $\varepsilon \sim N(0,\sigma^2)$；

x——自变量；

y——因变量。

线性回归模型通常使用最小二乘法来估计回归系数 β_0、β_1 和 σ^2，其估计值计算如下式：

$$\hat{\beta}_1=\frac{n\sum_{i=1}^{n}x_i y_i-\left(\sum_{i=1}^{n}x_i\right)\left(\sum_{i=1}^{n}y_i\right)}{n\sum_{i=1}^{n}x_i^2-\left(\sum_{i=1}^{n}x_i\right)^2} \tag{7-8}$$

$$\hat{\beta}_0=\bar{y}-\hat{\beta}_1\bar{x}\text{，其中 }\bar{y}=\frac{1}{n}\sum_{i=1}^{n}y_i;\ \bar{x}=\frac{1}{n}\sum_{i=1}^{n}x_i \tag{7-9}$$

$$\hat{\sigma}^2=\frac{\sum_{i=1}^{n}(y_i-\hat{y}_i)^2}{n-2} \tag{7-10}$$

2. 中国人口预测系统软件

中国人口预测系统软件（CPPS）是由原国家人口和计划生育委员会研究开发的人口预测软件。人口预测参数主要包括总和生育率、人口预期寿命和性别比。其使用步骤包括基础数据获取与质量评价、选定预测方案、软件预测、结果分析等过程，操作较为简单。

3. 阻滞增长模型

人口阻滞增长是指资源环境等外部因素的限制对人口增长产生阻滞作用，人口增长率会随着人口数量达到一定值而逐渐下降，其计算公式如下：

$$x(t)=\frac{x_{\mathrm{m}}}{1+\left(\frac{x_{\mathrm{m}}}{x_0}-1\right)\mathrm{e}^{-tr}} \tag{7-11}$$

式中：x_{m}、r——待解参数；

x_0——初始年人口；

t——预测年与初始年差值。

（三）经济预测方法

经济预测主要是指国内生产总值（GDP）的预测。常用的GDP预测方法主要有ARIMA模型、回归模型、灰色预测模型等。回归模型和灰色预测模型已如前所述，这里仅介绍ARIMA模型预测方法。

ARIMA模型又称为自回归移动平均模型，是属于时间序列预测方法之一。其优点是模型简单，只需要内生变量而不需要借助其他外生变量，缺点是要求时序数据是稳定的，或者通过差分化之后是稳定的，并且只能捕捉线性关系，不能捕捉非线性关系。ARIMA模型可以用下式表达：

$$\left(1-\sum_{i=1}^{p}\phi_i L^i\right)(1-L)^d X_t=\left(1+\sum_{i=1}^{q}\theta_i L^i\right)\varepsilon_t \tag{7-12}$$

式中：L——滞后算子；

p——自回归项数；

q——滑动平均项数；

d——使之成为平稳序列所做的差分次数（阶数）。

四、土壤污染防治重点区域划分

（一）划分目的与意义

根据区位理论，在确定规划布局和分区时，区位是考虑的首要因素。在制定土壤污染防治规划目标和方案之前，不仅需要对区域基本情况、土壤环境质量进行详细了解，还需要对规划区域进行重点区域划分，其目的是：① 为了从空间尺度上对规划区域整体把控，使规划在空间、时间维度均合理布局。② 为了对较具代表性或污染程度较严重的区域制定更具针对性的防治措施。③ 为了适应国土空间规划的需要，便于落实国土空间规划的相关要求。

（二）划分原则与方法

土壤污染防治重点区域的划分遵循“产业分布-气候地理-污染程度-经济人口”多因素空间叠加分析的方法进行划分。

产业布局主要包括工业活动、矿业开发、农业生产的区域分布情况，以上活动是土壤污染物的主要来源。

气候地理因素包括海拔分布、降雨强度分布、水系分布、地下水流向等因素，这些因素关系到土壤污染物的扩散迁移。

污染程度是分区的重要考量因素之一，当土壤污染严重危害到人居环境安全、农作物产品质量安全、生态安全时，应将污染程度作为重点区域划分的重点考量因素。

经济人口因素关系到土壤污染防治规划的实施，土壤污染防治需要巨大的经济投入，否则难以完成规划任务。因此经济人口状况也可作为区域划分的考量因素之一。

五、规划目标与指标体系

（一）确定规划目标

土壤污染防治规划目标合理与否一定程度上决定了规划的科学性和可操作性，确定规划目标应重点考虑以下内容：① 以规划对象的现状分析为基础；② 综合考虑社会经济发展阶段和水平；③ 维护生态环境系统的健康和安全；④ 基于技术经济可行性；⑤ 可逐层分解落实。

（二）建立规划指标体系

1. 评价指标筛选

根据环境规划指标分类内容及设计路线，针对土壤污染防治筛选评价指标，建立土壤污染防治规划指标体系。从实用性和可行性出发，本着易量化和数据易获取的原则，筛选出土壤污染防治规划评价指标如表 7-5 所示。

表 7-5　土壤污染防治规划评价指标

指标类型			
环境治理指标	环境风险管控指标	环境规划措施与管理指标	其他相关指标
单位耕地面积化肥使用量年平均增长率	建设用地污染物浓度高于风险管制值比率下降率	是否建立土壤环境质量定期调查制度	地方 GDP 年平均增长率
单位耕地面积农药使用量年平均增长率	农用地污染物浓度高于风险管制值比率下降率	区县土壤环境质量监测点位覆盖率	环境污染治理投资总额年平均增长率
农膜使用量年平均增长率	建设用地污染物浓度低于风险筛选值比率增长率	受污染耕地安全利用率	
工业污水灌溉面积年平均增长率	农用地污染物浓度低于风险筛选值比率增长率	污染地块安全利用率	
生活垃圾无害化处理率			

表 7-5 中环境治理指标依据 2018 年最新发布的《土壤环境质量建设用地土壤污染风险管控标准（试行）》（GB 36600—2018）、《土壤环境质量农用地土壤污染风险管控标准（试行）》（GB 15618—2018）判定是否达标；环境风险管控指标是通过控制给定区域污染源允许产生的污染物总量来保障土壤环境质量；环境规划措施与管理指标是一种支持性或保证性指标，该类指标的完成与否与环境质量的优劣密切相关；其他相关指标是涉及经济、社会和生态的补充性指标。

2. 构建评价指标体系

构建评价指标体系的方法一般有定性评价方法和定量评价方法，定性评价方法包括直接评分法、专家会议法等，依靠评价者的知识经验与直观判断；定量评价方法有网络层次分析法、层次分析法、灰色关联分析法、模糊数学方法、熵权法等，依托于数据和基础信息进行评价。定性评价和定量评价各有优劣，评价者可依据具体要求和所掌握信息选择使用。

基于指标体系构建，采用百分制对土壤污染防治规划年目标进行打分，满足相应指标条件即可获得“权重×100”的分值。总分值 80～100 为基本完成规划目标，50～80 为部分完成规划目标，50 分以下为未完成规划目标，土壤污染防治规划评价指标体系如表 7-6 所示。

表 7-6 土壤污染防治规划评价指标体系

	一级指标	二级指标	指标条件及说明
指标类型	环境治理指标	建设用地污染物浓度高于风险管制值比率下降率	正相关指标，一般大于 0.5 可得分（可根据地区调整）
		农用地污染物浓度高于风险管制值比率下降率	正相关指标，一般大于 0.5 可得分（可根据地区调整）
		建设用地污染物浓度低于风险筛选值比率增长率	正相关指标，一般大于 0.5 可得分（可根据地区调整）
		农用地污染物浓度低于风险筛选值比率增长率	正相关指标，一般大于 0.5 可得分（可根据地区调整）
	环境风险管控指标	单位耕地面积化肥使用量年平均增长率	负相关指标，小于 1 可得分
		单位耕地面积农药使用量年平均增长率	负相关指标，小于 1 可得分
		农膜使用量年平均增长率	负相关指标，小于 1 可得分
		工业污水灌溉面积年平均增长率	负相关指标，小于 1 可得分
		生活垃圾无害化处理率	正相关指标，大于 0.98 可得分
	环境规划措施与管理指标	是否建立土壤环境质量定期调查制度	若已建立，则得分
		区县土壤环境质量监测点位覆盖率	“土十条”指标，等于 1 则得分
		受污染耕地安全利用率	“土十条”主要指标，正相关指标，大于 0.9 可得分
		污染地块安全利用率	“土十条”主要指标，正相关指标，大于 0.9 可得分
	其他相关指标	地方 GDP 年平均增长率	正相关指标，一般大于 0.06 可得分（根据地区具体情况调整）
		环境污染治理投资总额年平均增长率	正相关指标，大于 1 可得分

注：① 指标条件数据获取于国家政策文件、国家统计局数据等来源；② 表中“正相关指标”是指相应指标数值越大，土壤污染防治工作越成功；“负相关指标”是指相应指标数值越小，土壤污染防治工作越成功。

六、土壤污染防治方案设计

（一）方案设计思路

在完成土壤环境质量调查、评价和土壤环境预测，确定了区域土壤污染防治规划目标及其指标体系，便可根据当前环境状况制定合理可行的规划方案。

在规划方案设计中,应遵循"目标导向,层层推进,多重选择"的原则,既保证方案设计过程的有序推进,又要考虑方案的多种可能性。在设计中,应先对土壤环境问题与规划目标进行确认,这是设计工作的前提;其次,应选择合理可行的规划措施;然后根据土壤污染防治策略进行措施优先级划分与措施匹配;最后进行具体规划措施设计与规划方案优化。

(二) 方案设计流程

遵循上述方案设计思路,制定了如下方案设计流程:

1. 土壤环境问题与规划目标确认

在方案设计之前,已经对土壤环境质量进行了调查与评价,并确定了规划目标和指标。在方案设计过程中,应再次对土壤环境问题和规划目标进行确认,保证方案的设计遵循目标导向原则。

2. 措施初选

明确土壤环境问题与规划目标之后,首先梳理土壤污染预防与修复治理措施,制定防治措施清单;其次依据区域土壤污染防治客观要求对措施进行可行性筛选,得到可行措施清单。措施的筛选标准包括措施工程意义、实际应用程度、优缺点、经济性及与其他措施的匹配性等。

3. 防治策略选择

在土壤污染防治规划过程中,协调好污染预防与治理修复之间的关系是一个十分重要的问题,关系到方案的设计方向。土壤污染防治策略可包括"近期预防管控为主,中远期治理修复为主;近期治理修复为主,中远期预防管控为主;预防管控与治理修复同步进行;只进行预防管控,不进行治理修复;只进行治理修复,不进行预防管控",在规划过程中应根据具体需要进行选择。

4. 措施优先级划分与匹配

在确定好防治策略后,就要对无序的初选措施清单进行优先级划分和措施之间的匹配。根据防治策略将初选措施划分为最优措施、次优措施与备选措施,再利用措施之间的相关性对措施进行匹配。

5. 具体规划方案设计

确定好措施的优先级与匹配关系之后,根据区域空间、地理、环境、资金等详细资料对规划措施进行具体设计,形成规划方案。

图 7-1 给出了土壤污染防治方案设计流程。

七、方案评价与选择

(一) 方案评选过程

当实施土壤污染防治规划方案时,一方面需要投入代价,另一方面又会获得土壤环境功能的恢复与改善。一种很自然的结果是:决策总是倾向于环境效益好且投入代价低的方案。在这种情况下,就需要采取一定的办法来分析评价各种方案的环境效益和相应的投入代价,以做出合理的方案选择。

方案的评价和选择本质上是一种决策分析过程,现代决策科学已经建立了许多有效的决策分析技术方法。在环境规划学领域,目前使用较为普遍的决策分析方法大体包括:环境

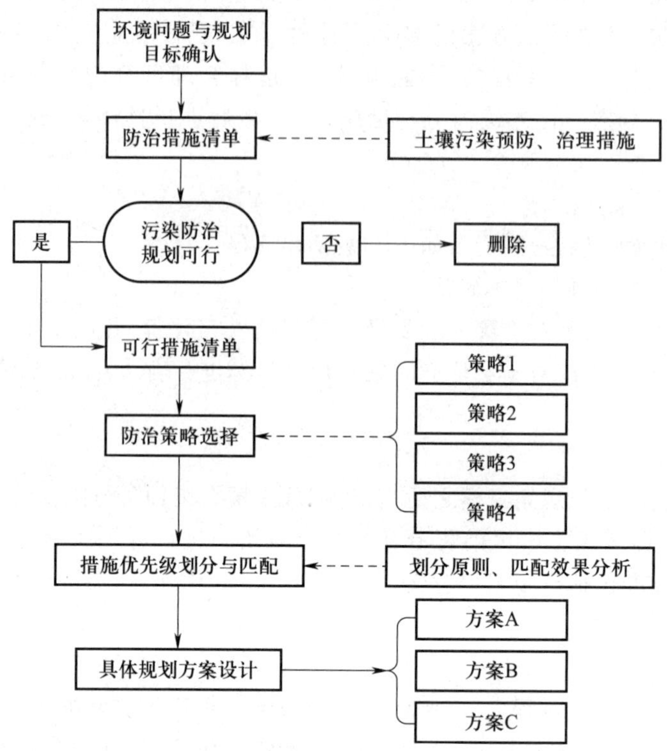

图 7-1　土壤污染防治方案设计流程图

费用-效益分析、数学规划方法和多目标决策分析技术 3 种基本类型。

（二）环境费用-效益分析

1. 环境费用-效益分析概念与步骤

费用-效益分析是一种典型的经济决策分析框架，用于分析计算规划活动方案的费用和效益，然后通过比较评价从中选择净效益最大的方案。它可作为一项工具用于环境规划的决策分析，即环境费用-效益分析。

环境费用-效益分析的一般步骤为：① 识别可能解决问题的有关方案和措施；② 识别方案与措施的有关影响；③ 将影响货币化；④ 比较效益和费用；⑤ 进行敏感性分析和不确定性分析；⑥ 推荐实施一个或多个项目。在环境费用-效益分析中，一般最困难的是识别环境效益并将其货币化，与成本费用的分析相比，效益评价分析的方法尚未完善。

2. 净效益与费效比

比较效益和费用通常使用净效益和费效比作为评价准则。净效益（Z_{NPV}）是总效益现值扣除总费用现值的差额。当 Z_{NPV} 大于 0，则表示规划方案效益大于花费，Z_{NPV} 越大，方案越好。费效比（α）是总费用现值与总效益限值的比值。当 α 小于 1，则表示规划方案效益大于花费，α 越小，方案越好。两者计算公式如下：

$$Z_{NPV}=\sum\frac{(B_t-C_t)}{(1+r)^t}=\sum\frac{B_t}{(1+r)^t}-\sum\frac{C_t}{(1+r)^t} \tag{7-13}$$

$$\alpha=\frac{\sum\frac{C_t}{(1+r)^t}}{\sum\frac{B_t}{(1+r)^t}} \tag{7-14}$$

式中：Z_{NPV}——净效益（现值）；

α——费效比；

B_t——第 t 年的效益；

C_t——第 t 年的费用；

r——社会贴现率；

t——时间，以年为单位。

3. 土壤污染经济损失评估

将环境费用-效益分析纳入土壤污染防治规划体系，用于对规划方案的比选和决策。识别方案与措施的有关影响关键在于识别措施的环境效益，识别各类措施的环境效益可以表述成措施的实施所带来的环境损失的减少，即环境损失的降低就是环境效益。

一般而言，环境污染经济损失的评估主要包括如下步骤（图 7-2）：

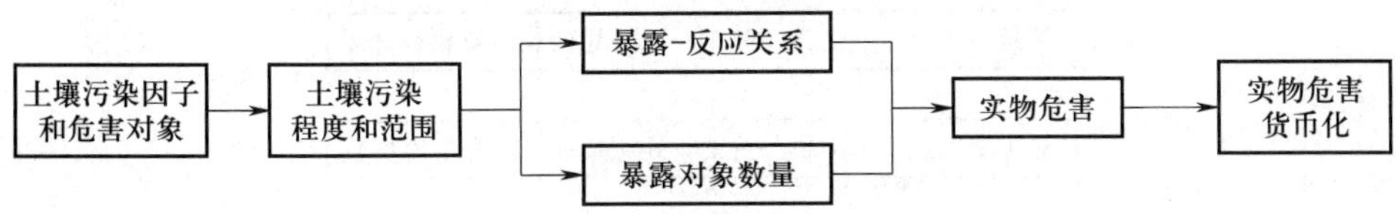

图 7-2　土壤污染经济损失评估流程图

（1）确定污染因子和危害对象。土壤污染因子主要包括：重金属和无机物、挥发性有机物、有机农药类、多氯联苯、多溴联苯和二噁英类。危害对象包括：人类、农作物、建筑物、地下生态系统、大气环境及水环境等。

（2）弄清污染状况和污染覆盖面。通过环境质量调查明确土壤污染的程度和范围。

（3）建立污染危害的暴露-反应关系。暴露-反应关系是污染经济损失的关键和难点之一，这部分要确定各类土壤污染因子对危害对象的定量影响关系，确定方法包括科学实验、对比调查、病理学研究、队列研究、生态系统研究等。

（4）调查和统计在污染暴露区受污染危害对象的数量。主要通过调查分析方法确认危害对象数量。

（5）估算污染的实物危害。通过暴露-反应关系和暴露对象计算实物危害。

（6）实物危害货币化。货币化的核心是将环境质量变化通过货币形式来表现。货币化的方法包括市场法、替代市场法和调查法，如市场价格法就是根据因环境质量变化引起的产量和利润的变化来计算环境质量变化的经济效益或经济损失。

八、污染场地风险评估

污染场地风险评估工作程序包括危害识别、暴露评估、毒性评估、风险表征和土壤修复建议修复目标值的确定。污染场地土壤健康风险评估程序如图 7-3 所示。

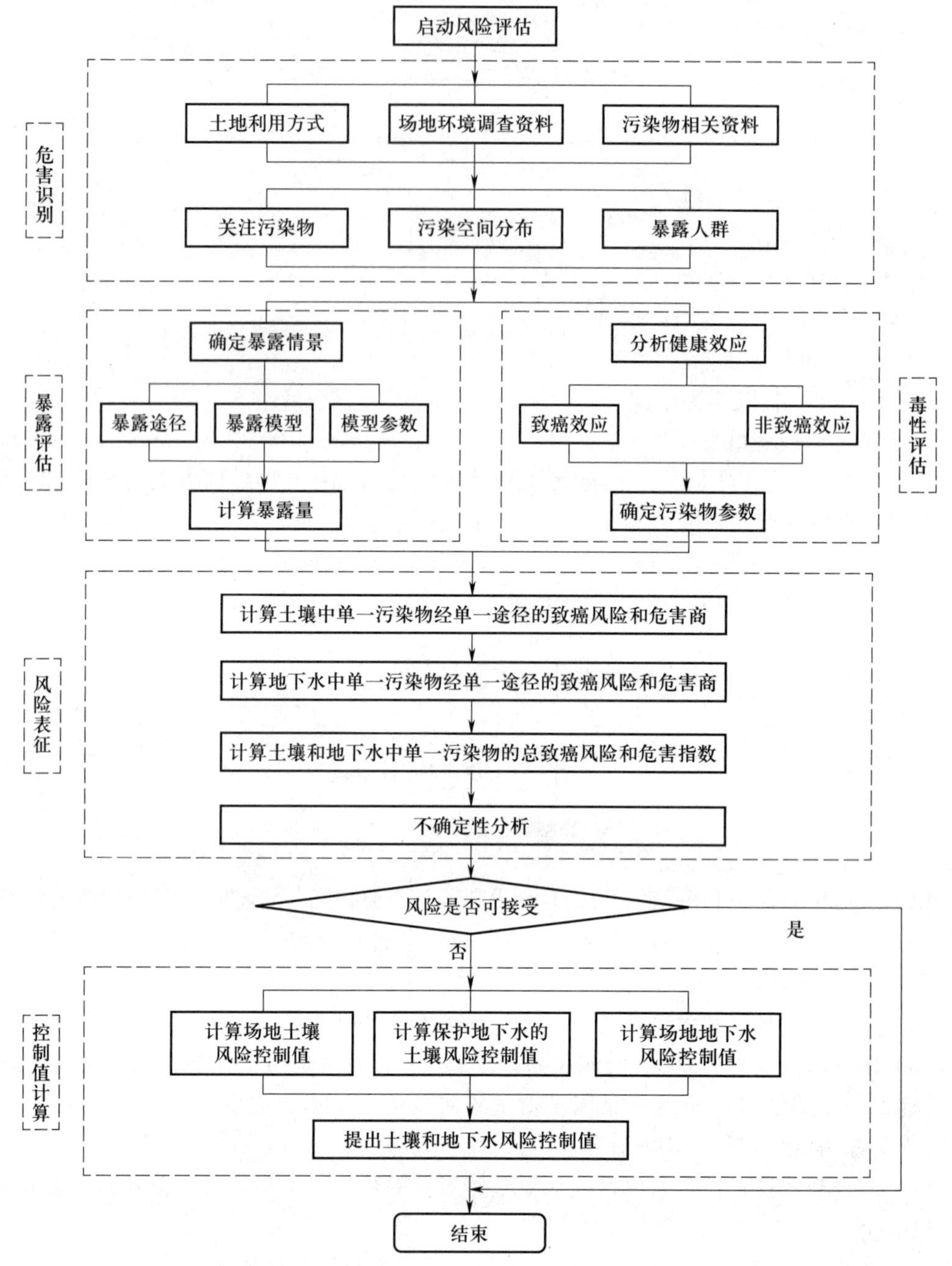

图 7-3 污染场地土壤健康风险评估程序

(一) 危害识别

根据场地环境调查获取的资料,结合场地土地的规划利用方式,确定污染场地的关注污染物、场地内污染物的空间分布和可能的敏感受体,如儿童、成人、地下水体等。

1. 收集相关资料

对场地进行环境调查及污染识别,获得以下信息:

(1) 较为详尽的场地相关资料及历史信息;

(2) 场地土壤和地下水等样品中污染物的浓度数据;

(3) 场地土壤的理化性质分析数据;

(4) 场地(所在地)气候、水文、地质特征信息和数据;

(5) 场地及周边地块土地利用方式、敏感人群及建筑物等相关信息。

2. 确定关注污染物

根据场地环境调查和监测结果,将对人群等敏感受体具有潜在风险需要进行风险评估的污染物,确定为关注污染物。

(二) 暴露评估

在危害识别的工作基础上,分析场地土壤中关注污染物进入并危害敏感受体的情景,确定场地土壤污染物对敏感人群的暴露途径,确定污染物在环境介质中的迁移模型和敏感人群的暴露模型,确定与场地污染状况、土壤性质、地下水特征、敏感人群和关注污染物性质等相关的模型参数值,计算敏感人群摄入来自土壤和地下水的污染物所对应的土壤和地下水的暴露量。

1. 分析暴露情景

暴露情景是指特定土地利用方式下,场地污染物经由不同暴露路径迁移和到达受体人群的情况。根据不同土地利用方式下人群的活动模式,规定了 2 类典型用地方式下的暴露情景,即以住宅用地为代表的敏感用地(简称“敏感用地”)和以工业用地为代表的非敏感用地(简称“非敏感用地”)的暴露情景。

敏感用地方式下,儿童和成人均可能会长时间暴露于场地污染而产生健康危害。对于致癌效应,考虑人群的终生暴露危害,一般根据儿童期和成人期的暴露来评估污染物的终生致癌风险;对于非致癌效应,儿童体重较轻、暴露量较高,一般根据儿童期暴露来评估污染物的非致癌危害效应。非敏感用地方式下,成人的暴露期长、暴露频率高,一般根据成人期的暴露来评估污染物的致癌风险和非致癌效应。

2. 确定暴露途径

对于敏感用地和非敏感用地,主要暴露途径和暴露评估模型包括经口摄入土壤、皮肤接触土壤、吸入土壤颗粒物、吸入室外空气中来自表层土壤的气态污染物、吸入室外空气中来自下层土壤的气态污染物、吸入室内空气中来自下层土壤的气态污染物共 6 种土壤污染物暴露途径和吸入室外空气中来自地下水的气态污染物、吸入室内空气中来自地下水的气态污染物、饮用地下水共 3 种地下水污染物暴露途径。特定用地方式下的主要暴露途径应根据实际情况分析确定,暴露评估模型参数应尽可能根据现场调查获得。场地及周边地区地下水受到污染时,应在风险评估时考虑地下水相关暴露途径。计算敏感及非敏感用地土壤和地下水暴露量。

(三) 毒性评估

在危害识别的工作基础上,分析关注污染物对人体健康的毒性效应,包括致癌效应和非致癌效应;确定与关注污染物相关的毒性参数,包括参考剂量、参考浓度、致癌斜率因子和单位致癌因子等。

1. 分析污染物毒性效应

分析污染物经不同途径对人体健康的危害效应,包括致癌效应、非致癌效应、污染物对人体健康的危害机理和剂量-效应关系等。

2. 确定污染物相关参数

(1) 致癌效应毒性参数。致癌效应毒性参数包括呼吸吸入单位致癌因子(IUR)、呼吸吸入致癌斜率因子(SF_i)、经口摄入致癌斜率因子(SF_o)和皮肤接触致癌斜率因子(SF_d)。

(2) 非致癌效应毒性参数。非致癌效应毒性参数包括呼吸吸入参考浓度(RfC)、呼吸吸入参考剂量(RfD_i)、经口摄入参考剂量(RfD_o)和皮肤接触参考剂量(RfD_d)。

(3) 污染物的理化性质参数。风险评估所需的污染物理化性质参数包括亨利常数(H')、空气中扩散系数(D_a)、水中扩散系数(D_w)、土壤-有机碳分配系数(K_{oc})、水中溶解度(S)。

(4) 污染物其他相关参数。其他相关参数包括消化道吸收因子(ABS_{gi})、皮肤吸收因子(ABS_d)和经口摄入吸收因子(ABS_o)。

(四) 风险表征

在暴露评估和毒性评估的工作基础上,采用风险评估模型计算单一污染物经单一暴露途径的风险值、单一污染物经所有暴露途径的风险值、所有污染物经所有暴露途径的风险值;进行不确定性分析,包括对关注污染物经不同暴露途径产生健康风险的贡献率和关键参数取值的敏感性分析;根据需要进行风险的空间表征。风险表征计算的风险值包括单一污染物的致癌风险值、所有关注污染物的总致癌风险值、单一污染物的危害商(非致癌风险值)和多个关注污染物的危害指数(非致癌风险值)。

(五) 计算风险控制值

1. 可接受致癌风险和危害商

计算基于致癌效应的土壤和地下水风险控制值时,采用的单一污染物可接受致癌风险为 10^{-6};计算基于非致癌效应的土壤和地下水风险控制值时,采用的单一污染物可接受危害商为 1。

2. 计算场地土壤和地下水风险控制值

(1) 基于致癌效应的土壤风险控制值

(2) 基于非致癌效应的土壤风险控制值

(3) 保护地下水的土壤风险控制值

(4) 基于致癌效应的地下水风险控制值

(5) 基于非致癌效应的地下水风险控制值

3. 分析确定土壤和地下水风险控制值

(1) 比较上述计算得到的基于致癌效应和基于非致癌效应的土壤风险控制值,以及基于致癌效应和基于非致癌风险的地下水风险控制值,选择较小值作为污染场地的风险控制值。如场地及周边地下水作为饮用水源,则应充分考虑到对地下水的保护,提出保护地下水的土壤风险控制值。

(2) 确定污染场地土壤和地下水修复目标值时,应将基于风险评估模型计算出的土壤和地下水风险控制值作为主要参考值。

九、污染场地土壤修复

(一) 基本原则

1. 科学性原则

采用科学的方法,综合考虑污染场地修复目标、土壤修复技术的处理效果、修复时间、修复成本、修复工程的环境影响等因素,制定修复方案。

2. 可行性原则

制定的污染场地土壤修复方案要合理可行,要在前期工作的基础上,针对污染场地的污染性质、程度、范围及对人体健康或生态环境造成的危害,合理选择土壤修复技术,因地制宜制定修复方案,使修复目标可达,修复工程切实可行。

3. 安全性原则

制定污染场地土壤修复方案要确保污染场地修复工程实施安全,防止对施工人员、周边人群健康及生态环境产生危害和二次污染。

(二) 工作程序

污染场地土壤修复方案编制程序如图 7-4 所示。

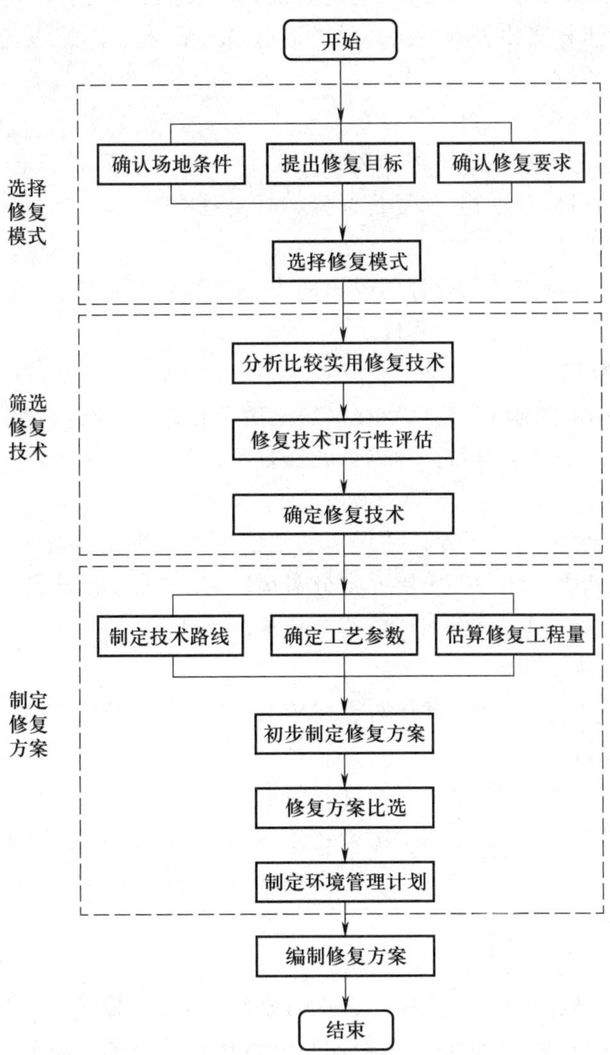

图 7-4　污染场地土壤修复方案编制程序

1. 选择修复模式

(1) 确定场地条件

① 核实场地相关资料

按照场地环境调查报告和污染场地风险评估报告等相关资料,核实场地相关资料的完整性和有效性,重点核实前期场地信息和资料是否能反映场地目前实际情况。

② 现场考察场地状况

现场考察场地状况,特别关注与前期场地环境调查和风险评估时发生的重大变化,以及周边环境保护敏感目标的变化情况。现场考察场地修复工程施工条件,特别关注场地用电、用水、施工道路、安全保卫等情况,为修复方案的工程施工区布局提供基础信息。

③ 补充相关技术资料

通过核查场地已有资料和现场考察场地状况,如发现已有资料不能满足修复方案编制基础信息要求,应适当补充相关资料。必要时应适当开展补充监测,甚至进行补充性场地环境调查和风险评估。

(2) 提出修复目标

通过对前期获得的场地环境调查和风险评估资料进行分析,结合必要的补充调查,确认污染场地土壤修复的目标污染物、修复目标值和修复范围。

① 确认目标污染物

确认前期场地环境调查和风险评估提出的土壤修复目标污染物,分析其与场地特征污染物的关联性和与相关标准的符合程度。

② 提出修复目标值

分析比较土壤风险控制值和场地所在区域土壤中目标污染物的背景含量和国家有关标准中规定的限值,合理提出土壤目标污染物的修复目标值。

③ 确认修复范围

确认前期场地环境调查与风险评估提出的土壤修复范围是否清楚,包括四周边界和污染土层深度分布,特别要关注污染土层异常分布情况,比如非连续性自上而下分布。依据土壤目标污染物的修复目标值,分析和评估需要修复的土壤量。

(3) 确认修复要求

与场地利益相关方进行沟通,确认对土壤修复的要求,如修复时间、预期经费投入等。

(4) 选择修复模式

根据污染场地特征条件、修复目标和修复要求,选择确定污染场地修复总体思路。永久性处理修复优先于处置,即显著地减少污染物数量、毒性和迁移性。鼓励采用绿色的、可持续的和资源化修复。

2. 筛选修复技术

(1) 分析比较实用修复技术

结合污染场地污染特征、土壤特性和选择的修复模式,从技术成熟度、适合的目标污染物和土壤类型、修复的效果、时间和成本等方面分析比较现有的土壤修复技术优缺点,重点分析各修复技术工程应用的实用性。可以采用列表描述修复技术原理、适用条件、主要技术指标、经济指标和技术应用的优缺点等方面进行比较分析,也可以采用权重打分的方法。通过比较分析,提出 1 种或多种备选修复技术进行下一步可行性评估。

(2) 修复技术可行性评估

① 实验室小试

可以采用实验室小试进行土壤修复技术可行性评估。实验室小试应采集污染场地的污染土壤进行试验,针对试验修复技术的关键环节和关键参数,制定实验室试验方案。

② 现场中试

如对土壤修复技术适用性不确定,应在污染场地开展现场中试,验证试验修复技术的实际效果,同时考虑工程管理和二次污染防范等。中试试验应尽量兼顾场地中不同区域、不同污染浓度和不同土壤类型,获得土壤修复工程设计所需要的参数。

③ 应用案例分析

土壤修复技术可行性评估也可以采用相同或类似污染场地修复技术的应用案例分析进行,必要时可现场考察和评估应用案例实际工程。

(3) 确定修复技术

在分析比较土壤修复技术优缺点和开展技术可行性试验的基础上,从技术的成熟度、适用条件、对污染场地土壤修复的效果、成本、时间和环境安全性等方面对各备选修复技术进行综合比较,选择确定修复技术,以进行下一步的制定修复方案阶段。

3. 制定修复方案

(1) 制定技术路线

根据确定的场地修复模式和土壤修复技术,制定土壤修复技术路线,可以采用一种修复技术制定,也可以采用多种修复技术进行优化组合集成。修复技术路线应反映污染场地修复总体思路和修复方式、修复工艺流程和具体步骤,还应包括场地土壤修复过程中受污染水体、气体和固体废物等的无害化处理处置等。

(2) 确定工艺参数

土壤修复技术的工艺参数应通过实验室小试和/或现场中试获得。工艺参数包括但不限于修复材料投加量或比例、设备影响半径、设备处理能力、处理需要时间、处理条件、能耗、设备占地面积或作业区面积等。

(3) 估算修复工程量

根据技术路线,按照确定的单一修复技术或修复技术组合的方案,结合工艺流程和参数,估算每个修复方案的修复工程量。根据修复方案的不同,修复工程量可能是调查和评估阶段确定的土壤处理和处置所需工程量,也可能是方案涉及的工程量,还应考虑土壤修复过程中受污染水体、气体和固体废物等的无害化处理处置的工程量。

(4) 修复方案比选

从确定的单一修复技术及多种修复技术组合方案的主要技术指标、工程费用估算和二次污染防治措施等方面进行比选,最后确定最佳修复方案。

① 主要技术指标

结合场地土壤特征和修复目标,从符合法律法规、长期和短期效果、修复时间、成本和修复工程的环境影响等方面,比较不同修复方案主要技术指标的合理性。

② 修复工程费用

根据场地修复工程量,估算并比较不同修复方案所产生的修复费用,包括直接费用和间接费用。直接费用主要包括修复工程主体设备、材料、工程实施等费用,间接费用包括修复工程监测、工程监理、质量控制、健康安全防护和二次污染防范措施等费用。

③ 二次污染防范措施

污染场地修复工程的实施，应首先分析工程实施的环境影响，并应根据土壤修复工艺过程和施工设备清洗等环节产生的废水、废气、固体废物、噪声和扬尘等环境影响，制定相关的收集、处理和处置技术方案，提出二次污染防范措施。综合比较不同修复方案二次污染防范措施有效性和可实施性。

(5) 制定环境管理计划

污染场地土壤修复工程环境管理计划包括修复工程环境监测计划和环境应急安全计划。

① 修复工程环境监测计划

修复工程环境监测计划包括修复工程环境监理、二次污染监控和修复工程验收中的环境监测。应根据确定的最佳修复方案，结合场地污染特征和场地所处环境条件，有针对性地制定修复工程环境监测计划。相关技术要求按照《建设用地土壤污染风险管控和修复监测技术导则》(HJ25.2—2019)执行。

② 环境应急安全计划

为确保场地修复过程中施工人员与周边居民的安全，应制定周密的场地修复工程环境应急安全计划，内容包括安全问题识别、需要采取的预防措施、突发事故时的应急措施、必须配备的安全防护装备和安全防护培训等。

4. 编制修复方案

(1) 总体要求

修复方案要全面和准确地反映出全部工作内容。报告中的文字应简洁和准确，并尽量采用图、表和照片等形式描述各种关键技术信息，以利于施工方制定污染场地土壤修复工程施工方案。

(2) 主要内容

修复方案应根据污染场地的环境特征和污染场地修复工程的特点进行编制。

复习思考题

1. 简述土壤监测方案设计流程。
2. 结合实际案例，分析土壤污染防治规划的基本程序与内容。
3. 讨论土壤污染防治规划与农业可持续发展的关系。
4. 试分析《土壤污染防治行动计划》与其他土壤污染防治条例的异同。

参考文献

[1] 生态环境部.建设用地土壤污染状况调查技术导则(HJ 25.1—2019)[S].2019.

[2] 生态环境部.建设用地土壤污染风险管控和修复监测技术导则(HJ 25.2—2019)[S].2019.

[3] 杜艳，常江，徐笠.土壤环境质量评价方法研究进展[J].土壤通报，2010，41(3)：749-756.

[4] 何平平,倪艳芳.土壤污染防治规划体系研究[C].北京:中国环境科学学会环境规划专业委员会学术年会,2009:281-285.

[5] 李杨帆,王梦晨,王闻海.新时代我国土壤环境规划思路初探[J].中国环境管理,2019,11(02):78-81.

[6] 张红振.系统构建我国土壤生态环境规划与政策体系[N].中国环境报,2019-11-11(03).

[7] 陆大道,郭来喜.地理学的研究核心:人地关系地域系统[J].地理学报,1998,65(2):97-105.

[8] 王金南,蒋洪强.环境规划学[M].北京:中国环境出版社,2014.

[9] 白利平,罗云,刘俐.污染场地修复技术筛选方法及应用[J].环境科学,2015,36(11):4218-4224.

[10] Omkar Giraka, Vasantha Kumar Selvaraj. Short-term prediction of intersection turning volume using seasonal ARIMA model[J].Transportation Letters-The International Journal of Transportation Research,2019:1-8.

[11] 生态环境部.土壤污染防治行动计划[Z].2016.

[12] 生态环境部.建设用地土壤风险评估技术导则(HJ 25.3—2019)[S].2019.

[13] 生态环境部.建设用地土壤修复技术导则(HJ 25.4—2019)[S].2019.

第八章

固体废物控制规划

固体废物,特别是城市垃圾已成为破坏城市景观和污染环境的重要污染物。制定固体废物控制规划,对于固体废物的科学处理和处置,减少其对环境和人体健康的影响和危害,有着非常重要的作用。本章首先介绍固体废物的分类、危害和处理处置方法,进而结合2020年修订的《中华人民共和国固体废物污染环境防治法》,对固体废物控制规划的主要内容及管理制度进行了详细阐述。

第一节　固体废物概述

一、固体废物的分类

固体废物(solid waste)是指在生产、生活和其他活动中产生的丧失原有利用价值或者虽未丧失利用价值但被抛弃或者放弃的固态、半固态和置于容器中的气态的物品、物质及法律、行政法规规定纳入固体废物管理的物品、物质。固体废物种类繁多,性质各异。为了便于处理、处置和管理,需要对固体废物加以分类。固体废物的分类方法很多,主要有按来源分类、按组成物料分类和按有无危险性分类等,较常见的是按来源分类。我国从固体废物管理的需要出发,将其分为3类,即工业固体废物、危险废物和生活垃圾。

(一) 工业固体废物

工业固体废物,是指在工业生产活动中产生的固体废物。工业固体废物主要包括冶金工业固体废物、能源工业固体废物、石油化工固体废物、矿业固体废物、轻工业固体废物和其他工业固体废物。例如高炉渣、钢渣、赤泥、有色金属渣、粉煤灰、煤渣、硫酸渣、废石膏、盐泥废石和尾矿等。

(二) 危险废物

危险废物,是指列入国家危险废物名录或者根据国家规定的危险废物鉴别标准和鉴别方法认定的具有危险特性的固体废物。中国在2016年新修订颁布的《国家危险废物名录》中,列出了46大类479种危险废物。常见的危险废物有冶炼渣、化学及化工废物、废原液及母液、铀的生产、加工、回收过程中所排出的放射性固体废物,以及核武器试验时产生的各种放射性碎片、弹壳及其污染物等。在我国的工业固体废物中,约占总产生量5%~10%的废物积聚后具有易燃性、易爆性、化学反应性、腐蚀性、急性毒性、慢性毒性、生态毒性或传染性等。这也是危险废物种类的一种。

（三）生活垃圾

生活垃圾，是指在日常生活中或者为日常生活提供服务的活动中产生的固体废物及法律、行政法规规定视为生活垃圾的固体废物。按来源，城市垃圾可分为家庭垃圾、食品垃圾、零散垃圾、市场垃圾、街道扫集物、医院垃圾和建筑垃圾等类型。此外，发达国家的城市居民粪便全部通过下水道输送到污水处理厂处理，因此发达国家的城市固体废物不包括城市居民粪便。在我国，由于城市下水道系统不完善和城市污水处理设施少，居民的粪便需要收集、清运，它也是城市生活垃圾的重要组成部分。

二、固体废物的危害

固体废物对人类环境的影响和危害是多方面的，也是非常严重的。固体废物若处理处置不当，能通过不同的途径危害人体健康。固体废物露天存放或置于处置场，其中的有害成分可通过土壤、水体、大气等环境介质间接传至人体，对人体的健康造成极大的危害。其危害主要包括占用大量土地，污染水体、大气和土壤，淤塞和填埋河道、水道等。严重时甚至会发生泥石流、塌方、滑坡和火灾等事故，造成财产损失、人员伤亡。

（一）大量占用土地

固体废物的堆积，必将占用大量的土地。据统计，美国有 15 000 个垃圾处理场，面积相当于 19 个新加坡，固体废物占用土地达 $2.0\times10^6\ hm^2$。在我国，大量固体废物的堆放也成了令人困扰的问题。我国每年产生城市垃圾近 1 亿 t。随着城市人口的增长，城市建筑规模的扩大，居民生活水平的提高，城市垃圾正以每年 10%的速度增长。因此，所需垃圾场的数量大得惊人，可填埋的土地逐年减少。而在我国各大中城市的郊区，均已形成了环绕城区的环状垃圾链，因此也侵占了大量农田。

（二）污染水体

露天堆放和填埋不当的固体废物对水体的污染通常有 4 种途径：固体废物随雨水径流进入地表水体；固体废物中的渗沥水通过土壤进入地下水；细颗粒的垃圾随风飘扬，落入地表水体；固体废物被直接倾倒入河流、湖泊和海洋。

（三）污染大气

固体废物对大气的污染主要有 3 个方面：① 恶臭。在垃圾堆放地，由于垃圾、废渣中的某些有机物质生物分解而产生恶臭。② 悬浮物。来自垃圾、废渣堆放和处理过程中产生的细尘粒、粉尘等。这些物质随风飘扬，扩散到远处。当人体吸入了这些细尘粒，可损害肺部，影响健康。③ 有害气体。在运输和处理固体废物过程中产生有害气体。例如垃圾焚烧炉排出的烟雾污染大气。

（四）污染土壤

固体废物在堆置时或由于地表径流的冲刷，其有害成分会污染土壤。例如，直接利用医院、肉类联合厂、生物制品厂的废渣做肥料，其中的病菌、寄生虫等，就会污染土壤。人与污染的土壤直接接触，或生吃此土壤上种植的蔬菜、瓜果就会生病。工业固体废物和危险废物中的有害物质，会杀死土壤中的微生物，破坏土壤的微生物生态系统，使土壤丧失腐解能力，导致草木不生。大量的固体废物如堆置不当，还可能发生泥石流、塌方和滑坡，冲毁村镇及引起火灾等。

三、固体废物的处理和处置

固体废物处理(treatment)是指通过物理、化学和生物等不同的方法,使固体废物转化成为适于运输、储存和资源化利用及最终处置的一种过程。固体废物的物理处理是通过浓缩或改变固体废物的结构,使之成为便于运输、贮存、利用或处置的形态的一种处理方法。包括破碎、分选、沉淀、过滤和离心分离等处理方式。化学处理是采用化学方法破坏固体废物中的有害成分从而达到无害化,或将其转变成为适于进一步处理、处置的形态的一种方法。包括焚烧、焙烧、热解和溶出等处理方式。生物处理是利用微生物分解固体废物中可降解的有机物,从而达到无害化或综合利用的一种处理方法。包括好氧分解、厌氧分解和兼性厌氧分解等处理方式。固体废物经处理后,也可用作建筑材料、填垫材料、道路工程材料、冶金化工和轻工等工业原料。

不论是焚烧还是各种无害化、资源化、减量化处理,在当前的经济技术条件下,最终仍有一定数量的固体废物没有任何用处,而这些固体废物往往又富集了大量的有毒有害成分,因此需要有一个最终的归宿,即固体废物的处置(disposal)。

第二节 固体废物控制规划的内容

一、固体废物控制规划定义和指导原则

(一)固体废物控制规划的定义

1. 固体废物管理

固体废物管理是指对固体废物的产生、收集、运输、储存、处理和最终处置全过程的管理。长期以来,我国对于固体废物没有进行专门的环境管理。一些有害固体废物被混入一般工业废渣中丢弃,缺乏专门的堆场,也没有足够的防渗措施,事故屡屡发生。工业固体废物,特别是一些排量大的工矿企业固体废物,处理利用率很低。城市垃圾清运能力也不高、机械化收运程度一般较差,无害化处理大大低于工业发达国家水平。此外,我国各类固体废物管理的环境立法还有待完善。

2. 固体废物管理系统

固体废物管理系统是由固体废物及其发生源、处理途径、处置场所和管理程序等构成的完整体系。对于固体废物的管理来说,很重要的一点是划定管理系统的边界,确定管理系统的各组成元素。只有明确了系统的组成,即管理的对象,管理工作才能有针对性地进行。例如,新产品的上市可能会使城市垃圾的组成发生变化,从而导致垃圾运输量等的改变,并对该城市的固体废物管理产生较大影响。但是,这种情况是管理人员无法控制或改变的,因此它不属于城市固体废物管理系统的元素。不同的固体废物管理系统不一定具有完全相同的元素,它与管理规划的层次、规划年限和固体废物的类型等有关。

3. 固体废物管理规划

固体废物管理规划是在资源利用最大化、处置费用最小化的条件下,对固体废物管理系统中的各个环节、层次进行整合调节和优化设计,进而筛选出切实的规划方案,以使整个固

体废物管理系统处于良性运转。通常,固体废物管理规划有 3 个层次:操作运行层、计划策略层和政策制定层。其中计划策略层是管理规划的重点。一般来说,该层次规划的系统主要由各固体废物产生源及各种处理和处置设施组成。

目前,我国对固体废物的管理控制缺乏系统规划的思想,仅仅是通过《中华人民共和国固体废物污染环境防治法》及其他一些相关法规的制定,通过行政管理来实现。法律规定了全过程管理的原则,即对产生、排放、收集、储存、运输、处理和处置固废的全部环节进行管理。尽管这种全过程管理的原则和方式对解决固体废物问题非常必要,但由于这种管理模式不讲求效益,没有从整个处理系统的角度来考虑固废管理全过程中的费用效益问题,使得固废在收集、运输过程中白白耗费大量的人力、物力和财力,填埋场及其他设施的能力未得到最佳有效的利用,废物的资源性价值亦得不到最大限度的回收利用。

国外应用系统规划的方法解决固体废物管理问题的尝试开始较早。Rao(1975)应用动态规划方法成功地解决了一个城市地区不同时段内固体废物处理问题。Baetz 等人(1989)使用 DP 法成功地确定了一个城市的固体废物填埋场和焚烧设施在某个时段应该达到某种满意的规模。Huang 和 Moore(1993)使用不确定性动态规划方法对一个城市处理设施的处理能力、能力扩充、固体废物的流动分配及相关的运输问题作出了科学的规划。

(二)固体废物控制规划的指导原则

1.“三化”原则

我国固体废物污染控制工作起步较晚,其技术力量和经济力量有限,于 20 世纪 80 年代中期,提出了“资源化”“无害化”和“减量化”作为控制固体废物污染的技术政策,并确定今后较长一段时间内应以“无害化”为主。但以现代环境管理思想去衡量,它仍是一种着重于“末端处理”的思想原则。随着环境管理实践的发展,固体废物从末端处理的思想转变为源头管理的思想,固体废物管理的“三化”原则也有了新的认识和解释,其表达的顺序相应变成了:减量化、资源化、无害化。

“减量化”是指通过适宜手段减少和减小固体废物的数量和体积。不仅对已产生的固体废物通过压缩、打包、焚烧和处理利用等方式来减少其容积,而且也延伸到了通过生产工艺、产品设计或社会消耗结构和废物发生机制的改变,来减少固体废物的产生量。例如,生活垃圾经过焚烧处理后,其体积可减少 80%以上,余烬更便于处置。通过压缩、焚烧等方式对固体废物进行处理属于物质生产过程中的末端,即为“末端处理”。而通过改变生产工艺和产品设计方式来减少固体废物的产生属于物质生产过程中的前端,即从源头上减少固体废物的产生量,这就需要综合考虑和规划如何全面地利用资源。

“资源化”是指通过各种方法从固体废物中回收有用的物质和能源,加快物质循环,创造经济价值的技术和方法。其应遵循的原则是:技术上可行,经济效益好,就地利用产品,不产生二次污染,符合国家相应的产品的质量标准。固体废物具有两重性,它虽占据着大量的土地,污染环境,但本身又含有多种有用物质经过合适的手段进行处理后可加以利用。例如,物体废物的焚烧热能在一定程度上可以转化为其他的能源形式加以利用;固体废物的堆肥处理可用于农作物的生产等。目前,随着固体废物规划管理实践的发展,固体废物的“资源化”也从利用工程手段实现目标,渐渐转化为贯穿整个固体废物规划管理体系的指导原则。可通过利用源头分类收集、回收再利用或再生等手段,来对固体废物进行综合利用。

“无害化”是指经过适当的处理或处置,使固体废物或其中的有害成分转化为不危害人体健康、不污染周围环境的物质。常用的方法有填埋法、焚烧法、堆肥法、拆解法、化学法等。卫生填埋是发展固废无害化最典型的技术之一，其处理量大，投资少，见效快，可以迅速提高生活垃圾的处理率。目前，对“无害化”的实现也不能仅仅当作是处理处置过程中的任务，对有害垃圾的分类管理、生产过程中减少有毒有害物质的使用等“无害化”方式更应得到强调。

综上所述可见，固体废物控制规划的“三化”原则的确立，有效地推动了固体废物处理处置技术的发展，例如垃圾焚烧、卫生填埋等。但追求达到“三化”目标的进程中，也证明了单纯从处理处置技术方面的努力对达到“三化”的目标进程还是有一定的局限性。因此，随着固体废物控制规划管理的发展，“三化”原则指导着处理处置技术的发展方向，并在此理念的引导下，城市固体废物的分类、回收和再造技术等也均取得了良好的发展。人们对固体废物的关注从垃圾本身延伸到产生行为的干预。在原先的技术性工作中融入了社会学、心理学、管理学等学科的思想，在管理措施上，更多地运用法律、经济、教育和社会参与等手段。

2. “3R”原则

“3R”原则是减量化（reduce）、再利用（reuse）和再循环（recycle）3 种原则的简称。“3R”原则是循环经济操作的基本原则，也是固体废物控制规划的指导原则，每个原则都是不可缺少的。

减量化（reduce）是指通过适当的方法和手段尽可能减少废物的产生和污染排放的过程，它是防止和减少污染最基本的途径。减量化原则，在生产中常常表现为要求产品小型化和轻型化，此外，要求产品的包装应该追求简单朴实而不是豪华浪费，从而达到减少废物排放的目的。

再利用（reuse）是指延长产品和服务的时间强度，尽可能多次以及尽可能多种方式地使用物品，以防止物品过早地成为垃圾。再利用原则要求抵制当今世界一次性用品的泛滥，生产者应该将制品及其包装当作一种日常生活器具来设计，使其像餐具和背包一样可以被再三使用。再使用原则还要求制造商应该尽量延长产品的使用期，而不是非常快地更新换代。

再循环（recycle）是把废弃物品返回工厂，作为原材料融入新产品生产之中。按照循环经济的思想，再循环有两种情况，一种是原级再循环，即废品被循环用来产生同种类型的新产品，例如报纸再生报纸、易拉罐再生易拉罐等；另一种是次级再循环，即将废物资源转化成其他产品的原料。原级再循环在减少原材料消耗上面达到的效率要比次级再循环高得多，是循环经济追求的理想境界。

“3R”原则是企业实施清洁生产的行为准则，也有助于改变企业的环境形象，使他们从被动转化为主动。它要求企业在生产过程中，采用低资源投入、高资源利用和少污染物排放的模式，进行清洁生产。例如我国的包装废物的处理。近年来，部分企业利用华丽的包装，刺激消费者购买该产品，以获得高附加价值，这就造成了极大的资源浪费。因此在包装废物日益泛滥的今天，要求企业在包装各类产品时遵循“3R”原则。首先，在包装材料上面，在使用塑料产品时，应尽量采用聚乙烯或聚酯材料，尽可能避免聚氯乙烯材料。在使用纸张包装时，应尽可能采用再生纸。其次，在包装设计上，在满足包装作用的情况下，应尽可能减少使用包装材料的数量，拒绝进行豪华包装。也应设法延长包装容器的寿命，开发包装容器的多种使用功能，提高容器的重复利用率。最后应对包装容器进行分类回收，进行再资源化。

二、固体废物现状调查与评价

（一）规划的对象

在我国，危险废物一般以法律或法规的方式规定其管理程序。国家环境保护局于1987年颁布了《城市放射性废物管理办法》，这是我国第一个危险废物管理的专门法规。该办法分为总则、放射性废物分类、产生放射性废物单位的责任、放射性废物的收运、放射性废物的管理、监督管理、收费、奖惩和附则等9章，共44条。

概括来说，对危险废物的管理一般从4个方面入手：制定危险废物判别标准；建立危险废物清单；建立危险废物的存放与审批制度；建立危险废物的处理与处置制度。

工业固体废物是由特定的发生源大量排出，每个发生源排出的固体废物性质、状态基本不变。基于这种情况，我国坚持企业自行处理的原则，开展资源化利用，着眼于生产建材和各种"吃灰""消渣"量大的应用途径研究。

由于危险废物由法律或法规规定了其管理方式，而工业固体废物的管理以坚持企业自行处理的原则，因此，固体废物管理规划的对象主要是城市固体废物的管理系统，即如何使城市垃圾的收集、运输费用最小，如何给各处理场所如填埋地、堆肥场和焚烧厂等分配合适的固体废物量，使城市或区域的垃圾处理费用最小。

（二）固体废物现状调查与分析

固体废物规划管理的现状调查是在规划区域内对现状进行调查、研究，进而对现状作出客观评价。现状调查要从信息情报的收集和分析入手，针对所需要的信息进行逐一调查，发现问题并逐步深入，根据固体废物规划管理的指导原则，其主要调查方面如下：

① 环境背景数据调查。包括规划区域的水文、地形地貌、气象、土地利用等数据，同时也包括现实施的环境法规和标准、各总量控制目标等。

② 社会经济数据调查。包括规划区域内人口结构、经济收入分布、产业结构、工业结构布局、土地利用、交通及社会与经济发展远景规划数据等。

③ 固体废物的来源、数量状况。包括固体废物的污染源产生分布、污染类型分布等。收集其数据，并进行统计分析。例如工业固体废物、城市生活垃圾、危险废物等，分类落实其来源和数量。

④ 固体废物处理现状数据调查。包括规划区域内固体废物的收集、存放和运输路线。调查现有的固体废物处理措施，包括其所在位置、处理处置类型、设计处理能力、实际处理量、运行情况、人员数量和管理水平等，取得固体废物对环境影响参数以及可利用固体废物回收利用设施分布及收纳量等数据。

⑤ 固体废物资源化市场背景数据调查。包括二次原料、电、热、堆肥的市场容量和价格等。

对调查的基础数据进行分析评价。其目的是掌握和了解规划区域的环境现状、发现主要的环境问题，从而确定主要污染源和污染物，为规划和管理的制定和实施创造条件。固体废物产生量分析首先要解决固体废物产生的背景问题，了解固体废物的产生过程。其次要分析固体废物产生的影响因素，对于工业固体废物，原料、工艺、生产管理等方面的差异会对固体废物的产生量造成影响。对于生活垃圾，应分析该地区消费水平与结构、人口分布等的差异，这些因素也会对固体废物的产生量造成一定的影响。最后将以上的数据进行综合统计分析,得出现有的污染源数量、分布和处理处置情况等。

三、固体废物预测与分析

规划不仅仅要根据现状来进行编制,也要根据规划的相关条件的未来演变状态进行决策分析。预测就是在环境现状调查的基础上,结合社会经济发展状况,对规划区域内环境的发展趋势进行科学的分析,向规划者提供规划相关条件未来演变状态的方法。固体废物的预测围绕着工业固体废物、城市生活垃圾和危险废物的预测进行。

(一) 固体废物预测的内容

固体废物控制规划的基本预测内容为:固体废物产生量和组成变化预测;社会发展和经济发展预测,如人口变化、工业生产总量和经济发展等;环境背景变化预测,如环境污染物控制总量要求、浓度要求等;管理的物流消纳背景预测,如可能的填埋场选址地点、废弃回收物市场容量等;管理技术的发展等。

上述预测内容有多种不同的预测方法。例如,在固体废物产生量和组成变化预测方面,工业固体废物可采用物料衡算法和同行业比较分析法;城市生活垃圾可采用时间序列分析法和产生途径分析法等;危险废物可采用单位产品产污系数法。社会经济发展变化预测要注意经济社会与环境各系统之间和系统内部的相互联系和变化规律。环境背景变化预测主要采用收集相关规划资料的方法。废物物流消纳背景的预测可采用历史数据分析的方法,不能取得长时期历史数据时则应采用专家定性预测法。

(二) 固体废物污染源预测

固体废物污染源的预测分析,其目的是了解其产生状况,包括产生量、废物组成性质、产生量与组成的时空变化规律、产生量与自然条件、社会意识和经济水平之间的相互影响关系,有利于为固体废物控制规划提供思路和理论依据。

随着经济社会的快速发展,电子废物和包装废物等固体废物也进入了人们的视野,针对新型固体废物产生量预测,还需要投入更大的研究。有关工业固体废物和城市生活垃圾产生量预测在第四章已有详细的阐述,在此不再赘述。以下主要针对餐厨垃圾、危险废物等污染源产生量预测作详细阐述。

1. 餐厨垃圾产生量预测

餐厨垃圾为餐饮垃圾和厨余垃圾的简称。其中餐饮垃圾指的是餐馆、饭店、单位食堂等的饮食剩余物以及后厨的果蔬、肉食、油脂、面点等的加工过程废物。而厨余垃圾是指家庭日常生活中丢弃的果蔬及食物下脚料、剩菜剩饭、瓜果皮等易腐有机物。

针对餐饮垃圾,可按人均日产生量进行估算,其估算公式如下:

$$M_c = Rmk \tag{8-1}$$

式中:M_c——某城市或区域餐饮垃圾日产生量,kg/d;

R——城市或区域常住人口;

m——人均餐饮垃圾产生量基数,kg/(人·d);人均餐饮垃圾日产生量基数 m 宜取 0.1 kg/(人·d);

k——餐饮垃圾产生量修正系数。经济发达城市、旅游业发达城市或高校多的城区可取 1.05~1.15;经济发达旅游城、经济发达沿海城市可取 1.15~1.30;普通城市可取 1.00。

其次,厨余垃圾的产生主要跟生活垃圾有关,可利用生活垃圾占比法进行预测,居民生活垃圾中厨余垃圾的占比约为50%~70%,由此可根据生活垃圾的预测量来预测厨余垃圾。

2. 危险废物产生量预测

危险废物产生量预测主要用系数分析法。其主要计算式如下:

$$W = P \times S \tag{8-2}$$

式中:W——预测危险废物年排放量,10^4 t/a;

P——危险废物排放系数,t/(t产品);

S——预测的危险废物年产量,10^4 t/a。

3. 医疗废物产生量预测

我国法律法规表明,医疗废物是危险废物的一种。医疗废物的产生涉及两类服务对象——门诊病人和住院病人。这两类病人的医疗处理过程有很大的差异,因此需要分别进行预测分析。由此可得出医疗垃圾的产生量计算式如下:

$$G_{SW} = N_p \times K_p + N_b \times K_b \times \eta_b \tag{8-3}$$

式中:G_{SW}——医疗垃圾产生量,kg或kg/d;

N_p——门诊病人人数,人或人/d;

N_b——医院病床数,床;

K_p——门诊医疗垃圾产率,kg/人;

K_b——单床医疗垃圾产率,kg/床或kg/(床·d);

η_b——病床利用率。

利用式8-3进行计算时,需要利用医疗行业的相关统计调查获得的K_p或K_b的数据。可参考表8-1。

表8-1　我国医疗服务行业的垃圾产生状况

医疗服务类型	医疗垃圾产率	
	典型值	范围
门诊/(kg·人次$^{-1}$)	0.04	0.03~0.05
住院/(kg·床$^{-1}$·d^{-1})	0.8	0.3~1.0

注:本表摘自何品晶.固体废物管理.北京:高等教育出版社,2004。

四、固体废物控制规划目标与指标

(一) 规划目标

固体废物控制规划的目标是指规划实施的考核要求,是对规划目的的具体描述,通常会采用指标化、定量化的表达方式。因此规划目标的确定,必须建立在完成了相关规划信息收集分析的基础上。固体废物控制规划的目标是由总体目标和分类目标组成的。总体目标是对规划区域内实施规划要求的总体概括;分类目标则是对总体目标实现所需包含的一系列有关管理行动要求的分类表达,有时也包括实现管理目的的限制性要求的分类表达。以一个区域内的工业固体废物控制规划为例,总体目标通常是该区域内工业固体废物的综合利用率;分类目标通常是固体废物材料回收率、能量回收率、填埋无害化处置率等。

但规划目标也不是一成不变的,随着规划的进一步深入,规划的目标值可能会进行适当的调整，以便于进一步进行规划寻优。

（二）规划指标

规划指标是指进行区域规划管理的定量或半定量研究时所必需的数据指标总体，是直接反映环境现象及相关事物，并用来描述环境规划内容的总体数量和质量的特征值，对规划的实施效果进行一系列指标的系统组合，规划指标是规划分析和量化考核的基本依据。主要包括环境质量指标、污染物总量控制指标、环境污染治理水平和效益指标及其他相关指标等。

环境质量指标是表征自然环境要素和生活环境的质量状况，一般以环境质量标准为基本衡量尺度；污染物总量控制指标，主要是对固体废物的宏观控制，包括固体废物的产生量、处置量和处置率等，也包括固体废物的综合利用量和综合利用率等；环境污染治理水平和指标效益，包括城市环境的综合整治，其主要有生活垃圾无害化处理量、资源化利用率、城镇生活垃圾分类回收率等；其他相关指标包括经济成本、占地面积和能耗等。

五、固体废物控制规划模型建立

固体废物控制规划模型，就是在环境现状调查、分析和预测的基础上，采用适宜的规划方法，将规划的问题简化成在预定目标函数和约束条件下，得出最优解或满意解的数学模型。建立固体废物管理控制系统的规划模型，以获得反映实际系统本质的理想规划方案。具体内容包括：① 固体废物管理技术经济评估；② 固体废物产生排放预测；③ 固体废物处置场地选址及交通运输网络设计；④ 固体废物处理量优化分配；⑤ 固体废物相关的空气污染物扩散控制；⑥ 固体废物运输与处理相关的噪声污染控制等。

本节选择一个固体废物的选址分配模型为例进行阐述。

（一）问题描述

有两个城市计划联合建设一个区域固体废物处理系统，处理它们的城市垃圾。可供选择的处理方式有 3 种：卫生填埋、焚化和投海。不论采用何种方式都必须达到环境标准或排放标准，且达到环境标准或排放标准所需的额外处理费用包括在总的处置费用中。值得注意的是，废物处置包括运输和处理两个过程，其总费用也是由这两个步骤直接决定。

已知，城市 A 的人口为 40 000，固体废物产量为 700 t/周；城市 B 的人口为 65 000，固体废物产量为 1 200 t/周。处理场 I，计划建成焚化场，距城市 A 15 km，距城市 B 10 km。处理场 O，计划建成垃圾投海码头，距 A、B 的距离分别为 5 km 和 15 km。卫生填埋场 L 距 A、B 的距离分别为 30 km 和 25 km（图 8-1）。每个处理场的固定费用和可变费用及处理能力见表 8-2。运输费用是 0.5 元/(t · km)。此例的问题是确定应该建设哪种处置设施，使得两城市总的固体废物处置费用最小。

表 8-2 拟建固体废物处置场的费用和处理能力

处置场代号	处理方式	固定费用/(元 · a^{-1})	可变费用/(元 · t^{-1})	处理能力/(t · $周^{-1}$)
I	焚化	200 000	12.0	1 000
O	投海	60 000	16.0	500
L	卫生填埋	100 000	6.0	1 300

注：摘自海思 D A.环境系统最优化.北京：中国环境科学出版社，1987。

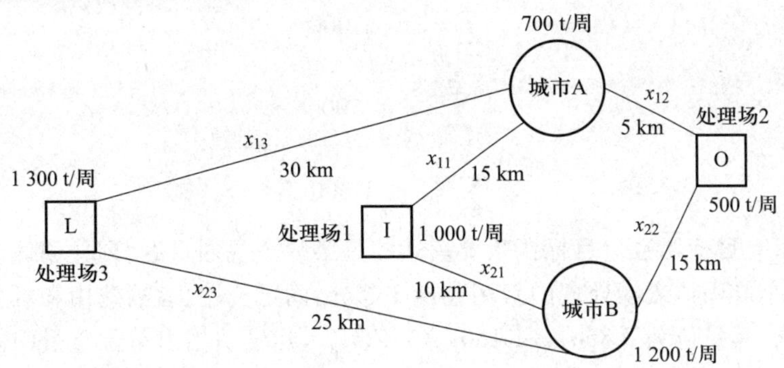

图 8-1　固体废物发生和处置系统

注:本图摘自海思 D A.环境系统最优化. 北京:中国环境科学出版社,1987。

正如大多数这类问题一样,之所以要建立区域系统,是因为存在规模经济。这里,与处理场建设和开工有关的固定费用的规模经济性是很明显的。一般地,焚化费用函数在原点处是不连续的,说明如果建立焚化场,就至少每年花费 200 000 元的固定费用。以边际费用表示的固定费用可以反映规模经济性。随着焚化场处理量的增大,边际固定费用快速下降,因为固定费用被更多的垃圾所分摊。例如,当处理能力为 10 000 t/a 时,边际固定费用为 32 元/t,若处理量增加到 80 000 t/a 时,边际固定费用降为 14.5 元/t。

（二）建模

由图 8-1 可知,该系统的主要组分为固体废物产生源城市 A 和 B 以及 3 个处理场。规划的目的有二,其一是使固体废物运输和处理的总费用最小,其二是两个城市产生的所有固体废物都必须全部处理掉。对于这个问题,需要确定两类决策变量以对目标、质量平衡和技术约束(如处理能力)进行描述。首先,考虑是否采取某一种处理方式,这需要定义一个离散变量。该离散变量应取整数,即:

$$y_j=\begin{cases}1 & \text{采取处理方式 } j\\ 0 & \text{不采取处理方式 } j\end{cases}$$

这样,就可以在目标函数中加入线性项来表达固定费用。例如,焚化场的固定费用为 200 000 元/52 周 = 3 850 元/周,把 3 $850y_j$ 加到目标函数表达式中就可以正确反映焚化的固定费用。其中,当采用焚化处理时,$y_1=1$,否则 $y_1=0$。

另一类决策变量为每个城市所焚化、投海和卫生填埋的垃圾量。定义如下:

x_{ij}——从城市 i 到城市 j 处理的固体废物量,t/周;

这样,总共有 9 个决策变量,其中 3 个(y_1,y_2,y_3)为整数变量。有了这些决策变量,就可以写出每个城市的固体废物平衡方程如下:

$$\sum_{j=1}^{3} x_{1j} = 700 \tag{8-4}$$

$$\sum_{j=1}^{3} x_{2j} = 1\ 200 \tag{8-5}$$

式(8-4)和式(8-5)定量地表示了规划的第二个目的,即两个城市产生的所有固体废物都必须全部处理掉。对每一个处理场都存在着处理能力的限制,3 个处理场处理能力约束可写为:

$$\sum_{i=1}^{2} x_{i1} \leqslant 1\ 000 \tag{8-6}$$

$$\sum_{i=1}^{2} x_{i2} \leqslant 500 \tag{8-7}$$

$$\sum_{i=1}^{2} x_{i3} \leqslant 1\ 300 \tag{8-8}$$

下面,来研究目标函数。目标函数要表达的是第一个规划目的,即让固体废物运输和处理的总费用最小。固体废物处理的费用包括 3 部分:固定费用、运输费用和可变费用。固定费用化为元/周,其量值为 $3\ 850y_1+1\ 150y_2+1\ 920y_3$。运输费用由单位重量固体废物的单位距离运费乘以运输量得到。两个城市的总运费为:

城市 A: $7.5x_{11}+2.5x_{12}+15.0x_{13}$

城市 B: $5.0x_{21}+7.5x_{22}+12.5x_{23}$

焚化、投海和卫生填埋的总可变费用,由单位重量垃圾的处理费用乘以每周的处理量得到。两个城市的总可变费用为:

$$12.0x_{11}+16.0x_{12}+6.0x_{13}+12.0x_{21}+16.0x_{22}+6.0x_{23}$$

把固定、运输和可变费用加在一起就是两个城市处理固体废物的总费用:

$$Z=3\ 850y_1+1\ 150y_2+1\ 920y_3+19.5x_{11}+18.5x_{12}+21.0x_{13}+17.0x_{21}+23.5x_{22}+18.5x_{23} \tag{8-9}$$

另外,为了完成模型,还须加上整数变量的约束条件:

$$y_j=\begin{cases}0 & x_{1j}+x_{2j}=0\\ 1 & x_{1j}+x_{2j}>0\end{cases} \tag{8-10}$$

模型中变量之间的其他关系式都是线性的,如果 y_j 的约束也是线性的,则此最优化模型就是一个混合整数规划(MIP)模型。可以用标准的计算机程序来求解。

对 y_j 的取值存在一个明显的约束条件:

$$y_i \leqslant 1\ \forall j \tag{8-11}$$

已知 y_j 为整数,则约束条件(8-11)把 y_j 的取值限制为非 0 即 1。如最优化模型以式(8-9)为目标函数,式(8-4)、式(8-8)和式(8-11)为约束条件,则最优解中总有 $y_j^*=0$。这是因为目标函数中 y_j 的系数为正值,要使费用最小,必然要求 y_j 尽可能地小。那么当 $x_{1j}+x_{2j}$非 0 时,如何使 y_j 为 1 呢?考虑约束条件:

$$10\ 000y_j \geqslant x_{1j}+x_{2j} \tag{8-12}$$

式中“10 000”是个任意数,它至少应与 $x_{1j}+x_{2j}$的最大可能值一样大。如果 $x_{1j}+x_{2j}$大于 0,则 y_j 也一定大于 0,而且因为要满足上述约束条件,它必等于 1。相反,若 $x_{1j}+x_{2j}$等于 0,y_j 则可取 0 或 1。可是如前所述,为使费用最小,y_j 必须为 0。因此约束条件式(8-11)和式(8-12)与约束条件式(8-10)是相同的。本问题完整的最优化模型可以写成:

目标函数:

$$\min Z=3\ 850y_1+1\ 150y_2+1\ 920y_3+19.5x_{11}+18.5x_{12}+21.0x_{13}+17.0x_{21}+23.5x_{22}+18.5x_{23}$$

约束条件:式(8-4)~式(8-8),式(8-11)~式(8-12),以及:

$$x_{ij} \geqslant 0 \quad \forall i,j$$

$$y_i \in (0,1,2,\cdots) \quad \forall j$$

如果把约束条件式(8-6)~式(8-8)和式(8-12)合并成特定的整数约束条件,可得到较简单的模型。例如垃圾投海的两个约束:

$$\sum_{i=1}^{2} x_{i2} \leqslant 500$$

和

$$\sum_{i=1}^{2} x_{i2} \leqslant 10\ 000y_2$$

等价于下面的一个约束条件:

$$\sum_{i=1}^{2} x_{i2} \leqslant 500y_2$$

约束条件式(8-12)可从模型中删去,约束条件式(8-6)~式(8-8)可分别由下式代替:

$$\sum_{i=1}^{2} x_{i1} - 1\ 000y_1 \leqslant 0$$

$$\sum_{i=1}^{2} x_{i2} - 500y_2 \leqslant 0$$

$$\sum_{i=1}^{2} x_{i3} - 1\ 300y_3 \leqslant 0$$

由此得到的新的最优化模型系数如表 8-3。

表 8-3　固体废物处理最优化模型系数表

y_1	y_2	y_3	x_{11}	x_{12}	x_{13}	x_{21}	x_{22}	x_{23}	=Z
3 850	1 150	1 920	19.5	18.5	21	17	23.5	18.5	
			1	1	1				=700
						1	1	1	=1 200
1 000			1			1			≤0
	-500			1			1		≤0
		-1 300			1			1	≤0
1									≤1
	1								≤1
		1							≤1

注:摘自海思 D A. 环境系统最优化.北京:中国环境科学出版社,1987。

(三) 求解

以上的规划模型是一个整数规划模型,需要采用整数规划的割平面算法求解。最后,得到该问题的最优解如下:

$$y_1^* = 1, x_{11}^* = 200(\text{t/周})$$

$$y_2^* = 1, x_{12}^* = 500(\text{t/周})$$

$$y_3^* = 1, x_{21}^* = 800(\text{t/周})$$

$$x_{23}^* = 400(\text{t/周})$$

$$\text{最小费用}\ Z^* = 41\ 070(\text{元})$$

与该解相应的最优方案也可用图 8-2 表示：

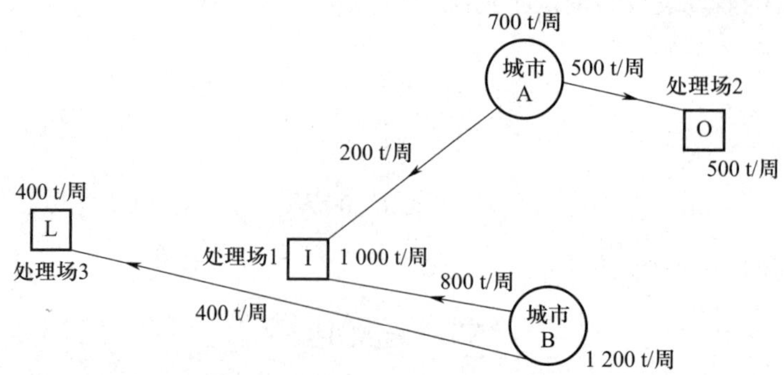

图 8-2 固体废物处理问题的最优方案

注：本图摘自海思 D A.环境系统最优化. 北京：中国环境科学出版社，1987。

六、固体废物控制规划方案生成

固体废物控制规划方案的设计需要对调查现状和预测结果进行分析，明确环境现状、治理能力和综合防治水平等。明确控制规划的总目标和指标体系，明确现实环境和环境目标之间的差距。综合各项信息，运用各种方法制定针对性强的措施和对策，建立规划模型，以获得反映实际系统本质的理想规划方案。规划方案的设计必然会存在诸多的不确定性，因此应设计多项可行的规划方案，以备后续进行调整、优化。

在这里以城市固体废物为例，对其控制规划方案进行分析。概括地说，城市固体废物控制规划的主要技术路线为：① 基础数据的调查分析；② 污染源预测分析；③ 规划模型建立和调整；④ 规划方案的权衡分析。具体过程如图 8-3 所示。

七、固体废物控制规划的保障措施与管理对策

固体废物控制规划方案的稳定实施需要结合法律法规等手段与方式进行保障和管理。由于固体废物污染环境的滞后性和复杂性，人们对固体废物污染防控和管理的重视程度不如废水和废气一样深刻，目前尚未形成一个完整的、有效的固体废物管理体系。

（一）固体废物管理制度

目前，根据《中华人民共和国固体废物污染环境防治法（2020 年修订）》（以下简称《固废法》）中的规定，我国主要的固体废物管理制度包括：

1. 分类管理制度

《固废法》明确规定“禁止将危险废物混入非危险废物中贮存”。固体废物分布广、且成分复杂，因此《固废法》强调了工业固体废物、生活垃圾和危险废物要分类管理的原则，并确定了主管部门和处置的原则。

2. 工业固体废物申报登记制度

为了相关主管部门及时了解企业、事业单位产生工业固体废物的种类、产生量、流向和处置等基本信息，《固废法》要求产生工业废物的单位必须向相关部门进行申报登记。

3. 固体废物污染环境影响评价制度及其防治设施的“三同时”制度

环境影响评价制度和“三同时”制度是中国环境保护的基本制度，《固废法》进一步强调

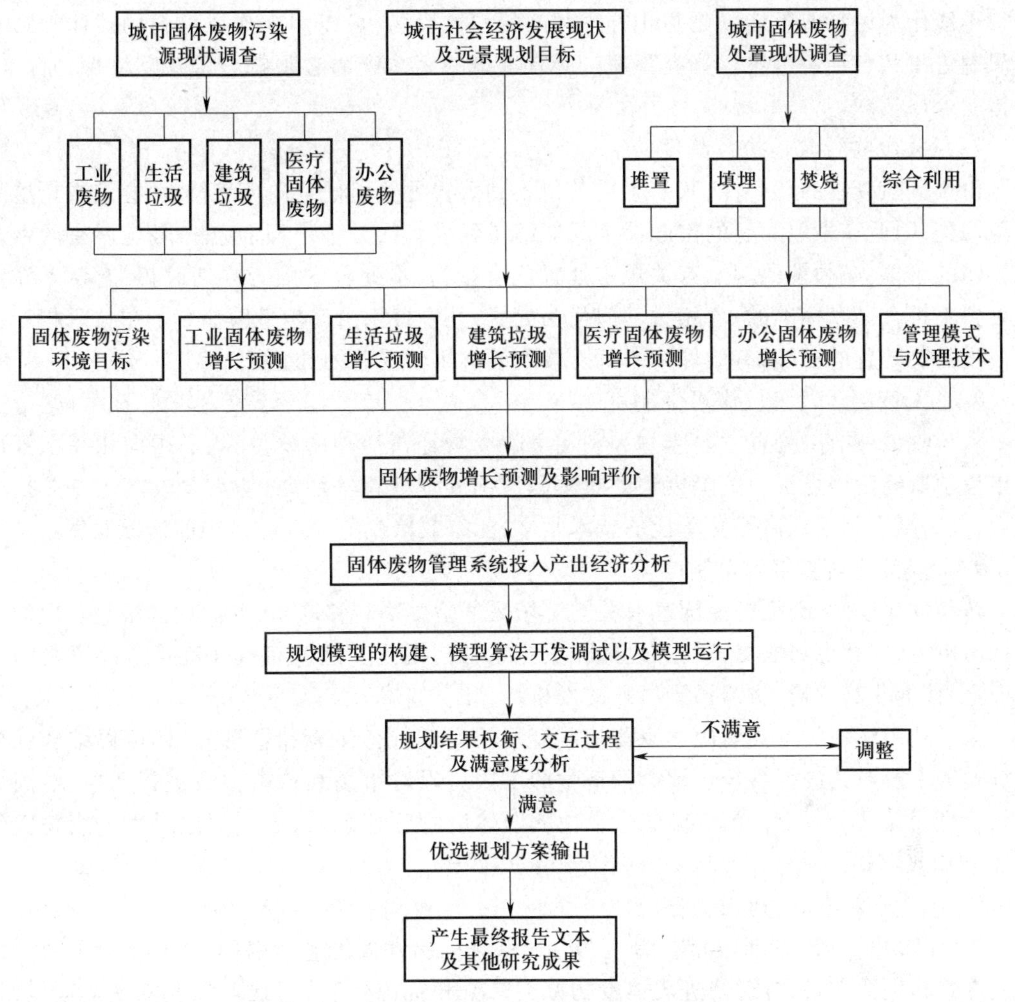

图 8-3 城市固体废物控制规划技术路线

了这一制度。

4. 环境保护税制度

《固废法》明确规定固体废物应建立专门的贮存或处理处置设施、场所进行贮存或处置。因此任何企业单位不得擅自向环境中倾倒固体废物。并且固体废物的排放有其特殊性，与废水和废气排放不同，固体废物进入环境后并没有与其形态结构相同的环境体接纳，对环境的污染是通过释放出水和大气污染物进行的，因此难以进行控制。因此《固废法》中规定任何产生固体废物的单位，按照《中华人民共和国环境保护税法》规定缴纳环境保护税。将固废管理与环境保护税法相联系，更好地利用经济手段来加强管理。

5. 限期治理制度

《固废法》规定没有建设工业固体废物贮存或处理处置设施、场所，或已经建成但不符合环境保护规定的单位，必须限期建成或改造。对于排放不当而造成污染的企业单位，需对其实行限期整治，必要时还可采取经济手段加以辅助。

6. 进口废物审批制度

《固废法》规定进口废物需进行审批，严禁境外的固体废物进境倾倒、堆放、处置。禁止进口不能作为原料或不能以无害化方式利用的固体废物，可以用来作原材料的固体废物实行限制进口和自动许可进口分类管理。所有进口的固体废物必须符合国家环境保护标准，并检验合格。

7. 危险废物行政代执行制度

由于危险废物的危害性，其产生后若得不到妥善处置而任意向环境排放，会造成严重的环境污染，因此需采取一定的措施保证其能够得到妥善的处理。《固废法》规定所有产生危险废物的单位，必须按照国家有关规定处置危险废物，不处置的则会限期改正，逾期不处置或处置不符合国家标准的，由相关部门代为处置，处置费用由产生危险废物的单位承担。这是一项强制处置的措施，有效保障了危险废物能够得到妥善的处置。

8. 危险废物运营单位许可证制度

从事收集、贮存、处置危险废物和利用危险废物经营活动的单位，均必须向相关主管部门申请领取经营许可证。危险废物的收集、贮存、处理处置等活动，均需要较高的专业技术能力，该制度有利于提高经营单位的技术水平，能有效减少危险废物污染的情况发生。

9. 危险废物转移报告单制度

转移危险废物，必须按照国家有关规定填写危险废物转移联单，并向地区市级以上的部门提出申请，并且也需取得被转移地的相关主管部门同意。这就有效保证了危险废物的运输安全，杜绝非法运输，防治污染事故的发生。

除了利用法规的方式对固体废物控制规划的实施进行保障和管理外，还可以结合社会经济学等手段对其进行管理。社会经济学的手段可以对市场和价格体系进行调控，对固体废物管理设施进行调控，推动制定综合性的固体废物管理政策，更有效地对固体废物实施管理。

（二）“无废城市”建设方案

“无废城市”是以创新、协调、绿色、开放、共享的新发展理念为引领，通过推动形成绿色发展方式和生活方式，持续推进固体废物源头减量和资源化利用，最大限度减少填埋量，将固体废物环境影响降至最低的城市发展模式。“无废城市”并不是没有固体废物产生，也不意味着固体废物能完全资源化利用，而是一种先进的城市管理理念，旨在最终实现整个城市固体废物产生量最小、资源化利用充分、处置安全的目标，需要长期探索与实践。

2018 年底，国务院通过了《“无废城市”建设试点工作方案》，该方案明确了 6 项重点任务，包括：① 强化顶层设计引领，发挥政府宏观指导作用。② 实施工业绿色生产，推动大宗工业固体废物贮存处置总量趋零增长。③ 推行农业绿色生产，促进主要农业废弃物全量利用。④ 践行绿色生活方式，推动生活垃圾源头减量和资源化利用。⑤ 提升风险防控能力，强化危险废物全面安全管控。⑥ 激发市场主体活力，培育产业发展新模式。

该方案表示，到 2020 年，系统构建“无废城市”建设指标体系，探索建立“无废城市”建设综合管理制度和技术体系，形成一批可复制、可推广的“无废城市”建设示范模式。截至 2020 年 3 月，已有深圳、威海、重庆、三亚等 11 个试点城市，以及河北雄安新区、北京经济技术开发区、中新天津生态城、福建省光泽县、江西省瑞金市 5 个地区，共计 16 个试点城市和地区的工作方案定稿，进入实质操作阶段。

“无废城市”是一种先进的城市管理理念，是从城市整体层面深化固体废物综合管理改革和推动“无废社会”建设的有力抓手，是提升生态文明、建设美丽中国的重要举措。为稳步推进“无废城市”建设试点工作的进行，还需从加强组织领导、加大资金支持、严格监管执法、强化宣传引导等方面提供保障措施。

复习思考题

1. 什么是固体废物？
2. 固体废物有哪些类型？
3. 什么是固体废物控制规划？
4. 试用系统论的方法剖析某城市的固体废物管理系统。
5. 简述固体废物控制规划的内容。
6. 简述固体废物控制规划的步骤。
7. 如何保障固体废物控制规划的实施？
8. 什么是“无废城市”？

参考文献

[1] 海思 D A. 环境系统最优化[M]. 袁铭道，季民，译.北京：中国环境科学出版社，1987.
[2] 宁平. 固体废物处理与处置[M]. 北京：高等教育出版社，2007.
[3] 唐雪娇，沈伯雄. 固体废物处理与处置[M]. 北京：化学工业出版社，2018.
[4] 叶文虎，张勇. 环境管理学[M]. 3 版.北京：高等教育出版社，2013.
[5] 张承中. 环境规划与管理[M]. 北京：高等教育出版社，2007.
[6] 何品晶，邵立明. 固体废物管理[M]. 北京：高等教育出版社，2004.

第九章

生 态 规 划

生态规划旨在通过合理而有效地利用各种自然资源，协调人类发展与生态保护的关系。从 Howard 的“田园城市”到 McHarg 的生态规划方法，再到复合生态系统、生态系统服务功能理论的应用，生态规划的理论和方法在实践中得到了不断发展和完善。本章在阐述生态规划产生与发展历程的基础上，对生态规划的基础理论进行阐释，提出生态规划的基本工作内容、工作方法，以及生态规划报告的主要内容，系统介绍生态示范区建设规划、区域生态保护规划的重点、指标体系。

第一节 概　　述

一、生态规划的基本概念

(一) 生态规划的产生与发展

1. 萌芽阶段

生态规划的产生可以追溯到 19 世纪，生态规划的先驱 George Marsh、Patrick Geddes 和 John Powell 分别从生态规划的指导思想、方法以及规划的实施途径等领域所开展的开创性工作，为后来生态规划的理论和实践的发展奠定了基础，标志着生态规划的产生和形成。

George Marsh 在其 1864 年出版的《人与自然》(*Man and Nature*: *or*, *Physical Geography as Modified by Human Action*)的著作中，首次提出合理地规划人类活动，使之与自然协调，而不是破坏自然，呼吁与自然共同设计。Marsh 提出的规划原则，至今仍是生态规划的一个重要思想基础。John Powell 是呼吁通过立法与政策促进与生态条件相适应的发展规划的先驱。Patrick Geddes 强调在规划中，通过充分认识与了解自然环境条件，根据自然环境潜力与制约，制定与自然和谐的规划方案。

2. 形成与发展阶段

20 世纪初，随着生态学科的形成和发展，生态学思想也更广泛地向社会学、城市与区域规划及其他应用学科渗透，加上规划实践要求、规划方法的发展，共同促进了生态规划的繁荣和发展。其中最具影响力的，是 Ebenezer Howard 提出的田园城市思想。Ebenezer Howard 在《明日的田园城市》中，描绘了人工构筑物与自然景观(指包围城市的绿带与农村景观及城市内部大量的绿地与开阔地)组成的所谓“田园城市”，实质上是从城市规划与建设中寻求与自然协调的一种探索，对城市与区域规划及 McHarg 的生态规划工作均产生了深远的影响。

在生态规划理论、方法发展的同时，生态规划的实践也逐步开展，并在实践中进一步丰富和发展了理论与方法。19 世纪末至 20 世纪初，美国的中西部与东北部城市公园与开阔地的规划可以视为生态规划的开山之作。此后，受英国 Howard 花园城市运动及 Geddes 思想的影响，在美国开始了从区域整体角度探索解决城市环境恶化及城市拥挤问题的途径，田纳西流域的综合规划与实践将二战前的生态规划推向高潮，成为区域整体综合规划的成功代表，也是后来 E. P. Odum 称流域为生态规划最优单元的经典例证。

20 世纪 60 年代以后的生态规划更多地从生态学理论和方法中汲取营养，强调生态规划应是以生态学为基础的规划，许多具有远见卓识的生态学家都曾致力于将生态学理论与方法应用于规划之中，其中最突出的是 Odum 家族。社会学家 H. W. Odum 是区域主义与区域规划的支持者，其子 H. T. Odum 与 E. P. Odum 均是著名的生物生态学家。H. T. Odum 创立生态系统能量分析方法，为生态学原理应用于社会经济系统的规划做出了重要贡献。E. P. Odum 是现代生态学代表人物之一，他关于生态学与人类社会关系的理论，对生态规划的发展具有重要意义。E. P. Odum 根据景观的生态功能将其分为 4 类，即生产（如农业、林业）、保护（如湿地、成熟林）、折中或综合利用（如森林覆盖的郊区）、非生态利用（如城市、工业），并在此基础上建立了生态系统分室模型（ecosystem-compartment model），应用生态系统规划的理论框架，清晰地说明了各种景观类型的生态功能及其关联机制。

这一时期的生态规划理念，与环境运动的主流相适应，在理论与实践上主要是生态决定论，要求人类活动必须服从于自然的特征与自然过程，而对人类本身的价值观及文化经济特征的关注不够。从 20 世纪 80 年代开始逐步转变，提倡生态规划应协调人与自然的关系，综合自然经济、文化的特征及其相互作用。

这一时期的规划方法最有代表性的是 McHarg 方法。McHarg 的 *Design with Nature* 及其规划实践，对生态规划的工作流程及应用方法作了较全面的探讨，所提出的生态规划框架成为 20 世纪 70 年代以来生态规划的一个基本思路，以后许多工作大多遵循这一思路展开，并将这个框架称之为 McHarg 方法。

此外，这一时期的方法探索，还包括 Lewis 建立的环境资源分析方法，基本思想与 McHarg 方法类似，增加了对主要因素、次要因素的区分。德国科学家 F. Vester 及 A. von Hesler 尝试运用系统论的观点，分析生态系统中各要素之间的相互关系，将系统规划与生物控制论相结合，创建了生态规划的灵敏度模型。灵敏度模型描述的是系统结构与功能的时间动态，而对空间关系与空间格局的动态则并未涉及。

生态规划实践上，这一时期已扩展到传统规划的许多方面，如区域发展规划、环境规划、城市规划、旧城改造、土地及自然资源保护、自然保护区的规划设计、海岸带的修复和保护等。

3. 现代生态规划阶段

20 世纪 80 年代，随着工业化、城市化的飞速发展，导致生态系统结构改变、功能失调，全球性生态环境问题不断加剧，同时地理信息技术和遥感技术逐步得到应用，促进了生态规划的迅速发展。

景观生态及景观规划的快速发展及融合，促进了景观生态规划的出现，以 E.P.Odum 的生态系统分室模型为基础，Haber 等所提出的土地利用分类系统，经过 Ruzicka 和 Miklos 的综合研究，逐步形成了完善的景观生态规划体系，并成为国土规划的基础性研究工作。

遥感技术、地理信息系统和计算机辅助制图技术的广泛应用，成为生态规划进一步发展的有力保障，使生态规划逐步走向系统化与实用化。1995 年著名景观生态学家 Forman 强调景观空间格局对过程的控制和影响作用，通过格局的改变来维持景观功能、物质流和能量流的安全，表明景观生态规划已经开始从静态格局研究转向动态研究。

（二）我国生态规划的研究进展

生态规划的研究在我国起步较晚，在汲取现代生态学的最新成果，并结合我国生态环境问题及可持续发展主题的基础上，在理论研究和规划实践方面均已取得显著成就。

理论研究方面，马世骏先生提出的复合生态系统理论成为指导我国生态规划的理论基石。生态规划的实质就是运用生态学原理与生态经济学知识调控复合生态系统中各子系统及其组分间的生态关系，协调资源开发及其他人类活动与自然环境和资源性能的关系，实现城镇、农村及区域社会经济的持续发展。

吴良镛提出以整体观念来处理局部问题的规划准则，以及“大、中、小城市要协调发展，组成合理的城镇体系，逐步形成城乡之间、地区之间的综合性网络，促进城乡经济、社会、文化协调发展”的观点，对我国生态规划起到了巨大的推动作用。

在规划方法上，注重现代生态学方法以及新技术的应用。如王如松等汲取系统规划和灵敏度模型的思想，建立了生态规划的辨识-模拟-调控的生态规划方法框架。欧阳志云等根据可持续发展理论的要求，探讨了区域资源环境生态评价的方法，即生态过程分析、景观格局、生态系统服务功能、生态敏感性、生态风险评价方法。肖笃宁等在景观生态规划的理论与方法方面进行了大量的探索性工作。

在实践方面，我国生态规划发展一开始就与我国农村、城镇与区域的发展与生态环境问题相结合，在城镇生态规划、景观生态规划、生态旅游规划、生态示范区（生态省、生态市、生态县、生态村）规划、生态工业园区规划、自然保护区规划、生态功能区划等方面开展了大量实践工作。

（三）生态规划的基本概念与规划目的

迄今为止，生态规划尚未形成统一的概念。美国著名的城市理论家 Lewis Mumford（1960）等将生态规划定义为“综合协调某一地区可能的或潜在的自然流（水）、经济流（商品）和社会流（人），以此奠定该地区居民的最适宜生活的自然基础”。

现代生态规划学奠基人 McHarg（1969）认为，生态规划是在没有任何有害的情况下，或者多数无害条件下，对土地的某种可能用途，确定其最适宜的地区。利用生态学原理而制定的符合生态学要求的土地利用规划称为生态规划。其核心是强调土地的适宜性，认为土地利用规划应该遵从自然的固有价值和自然过程。

《环境科学辞典》更多地从政府管理和保障经济良性发展的角度对生态规划的内涵进行探讨，“生态规划是在自然综合体的天然平衡情况下不做重大变化、自然环境不遭受破坏和一个部门的经济活动不给另一个部门造成损害的情况下，应用生态学原理，计算并安排（合理）天然资源的利用及组织地域的利用”。

早期的生态规划多关注土地利用空间结构和布局优化，但随着复合生态系统理论不断完善，生态规划已经从土地空间结构布局和土地利用规划，逐步拓展到环境、资源、经济、社会等多个领域。虽然各个时期不同学者对生态规划的定义各有不同，但都认同生态规划是强调人与自然环境的和谐,体现的是一种和谐的规划思想。其实质就是运用生态学原理与生态经济学知识调控复合生态系统中各亚系统及其组分间的关系,协调资源开发及其他人类活动与自然环境和资源性能的关系,实现城市、农村及区域社会经济的持续发展。

生态规划的目的,是通过规划合理而有效地利用各种自然资源,以满足社会生产和消费不断增长的需要;同时保证人类社会生存活动不妨碍并有利于充分发挥自然界的功能,以保持和增进自然资源和自然环境的再生能力。

二、生态规划的类型及程序

(一) 生态规划的类型

生态规划按照规划的空间尺度、生境类型、产业类型、规划目标可分为多种类型。按照空间尺度可划分为:区域生态规划、景观生态规划、重点生态区生态规划。按照生境类型可以划分为:海洋生态规划、流域生态规划、草原生态规划、湿地生态规划等。按照产业类型可划分为:农业生态规划、林业生态规划、工业生态规划、旅游生态规划等。

目前我国实施的生态规划主要有区域生态保护规划、生态示范区建设规划(生态省、生态市、生态县、生态乡村)、自然保护区(生态功能区)建设规划等几种类型。

(二) 生态规划的工作程序

目前生态规划并没有统一的工作程序,普遍采用的生态调查—分析评价—规划方案编制的3段式工作程序,是以McHarg的方法为基础在实践中逐步形成的。按照规划的形成过程,可主要分为准备阶段、规划编制阶段、管理实施阶段,主要包括以下几个主要内容:生态规划任务落实与拟议;规划大纲编制与评审;生态调查与资料收集;生态分析与生态评价;生态规划方案编制;生态规划报告的征求意见与修改;生态规划报告送审与论证;生态规划的批准与实施。

第二节 生态规划的理论基础

一、生态位理论

生态位最早由Grinnell(1917)提出,是指每个物种在群落中的时间、空间位置及其机能关系,或者说群落内一个物种与其他物种的相对位置。即生物在一定时间和空间拥有稳定的生存资源(食物、栖息地等),进而获得最大生存优势的特定的生态定位。

生态位理论主要揭示生物间利用自然资源的综合表现及生物之间相互作用的必然结果。生态位理论主要包括如下几个方面的内容:① 一个稳定的群落中占据了相同生态位的两个物种,不可能长期共存,其中一个终究要灭亡。② 一个稳定的群落中,由于各种群在群落中具有各自的生态位,种群间能避免直接的竞争,从而保持群落的稳定。③ 一个相互起作用的生态位分化的种群系统,各种群在它们对群落的时间、空间和资源的利用方面,以及相互作用的可能类型方面,都趋向于互相补充而不是直接竞争,因此由多个种群组成的生物群落,要比单一种群的群落更能有效地利用自然资源,维持长期较高的生产力,具有更大的稳定性。④ 生物的生态位不是一成不变的,可随着外界环境条件、生物间相互作用的改变而改变,即使在同一稳定的生境下,某一特定的生态位也会表现为昼夜变化、季节变化与年际变化。

生态位理论不仅适用于自然生态系统,同样适用于社会、经济子系统中的功能和结构单元,并逐步出现了"产业生态位""经济生态位"等新的概念。生态规划中应用生态位理论,可以充分利用自然资源,构建稳定、高效的生态系统。如林业生态规划中遵循生态位原理,仿照天然林生态系统结构,充分利用空缺的生态位补充适合的灌、草品种,有助于完善和恢复人工林生态系统的结构和功能。农业生态规划中实施的间作、套作、轮作等,都是充分利用不同作物的时间、空间生态位的差异,进行科学耕作的优良模式。产业生态系统中,合理配置不同资源利用需求,即不同产业生态位的行业,可以实现资源的多级利用,减少对环境的干扰。

二、生态系统服务功能理论

生态系统服务功能是指生态系统形成和所维持的人类赖以生存和发展的环境条件与效用。它不仅包括生态系统为人类所提供的食物、淡水及其他工农业生产的原料,更重要的是支撑与维持了地球的生命支持系统,维持生命物质的生物地球化学循环与水文循环,维持生物物种的多样性,净化环境,维持大气化学的平衡与稳定。生态系统服务功能是人类赖以生存和发展的基础。

生态系统服务是与生态过程紧密联系、客观存在的自然生态系统的基本属性。与经济学意义上的服务不同,生态系统服务只有很小一部分能够进入市场被买卖,大多数生态系统服务是公共物品或准公共物品,无法进入市场。

以生态系统为起点的,依据生态系统的组分、结构以及生态过程的生态属性,可以将生态系统服务分为供给服务、调节服务、文化服务和支持服务 4 种类型。供给服务是指从生态系统获得的产品,包括食物、纤维、淡水及遗传资源等;调节服务是指从生态系统过程的调节作用当中获得的收益,例如调节气候、水资源以及调控某些人类疾病;文化服务是指通过精神生活、发展认识、思考、消遣娱乐以及美学欣赏等方式,人类从生态系统获得的非物质收益,包括知识体系、社会关系以及美学价值等方面;支持服务是指为提供其他生态系统服务而必需的服务类别,例如产出的生物量和大气中的氧气、土壤形成与保持、养分循环、水循环以及提供栖息地。尽管支持服务不直接和人类发生关系,但与其他三类服务有着密切的联系。生态系统服务对维持生态安全,保证人类自身安全和维持人类高质量的生活等方面有重要作用。

生态系统服务功能对生态资源环境的评价、生态功能分区、生态价值评估,以及对生态环境保护措施制定、生态规划方案的实施等均具有重要的指导意义。有助于提高生态规划者、管理者与公众的生态环境意识,进行客观、科学的生态经济评价,以及区域生态功能的定位及区划和生态建设方案的制定。

三、景观格局与生态过程理论

景观生态学是研究景观单元的类型组成、空间格局及其与生态学过程相互作用的综合性学科。景观格局与生态过程及其尺度依赖性是景观生态学研究的核心内容。

景观生态学中的格局，往往是指空间格局，即缀块和其他组成单元的类型、数目及空间分布与配置等，它是景观异质性的具体体现，又是各种生态过程在不同尺度上作用的结果。景观格局分析就是通过对景观的空间结构进行分解，识别对景观稳定性有重要作用的基本景观空间结构特征。所谓空间异质性是指某种生态学变量在空间分布上的不均匀性及复杂程度，它是空间斑块性和空间梯度的综合反映。景观格局的研究方法主要包括景观格局指数法、空间自相关法，以及景观模型分析法。

在景观镶嵌体中发生着一系列的生态过程。这些过程既包括同一景观单元或生态系统内部的垂直过程，也包括在不同景观单元或生态系统间的水平过程。与景观格局不同，生态过程强调生态事件或现象发生、发展的动态特征，包括生物过程与非生物过程。生物过程包括种群动态、种子或生物体的传播、捕食作用、群落演替、干扰传播等；而非生物过程包括水循环、物质循环、能量流动、干扰等。现实世界中，格局与过程是不可分割的客观存在，任何生态过程都以一定的景观空间为依托，景观对于生态过程而言具有宏观的控制作用；生态过程与景观格局在现实世界中相互交融表现出非线性的耦合与反馈关系。

景观格局决定景观的生态过程与功能。一种景观格局的形成可能是多个生态过程综合作用的结果，同时一旦格局形成之后就会反过来对景观生态过程、功能产生影响，甚至改变原有的生态过程。景观格局与生态过程的相关理论，可以直接指导一个地区不同景观单元与要素的空间布局及优化安排，以实现生态规划区的景观格局安全，景观功能的优化提升。

四、生态系统结构与功能理论

生态系统的结构与功能主要探讨 3 个方面的问题，即代谢问题，系统结构和功能问题，人的行为和反馈机制问题，而最重要的是生态系统的结构和功能问题。区域生态系统的结构和功能理论问题，反映了生态学的实质。

第一个代谢问题，主要指资源代谢在时间、空间、尺度上的滞留和耗竭。生态滞留是指的大量的资源、物质输入人工生态系统如城市中，只有一小部分变成产品，大部分流失到水体、空气和土壤中造成污染，这种输入远远大于输出的现象叫作生态滞留。生态耗竭是指我们从自然生态系统中取得大量的物质、能量，但用于修复和保护的投入很少，生态系统持续供给资源的能力降低了，危害了我们子孙后代生存发展的能力，这种输入远远少于输出的现象叫作生态耗竭。生态滞留与耗竭导致了物质代谢的失衡，由此产生了一系列发展中的环境问题。

第二个系统结构和功能问题，主要是系统在结构功能关系上的破碎和板结。水、土壤、绿地和生态系统的结构四分五裂的现象，生态学上叫景观破碎，它导致生态承载力下降，生态系统结构和功能退化，生态代谢过程失调，最终影响生态系统服务功能。生态板结是指城市下垫面、人类活动排放的尘埃联合作用的结果，导致土地、水文、大气的成块化称为生态板结。局地气候、大气和水文的异常现象都是生态板结的结果。

第三人的行为和反馈机制问题，主要指社会行为在局部和整体关系上的短见和反馈机制上的开环和时滞。社会行为的短见包括先污染后治理，先规模后效益，先建设后规划等。信息反馈机制的问题有两种表现，一是反馈渠道不通，二是反馈速度缓慢。部门之间缺乏沟通机制，内部组织的自主调节机制比较弱，对外则是封闭的。

生态规划是统筹安排、合理优化社会-经济-自然结构发展,协调人类社会经济发展与生态环境保护的关系。因此生态系统结构和功能理论是生态规划的基础。生态系统结构和功能理论要求生态规划应是一个多维决策过程,是对系统组织性、相关性、有序性、目的性的综合评判、规划和协调。规划者首先必须有整体观点,要着眼于系统组分间关系的综合,探索系统的功能、变化趋势,其次要进行多目标、多属性的决策分析,采用宏观微观相结合,确定性与模糊性相结合的方法展开。

第三节 生态规划的基本内容与方法

一、生态调查内容与方法

生态调查是生态规划的基础性工作,调查的目的是了解规划区域资源环境与社会经济的特征及相关关系,通常可分前期准备、野外调查与部门调研、资料编辑与信息汇总、调查报告编写 4 个阶段。

(一)生态调查的内容

调查内容可分为自然生态调查、社会经济发展调查两个部分。

1. 自然生态调查

自然生态调查侧重对规划区域生态环境基本特征的调查,包括气候气象因素和地理特征因素,如地形地貌、坡向坡位、海拔、经纬度等;自然资源状况,如水资源、土壤资源、野生动植物资源及珍稀濒危动植物资源等;生态功能状况,如区域自然植被的净生产力、生物量和单位面积物种数量,生物组分的空间分布及在区域空间的移动状况,土壤的理化组成和生产能力等;人类开发历史、方式和强度;自然灾害及其对生境的干扰破坏情况;生态环境演变的基本特征;空气、水体、土壤、声环境治理现状监测和调查;基础图件收集和编制,主要收集地形图、土地利用现状图、植被图和土壤侵蚀图等。

2. 社会经济发展调查

社会经济发展调查包括社会构成情况,如人口密度、人均资源量、人口年龄构成、规划区域的主要生产方式等;经济结构与经济增长方式,如产业构成、自然资源利用方式和强度等;区域生态环境保护目标定位、上位规划及相关专项规划编制实施情况等。

(二)生态调查的方法

生态调查的方法通常包括历史资料收集、查阅文献,座谈访问、问卷调查,实地观测,遥感技术 4 种类型。历史资料、文献包括与规划相关的生态环境资料、调查报告、规划报告、文献资料、统计数据等,用于分析区域发展的历程、演变趋势分析。座谈访问、问卷调查通过有目的、有计划地向被访问者提出问题,以获得规划区生态环境信息。座谈访问能够把调查与讨论相结合,提出问题的同时探讨、解决问题,座谈访问可以分为结构性访谈和半结构性访谈两种方式。问卷是生态调查中常用的手段,参与性强,调查对象是规划区域内与规划内容密切相关的公众,调查结果能够反应公众对当地生态环境问题、建设方案的看法与建议。实地观测是为弥补历史资料的不足或不完善,获得准确的第一手资料,围绕重点地区或重点项目开展的观测、采样和调查。遥感技术包括卫星遥感、无人机遥感等。当规划涉及的范围空间尺度较大，难以通过实地观测获取全面数据资料时，可以采用遥感技术。

二、生态评价内容与方法

生态评价是指将收集到的资料进行整理、加工和分析，对规划区域的生态环境现状、社会经济发展现状、环境质量现状进行分析评估的工作过程。

（一）生态适宜性分析

“生态适宜性”最初出现于土地资源利用与规划领域，由 McHarg 及其同事提出并赋予实践。他们利用图层叠置方法定性分析了纽约斯塔滕岛（Staten Island）对自然环境保护、景观游憩（积极和消极游憩两个方面）、住宅建设、商服及工业开发等 5 种用地方式的适宜情况，制作了保护-游憩-城市化地区综合适宜度图，并在此基础上逐渐发展起了以图形叠置为主要手段的生态适宜性分析方法及生态规划流程。

生态适宜性是指区域或特定空间生态环境条件的最适宜利用方向。生态适宜性分析是生态规划的核心，是制定规划方案的基础。其目标是根据区域自然资源与环境性能，根据发展要求与资源利用要求，划分资源与环境的适宜性等级，厘清限制因素，为资源的最佳利用方式提供依据。生态因子选择、生态适宜性分级标准确定、分析方法筛选是生态适宜性分析的 3 大要素。

生态因子的选择将直接影响到适宜性分析结果。因子的选择要注重科学性、针对性、可操作性和代表性，应着重考虑对生态环境变化以及用地适宜性起主导作用的限制性因子。因子选择一般有定性法和定量法两种。定性法常用的有文献调研、专家咨询等方法，定量法是在因子初步筛选并量化的基础上，通过逐步回归分析、主成分分析等方法定量确定分析因子。

生态适宜性分析方法可以分为整体法、因子叠加法、线性与非线性因子组合法、因子分析法及逻辑组合法 5 大类。其中因子叠加法、线性与非线性因子组合法是目前生态规划中应用最为广泛的方法。

线性组合法是由一定的度量值来表示适宜性等级，并对每一因子视其重要性赋予不同权重值，将每一因子的适宜性等级值乘以权重值，得到该因子的适宜性值。最后综合各因子的适宜性空间分布特征，即可得到综合适宜性值及其空间分布。运用非线性模型模拟环境资源因素间的关系，然后进行适宜性等级划分的方法，称为非线性组合法。

适宜性分级标准分为单因子、综合适宜性两个部分。单因子适宜性分级一般根据用地类型、生态保护目标等确定，综合适宜性分级根据计算结果划分，从很不适宜到很适宜，分为三级或者五级。很不适宜指对环境破坏或干扰的控制能力很弱，自动恢复很难或补偿费用很高；很适宜则是对环境破坏或干扰的控制能力强，自动恢复快，环境补充费用很低。

（二）生态脆弱性分析

生态脆弱性源于 1905 年 Clements 将“Ecotone”（生态过渡带，指生态系统不同群落间的过渡地区）引入生态学研究。我国生态学家和地理学家基于生态过渡带提出了生态脆弱带的概念，它是指自然与人类活动相结合造成的环境退化、景观变坏、土地生产力下降及土地资源丧失的地带。此后进一步扩展到了生态脆弱区，即由于系统内物质、能量分配不协调而处于脆弱状态的生态系统。生态脆弱区是相对稳定生态系统而言的，在同等干扰下，脆弱生态系统更容易发生性质上的变化，表现为极易在干扰下偏离系统原有的平衡状态，从而向着生态恶化的方向发展。

一般来说,生态脆弱性是景观或生态系统在特定时空尺度上对于外界干扰具有的敏感反应和恢复状态,它是生态系统的固有属性在干扰作用下的表现,也是自然属性和人类活动行为共同作用的结果。脆弱的生态系统一般都表现为:生态系统敏感性强,系统稳定性差;生态弹性小,抵御外界干扰能力差;自身的恢复能力和再生能力较差;生态承载力能力低,环境容量小等特点(图 9-1)。

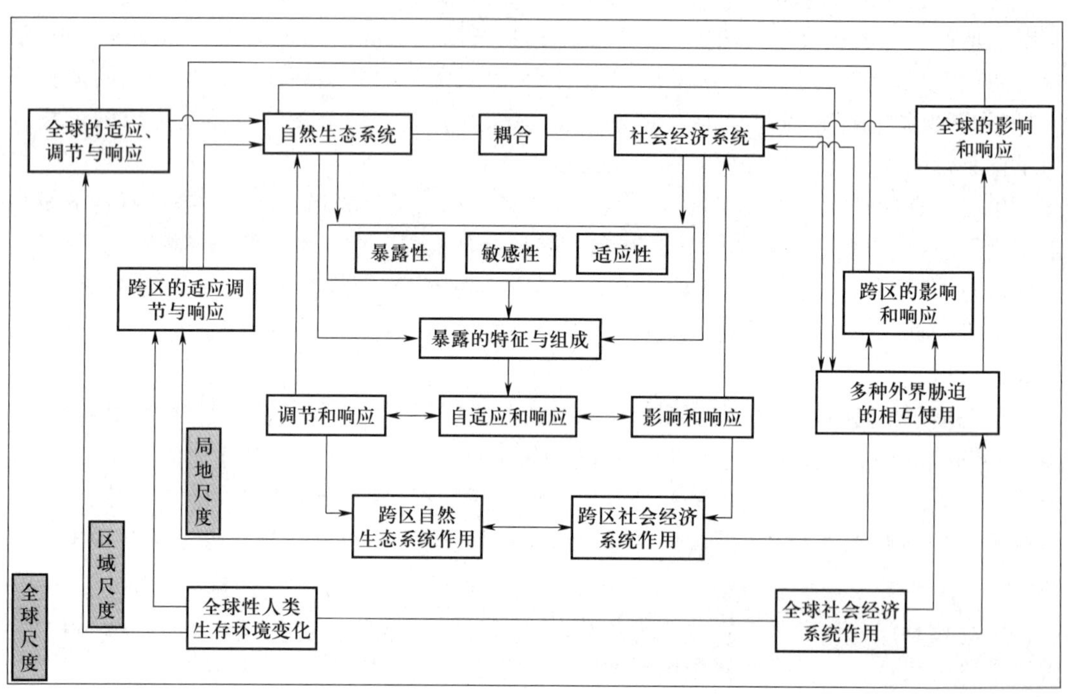

图 9-1 生态脆弱性研究框架(Turner 等,2003)

生态脆弱性评价指在区域层次上,对生态环境的脆弱程度作出定量或者半定量的分析、描绘和鉴定。生态脆弱性评价的目的是明确生态环境的脆弱性特征,用以规范人类活动的方式和强度,维护区域社会经济发展下的生态安全。由于生态脆弱性与系统本身对干扰的敏感程度、系统弹性或适应能力,系统面临的外部压力和干扰有关,因此生态脆弱性评价可以从生态敏感性、生态弹性及系统所面临的生态压力 3 个方面进行(图 9-2)。

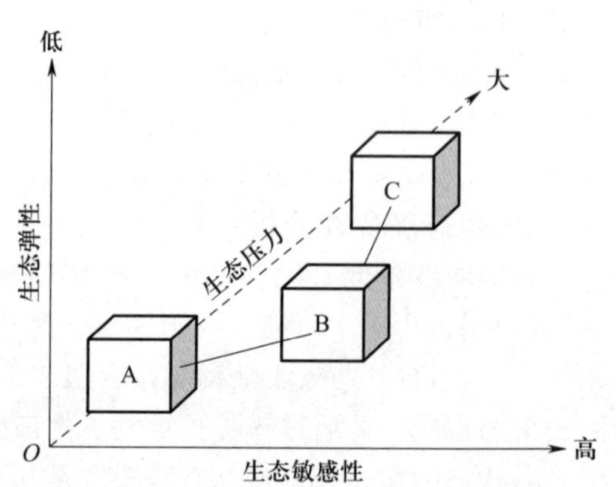

图 9-2 生态脆弱性评价体系(乔青等,2008)

1. 生态敏感性

生态敏感性是生态环境对各种干扰的敏感程度,反映的是其抵抗干扰的能力。生态敏感性评价的实质是在不考虑人类活动影响的前提下,分析可能发生的主要生态问题的类型及可能性大小、可能发生的地区及程度。

2. 生态弹性

弹性是系统在承受变化压力的过程中吸收干扰、进行结构重组，以保持系统的基本结构、功能、关键识别特征以及反馈机制不发生根本性变化的一种能力。也就是说，只要生态系统没有发生不可逆的变化，适度的结构调整就是系统具有弹性的表现。生态弹性的大小与生态环境的组成结构及各组成成分有关。

3. 生态压力

生态压力评价旨在评价人类的生存需求和社会经济活动对生态环境带来的压力。人类对生态环境的压力并促使生态环境脆弱化的表现有很多种，但归根结底都是人口增长以及在满足人类社会发展过程中诸多不合理资源利用方式所致。因此，可以通过生态环境目前所承载的人口数量和资源利用方式来表征生态压力。

生态脆弱性评价广泛应用指标评价法。该方法多针对具体的生态系统或环境问题，结合局地特征因素，从多方面选取评价指标，构建评价指标体系，实现区域生态脆弱性指标的量化。因此生态脆弱性评价包括：选择建立评价指标体系；确定指标体系中各因子权重；利用数学原理分析计算；对生态脆弱性进行等级量化等几个主要步骤。

脆弱生态系统最重要的特征就是其内部结构的不稳定性和对外界干扰的敏感性，其内部结构的不稳定性与区域环境资源因子有关，而对外界干扰的敏感性与区域经济发展水平及其替代能力有关。因此，生态脆弱性评价指标应涉及环境资源因子、经济发展水平因子、经济技术替代能力因子、域外支持因子等。

生态脆弱性分级是生态脆弱性评价的关键环节，是将评价结果更加直观表达的重要途径。一般来说，生态脆弱性等级划分以生态基准和生态阈值为基础，并结合研究者经验和研究区的实际情况来进行。常用方法有以下 3 种：① 等间距法，以脆弱性指数为标准，在指数间等间距划分脆弱性级别；② 数轴法，将脆弱性指数标绘在数轴上，选择点数稀少处作为等别界限；③ 总分频率曲线法，对脆弱性指数进行频率统计，绘制频率直方图，选择频率曲线突变处作为级别界限。一般的生态脆弱性从高到低可分为严重脆弱区、中度脆弱区和一般脆弱区 3 类。

（三）生态保护红线及其划定

1. 生态保护红线基本概念

2011 年《国务院关于加强环境保护重点工作的意见》中首次以规范性文件的形式提出了“生态红线”的概念。2017 年 2 月，在《关于划定并严守生态保护红线的若干意见》中明确提出全国生态保护红线划定时间表。由环境保护部、国家发展改革委联合发布《生态保护红线划定指南》，指导全国生态保护红线划定工作，保障国家生态安全。2019 年 8 月，生态环境部、自然资源部发布《关于印发〈生态保护红线勘界定标技术规程〉的通知》，要求京津冀、长江经济带省份和宁夏回族自治区等 15 省（区、市）依据国务院认定的生态保护红线评估结果，开展勘界定标；其他省份在国务院批准生态保护红线划定方案后，启动勘界定标。

生态保护红线顾名思义就是生态环境安全的底线，指在生态空间范围内具有特殊重要生态功能、必须强制性严格保护的区域，是保障和维护国家生态安全的底线和生命线，通常包括具有重要水源涵养、生物多样性维护、水土保持、防风固沙、海岸生态稳定等功能的生态功能重要区域，以及水土流失、土地沙化、石漠化、盐渍化等生态环境敏感脆弱区域。

生态保护红线是我国生态环境保护的制度创新，划定生态保护红线的目的就是建立最为严格的生态保护制度，从而促进人口资源环境相均衡、经济社会生态效益相统一。

生态保护红线原则上按禁止开发区域的要求进行管理。严禁不符合主体功能定位的各类开发活动，严禁任意改变用途，确保生态功能不降低、面积不减少、性质不改变。

2. 生态保护红线划定的原则

（1）科学划定，切实落地。统筹考虑自然生态整体性和系统性，通过科学评估，按生态功能重要性、生态环境敏感性和脆弱性划定生态保护红线，并切实落实到国土空间。

（2）坚守底线，严格保护。牢固树立底线思维和红线意识，将生态保护红线作为编制空间规划的基础。严禁任意改变用途，杜绝不合理的开发。

（3）部门协调，上下联动。国家层面做好顶层设计，地方党委和政府落实划定并严守生态保护红线的主体责任。

（4）立足当前、着眼长远。根据经济社会发展长远目标，超前研究其他相关红线管控要素，适时纳入管控范围。

3. 生态保护红线划定方法

生态保护红线划定以构建国家生态安全格局为目标，采取定量评估与定性判定相结合的方法。在资源环境承载能力和国土空间开发适宜性评价的基础上，按生态系统服务功能重要性、生态环境敏感性识别生态保护红线范围，并统筹考虑自然生态整体性，结合自然边界以及生态廊道的连通性，充分与主体功能区规划、生态功能区划等相衔接，与永久基本农田保护红线等相协调，与经济社会发展需求和当前监管能力相适应，统筹划定生态保护红线。

4. 生态保护红线划定的技术流程

生态保护红线的划定包括开展科学评估、校验划定范围、确定红线边界、形成划定成果、开展勘界定标等几个阶段。

（1）开展科学评估

在国土空间范围内，按照资源环境承载能力和国土空间开发适宜性评价技术方法，按照确定基本评估单元、选择评估类型与方法、数据准备、模型运算、评估分级和现场校验的步骤，开展生态功能重要性评估和生态环境敏感性评估。评估的基本空间单元一般为 250 m×250 m 网格。根据当地生态环境特征和主要问题，确定生态功能和生态环境敏感类型，结合数据条件，选取适合的评估方法，计算生态系统服务功能重要性和生态环境敏感性指数，将生态功能重要性依次划分为一般重要、重要和极重要 3 个等级，将生态环境敏感性依次划分为一般敏感、敏感和极敏感 3 个等级并进行现场校核。

（2）校验划定范围

根据科学评估的结果，将评估得到的生态功能极重要区和生态环境极敏感区进行叠加合并，并与国家级和省级禁止开发区域和其他各类保护地进行校验，形成生态保护红线空间叠加图。

（3）确定红线边界

将生态保护红线叠加图，与自然边界、保护地边界、自然资源调查范围等进行边界处理，并充分与各类规划、土地利用现状相衔接，考虑与相邻行政区域生态保护红线空间连续性，采取上下结合的方式开展技术对接，广泛征求各市县级政府意见，达成一致，确定生态保护红线边界。

(4) 形成划定成果

生态保护红线划定成果包括生态保护红线划定文本、图件、登记表、技术报告、台账数据库和生态保护红线划定方案。

(5) 开展勘界定标

根据确定的生态保护红线发布图,明确红线区块边界走向和实地拐点坐标,勘定红线边界,形成生态保护红线勘测定界图,并设立统一规范的标识标牌。

三、生态规划的内容与规划指标

(一) 生态功能区划

1. 生态功能区划的概念

1976 年美国生态学家贝利(Bailey)首次提出真正意义上的生态区划方案,从生态系统的观点提出了美国生态区域的等级系统,认为区划是按照其空间关系来组合自然单元的过程。并编制了美国按地域、区、省和地段 4 个等级进行划分的生态区域图。近年来,随着全球性生态环境问题的出现,以及人们对全球及区域生态系统类型及其生态过程认识的深入,生态学家开始关注人类活动在资源开发和环境保护中的作用和地位,并广泛应用生态区划与生态制图,分析区域生态环境问题形成的原因和机制。

我国侯学煜先生于 1988 年出版的《中国自然生态区划与大农业发展战略》中首先依据温度的差异,将我国划分为 6 个温度带,而后根据生态系统的差异将我国划分为 22 个生态区,并依据各生态区自然资源的特点,提出了各个区域内大农业的发展方向。环境保护部和中国科学院于 2008 年发布《全国生态功能区划》,一级区共有 3 类 31 个区,包括生态调节功能区、产品提供功能区与人居保障功能区;二级区共有 9 类 67 个区,其中,包括水源涵养、土壤保持、防风固沙、生物多样性保护、洪水调蓄等生态调节功能,农产品与林产品等产品提供功能,以及大都市群和重点城镇群人居保障功能二级生态功能区;三级区共有 216 个。2015 年,为进一步反映《中华人民共和国环境保护法》《中共中央关于全面深化改革若干重大问题的决定》及《中共中央 国务院关于加快推进生态文明建设的意见》等关于加强重要区域自然生态保护、优化国土空间开发格局、增加生态用地、保护和扩大生态空间的要求,环境保护部和中国科学院对《全国生态功能区划》进行修编,包括 3 大类、9 个类型和 242 个生态功能区;确定了 63 个重要生态功能区,覆盖我国陆地国土面积的 49.4%。

2. 生态功能区划及其目标

生态功能区划是根据区域生态系统类型、生态环境敏感性和生态服务功能的空间分异规律,在生态区划的基础上,将区域划分成不同生态功能的地区。

生态功能区划的目标包括:

(1) 明确全国不同区域的生态系统类型与格局、生态问题、生态敏感性和生态系统服务功能类型及其空间分布特征,提出全国生态功能区划方案,明确各类生态功能区的主导生态系统服务功能以及生态保护目标,划定对国家和区域生态安全起关键作用的重要生态功能区域。

(2) 全面贯彻“统筹兼顾、分类指导”和综合生态系统管理思想,改变按要素管理生态系统的传统模式,增强生态系统的生态调节功能,提高区域生态系统的承载力与经济社会的支撑能力。

(3) 以生态功能区为基础,指导区域生态保护与建设、生态保护红线划定、产业布局、资源开发利用和经济社会发展规划,构建科学合理的生态空间,协调社会经济发展和生态保护的关系。

3. 生态功能区划的原则

(1) 主导功能原则:区域生态功能的确定以生态系统的主导服务功能为主。在具有多种生态系统服务功能的地域,以生态调节功能优先;在具有多种生态调节功能的地域,以主导调节功能优先。

(2) 区域相关性原则:在空间尺度上,生态服务功能与该区域,甚至更大范围的自然环境与社会经济因素相关。在区划过程中,综合考虑流域上下游的关系、区域间生态功能的互补作用,从全省、流域、全国甚至全球尺度考虑。

(3) 协调原则:生态功能区划是国土空间开发利用的基础性区划,是国民经济发展综合规划、国家主体功能区规划、土地利用规划、农业区划、城镇体系规划等区划、规划编制的科学基础。在制定生态功能区划时,与已经形成的国土空间开发利用格局现状进行衔接。

(4) 分级区划原则:全国生态功能区划应从满足国家经济社会发展和生态保护工作宏观管理的需要出发,进行大尺度范围划分。省级政府应根据经济社会发展和生态保护工作管理的需要,制定地方生态功能区划。

4. 生态功能区划的内容

全国生态功能区划是在环境现状评价、生态敏感性评价与生态系统服务功能评价、生态保护重要性综合评价的基础上,明确其空间分布规律,确定不同区域的生态功能,提出全国生态功能区划方案。

(1) 环境现状评价

在区域生态调查的基础上,针对区域生态环境特点,分析区域生态环境特征与空间分异规律,评价主要生态环境的现状与趋势。生态环境现状评价应综合考虑自然要素(包括地质地貌、气象水文、土壤植被等)、社会经济条件(人口、经济发展、产业布局等)及人类活动及其影响(土地利用、城镇分布、污染物排放等)。现状评价必须明确区域主要生态环境问题及其成因,突出地区重点问题。

(2) 生态敏感性评价

生态敏感性评价应根据主要生态问题的形成机制,分析可能发生的主要生态环境问题类型与可能性大小,明确生态环境敏感性的区域分异规律,明确特定生态环境问题可能发生的地区范围与可能的程度,针对特定生态环境问题进行评价,然后对多种生态环境问题的敏感性进行综合分析,明确区域生态环境敏感性分布特征。例如,我国 2015 年版生态功能区划,主要考虑了水土流失敏感性、沙漠化敏感性、石漠化敏感性、冻融侵蚀敏感性 4 个方面。根据各类生态问题的形成机制和主要影响因素,分析各地域单元的生态敏感性特征,按敏感程度划分为极敏感、高度敏感、中度敏感、低敏感 4 个等级。

(3) 生态系统服务功能评价

生态系统服务功能评价是针对区域典型生态系统,评价生态系统服务功能的综合特征,分析生态服务功能的区域分异规律，明确生态服务功能的重要区域。2015 年全国生态功能区划中，将生态系统服务功能分为生态调节功能、产品提供功能与人居保障功能 3 个类型。生态系统服务功能重要性评价是根据生态系统结构、过程与生态系统服务功能的关系，分析生态系统服务功能特征，按其对全国和区域生态安全的重要性程度分为极重要、较重要、中等重要、一般重要 4 个等级。

（4）生态保护重要性综合分析

综合生态系统服务功能重要性与生态敏感性，形成生态保护重要性空间分布格局，并识别极重要区和较重要区。全国生态保护极重要区和较重要区总面积为 548.2 万 km^2，占国土面积的 57.1%，提供了全国水源涵养总量的 82.6%，保护生物多样性的自然栖息地总面积的 75.9%，土壤保持总量的 88.3%，固沙总量的 64.3%。

5. 生态功能区划方案

生态功能区划的分区系统分 3 个等级。首先从宏观上以自然气候、地理特点划分自然生态区，然后根据生态系统类型与生态服务功能类型划分生态亚区，最后根据生态服务功能重要性、生态敏感性与生态环境问题划分生态功能区。环境保护部《全国生态功能区划》（2015 年修编版）是从全国尺度实施的生态功能区划。全国生态功能区划方案分为生态调节、产品提供、人居保障 3 个生态功能大类，并进一步细分为水源涵养、生物多样性保护、土壤保持、防风固沙、洪水调蓄、农产品提供、林产品提供、大都市群、重点城镇群 9 类生态功能类型，共 242 个生态功能区，其中生态调节功能区 148 个、产品提供功能区 63 个、人居保障功能区 31 个。全国生态功能区划体系见表 9-1，生态功能区的存在问题与保护方向见表 9-2。

表 9-1　全国生态功能区划体系

生态功能区大类（3 类）	生态功能区类型（9 类）	数量/个	面积/（10^4 km^2）	占比/%	生态功能区举例
生态调节	水源涵养	47	256.9	26.86	米仓山—大巴山水源涵养区
	生物多样性保护	43	220.8	23.09	小兴安岭生物多样性保护区
	土壤保持	20	61.4	6.42	陕北黄土丘陵沟壑土壤保持区
	防风固沙	30	199.0	20.80	科尔沁沙地防风固沙区
	洪水调蓄	8	4.9	0.51	皖江湿地洪水调蓄区
产品提供	农产品提供	58	180.6	18.88	三江平原农产品提供区
	林产品提供	5	10.9	1.14	小兴安岭山地林产品提供区
人居保障	大都市群	3（京津冀、珠三角、长三角）	10.8	1.13	长三角大都市群
	重点城镇群	28	11.0	1.15	武汉城镇群

注：表格改编于《全国生态功能区划》（2015 修编版）。

表 9-2 生态功能区的存在问题与保护方向

类型	主要生态问题	生态保护主要方向
水源涵养生态功能区	人类活动干扰强度大;生态系统结构单一,生态系统质量低,水源涵养功能衰退;植被破坏、水土流失与土地沙化严重;湿地萎缩、面积减少;冰川后退,雪线上升	① 对重要水源涵养区建立生态功能保护区,加强对水源涵养区的保护与管理,严格保护具有重要水源涵养功能的自然植被,限制或禁止各种损害生态系统水源涵养功能的经济社会活动和生产方式。② 继续加强生态保护与恢复,恢复与重建水源涵养区森林、草地、湿地等生态系统,提高生态系统的水源涵养能力。严格限制在水源涵养区大规模人工造林。③ 控制水污染,减轻水污染负荷,禁止导致水体污染的产业发展,开展生态清洁小流域的建设。④ 严格控制载畜量,实行以草定畜,在农牧交错区提倡农牧结合,发展生态产业,培育替代产业,减轻区内畜牧业对水源和生态系统的压力
生物多样性保护生态功能区	生物资源退化;森林、草原、湿地等自然栖息地遭到破坏,栖息地破碎化严重;部分野生动植物物种濒临灭绝	① 开展生物多样性资源调查与监测,评估生物多样性保护状况、受威胁原因。② 禁止对野生动植物进行滥捕、乱采、乱猎。③ 保护自然生态系统与重要物种栖息地,防止生态建设导致栖息环境的改变。④ 加强对外来物种入侵的控制。⑤ 实施国家生物多样性保护重大工程,完善自然保护区体系与保护区群的建设
土壤保持生态功能区	不合理的土地利用,特别是陡坡开垦、森林破坏、草原过度放牧,以及交通建设、矿产开发等人为活动,导致地表植被退化、水土流失加剧和石漠化危害严重	① 调整产业结构,加速城镇化和新农村建设的进程,降低人口对生态系统的压力。② 全面实施保护天然林、退耕还林、退牧还草工程。③ 开展石漠化区域和小流域综合治理,协调农村经济发展与生态保护的关系,恢复和重建退化植被。④ 在水土流失严重并可能对当地或下游造成严重危害的区域实施水土保持工程,进行重点治理。⑤ 严格资源开发和建设项目的生态监管,控制新的人为水土流失
防风固沙生态功能区	过度放牧、草原开垦、水资源严重短缺与水资源过度开发导致植被退化、土地沙化、沙尘暴等	① 在沙漠化极敏感区和高度敏感区建立生态功能保护区,严格控制放牧和草原生物资源的利用。② 大力发展草业,加快规模化圈养牧业发展。③ 实施防风固沙工程、退耕还草、退牧还草等措施
洪水调蓄生态功能区	湖泊泥沙淤积严重、湖泊容积减小、调蓄能力下降;湖泊、湿地萎缩,污染加剧	① 加强洪水调蓄生态功能区的建设,严禁围垦湖泊湿地,增加调蓄能力。② 加强流域治理,恢复与保护上游植被,控制水土流失,减少湖泊、湿地萎缩。③ 控制水污染,改善水环境。④ 发展避洪经济,处理好蓄洪与经济发展之间的矛盾
农产品提供功能区	农田侵占、土壤肥力下降、农业面源污染严重;在草地畜牧业区,过度放牧,草地退化沙化,抵御灾害能力低	① 严格保护基本农田,培养土壤肥力。② 加强农田基本建设,增强抗自然灾害的能力。③ 加强水利建设,大力发展节水农业;种养结合,科学施肥。④ 发展无公害农产品、绿色食品和有机食品;调整农业产业和农村经济结构,合理组织农业生产和农村经济活动。⑤ 在草地畜牧业区,要科学确定草场载畜量,实现草畜平衡;实施大范围轮封轮牧制度

续表

类型	主要生态问题	生态保护主要方向
林产品提供功能区	林区过量砍伐，蓄积量低，森林质量低，生态系统服务功能退化	① 加强速生丰产林区的建设与管理，合理采伐，实现采育平衡，协调木材生产与生态功能保护的关系。② 改善农村能源结构，减少对林地的压力
大都市群	城市无限制扩张，生态承载力严重超负荷，生态功能低，污染严重，人居环境质量下降	加强城市发展规划，控制城市规模，合理布局城市功能组团；加强生态城市建设，大力调整产业结构，提高资源利用效率，控制城市污染，推进循环经济和循环社会的建设
重点城镇群	城镇无序扩张，城镇环境污染严重，环境保护设施严重滞后，城镇生态功能低下，人居环境恶化	以生态环境承载力为基础，规划城市发展规模、产业方向；建设生态城市，优化产业结构，发展循环经济，提高资源利用效率；加快城市环境保护基础设施建设，加强城乡环境综合整治；城镇发展坚持以人为本，从长计议，节约资源，保护环境，科学规划

注：表格改编于《全国生态功能区划》（2015 修编版）。

（二）生态示范区建设规划

生态示范区建设规划是我国现阶段重要的生态规划类型。生态示范区建设是按照可持续发展的要求，根据生态学和生态经济学原理，统一规划、合理组织、积极推进区域社会经济和环境保护的协调发展，建立良性循环的经济、社会和自然复合生态系统。我国生态示范区试点建设始于 1995 年，一般以行政单元为单位，目前实施的包括生态乡镇、生态县（市）、生态省的创建，国家生态文明示范区的建设等不同类型。

1. 生态示范区规划的目标和编制方法

此类规划的目标明确，即通过规划编制，合理谋划系列生态治理工程的实施，协助区域完成生态示范区的建设。具体来说，规划目标是以生态学理论为指导，应用系统工程方法，在对规划区域内自然、生态、环境、社会、经济等相关因素进行系统调查、分析和评价的基础上，结合区域内外各种资源供给的能力、生态环境承载能力，以及教育、科技、能源的支撑能力，明确区域建设生态示范区的可达性，通过合理安排社会经济发展目标、指标，强化生态环境保护措施，最终实现创建目标。

生态示范区规划编制过程中，主要采用如下方法手段：① 深入调查研究，系统了解区域生态环境及社会经济发展现状，明确区域生态示范区建设的优势、劣势、机遇和挑战。② 在详细调查规划区域生态资源的基础上，编制资源目录，绘制生态图，作为分析和制定规划的依据。③ 根据区域生态环境和社会经济现状调查结果，按规划要求进行功能分区。④ 对区域生态环境演变、社会经济发展趋势进行分析、预测。⑤ 根据示范区创建指标体系，结合区域现状和预测结果，制定规划目标和重点任务。

2. 生态示范区规划的指标体系

生态示范区建设规划的指标体系由国家生态环境主管部门统一颁布实施。近年来，我国颁布了一系列生态示范区创建的指标体系，包括国家级生态县、生态市、生态省及生态示范区建设的系列指标，国家生态文明建设示范区、市、县，生态文明建设示范村镇创建指标体系等。生态规划指标体系要依据区域创建的类型、所处区域及上级规划所确定的目标等确定。

生态县、生态市建设指标包括基本条件和具体指标体系两部分。基本条件包括:① 制定了生态省(市、县)建设规划,并颁布实施。国家有关环境保护法律、法规、制度及地方颁布的各项环境保护规定、制度得到有效的贯彻执行。② 全省(市)县级以上政府有独立的环境保护机构,并建立相应的考核机制。③ 完成国家(上级政府)下达的节能减排任务。3 年内无较大环境事件。外来入侵物种对生态环境未造成明显影响。④ 生态环境质量评价指数在全国(省、市)名列前茅或不断提高。⑤ 全省 80%的地级市(或全市 80%的县、全县 80%的乡镇)达到国家生态市(或生态县、全国环境优美乡镇)建设指标并获命名,中心城市通过国家环境保护模范城市考核并获命名。生态省、生态市、生态县的考核指标包括经济发展、环境保护和社会进步 3 类,其中生态省的共 16 项、生态市共 19 项。生态县的建设指标共 22 项。

党的十八大以来,我国鼓励以国家生态文明建设示范区为载体,全面践行"绿水青山就是金山银山"理念,颁布并实施了《国家生态文明建设示范区管理规程》《国家生态文明建设示范市县建设指标》。目前,生态文明示范县(市)、生态文明建设示范村镇建设已逐步替代了生态县、市的创建工作,成为区域生态建设的主要目标。

生态文明建设示范县(市)从生态空间、生态经济、生态环境、生态生活、生态制度、生态文化 6 个方面,分别设置 38 项(示范县)和 35 项(示范市)建设指标(表 9-3、表 9-4),用以衡量一个地区是否达到国家生态文明建设示范县、市的标准。

表 9-3 国家生态文明建设示范县建设指标

领域	任务	序号	指标名称	单位	指标值
生态空间	(一)空间格局优化	1	生态保护红线	—	划定并遵守
		2	耕地红线	—	遵守
		3	受保护地区占国土面积比例 山区 丘陵地区 平原地区	%	 ≥33 ≥22 ≥16
		4	规划环评执行率	%	100
生态经济	(二)资源节约利用	5	单位地区生产总值能耗	吨标煤/(万元)	≤0.70 且能源消耗总量不超过控制目标值
		6	单位地区生产总值用水量 东部地区 中部地区 西部地区	m^3/(万元)	用水总量不超过控制目标值 ≤50 ≤70 ≤80
		7	单位工业用地工业增加值 东部地区 中部地区 西部地区	万元/亩①	 ≥80 ≥65 ≥50

① 1 亩≈666.7 m^2

续表

领域	任务	序号	指标名称	单位	指标值
生态经济	（三）产业循环发展	8	农业废物综合利用率 秸秆综合利用率 畜禽养殖场粪便综合利用率	 % %	 ≥95 ≥95
		9	一般工业固体废物处置利用率	%	≥90
		10	有机、绿色、无公害农产品种植面积的比重	%	≥50
		11	环境空气质量 质量改善目标 优良天数比例 严重污染天数	 — % —	不降低且达到考核要求 ≥85 基本消除
生态环境	（四）环境质量改善	12	地表水环境质量 质量改善目标 水质达到或优于Ⅲ类比例 山区 丘陵区 平原区 劣Ⅴ类水体	 — % —	 不降低且达到考核要求 ≥85 ≥75 ≥70 基本消除
		13	土壤环境质量 质量改善目标	—	不降低且达到考核要求
		14	主要污染物总量减排	—	达到考核要求
	（五）生态系统保护	15	生态环境状况指数（EI）	—	≥55 且不降低
		16	森林覆盖率 山区 丘陵区 平原地区 高寒区或草原区林草覆盖率	%	 ≥60 ≥40 ≥18 ≥70
		17	生物物种资源保护 重点保护物种受到严格保护 外来物种入侵	 — —	 执行 不明显
	（六）环境风险防范	18	危险废物安全处置率	%	100
		19	污染场地环境监管体系	—	建立
		20	重、特大突发环境事件	—	未发生

续表

领域	任务	序号	指标名称	单位	指标值
生态生活	（七）人居环境改善	21	村镇饮用水卫生合格率	%	100
		22	城镇污水处理率 县级市、区 县	%	 ≥95 ≥85
		23	城镇生活垃圾无害化处理率 东部地区 中部地区 西部地区	%	 ≥95 ≥90 ≥85
		24	农村卫生厕所普及率	%	≥95
		25	村庄环境综合整治率 东部地区 中部地区 西部地区	%	 ≥80 ≥65 ≥55
	（八）生活方式绿色化	26	城镇新建绿色建筑比例 东部地区 中部地区 西部地区	%	 ≥50 ≥40 ≥30
		27	公众绿色出行率	%	≥50
		28	节能、节水器具普及率 东部地区 中部地区 西部地区	%	 ≥80 ≥70 ≥60
		29	政府绿色采购比例	%	≥80
生态制度	（九）制度与保障机制完善	30	生态文明建设规划	—	制定实施
		31	生态文明建设工作占党政实绩考核的比例	%	≥20
		32	自然资源资产负债表	—	编制
		33	固定源排污许可证覆盖率	%	100
		34	国家生态文明建设示范乡镇占比	%	≥80
生态文化	（十）观念意识普及	35	党政领导干部参加生态文明培训的人数比例	%	100
		36	公众对生态文明知识知晓度	%	≥80
		37	环境信息公开率	%	≥80
		38	公众对生态文明建设的满意度	%	≥80

表 9-4　国家生态文明建设示范市建设指标

领域	任务	序号	指标名称	单位	指标值
生态空间	（一）空间格局优化	1	生态保护红线	—	划定并遵守
		2	耕地红线	—	遵守
		3	受保护地区占国土面积比例 山区 丘陵地区 平原地区	%	 ≥33 ≥22 ≥16
		4	规划环评执行率	%	100
生态经济	（二）资源节约与清洁生产	5	单位地区生产总值能耗	吨标煤/（万元）	≤0.70 且能源消耗总量 不超过控制目标值
		6	单位地区生产总值用水量 东部地区 中部地区 西部地区	m^3/（万元）	用水总量不超过 控制目标值 ≤50 ≤70 ≤80
		7	单位工业用地工业增加值 东部地区 中部地区 西部地区	万元/亩	 ≥85 ≥70 ≥55
		8	应当实施强制性清洁生产企业通过审核的比例	%	100
生态环境	（三）环境质量改善	9	环境空气质量 质量改善目标 优良天数比例 严重污染天数	 — % —	不降低且达到 考核要求 ≥85 基本消除
		10	地表水环境质量 质量改善目标 水质达到或优于Ⅲ类比例 山区 丘陵区 平原区 劣Ⅴ类水体	 — % —	 不降低且达到考核要求 ≥85 ≥75 ≥70 基本消除
		11	土壤环境质量 质量改善目标	—	不降低且达到 考核要求
		12	主要污染物总量减排	—	达到考核要求

续表

领域	任务	序号	指标名称	单位	指标值
生态环境	(四)生态系统保护	13	生态环境状况指数(EI)	—	≥55 且不降低
		14	森林覆盖率 山区 丘陵区 平原地区 高寒区或草原区林草覆盖率	%	 ≥60 ≥40 ≥16 ≥70
		15	生物物种资源保护 重点保护物种受到严格保护 外来物种入侵	 — —	 执行 不明显
	(五)环境风险防范	16	危险废物安全处置率	%	100
		17	污染场地环境监管体系	—	建立
		18	重、特大突发环境事件	—	未发生
生态生活	(六)人居环境改善	19	集中式饮用水源地水质优良比例	%	100
		20	城镇污水处理率	%	≥95
		21	城镇生活垃圾无害化处理率 东部地区 中部地区 西部地区	%	 ≥95 ≥90 ≥85
		22	城镇人均公园绿地面积	m^2/人	≥13
	(七)生活方式绿色化	23	城镇新建绿色建筑比例 东部地区 中部地区 西部地区	%	 ≥50 ≥40 ≥30
		24	公众绿色出行率	%	≥50
		25	节能、节水器具普及率 东部地区 中部地区 西部地区	%	 ≥80 ≥70 ≥60
		26	政府绿色采购比例	%	≥80
生态制度	(八)制度与保障机制完善	27	生态文明建设规划	—	制定实施
		28	生态文明建设工作占党政实绩考核的比例	%	≥20
		29	生态环境损害责任追究制度	—	建立
		30	固定源排污许可证覆盖率	%	100
		31	国家生态文明建设示范县占比	%	≥80

续表

领域	任务	序号	指标名称	单位	指标值
生态文化	(九)观念意识普及	32	党政领导干部参加生态文明培训的人数比例	%	100
		33	公众对生态文明知识知晓度	%	≥80
		34	环境信息公开率	%	≥80
		35	公众对生态文明建设的满意度	%	≥80

生态文明建设示范村镇指标包括基础条件和建设指标两个部分。基础条件包括基础扎实,已获得国家级生态乡镇命名,制定国家生态文明建设示范乡镇(村)规划或方案,并组织实施生产发展,生态良好,生活富裕,村风文明等方面。建设指标包括生产发展、生态良好、生活富裕、乡风(村风)文明4个部分共21(18)项(表9-5,表9-6)。

表9-5　国家生态文明建设示范乡镇建设指标

领域	序号	指标	单位	指标值
生产发展	1	主要农产品中有机、绿色食品种植面积的比重	%	≥60
	2	农业灌溉水有效利用系数	—	≥0.6
	3	农用化肥施用强度,折纯	kg/hm^2	<220
	4	农药施用强度,折纯	kg/hm^2	<2.5
	5	农作物秸秆综合利用率	%	≥98
	6	农膜回收率	%	≥90
	7	畜禽养殖场(小区)粪便综合利用率	%	100
	8	应当实施清洁生产审核的企业通过审核比例	%	100
	9	工业企业污染物排放达标率	%	100
生态良好	10	集中式饮用水水源地水质达标率	%	100
	11	生活污水处理率	%	≥80
	12	生活垃圾无害化处理率	%	≥95
	13	林草覆盖率 山区 丘陵区 平原区	%	 ≥80 ≥50 ≥20
	14	建成区人均公共绿地面积	m^2/人	≥15
	15	居民对环境状况满意率	%	≥95
生活富裕	16	农民人均纯收入	元/年	高于所在地市平均值
	17	使用清洁能源的户数比例	%	≥60
	18	农村卫生厕所普及率	%	100
乡风文明	19	开展生活垃圾分类收集的居民户数比例	%	≥70
	20	政府采购节能环保产品和环境标志产品所占比例	%	100
	21	制定实施有关节约资源和保护环境村规民约的行政村比例	%	100

表 9-6 国家生态文明建设示范村建设指标

领域	序号	指标	单位	指标值
生产发展	1	主要农产品中有机、绿色食品种植面积的比重	%	≥60
	2	农用化肥施用强度,折纯	kg/hm^2	<220
	3	农药施用强度,折纯	kg/hm^2	<2.5
	4	农作物秸秆综合利用率	%	≥98
	5	农膜回收率	%	≥90
	6	畜禽养殖场(小区)粪便综合利用率	%	100
生态良好	7	集中式饮用水水源地水质达标率	%	100
	8	生活污水处理率	%	≥90
	9	生活垃圾无害化处理率	%	100
	10	林草覆盖率 山区 丘陵区 平原区	%	 ≥80 ≥50 ≥20
	11	河塘沟渠整治率	%	≥90
	12	村民对环境状况满意率	%	≥95
生活富裕	13	农民人均纯收入	元/年	高于所在地市平均值
	14	使用清洁能源的户数比例	%	≥80
	15	农村卫生厕所普及率	%	100
村风文明	16	开展生活垃圾分类收集的居民户数比例	%	≥80
	17	遵守节约资源和保护环境村规民约的农户比例	%	≥95
	18	村务公开制度执行率	%	100

（三）区域生态保护规划

区域生态保护规划是运用生态学、生态经济学原理,根据区域社会、经济、自然条件特点,提出区域内不同层次生态功能区的保护、建设、资源开发战略和区域内环境保护和经济发展决策,调控区域内复合生态系统各组分间关系,以实现资源综合利用、经济良性发展、生态环境改善。生态保护规划以协调经济发展与生态保护的关系,保障经济发展的同时生态改善或不降低为主要目标。规划强调协调性、区域性与层次性,以及与上位规划、相关规划的协调性、相容性。

区域生态保护规划指标体系一般根据区域发展、生态改善需求而确定,没有固定的指标体系和达标标准。依据规划对象的不同,指标体系有所侧重,如生态工业园区规划指标体系的设置主要包括:

(1) 经济发展指标:如经济发展水平指标(主要包括 GDP 年平均增长率、人均 GDP、万元 GDP 综合能耗、万元 GDP 水耗等),经济发展潜力指标(科技投入占 GDP 的比例、科技进步对 GDP 的贡献率等)。

(2) 生态工业特征指标:如有无成熟的生态工业链;资源利用指标(水资源重复利用率、原材料重复利用率、能源重复利用率等);柔性特征指标(产品种类、原材料的可替代性等)；基础设施建设指标(如信息网络系统、废物处理共享设施等)。

(3) 生态环境保护指标：如环境保护指标(环境质量、污染物排放达标情况、污染物处理处置等)；环境绩效指标(万元 GDP 工业废水产生量、万元 GDP 工业固体废物产生量、万元 GDP 工业废气产生量、万元 GDP 有毒有害废物产生总量)；生态建设指标(可再生能源所占比例、人均公共绿地面积、园区绿地覆盖率等)；生态环境改善潜力(环境保护投资占 GDP 的比重等)。

(4) 绿色管理指标：如政策法规制度指标(园区内部管理制度的制定、园区内部管理制度的实施、企业管理制度的制定、企业管理制度的实施等)；管理与意识指标(开展清洁生产的企业所占比例、园区企业 ISO14001 认证率、生态工业培训等)。自然保护区规划的指标体系则主要围绕保护区生态环境现状、保护对象状态、目标、人为干扰的控制等几个方面设置。

区域生态保护规划范围包括以行政单元为边界的城市生态规划，以自然单元为边界的自然保护区规划、流域生态保护规划等，以及以产业为主体的产业生态规划等。

第四节　生态规划方案的编制

一、生态规划方案的主要内容

生态规划方案并无统一的规范性文本要求，基于大量规划实践和理论研究，生态规划方案文本包括以下几个主要部分。

(一) 总论

总论部分主要说明规划任务的由来，规划编制的依据，规划范围、规划时限、规划的技术路线，规划的宏观背景与现实基础，建设目的、意义等。其中规划时限通常以规划前一年为基准年，规划当年为开始年，分为近期、中期和远期，一般分别为 5、10、15 年。

(二) 现状分析与评价

主要介绍规划区的自然地理条件和生态环境现状，社会、经济、文化背景等。依据所搜集到的基本数据资料，对经济、社会、环境现状及存在的重要问题进行分析评价。主要包括：

① 规划区域内各种资源的组合状况及对经济发展的影响；

② 对规划区域经济、生态、社会持续发展和进步的有利因素、制约因素(包括自然因素、社会因素、经济因素、技术因素和政策因素等)及相互关系。

③ 存在的主要生态环境问题及其产生原因。

(三) 指导思想与基本原则

指导思想是规划编制和实施建设的核心，必须明确、准确。指导思想要明确规划编制的理论依据、区域发展定位、主要战略措施和规划实施所要达到的最终目标。生态规划的总体指导思想就是坚持科学发展观，实现区域发展的生态化，终极目标则是实现区域复合生态系统的可持续发展，实现生态保护与经济发展的双赢。

生态规划要遵循的基本准则通常有因地制宜原则、生态资源持续利用与社会经济发展相协调原则、生态健康与生态安全原则、循环经济与节约型发展原则、长期利益与短期利益相结合原则、可操作性与综合性原则等。

（四）规划目标

规划目标是生态规划的核心内容之一。规划目标通常依据区域生态环境现状，结合区域发展战略、社会经济发展趋势制定。规划目标分为总体目标和阶段性建设指标。

总体目标要给出总的发展目标和要求，一般以定性描述为主。阶段性建设目标一般包括近期、中期、远期的经济发展、环境保护和社会进步等多方位的可量化和考核的指标。

（五）生态功能分区

生态功能分区是确定区域生态保护、社会经济发展总体布局的依据。生态功能分区是根据自然地理条件和社会经济条件，结合土地利用与行政区划现状，考虑未来发展需要进行的。报告要明确每个功能区的面积、人口、所辖行政区域，功能区的基本特征、发展方向、建设目标等。

（六）生态建设的重点领域和主要任务

重点领域和主要任务，与生态规划的主题、空间尺度和所在区域有关，共同的建设任务则包括可持续发展能力建设，增强生态系统的服务功能，优化系统结构确保生态安全3大方面。其中，可持续发展能力建设是重点，主要从生态经济、生态环境和生态文化建设3个方面进行。生态经济建设的重点体现为以循环经济为特征的生态产业建设；生态环境建设包括资源保护、污染防治及生态恢复、保护与建设；生态文化建设包括优秀传统文化保持与发扬两部分。

（七）重点建设工程

根据生态规划所确定的总体目标、主要任务，规划指标可达性分析，确定若干项大型重点建设工程，以保障规划目标的实现。规划文本应详细介绍每项工程的意义及对应完成的规划任务和具体指标、项目选址、建设内容、建设周期、投资概算和效益分析、经费来源、责任单位及主要负责人。为了直观系统，通常在文字叙述之后，汇总列表说明。

（八）经费概算与效益分析

经费概算按照国家关于工程、管理经费概算方法，编制规划内容涉及的所有工程建设和管理项目的经费概算。在编制规划时，经费概算可列表说明。经费来源通常包括部门规划建设经费、总体经费和专项建设经费（如水利、交通、能源、造林、绿化等各项经费）、市场融资、外来投资、自筹和其他来源等。分析总经费和总需求是否一致，有无缺口等。

规划实施后，其带来的综合效益突出体现在经济效益、生态效益和社会效益3个方面。

经济效益分析的主要内容有：系统结构是否合理，各产业布局是否合适，物质、能量的利用水平及生产发展水平，系统资金投入产出比、总产值、总利润、各产业产值百分比、人均产值、劳均产值、人均收入等。

生态效益分析的主要内容有：规划对资源利用的合理性和系统抗干扰能力的提升，如自然资源利用效率、能量利用率、能量产投比等；规划对改善生态系统物质循环和能量流动的贡献，如循环利用效率、人工辅助能投入产出比等的改变；规划对改善自然生态环境的贡献，如区域植被覆盖率的提供，环境污染排放的降低，人居环境的舒适性和适宜性的提高，系统自净能力、防御自然灾害能力的增强等。

社会效益分析的主要内容有：规划实施对于提高城乡结构、城镇布局合理性，改善物质生活、文化生活、生活环境及健康状况，提高社会保障能力，降低贫富差距，增强人们生态意识，区域科技进步、社会服务体系完善的贡献等。

（九）实施规划的保障措施

该部分主要包括规划实施所需要的组织、政策、技术、资金筹措、管理等方面的对策措施。所提出的措施要明确、具体、针对性和可操作性强。

（十）规划附图

生态规划的附图主要包括：地理区位分析图，生态环境现状图，主要污染源分布与环境监测点（断面）位置图，生态功能区划图、生态产业发展专题规划图、重点环境基础设施建设规划图、重点生态环境综合整治项目布局图等。

二、生态规划方案编制体例和要求

生态规划的基本体例与其他规划基本一致，包括文本、图件、说明书和附录 4 个部分，有时还附有专题报告。其中文本和图件经规划委托部门审议和批准之后，具有相同的法律效力。说明书、专题报告和附录则无须批准。

规划文本要简洁明了，一般用条文的方式表达。图件是规划结果的空间表达。说明书是对规划文本的详细说明、分析和论证，文字材料多、内容详尽，一般用章节的方式表达。附录一般是所引用资料的罗列，包括政府报告、统计资料、研究报告、上层规划等。专题报告是说明书的延伸，是为了弥补说明书在某些方面表述的不充分而提交的报告资料，就某个问题进行深入的分析、论证和说明。

（一）规划文本的要求

1. 观点明确

生态规划是为了指导区域生态保护与建设工作的，要有明确的观点以便于实际操作和实施。明确的观点是规划具有可操作性的关键。

2. 表达准确

文本是生态规划成果的具体体现，文本的措辞应能够准确地表达规划的观点，即规划者的思想。

3. 语言精练

文本应只有结论而无须论证，因此语言要精炼，切忌烦琐。

（二）生态规划图件的要求

生态规划图除了地图的特殊数学法则、特定符号系统和特别的制图综合外，还有以下的要求。

1. 符号形象，直观生动

应大量采取组合符号、象形符号和透视符号，形象直观，象征性强，有一定的艺术性，易于为使用者接受。

2. 色彩和谐悦目，有吸引力

色彩设计应能更好地突出表现生态规划图的主题、衬托地图内容，增强地图的表现力。

3. 表达方法灵活多样

通常采用“多层平面表示法”来表达，采用彩色线画符号、彩色晕渲、彩色素描等，以烘托主题，增强感染力。

4. 以图为主,图文并茂

生态规划图在图面配置和结构上,以地图形式表现为主,配以文字、照片等内容,综合地反映主题内容。

复习思考题

1. 如何理解生态规划与环境规划的关系?
2. 生态功能区划包含哪些主要工作内容?
3. 简述生态规划的基本工作程序。
4. 比较区域生态保护规划与生态示范区建设规划的异同。

参考文献

[1] 刘康. 生态规划:理论、方法与应用[M]. 北京:化学工业出版社,2011.
[2] 钟晓青. 生态工程与规划[M]. 北京:科学出版社,2017.
[3] 欧阳志云,王如松. 区域生态规划理论与方法[M]. 北京:化学工业出版社,2005.
[4] 章家恩. 生态规划学[M]. 北京:化学工业出版社,2009.
[5] 欧定华,夏建国,姚兴柱,等. 景观生态安全格局规划理论、方法与应用[M]. 北京:科学出版社,2019.
[6] 傅伯杰,刘世梁,马克明. 生态系统综合评价的内容与方法[J]. 生态学报,2001,21(11):1885-1892.
[7] 傅伯杰,刘国华,陈利顶,等. 中国生态区划方案[J],生态学报,2001,21(1):1-6.
[8] 欧阳志云,王如松,符贵南. 生态位适宜度模型及其在土地利用适宜性评价中的应用[J]. 生态学报,1996,16(2):13-120.

第十章

城镇环境规划

本章介绍以城镇为对象的环境规划,其内容主要涉及城市环境规划、开发区环境规划、社区环境规划和乡镇环境规划。与以环境要素为对象的环境规划不同,城镇环境规划包含的内容更为广泛,其既涉及环境要素规划的内容,又要考虑城市交通、能源、生态环境等方面的规划。因此,城镇环境规划可称为一种综合性环境规划。本章仅对城市、开发区、社区和乡镇的环境规划内容和编制程序做概要介绍。

第一节　城镇及其环境的基本特征

城镇是人类物质财富和精神财富生产、聚集和扩散的中心,是一个国家和地区发展水平的重要标志。城镇承载了人类的过半人口和大部分的经济活动,城镇化的进程也伴随着物质能源消耗和污染排放的增加。同时,城镇尺度一方面连接宏观上的发展战略规划,另一方面连接了微观上企业/个人等实施主体,成为可持续发展中承上启下的关键环节。城镇化在伴随着人类改进生产和发展方式的实践过程中不断向前推进,面对这个复杂的系统,探索利用城镇环境规划手段解决各种城镇环境问题、寻求实现城镇可持续发展的路径。

一、城镇基本特征与发展规律

(一) 城镇的概念

城镇是人类聚居形式的一个重要发展阶段,是社会经济历史发展过程中的产物,是人类社会文明的体现,是一个极为复杂的地域综合体,是一个庞大的系统整体。我国《城市规划基本术语标准》(GB/T 50280—98)中对城市的定义是:以非农产业和非农业人口聚集为主要特征的居民点,包括按国家行政建制设立的市和镇。从实质看,城镇是与乡村相对应的一种聚落类型。相对于乡村,城镇具有其显著特征:一定规模的人口数量和密度;城镇中大部分的经济活动都围绕着工业生产和服务业等非农业生产进行,而且城镇经济的一个重要特征是集聚经济,具有特有的生活方式。城镇不是众多人和物在地域空间上的简单叠加,高度聚集的人口和经济生产活动要求城市制定更多的规则和规划,从而保障其有效长久的运行。

(二) 城市的规模

城市有 3 种地域概念,即行政地域城市、实体地域城市和功能地域城市。我国城市界定标准主要包括 3 个方面的因素:人口数量、产业规模和行政管辖,其中人口数量决定着城市规模。目前,我国按城区常住人口数量将城市划分为 5 类 7 档(表 10-1)。城区是指在市辖区和不设区的市，区、市政府驻地的实际建设连接到的居民委员会所辖区域和其他区域。

表 10-1 我国城市规模划分标准

城市规模		城区常住人口/万
超大城市		>1 000
特大城市		>500～1 000
大城市	Ⅰ型大城市	>300～500
	Ⅱ型大城市	>100～300
中等城市		>50～100
小城市	Ⅰ型小城市	20～50
	Ⅱ型小城市	<20

（三）城镇发展的规律

1. 城镇发展的经济规律

城镇经济可以分为基本的和从属的（非基本的）两类。基本经济类是为了满足来自城市外部对产品和服务的需求，即以输出为主的经济活动；从属经济类则是为了满足城镇内部对产品或服务的需求。根据城镇经济基础理论，城镇的基本经济类增速是判断城市经济发展前景的重要指标。

2. 城镇发展的人口规律

城镇集聚的最为本质的特征是人口的集聚。城镇化理论认为随着城镇产业结构的进化与城市发展阶段的演化，各个城镇的人口空间活动具有相似的进化过程，在工业化初期阶段人口从农村向城镇迁移，城镇人口不断增加，人口“绝对集中”；随着工业化进入成熟时期，人口继续向城镇集中的同时开始向郊区扩展，城镇人口“相对集中”；理论上进入后工业化经济结构中第三产业的比重开始超过第二产业，郊区人口增长开始超过城市人口增长，城市人口开始“分散”，从农村向城市的人口迁移逐渐消失。

3. 城镇发展的区域空间增长规律

城镇化理论认为，每个城市的发展过程是相似的。但实践表明，区域中的各个城镇的发展并不是均衡的，有些城镇逐渐占据主导地位，而其他城镇则始终处于从属地位。根据增长极核理论，区域经济发展总是首先集中在一些条件较为优越的城镇，由于规模经济和聚集经济的效应，这些城市的发展呈现不断循环和累积的过程，逐渐成为区域的中心城市。

4. 城镇发展的全球化规律

在新的全球经济格局中，资本流动性使控制/管理功能向发达国家少数城市的空间集聚，制造/装配功能则向经济欠发达而劳动力与土地成本低的地区转移。一部分城市在全球或区域经济的主导地位越来越显著，而大部分城市则越来越成为跨国公司的制造/装配基地，发达国家与发展中国家城市间的发展层次差距在不断加大，城市发展越来越受到全球经济环境的影响和跨国资本的外部控制，并由此形成在世界城市体系中的不同节点。

二、城镇环境的特征与功能

（一）城镇环境的特征

城镇环境既含有自然生态环境的各个要素，又包括人为环境的各个方面，是自然－经济-社会复合的人工生态系统。其中,自然环境是指围绕着城镇及其周围的各种自然因素的总和,包括大气、水、土壤和动植物及各种矿物资源等。但城镇生态环境或生态系统是不完整的生态系统,它缺乏第一性的生产者,消费者与分解者也是不完整的。在稳定的自然生态系统中,各营养级有机物总量逐级递减,呈金字塔形;而在城镇生态系统中,消费者(主要是人)数量很大,生物营养级构成呈倒金字塔形。因此,城镇环境是人类在政治、经济、文化生活等活动中,不断利用和改造自然环境而创造出来的高度人工化的生存环境,是典型的人工生态系统。由于人类活动对城镇环境的多种影响,使城镇环境表现出明显的特征:

1. 城镇环境具有最强烈的人为干预特征

由于城镇是人口最集中,社会、经济活动最频繁的地方,也是人类对自然环境干预最强烈、自然环境变化最大的场所。除了地貌类型、主要河流水文特征基本保持自然状态外,其他自然要素都发生不同程度的变化,而且这种变化通常是不可逆的。因此,要求在人为干预的过程中开展科学、严谨的城镇环境规划,保障城市的健康稳定发展。

2. 城镇环境质量与城镇发展紧密相关

城镇是由社会-经济-环境组成的复杂人工生态系统,社会、经济的发展与环境发展相互依存、相互作用。环境作为一种资源,是人类社会经济发展的自然基础,以污染环境为代价的短期经济发展是脆弱的、不可持续的,终将限制城镇发展。城镇的规模和性质往往可以支配生态环境质量的好坏,而通过合理的规划调整产业结构,是改善生态环境、发展健康经济的主要手段。

3. 城镇环境污染多为复合性多源污染

城镇工业高度集中,大量的物质流动和转化加工,消耗大量的资源和能源,工业内部的分工精细,各系统功能复杂,一旦有某一环节失效或比例失调,都会造成资源和污染物的流失。在工业、交通职能日益增加的情况下,城镇环境的污染性质已由过去单一的生活性污染变成工业、交通多源性污染,污染物繁杂,而且各种污染物的联合作用,加重了城镇环境问题的复杂性。城镇人口密集,污染物对人体心理和生理的危害最为严重,形成“现代城市病”,甚至侵害到人类的生物基因。城镇环境问题是由于人类的过失行为引起的,也可以通过规划调整人类行为,包括实施合理的管理、调整人类的需求欲望、制定有效的行为准则予以改善。

(二)城镇环境功能

城镇环境是人类生存发展和社会经济发展的基础,其具体功能包括:

1. 净化废弃物的功能

城镇空气中含有大量尘埃、油烟、碳粒等。这些烟灰和粉尘降低了太阳的照明度和辐射强度,削弱了紫外线,不利于人体的健康;而且污染了的空气使人们的呼吸系统受到损害,导致各种呼吸道疾病的发病率增加。城镇环境构成的绿色空间对烟尘和粉尘有明显的阻挡、过滤和吸附作用。

2. 提供舒适、优美的自然条件的功能

城镇环境直接影响着城市居民的感观,优雅、舒适的城镇环境可以激发人们的生理活力,使人们在心理上感觉平静。现代研究表明植物对人类有着一定的心理功能。通过建设城镇公园、绿地等手段增加城市植被覆盖率,可以同时起到调节城市小环境,改善空气质量,维系生态平衡和防灾减灾等多种生态效应。良好的城镇环境可以构建城镇的景观,组合文化、历史、休闲的要素,使城镇焕发活力。

三、城镇化及其生态环境问题

(一)城镇化与环境问题

城镇化是当今世界重要的社会、经济现象之一,是指一个国家或地区随着社会生产力的发展、科学技术的进步以及产业结构的调整,其社会从农业为主的传统乡村型社会向以工业(第二产业)和服务业(第三产业)等非农产业为主的现代城市型社会逐渐转变的过程。在我国更多地采用城镇化的概念,主要是指除了一般的城市外,还有大量的小城镇和农村小集镇(集聚了大量的从事非农业活动的人口)。由于中国城市和镇在权力资源配置方面存在较大的区别,因而,中国的城镇化无论在速度还是规模都与西方的人口城镇化有一定的差异,也反映了中国城镇化的特征。

城镇化代表着人类生活水平的提高,但快速城镇化短期的无序扩张,也给生态环境带来了阶段性恶化的倾向,尤其是区域人口数量激增和人类活动加剧,引发环境污染、资源浪费、能源短缺、粮食危机等一系列问题,城镇作为人类活动主体的发展开始受到严峻挑战,快速城镇化过程引发的环境问题至少有以下几个方面:

(1)环境总承载力不足。人口从乡村到城镇的转移,城镇规模扩大、人口密度上升,而城镇环境总承载力未出现明显提升,造成资源短缺。

(2)环境保护基础设施滞后。主要是指产业结构的变动中第一产业比重下降,第二和第三产业比重不断提高及城市经济规模扩大,而第二和第三产业配套的基础设施供给滞后,导致生态污染累积,引发生态环境安全问题。

(3)生态空间无序。主要是指城镇建成区域的分布不合理及城市与区域空间结构的重构、城市体系的变化无序等。

(4)资源利用效率不高。主要指在城镇化进程中,仍保留了粗放的资源利用方式,资源利用效率低下,浪费严重。

(二)典型的城镇生态环境及其规划存在问题

城镇在相对狭小的地域空间内集中了大量的人口、工业、建筑,消耗大量的物质和能量,排出大量的生活及工业废物。早期城镇化的发展过度重视经济,缺乏对生态环境方向的关注,对自然空间的改造减弱了环境的承载力,当这些废物的总量超过环境的自净能力时,就会发生严重的环境污染。因此,制定和实施一项科学的、规范的、可操作性强的城镇环境规划,对于人与环境协调发展具有重要的意义。

当前主要的城镇生态环境及其规划存在问题集中在以下几方面:

1. 水资源超量使用和严重污染

早期城镇化推进缺乏科学规划,城镇规模、人口、工业无序激增,水资源需求增加,沥青、水泥等工业材料代替了土壤和植被形成不透水层,不透水层的增加使得雨水无法渗入土壤补充地下水,而大部分变成地表径流,造成城镇水资源无法补充,存量下降;加之我国南北水资源分布不均,北方大量城市水资源承载力有限,同时大量废物的排放导致城市径流水体污染严重,形成黑臭水体。

目前,我国部分城镇环境规划开展了一系列城市河流—处理厂—管网设施的系统规划、海绵城市规划等应对城市水问题，但历史遗留问题严重，我国许多地区城市仍然供水紧张、水体污染严重。

2. 大气污染

大气污染是城镇环境污染中首要的环境危险因素，空气污染易引发公共卫生问题。据2017年全球疾病负担研究估计，室外细颗粒物（$PM_{2.5}$）污染导致我国约112万人死亡，约占总死亡人数的11%，是导致我国人群死亡的第4位危险因素。城市工业集中，车辆保有量大，工业生产中废气和汽车尾气排放是造成城市大气污染的主要原因。

针对大气问题，我国主要开展了包括城市大气污染控制规划、空气治理达标规划等，城市空气质量，尤其是我国北方城市的空气质量已有明显的好转，但城市大气污染易于治理难在维持，制定长期有效的城镇大气环境规划是空气质量的重要保障。

3. 固体废物污染

早期的城镇缺乏对废物处理的规划。城镇化进程中，大量的工业和生活垃圾的任意堆放，不仅侵占了大量的耕地，也成为地表水和地下水的主要污染源之一。城市固体废物不仅在收集运输和处理处置过程中带来直接的环境污染，处理处置设施也成为社会高度敏感项目及话题，甚至设施选址都容易引起环境群体性事件，影响社会稳定，甚至最终致使项目"停摆"。

为解决城镇固体废物问题，我国大部分城市都开展了城市固体废物管理规划，固体废物污染具有累积性和持续性，因此固体废物处理处置和综合利用成为当前城市固体废物污染防治规划亟待解决的热门问题。

4. 噪声污染

城镇噪声污染被认为是仅次于大气污染和水污染的第三大公害。我国城镇化进程中，此类污染表征不强，因此在早期城镇规划中并未受到应有的重视。城市噪声主要由交通、工业、市政、建筑施工、居民生活娱乐和商业活动等引起。城市噪声污染来源复杂、突发性强，且与城镇功能区规划和交通基础设施布局密切相关。结合城镇土地利用规划和声环境功能区划，开展城市噪声污染控制规划是协调城镇建设与声环境保护，确保居民健康的重要手段。

第二节　城市环境规划

一、城市环境规划概述

（一）我国城市环境规划概况

早在1982年以前，我国的一些城市就已陆续制定环境保护计划（规划），但其内容仅局限于环境质量评价和污染防治。1984年我国正式将环境规划纳入城市总体规划体系，要求所有总体规划中必须包括环境规划的内容。1988年，我国拟定了《中小城市环境规划规范（讨论稿）》，初步确立了城市环境规划的地位和作用。20世纪90年代以来，我国又进一步明确了城市环境规划的法律地位，及其与国民经济和社会发展计划的关系，使环境规划工作朝着科学化、规范化的方向迅速发展。1992年联合国环境与发展大会后，可持续发展成为我国城市环境规划追求的战略目标。此后，我国又出现了生态市或生态城市的规划。

（二）国外城市环境规划概况

国外在城市规划中涉及环境问题，出现于第二次世界大战之后。但真正系统地研究城市环境规划则始于20世纪70年代初，英国进行的西北部经济规划战略研究中，把环境规划作为重要研究内容。其后，美国对波士顿、洛杉矶、纽约等城市先后开展了城市环境规划研究，并着重研究了城市经济增长、人口变化及城市扩展等对环境带来的影响。美国的城市环境规划以实现规定的环境目标为目的，建立数学模型，运用各种优化方法探求污染防治方案。20世纪70年代后，日本十分重视环境规划研究，主张“生存条件重于经济发展的原则”，在环境规划中采用了污染物排放总量控制方法。苏联及东欧一些国家如捷克、匈牙利等也进行了大量的城市环境规划研究，提出了很多有效的规划方法（如系统分析和模式区概念）。近年来，一些发展中国家，如菲律宾、印度等国逐渐开始重视城市发展中的环境规划问题，并进行了一些卓有成效的工作。经过近50年的发展，城市环境规划的理论和方法日益成熟和完善，已成为国外城市建设和发展设计中不可或缺的组成部分。

二、城市环境规划的内容

城市环境规划是一个复杂的系统工程，其涉及范围广，数据需求量大，要使用多种模型方法。通常，城市环境规划的内容可分为两大部分，即环境现状调查评价和环境质量预测及规划。

首先，在明确规划的对象、目的及范围的前提下，进行环境现状调查和评价。即对所要规划地区的自然、社会、经济基本状况，土地利用、水资源供给、生态环境、居民生活状况，以及对大气、水、土壤、噪声、固体废物等环境质量状况进行详尽的调查，收集相关数据进行统计分析，并适当地作出相应的环境质量评价。具体调查和评价内容参见表10-2。

表10-2 城市环境规划中的现状调查和评价内容

<table>
<tr><th colspan="4">项目</th><th>内容</th></tr>
<tr><td rowspan="10">1</td><td rowspan="10">城市自然概况</td><td colspan="2">区域范围</td><td>规划区域范围、环境影响区域的确定</td></tr>
<tr><td rowspan="4">自然条件</td><td>地质</td><td>地形和地质状况</td></tr>
<tr><td>水文</td><td>城市水系分布、水文状况，如河流、丰平枯水量等；水库或湖泊，水量、水位等；海湾，潮流、潮汐、扩散系数等；地下水，地下水位、流向等</td></tr>
<tr><td>气象</td><td>平均气温、降水量、最大风速、风频、风向、日照时间等</td></tr>
<tr><td>其他</td><td>台风、地震等特殊自然现象、放射能</td></tr>
<tr><td rowspan="5">社会条件</td><td>人口</td><td>人口数量、组成、分布，流动人口等</td></tr>
<tr><td rowspan="4">产业</td><td>产业构成、布局、产品、产量、从业人口</td></tr>
<tr><td>农业：农业户数、农田面积、作物种类、产品产量、施肥状况等</td></tr>
<tr><td>渔业：渔业人口、产品种类、产量等</td></tr>
<tr><td>畜牧业：畜牧业人口、牲畜种类和存栏数、产品率、牧场面积等</td></tr>
<tr><td rowspan="3">2</td><td rowspan="3">土地和水系利用状况</td><td colspan="2">土地</td><td>土地利用状况，有关土地利用的规定</td></tr>
<tr><td colspan="2">水系</td><td>河流、湖泊、水库水面的利用，港湾、渔港区域状况</td></tr>
<tr><td colspan="2">水利</td><td>水利设施、供水、产业用水等</td></tr>
</table>

续表

项目				内容
3	环境质量状况	大气	污染源	固定源、移动源、主要大气污染物的发生量(估算)
			质量现状	SO_2、NO_x、PM_{10}、$PM_{2.5}$、CO、飘尘、HF、H_2S、HCl、O_3等的含量,飘尘中重金属、苯并[*a*]芘的含量
			气象条件	发生源、风向、风速等,及其与污染浓度相关关系
		水体	污染状况	BOD_5、COD、NH_3-N、TN、TP 等的含量,河流、湖泊透明度等,特殊有机污染物、重金属污染物的含量
			其他	发生源、水化学条件及其与污染物浓度的关系
		固体废物		城市垃圾、工业废物、放射性固体废物、农业废物、医疗危险废物
		噪声		噪声源分布、噪声污染程度、振动污染等
		热污染等		余热利用、废热排放、热污染现状
		化学品登记		运入、使用、生产、排放的化学品种类、数量、毒性、处置及去向
		其他污染		交通、工业、建筑施工等恶臭;放射性、电磁波辐射、地面沉降等
4	生态环境特征调查与生态登记	区域生态		植物、动物概况,生态系统状况、植被覆盖面积等
		编制生态因子		选择编制环境规划所需的生态因子,如绿地覆盖率、气象因子、人口密度、经济密度、建筑密度、交通量、水资源等
		自然环境价值评价		自然环境对象的学术价值、风景价值、野外娱乐价值等
5	城郊环境质量现状	城郊环境污染状况		“三废”产生量、治理量、排放量,污灌水质、面积
		土壤现状调查		土壤种类、分布,K、N、P 等营养元素和 Cd、Pb、Hg 等重金属含量,含水率等
6	居民生活状况	保健		总人口、死亡率、出生率、自然增长率、妇幼保健等
		食品		食品摄取状况,农产品和水产品中 Hg、Pb、Cd 等的检出水平与一般值比较,食品添加剂的状况等
7	与环境有关的市政设施状况			城市排水系统分布结构,公园及其他环境卫生设施分布情况等
8	环境污染效应调查			环境污染与人群健康状况(主要疾病发病率和死亡率)调查
				环境污染经济损失调查

其次,在现状调查和评价的基础上,进行环境影响预测和规划。即根据现有状况和发展趋势对规划年限内的环境质量进行科学预测,根据环境功能状态确定城市功能分区及相应的环境目标,进行水资源合理利用和优化配置设计,对城市大气、水体、噪声等进行污染综合整治规划、制定固体废物和工业污染源管理控制规划,以及对城市的交通运输、能源供给、土地利用、绿地建设等进行科学的设计与规划。具体内容参见表 10-3。

表 10-3 城市环境规划中的环境影响预测和规划内容

项目			内容
1	城市开发规划概要	工业规划	工程、投产时间、主要产品品种、年产量
		自然环境改变	挖掘、填筑、整理、采伐等引起的形状、面积和土方量变化
		人口变化	组成、分布等变化(年别、地区别)

续表

项目			内容
2	城市环境功能分区	环境功能分区	环境区划,功能分区,如水环境功能分区、声学环境功能分区等
		指标体系	环境污染指标,社会经济环境指标及环境建设指标等
		环境目标及可达性分析	各功能区的环境目标和环境总目标,以及它们之间的关系和可达性分析
3	水资源利用及环境综合整治规划	用水规划	总体用水规划、水的收支和分配、主要取水源等
			工业用水:工业用水量预测、水资源的平衡、供水来源等
			生活用水:用水预测,供水量及来源
			农业用水:用水量、配水规划等
		水资源保护规划	发生源变化预测、水质污染预测、水文变化预测、发生源控制规划、地面水保护规划、地下水保护规划
		水面利用规划	渔业、其他水生生物的养殖等
		污染负荷预测	全市及各个功能水域污染物的最大允许排放量、负荷量及削减量
		环境综合整治规划	提出环境综合整治方案、措施及实施细节
4	大气污染综合防治规划	环境质量预测	气象条件,主要污染物的浓度分布,大气质量预测
		污染负荷预测	全市及各个功能区污染物的最大允许排放量、负荷量及削减量
		污染防治规划	大气污染综合防治措施(包括环境目标,工程及管理措施),污染综合整治方案
5	固体废物管理规划	固体废物预测	增长预测及环境影响预测
		固体废物规划	制定综合管理及处置规划,提出综合整治对策
6	噪声整治规划及其他	噪声污染预测及防治	噪声环境影响预测,确定城市各个功能区噪声标准,制定综合整治规划
		化学品污染防治规划	化学品增长及环境影响预测及环境管理措施
7	工业污染源控制规划	工业污染源环境影响预测	骨干工业:生产工艺、生产技术水平、能源、资源消耗预测、单位产品或单位产值的排污量污染增长趋势
			中、小工业:按行业调查分析其经济效果与环境效果,预测其对环境的影响和对经济发展的作用
		分区控制规划	工业结构优化、布局调整规划
8	土地利用规划	总体规划	城市总体布局,土地总体利用规划
		工业区划	各专门工业区、工业区和准工业区面积和人口
		居住区和商业区	各等级居住区、邻近商业和商业区的面积人口
		农业、林业和畜牧业等区划	面积、位置、人口、户数、生产品种等规划概要
		其他	临河、海等城市的特殊区划,如港口、码头规划
9	城市能源规划	能源利用规划	能源消费预测、节能规划、能源构成
		能源环境影响预测	能源大气污染预测、热污染预测
		能源环境管理规划	能源政策,分配规划,控制能源产生污染的措施规划
10	城市交通规划	交通发展规划	城市道路、城市车辆类型、数量的发展规划及其环境影响,铁路、公路、航空、水运规划及其环境影响
		其他	改善环境的措施、交通环境设计

续表

项目		内容
11	城郊环境规划	城郊生态环境特征及城乡关系分析
		乡镇企业发展及环境影响预测
		乡镇企业污染综合整治对策
		城郊农业环境保护及生态农业系统规划
12	绿化和生态调节区、特殊保护区规划	树种选择、郊区森林及城市各种绿地的规划
		绿地指标、城市周围建立自然保护区、生态调解区的规划
		特殊保护区(文物、古迹等)的规划
		旅游规划

三、城市环境规划的编制程序

(一) 城市环境规划的特点分析

要成功地进行城市环境规划优化,必须充分考虑到研究对象的各种特征。对城市整体而言,环境规划的首要目标在于为城市环境与经济的协调发展提供决策支持。因此,应将城市区域的环境系统和经济系统,作为一个有机的整体来进行分析研究。城市环境经济系统具有如下基本特征:

1. 综合性

城市环境系统覆盖范围广,既包括工商业发达、人口集中的城区,也包括农业发达、人口疏散的郊区。该系统是个复杂的巨系统,其是由社会环境、经济环境和自然环境等众多子系统及其相互作用关系构成的统一体,从而实现整个系统的运转和功能。

2. 多目标与目标矛盾性

在所研究的城市环境系统内,各种环境、社会经济和资源目标并存。不同的决策者,不同的利益群体,根据自己利益的需要所希望获得的目标也不尽相同。这些目标之间相互作用,或者相互抑制或者相互促进。因此,问题的关键在于如何在各利益群体之间进行协调以达到整个城市系统效益的最优化。

3. 动态性

在环境经济系统中,各种环境经济因素都不是一成不变的,而往往随着时间的推移发生变化。尤其对于具有一定发展水平的城市而言,城市自身的社会状况、经济结构、生态环境等都是随时间不断发展变化的。因此,在对城市环境进行长期的系统规划研究时,从模型构造、求解,到结果解译等过程中都必须将系统的时间变化特征表现出来。这样,才能产生现实有效的规划优化方案。

4. 不确定性

对于一个城市的长期规划而言,随着社会经济的不断发展,城市自身的结构和规模必然会随着发生变化。这种动态性本身就带来了规划中各种环境经济要素的不确定性问题,这是宏观的不确定性。同时,系统各种具体行为的输入、输出往往也不是确定的数值,其被称为微观的不确定性。

总之,城市环境系统具有上述 4 个典型特征。因此,在进行城市环境规划时,必须将这些特征充分反映在规划模型的构建之中,以得出更为现实可行的规划方案。

（二）城市环境规划的编制程序

如前所述，城市环境规划所涉及的内容广泛，它实际上是由诸多环境要素规划如水体、大气、固体废物、噪声等组合在一起的综合体。这些要素规划间相互联系、相互作用和影响，构成了一个有机的整体。一般来说，城市环境规划的编制过程可概括为：通过对拟规划城市的环境系统的现状调查与评价，确定该城市的主要环境问题和污染状态；通过对环境预测和环境功能区划等工作，确定该城市的环境规划目标及污染物总量控制目标，并产生污染物的最大容许排放量和削减量；这也指导了城市环境污染综合整治规划和社会经济发展规划等的产生，一系列的规划势必影响到整个城市的环境质量、行业发展结构和投资状况；这就从环境目标、投资能力等方面形成了系统的反馈环，促使规划制定者对已初步形成的规划内容进行修正调节，直到最终产生合理可行的城市环境规划。具体步骤参见图 10-1。

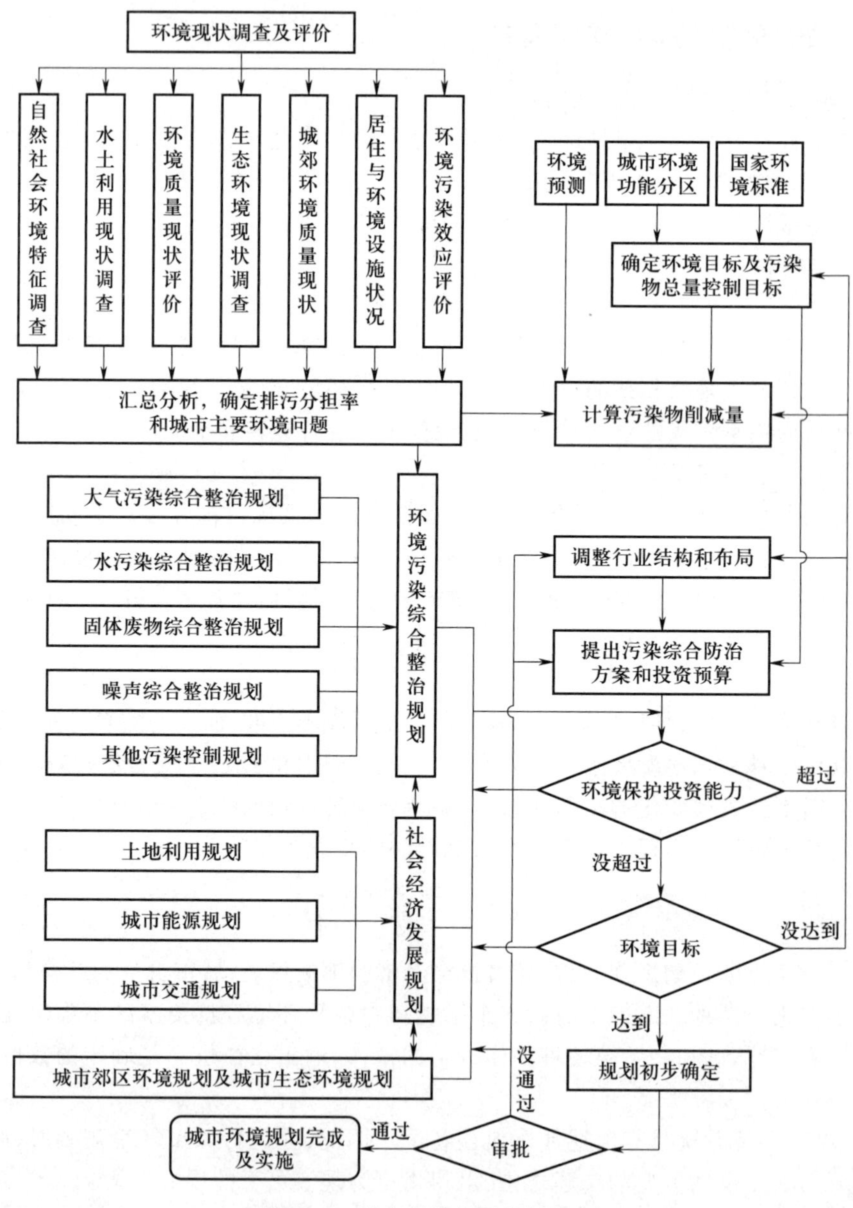

图 10-1 城市环境规划编制程序

第三节　开发区环境规划与生态工业园规划

一、开发区环境规划

（一）开发区环境规划概述

开发区（或新区）环境规划是区域环境规划的一种特殊类型，它既有区域环境规划的共性，又有其独特之处。通常，开发区是在原农业区或未开垦的区域上重新建设新区，原有工业基础薄弱，城镇水平低，环境质量良好。可以说，环境规划制定得科学与否将直接关系到未来该区域的环境经济系统的运转状况。

开发区环境规划的指导思想应以经济开发为中心，来描绘经济建设和环境保护协调发展的科学蓝图。因此，它应为开发区的开发方向、规模和速度，经济结构、生产布局及环境建设等提供科学依据，为开发区的经济、社会和环境协调发展寻求有效途径。

（二）开发区环境规划的内容

1. 现状调查及评价

（1）自然环境和社会环境特征调查。

（2）环境质量现状评价。环境质量现状评价包括污染源调查及大气环境、水环境、土壤环境质量现状等评价。

（3）生态环境现状调查。调查各生物种群的数量、种类、分布等。

（4）环境效应调查评价。调查评价环境污染对人体、动植物等的影响及其经济分析。

（5）国土综合开发设想。国土综合开发设想包括中心规划区布局、规划区外围布局、农业发展设想、供水设想、交通设想、综合开发方向和目标等。

2. 基础研究

（1）大气污染研究。大气污染研究包括开发区大气污染研究目的、技术路线，大气污染物输送的主要气象过程及大气边界层结构，规划区大气污染源分析，大气质量模式的建立及其计算结果，大气环境质量趋势及工业布局合理性分析等。

（2）水环境污染研究。水环境污染研究包括水污染物迁移转化规律研究，浓度响应系数分布图绘制，扩散自净能力分区及排放总量分析，排污方案的水质模拟研究等。

（3）生态环境条件及经济开发对生态环境的影响分析。生态环境条件及经济开发对生态环境的影响分析包括对生态特征分析，主要污染物对特定物种的影响分析，对于临海的开发区而言，还有海域富营养化可能性及控制对策研究，开发活动对滩涂养殖业的影响及对策研究等。

（4）土地及人口问题分析。土地及人口问题分析包括土地利用特征分析，各种用地类型变化趋势分析，农业及非农业人口组成分析，开发活动对土地利用及人口组成的影响研究等。

3. 环境预测与规划

（1）确定研究目标、指导思想和理论基础。

（2）开发区环境承载力分析。

（3）开发区经济发展结构及投资预算分析。

（4）环境污染预测，包括大气、水、固体废物、土壤、噪声污染预测。

(5) 环境污染控制研究,包括大气、水污染控制规划,固体废物处理处置规划等。

(6) 环境污染综合防治方案设计。

(7) 开发区土地利用规划。

(8) 开发区工业与城镇布局调整规划。

(9) 开发区交通规划。

(10) 开发区环境管理建议。

(三) 开发区环境规划的编制程序

1. 系统特征简析

对开发区而言,它既是一种特殊的区域经济系统,又受到区域一般性的系统特征(如集合性、多目标性、动态性和不确定性等)影响。对于不同的开发区,由于存在社会经济条件、自然资源、生态环境及交通区位等方面的不同,其系统结构也就存在差异。尽管如此,从系统的观点看,如果将环境经济系统的诸多细节忽略,而从相对宏观的角度去分析开发区环境经济系统的共性,则可以作出粗略但具有一定普适性的系统分析(图 10-2)。

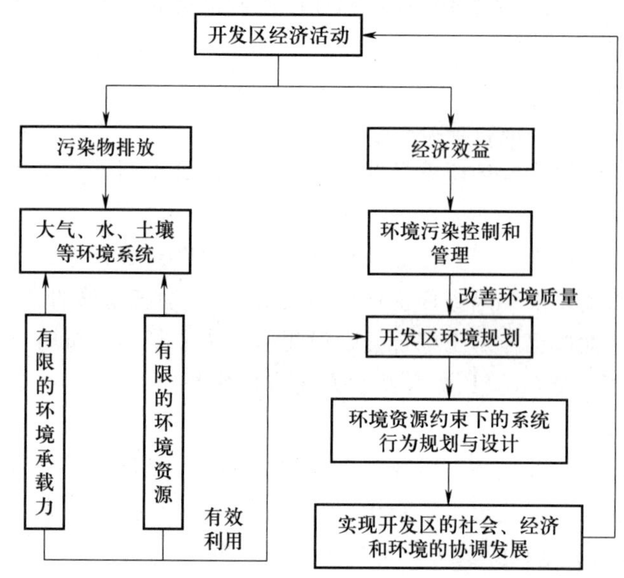

图 10-2 开发区经济、环境与资源之间的关系

由图 10-2 可知,开发区的首要任务在于发展经济,因此经济活动是整个系统的两大出发点之一。经济活动具有两重性,一方面,经济活动是区域发展的基础,它能通过物质生产而形成区域的经济收益;但另一方面,由于经济活动涉及资源开采、利用和生产等过程,而这些过程往往不可避免地会影响生态环境,以及产生并排放各种污染物与废物,所有这些都将对环境造成损害。当这种损害达到一定强度时,就必然会威胁到区域的进一步发展乃至人们的生活与生存。因此,为了避免出现这种情况,在开发区的发展过程中,将采取一定的环境管理与污染控制措施以降低环境损害水平。于是,相当数量的资金将被投入到这些活动中。从某种意义上说,环境问题导致了区域的经济净收益的降低。由此便产生了一个问题,即应该如何发展经济并保护环境,才能使得区域的纯收益最大?显然,这正是环境规划的主要任务之一。

系统的另外一个出发点是区域的环境和资源系统。任何开发区所处区域的资源条件和环境承载能力都是有限的。这些可利用资源与环境承载力空间就构成了区域发展的可行空间。如果开发区过分追求经济开发的速度与规模,而无视各种资源与环境约束,那么,各种难以解决的环境经济问题就会接踵而至。因此,为了协调经济发展与资源、环境之间的矛盾,对开发区进行相应的环境规划是至关重要的。在进行环境规划时,必须充分考虑特定开发区的具体情况,以区域的资源、环境阈限为约束空间来作出行动方案,通过有效地安排各种经济活动,使区域发挥尽可能高的发展潜力。

总之,在进行开发区环境经济系统规划时,既要综合考虑区域的自然资源、交通区位及生态环境等状况,又要充分研究系统内部的主要因素及相互关系,以区域的可持续发展为首要追求目标,将开发区的环境系统和经济系统作为一个有机的整体来进行分析研究。

2. 开发区环境规划的编制程序

开发区环境规划方法的主要技术路线为:① 经济开发区的战略性研究,它包括社会、经济发展战略、环境保护战略及全局性的宏观决策;② 经济开发区的开发方向、经济结构、产业规模、生产布局与环境承载能力相适应的研究;③ 制定经济开发区经济开发与环境保护相协调的具体策略和措施(图 10-3)。

二、生态工业园规划

(一) 生态工业园规划概述

生态工业园是依据循环经济理论和工业生态学原理而设计的一种新型工业组织形态,是继工业园区和高新技术园区后的第三代工业园区;生态工业园区环境规划的目的,是正确模拟自然生态系统来设计工业园区的物流和能流,并基于生态系统承载能力,规划建设具有高效的经济过程及和谐的生态功能的网络型进化型工业园区。规划包括若干企业、自然生态和居民区,规划目标是物质和能量多级利用、高效产出或持续利用,力求污染“零排放”。生态工业园是能最大限度地发挥人的积极性和创造力的高效、稳定、协调、可持续发展的人工复合生态系统,也是高新技术开发区的升级和发展趋势,体现了新型工业化特征及实现可持续发展战略的要求。

(二) 生态工业园规划的内容

以下给出生态工业园规划编制的基本内容,具体规划工作中各园区可以根据实际情况,进行调整。

(1) 区域社会、经济和环境概况:社区、城市、区域的情况;园区现状、产业类别、结构、主要资源等状况;存在的问题及分析。

(2) 园区建设必要性和有利条件

(3) 规划目标和原则:总体目标;具体目标;规划原则。

(4) 园区总体设计:现有建设条件分析;生态工业园区的总体框架(包括主要工业链);生态工业园区的空间布局和功能分区;生态工业园区的产业发展规划。

(5) 园区工业代谢分析:主要物质代谢分析;能量流动分析。

(6) 园区建设项目:园区建设项目清单及说明(包括工业项目、基础设施、服务设施等);园区建设项目指南。

(7) 园区投资和效益分析:总投资;融资渠道;社会、经济、环境效益分析。

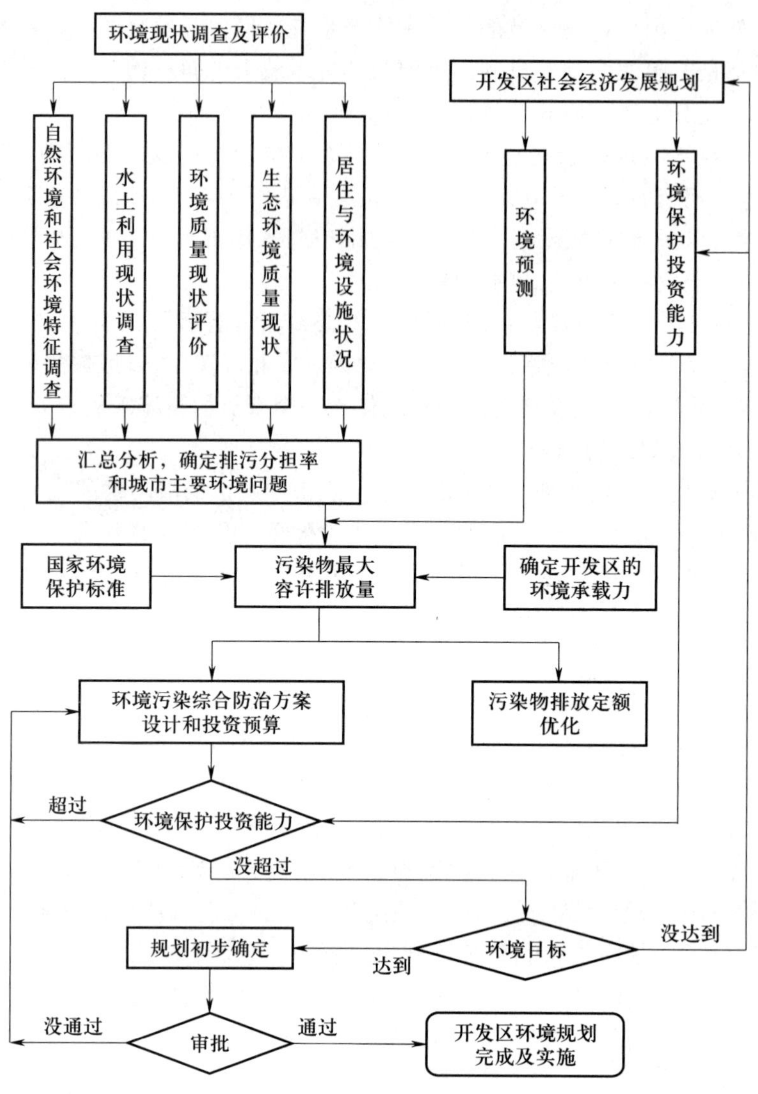

图 10-3 开发区环境规划编制程序

(8) 组织机构和保障措施:领导小组、管理委员会(协调办公室)、投资开发公司;园区管理制度(如果是改造现有园区,须注意与现有园区的管理制度相结合);鼓励政策(土地政策、税收政策、补贴政策、信贷政策、排污收费返还等);支持系统(如信息系统、新技术开发、企业孵化器、环境管理系统、清洁生产审核等)。

(三) 生态工业园规划的编制程序

生态工业园规划的编制主要可分为前期的准备阶段、中期的编制阶段及后期的文本形成阶段 3 个阶段,各阶段的主要内容如下。

1. 准备阶段

(1) 规划队伍建设。建立规划队伍,包括领导机构和技术机构。

(2) 园区规划范围。根据实际情况选择园区范围,原则上不得占用新的土地作为工业用地。需充分利用现有工业区域、污染的废弃地区或当前运行的工业园区,进行生态工业园区建设规划。

（3）现状调研阶段。主要调查和分析园区及周围区域内当前的自然条件、社会经济背景，现有行业和企业状况，物流、水流和能流，废物产生和处置，现有生态工业雏形，环境容量和环境标准，可能的废物利用渠道，可能形成的产业链等。

2. 编制阶段

（1）规划目标确定：针对园区建设的指标体系中各类指标，提出园区建设的总体目标和具体目标，目标应尽可能量化和易于考核。

（2）方案设计阶段：总体框架设计，即根据现状分析结果，结合规划目标，进行物流、水流、能流、信息流的集成分析，从而给出园区的总体框架设计，包括主要的工业链、空间布局和功能分区的设计；产业发展规划，即针对主要行业的发展定位、产品规模、支持项目等进行分析，从而确定园区内的产业发展规划；入园项目筛选和入园项目指南的制定，首先筛选和提出最初的入园项目，其中包括工业项目、基础设施、服务设施等，之后要制定一个入园项目指南，这主要由于园区一般是一种开放式结构，为保证园区可持续发展，需对今后的入园项目制定入园项目指南；政策设计，也就是制定相应的园区管理措施、鼓励政策等；支持系统设计，这里的支持系统主要指企业孵化器、信息共享设施、废物交换系统、教育培训系统、研究和开发系统、环境管理系统、清洁生产审核等。

（3）投资和效益分析：包括园区的投资预算，社会、经济、环境效益分析。

3. 文本形成阶段

在前两个阶段工作的基础上，最后形成文本，以备报审、执行及存档之用。生态工业园规划编制的过程如图 10-4 所示。

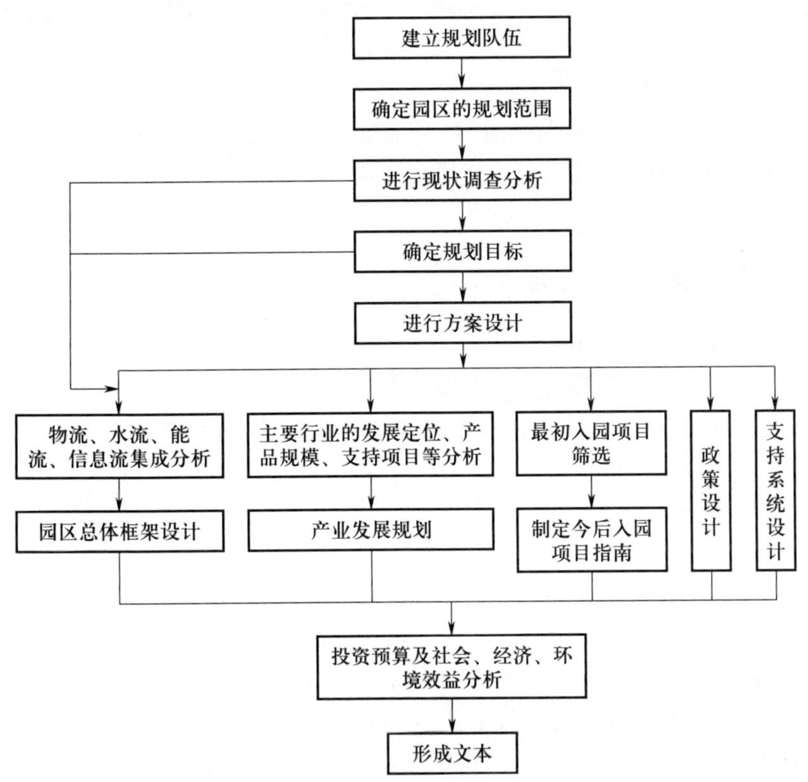

图 10-4　生态工业园规划编制的基本程序图

第四节 社区环境规划

一、社区的内涵

(一) 社区的概念

社区(community)是一个社会学的概念,是指居住在某一个特定区域内的、共同实现多元目标的人所构成的群体。后来,人们又提出可持续社区的概念,即既满足当代人的要求又不危及后代人满足其需求的社区。给社区下一个完整的定义:指在一定的面积范围内,密度适中的人所构成的和谐的群体。它具有下面几个明显的特征:① 具有区别于其他社区的独特的居住环境;② 有正规的社区管理委员会;③ 社区的成员具有较强的社区参与精神;④ 社区成员的工作、社区边界的确定性质相同或相似,因而他们对环境的需求水平基本一致;⑤ 具有社区凝聚力。

(二) 社区边界的确定

1. 依据自然生态条件的连续性

有时根据自然生态条件的连续性就能将一个社区与另一个社区区别开来。在某一居住区内,具有一定特点的生态景观在某一地点突然中断,这一地点很可能是社区的边界。随着人们环境意识的逐渐加强,大家对居住条件的要求越来越高。在广泛的社区参与下,大家具有共同创建一个反映本社区特点的绿色居民带的愿望。因此,根据居住区的自然生态景观可确定社区的边界。

2. 依据人们的相互联系状况

要想建设好一个可持续性的绿色社区,需要社区成员的积极参与,这就要求社区成员之间具有某些联系和相互作用。在某一范围内,具有一定联系的群体联系性迅速降低,那么这一地点很可能是社区的边界。

二、社区环境规划的内容

(一) 社区建设的基本目标

以社区为基本单元,把城镇化和现代化有关内容量化为具体指标,兼顾社会、经济、环境效益,走一条人口、社会、经济、环境和资源相互协调的一体化的可持续发展道路是我国社区建设的目标。

实现这一目标要注意 4 个要点:

1. 突出地域特征

社区在各个时期形成的城市道路网构架、建筑群落、旅游资源及主要的城市开放空间形成社区个性,是区域特征的重要构件。社区地域特征的另一要素是人的群落,从社会学角度理解社区,社区是由各种不同背景的人群所构成的,不同层次的人群聚居必然产生不同的社区文化,也会表现出不同的社区地域特征。

2. 优化环境品质

政府应支持社区通过科学、文化、艺术等活动,加强人居环境建设和生态保护,改善社区文化氛围,提高人文品质,优化社区环境品质。

3. 加强公共空间建设

加强社区公共空间建设,吸引居民参与社区活动,增进居民之间的沟通与交流,促进社区和谐。

4. 健全网络系统

健全并不断提升社区网络系统,简化管理流程,提高办事效率,提升服务质量。

(二) 社区环境规划的指标体系

建立社区可持续发展指标最大的困难是必须把社会、经济、环境等方面的指标综合在一起。虽然建立这种指标体系存在一定的困难,但它对社区的环境规划起着至关重要作用。

规划指标应体现以下四个特点:开放性、跨边界性、前瞻性和超前性。

(三) 环境背景调查与环境质量评价

1. 环境背景调查

环境背景调查中很重要的一步是对社区的上风向带来空气污染及边缘带产生噪声污染的调查。如果社区的上风向有可能产生粉尘及废气污染的企业或工厂,或者在社区边界外的一定范围内设有噪声污染较重的工厂,那么由于这些外界污染所带来的背景值绝不能忽视,要对其进行认真的监测和评价。

2. 环境质量评价

环境质量评价是对一个社区的描述或社区自我评价,它的评价内容包括生态环境质量、社会经济状况及社会指标的评价。要进行动态适应性评价,如动态选择评价的目标和内容;动态选择评价的时空边界;动态选择累积效应与累积影响评价的方法(图 10-5)。

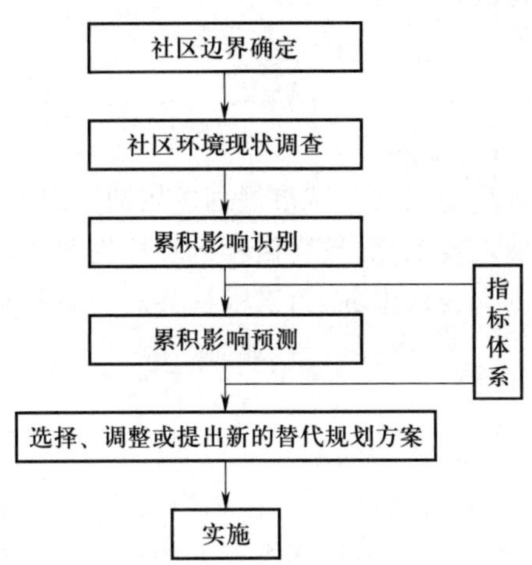

图 10-5 社区环境质量评价程序

(四) 社区环境预测

社区环境预测主要是调动社区成员的积极参与,让大家共同管理社区事务,常采用德尔菲法(图 10-6)。

(五) 社区环境功能区划

社区的合理布局是非常重要的。社区一定范围的面积内,要保证具有供人们休闲、娱乐用的公共绿地,使人们在紧张的学习、工作之余能得到很好的休息。为防止火灾给人们带来

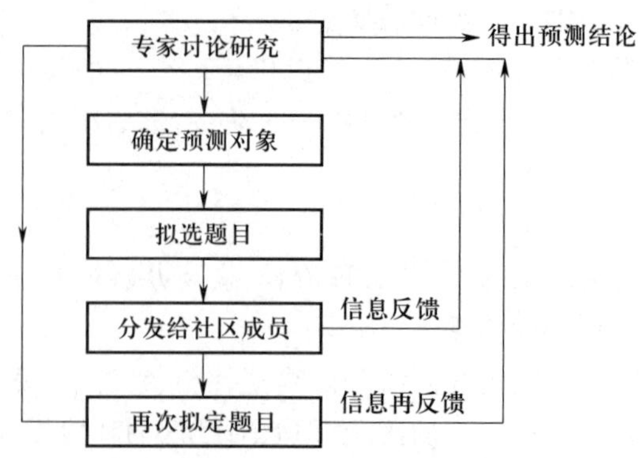

图 10-6 社区环境预测步骤

的巨大危险,社区内还应规划出一定面积的躲灾绿地。

(六) 环境规划方案的优化

1. 规划方案

为达到规划目标,可采用多种方案。方案可包括以下几个方面,如:环境管理行动计划、土地使用行动计划、社区参与行动计划、环境健康行动计划和能源保护行动计划等。

2. 方案优化

首先,对采用的方案进行费用-效益分析,如果效益(包括环境效益)大于费用,则方案被认为是可行的。其次,要考虑所采用的方案在技术上是否可行。对于技术难度较大或投资太大的方案,要对它的可行性进行慎重考虑。此外,很重要的一点是:在提供的所有方案中,要尽可能地选取具有可持续特征的规划方案。

3. 方案实施

对方案进行优化后,就可以实施行动计划。

(七) 地方环境保护法规的制定

通过立法手段,确定社区环境规划在城市规划领域的法定地位,完善其编制和审批执行程序。借鉴国外先进经验,使之规范化,最终使社区环境规划从目前的物质规划向全面的社会发展规划转变,真正使规划为公众服务,为谋求社会进步服务。

三、社区环境规划的程序

社区环境规划的程序可用图 10-7 表示。

可持续社区是一个健康的社区,而且它能在相当长的时期内创造性地适应不断变化的环境。可持续性既要在当地水平上考虑到其所有人的福利,又要尊重相邻社区满足其所有人的要求。每个社区为达到其可持续的发展目标就必须认清通过贸易、世界金融制度及共同的环境目标与全世界的联系。可持续发展计划不仅有助于社区加强保护其独特的自然、人造和文化资产,而且还能帮助一个社区实现其规划设想及成为全球经济和社会的一个组成部分。

目前,对可持续社区环境规划的研究还存在一定的困难。例如,在确定环境与经济的综合指标方面还很不成熟,需要人们继续对其进行深入的研究。此外,对可持续社区进行规划,需要广泛的社区参与,如何调动全体社区成员的积极性,这又是一个实际的难题。

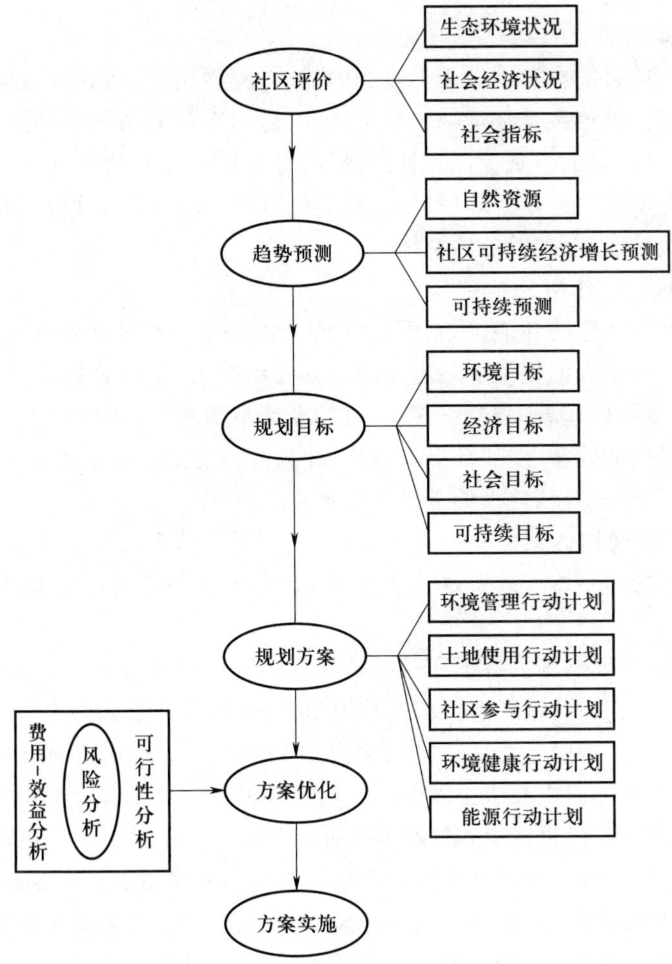

图 10-7　建立可持续社区环境规划的程序框图

第五节　乡镇环境规划

一、乡镇环境规划概述

乡镇企业的迅猛发展促进了农村城镇化的进程，在我国城镇化道路上做出了重大贡献。然而，乡镇企业和农村城镇化的发展，也给农村生态环境带来了破坏和危害。乡镇环境规划，对促进乡镇环境质量的改善，强化环境管理，促进可持续发展都有重要作用。

（一）乡镇环境规划的目的和作用

1. 乡镇环境规划的定义

乡镇环境规划是在农村工业化和城镇化过程中防止环境污染与生态破坏的根本措施，是以农村县域和镇区环境为对象的综合性环境规划。它以乡镇环境条件为基础，以改善环境质量为目标，依据生态学原理，综合考虑发展经济和保护环境的关系，经过环境系统分析，从而制定出最佳的环境保护方案。

2. 乡镇环境规划的目的

乡镇环境规划的目的在于调控人类自身的活动,减少污染,防止资源破坏,从而保护人类赖以生存的环境。通过乡镇环境规划制定,可以协调乡镇社会经济发展与生态环境保护的关系,强化对乡镇环境的宏观控制和管理,解决好乡镇企业与城镇环境污染的问题,保护农林牧副渔生态环境和自然生态环境,使自然资源得到合理开发和永续利用,实现乡镇生态环境效益和经济效益、社会效益的协调统一。

3. 乡镇环境规划的作用

乡镇环境规划所制定的功能区划、质量目标、控制指标、各项政策措施及工程项目的生产规模、结构布局等,给人们提供了环境保护的方向和要求,指导乡镇建设和管理活动的开展,对有效实现环境管理起着决定性作用。通过乡镇环境规划,可以约束排污者的行为,以最小的投资获取最佳的效益,促使环境与经济、社会可持续发展。乡镇环境规划是乡镇总体规划的重要篇章,是整个乡镇建设的重要组成部分。

(二) 乡镇环境规划体系

乡镇环境规划的体系按行政隶属关系和规划范围可分为县域环境规划和镇区环境规划两个层次。

顾名思义,县域环境规划的范围和对象是全县辖区的环境保护。其由县级人民政府环境保护行政主管部门会同县级各有关部门组织制定,经县级计划部门综合平衡后,先报请上一级环境保护行政主管部门审查后,提交县级人民政府批准、实施。而镇区由于没有完备的环境管理机构,其规划一般由县级主管部门会同各有关单位及镇政府组织制定,由县级环境保护行政主管部门审查后,提交镇人民政府批准、实施。

这两个层次的规划既有分工又有密切联系。县域环境规划是镇区环境规划的依据和综合,对镇区环境规划起指导和约束作用。而镇区环境规划是县域环境规划的条件和分解,并且是其有机的组成成分和实现的基础。因而在制定规划时要上下联系,左右协调,综合平衡,实现整体上的优化。

除了县域和镇区两个层次的环境规划以外,县级环境保护部门还可根据辖区内社会经济发展和环境保护的需要,针对一些特定的对象和区域,组织制定专项规划,例如工业开发区环境规划等。

二、乡镇环境规划的内容

(一) 县域(镇区)环境规划的内容

一个完整的县域(镇区)环境规划应包括以下 7 个方面的内容:

1. 制定环境规划的目标

环境规划的前提是确定环境规划目标。首先根据规划区域的资源特点和经济发展提出区域的环境功能,进而确定环境目标。目标的确定不仅要考虑经济发展与资源特点,还要考虑环境特点与经济技术的可能性,提出合理的切实可行的环境目标,把它纳入建设总目标中,并与乡镇经济发展目标相协调。环境目标要有针对性,不仅要着眼于区域生态环境的现状,还要致力于在规划期内控制生态环境问题的发展,做到实事求是、切实可行。

2. 建立规划指标体系

乡镇环境规划指标体系可分为基础性指标和环境保护指标两大类。基础性指标包括社会经济指标、自然环境指标、环境状况指标等。环境保护指标包括污染控制指标、环境管理指标、自然保护与建设指标。选择乡镇环境规划指标不要求数量很多,主要在于科学、简便、适用。

3. 环境现状调查与评价

环境调查与评价的目的是发现主要环境问题。调查内容包括:

(1) 社会经济发展现状调查。掌握社会经济发展现状、所有制结构、产业布局;掌握县域城镇发展水平,人口及构成状况;掌握影响县域(镇区)经济发展的自然条件、资源分布特点。

(2) 污染源现状调查与评价。查明乡镇工业"三废"排放特征,主要污染源、污染物;查明城镇生活废水、生活垃圾产生、处理情况;农药、化肥的年销售量、利用量和残留量等。

(3) 环境质量现状调查与评价。对县域(镇区)范围内大气、水、土壤、噪声中一些指标进行调查评价。

(4) 对土地、森林、野生动植物等自然资源的开发利用进行调查,查明存在的主要生态破坏问题。

4. 环境污染预测

根据社会经济发展规划,分析城镇发展方向,产业结构发展趋势,人口及组成的变化;对工业"三废"排放量,生活垃圾处理量,农药化肥施用量进行预测;对乡镇大气、水、噪声环境质量变化趋势进行预测;根据社会经济发展规划,对可能产生的城镇及镇郊生态破坏与资源损毁进行分析和预测,指明主要环境破坏问题及主要破坏区域。

5. 环境功能区划

根据县域(镇区)范围内生态环境和社会经济系统结构及其功能的分异规律,以及相互作用的综合效应,把特定的地域空间划分为不同的生态环境单元。如根据自然条件划分的自然保护区、风景旅游区、水源区等;根据社会经济的现状、特点和未来发展趋势划分的工业区、居民区、文教区、经济开发区等。根据国家环境标准,结合区域自身环境特点,科学划分水环境功能区,大气环境质量区和环境噪声适用区,不同功能区确立不同的环境保护要点。

6. 制定环境规划方案

(1) 制定环境污染防治规划。根据环境预测和污染控制目标,对重点流域、重点城镇、重点行业的水、大气和固体废物污染制定防治规划。

(2) 制定自然生态保护规划。包括农林牧渔果菜生产基地保护措施,水源保护规划,珍稀濒危动植物和自然保护规划;风景旅游、名胜古迹、人文景观等资源保护措施的制定。

(3) 制定工业发展结构与合理布局规划。根据社会经济总体发展规划,对规划期内可能开发的乡镇工业区、拟建重点工业项目环境影响分析和生态适宜度分析,提出县域(镇区)工业发展结构与合理布局的宏观控制性规划,重点是污染工业的合理布局。

(4) 制定环境管理规划。其主要包括建立健全环境管理机构,组织的规划意见,严格执行环评和"三同时"审批制度;汇总环境投资,提出可行的环境投资规划建议等。

7. 制定政策法规

为了保证环境规划的顺利实施,克服一项项目建设活动给环境带来的负面影响,必须加强环境管理,最重要的就是制定一些法规、政策,维持乡镇的生态良性循环,落实规划的支持与保证措施。

(二) 乡镇企业环境规划的内容

1. 现状调查和评价

调查企业发展现状、主业结构、主要产业;调查乡镇工业“三废”排放特征、乡镇企业污染特点、企业生产过程中原材料利用率、产品销售量等。

2. 环境预测

工业“三废”排放量预测;企业发展所带来的经济效益、环境效益预测;产品市场前景预测等。

3. 确定企业环境规划目标

企业环境规划目标主要有污染物排放控制目标,原材料利用率、回收率目标等。

4. 确定指标体系

乡镇企业的指标体系可以从经济效益、环境效益、社会效益 3 方面加以描述。如资源利用率、“三废”排放率、产品销售利润率和社会贡献率等。

5. 制定规划

(1) 调整乡镇企业的产业结构。主要包括行业结构、产品结构、技术结构和规模结构等方面的调整。乡镇企业的第一、二、三产业应融于整体农村经济发展格局中予以综合分析,推算乡镇企业合理比例结构。

(2) 企业选址布局规划。乡镇企业应聚集到小城镇,布局重点放在镇上,逐步形成以镇为基础的农村工业新格局。规划布局应从保护水源,缓解城镇大气污染,保护资源和生态环境入手,将此纳入经济社会发展总体规划。

(3) 企业污染物排放与治理规划

(4) 企业生产布局规划。乡镇企业发展要因地制宜,大力发展以农产品废物为原料的企业,创造农副产品附加值,同时将各生产环节中废物废料综合利用,从而提高资源、能源利用率和“三废”净化转化率。对于产品,优选发展市场潜力大、竞争力强、有一定效益的产品。使有限生产要素向优势产品的企业流动,实现优胜劣汰。

(5) 环境管理规划。建立健全县、乡两级环境管理机构,逐步建立县、乡、村、企业 4 级乡镇企业环境管理网络,加强环境监理队伍和监测站的建设,推行行之有效的环境目标责任制。要针对不同情况,分别采取关、停、并、转等措施,有选择地逐步推行有关的各项管理制度和措施。

总之,乡镇企业作为我国国民经济的引擎,涉及国民经济的各个部门,必须对乡镇企业发展规划、开发、生产、营销、综合利用、环境保护等各个环节统筹规划,各种政策协调布局,使其走可持续发展道路。

三、乡镇环境规划的编制程序

乡镇环境规划的编制程序大体上分为 3 个阶段:准备阶段、编制阶段和报批阶段(图 10-8)。

(一) 准备阶段

1. 接受任务

由于环境规划是一项技术性很强的工作,应由具备规划技术条件或资格的单位承担,如

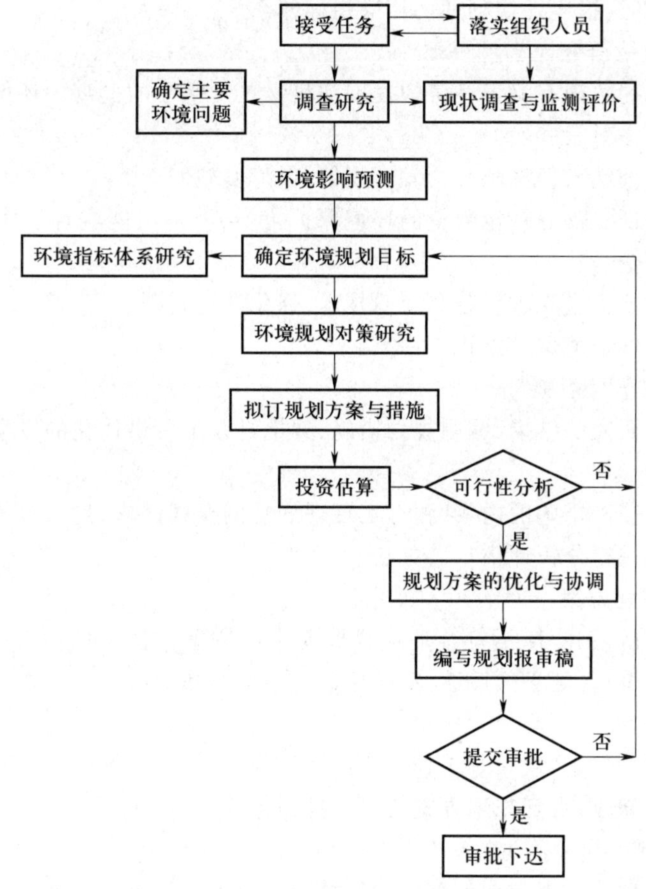

图 10-8　乡镇环境规划编制程序图

环境保护科研设计院、环境保护监测站等。接受任务后,组成领导小组,明确负责人。

2. 调查研究

(1) 自然环境特征调查,如地形、地貌、水文、气候、植被等。

(2) 社会经济条件调查,如人口及其空间分布、各项社会经济指标等。

(3) 乡镇企业与城镇发展水平调查,如乡镇工业产值、行业结构,城镇类型和分级等。

(4) 乡镇工业与城镇污染源,污染类型及分布调查,并做好监测工作。

(5) 收集与环境规划有关的城镇总体规划、国土规划、农业区划等规划资料。同时,对环境质量现状进行监测和评价,通过调查和评价找出主要环境问题及发生原因、地域分布等情况。

3. 环境影响预测

环境影响预测是制定环境规划目标和环境规划方案的重要依据,预测的主要内容有乡镇经济与城镇发展趋势预测、环境污染发展趋势预测、自然资源的损失与生态破坏预测。

(二) 编制阶段

1. 确定环境规划目标

环境规划目标是在现状调查和环境预测的基础上,根据规划期由所要解决的环境问题和乡镇经济环境协调发展的需要而制定出来的。环境规划目标包括总目标和各种分目标。

在确定出目标的同时,提出各规划期内相应指标体系。

2. 环境规划对策研究

环境规划目标的实现有赖于经济的发展和科学技术水平的提高。环境规划对策研究规划的主要内容。具体对策有:

(1) 把环境规划纳入经济和社会发展规划,保障实施。

(2) 资金的保证。没有一定数量的环境保护投资,就不可能实现环境规划目标,因此,必须落实好规划资金。

(3) 乡镇企业要引进先进设备和经验技术,强化环境管理。

(4) 提高全民的环境保护意识。

3. 拟订规划方案与措施

根据规划对策研究的结果,编制规划措施,并拟订几个可供优化的方案。

4. 可行性分析

先根据规划对策和措施的内容,测算实现规划总的投资需求,然后对各个规划方案实现环境目标的可达性进行分析评估。

5. 优化协调规划方案

可行性分析之后,淘汰掉不符合环境目标要求的方案,对可供选择的规划方案进行优化。假若方案均不可行,则必须反馈,重新拟订规划目标和措施。

6. 编写规划报审稿

整个规划过程是一个“决策—反馈—再决策”的过程,从目标确定到方案的优化与协调要经过多次调整和修改,直到规划方案获得审批为止。

(三) 报批阶段

将编制好的规划方案提交上一级环境保护行政主管部门审查。若可行,审批下达,提交同级人民政府批准实施。

四、实现乡镇环境规划的对策

乡镇环境规划是一项涉及面很广的工作,由于工作中考虑不周,加上体系本身发展不太成熟,因此,乡镇环境规划还存在着一些不足:

(1) 一些地方环境规划没有纳入总体规划中,规划落后于经济和环境保护的要求。

(2) 功能区划分不尽合理。目前小城镇大多缺乏科学布局,没有明确的发展方向,各种功能区交替,第三产业分布凌乱。

(3) 立法不完善,管理不得力。

(4) 农村环境保护意识淡薄。

针对以上缺点,要实现乡镇环境规划,必须抓好以下几点:

(1) 把环境规划纳入小城镇总体建设规划中。

(2) 乡镇环境规划要突出地方特色。

(3) 功能区划分要适当合理,有条件的城镇要用绿地或自然景观来隔离。

(4) 在乡镇环境规划工作中,应将生态示范乡镇建设放到重要位置。

(5) 强化环境管理,加大执法力度。

(6) 提高环境保护意识。

复习思考题

1. 如何理解可持续发展前提下的城市环境规划？
2. 简述城市环境规划的内容。
3. 如何理解城镇化的基本规律？
4. 城市环境的特征有哪些？
5. 城镇化的环境问题主要体现在哪几个方面？
6. 比较城市环境规划与开发区环境规划的异同点。
7. 简述开发区环境规划的基本内容。
8. 什么是生态工业园区？
9. 社区建设的环境目标及基本要点是什么？
10. 什么是乡镇环境规划？其在规划体系中的作用和关系是什么？
11. 乡镇企业现存的环境问题是什么？如何进行环境规划？

参考文献

[1] 张亮. 基于生态安全格局的城市增长边界划定与管理研究[D]. 杭州:浙江大学,2018.
[2] 纪晓岚. 现代城市环境特征探讨[J]. 中国人口·资源与环境,2003,13(5):115-116.
[3] 赵煦. 城市化理论的起始问题——城市化概念探析[J]. 宁德师范学院学报(哲学社会科学版),2007(3):65-70.
[4] 王红瑞,王华东,陈隽. 城市环境功能区环境功能评估方法[J]. 城市环境与城市生态,1994(3):22-26.
[5] GBD Compare|IHME Viz Hub[EV/OL].[2019/1/2].
[6] Hoornweg D, Bhada-Tata P. What a waste: A global review of solid waste management [R]. Washington DC:World Bank,2012.
[7] 中华人民共和国环境保护部. 2014 年环境统计年报[R].北京:中华人民共和国环境保护部,2015.
[8] 刘建秋. 环境规划[M]. 北京:中国环境科学出版社,2007.
[9] 李丽萍. 城市人居环境[M]. 北京:中国轻工业出版社,2001.
[10] 张俊华. 河道整治及堤防管理[M]. 郑州:黄河水利出版社,1998.

第十一章

环境规划支持系统

随着新一代信息技术的不断突破和信息系统的蓬勃发展，集成构建的环境规划支持系统在环境规划领域中日益显现出重要的支持作用。作为环境规划技术方法的重要组成（见第四章），本章基于环境规划现有的信息平台工具，结合新兴的信息技术方法，在概括总结了环境规划支持系统的发展及其特征基础上，重点围绕 3 个方面对其进行了阐述：① 遥感与地理信息系统的基本原理、功能与数据分析处理方法，及其在环境规划中多样性的应用示例；② 环境决策支持系统的基本知识、系统组成、开发设计方法，以及围绕环境规划的评价、预测与决策功能进行的系统分析设计；③ 环境规划支持系统中时空大数据的概念、分析方法与可视化技术基础。促进环境规划支持系统的开发建设，是环境规划发展的有力支撑和创新动力。

第一节　概　　述

本节简要概括了环境规划支持系统的内涵，着重阐述了构成环境规划支持系统的环境决策支持系统、地理信息系统、城市规划支持系统这 3 个组成部分的发展渊源及其功能特征，以及环境规划支持系统在环境规划中的重要作用。

一、环境规划支持系统的概念

基于信息技术集成开发的计算机信息系统，正成为环境规划领域中重要的系统性技术工具手段。信息技术（information technology，IT）是指利用计算机、网络、广播电视等各种硬件设备及软件工具与科学方法，对文图声像各种数据、信息进行获取、加工、存储、传输与使用的总和（文中对数据、信息两词语的含义，不再作界定与区分。无论单用或合用，可据上下文作理解）。信息系统（information system），则是对计算机信息技术的综合集成，是由计算机硬件、网络和通信设备、计算机软件、信息资源、信息用户和规章制度等组成的以处理数据信息流为目的的人机一体化系统。目前在环境规划领域，使用着名目不一的各种信息系统，如环境规划决策支持系统、城市环境规划与管理信息系统、基于 GIS 的环境规划决策支持系统、环境规划预测支持系统、流域水环境应急管理平台等。对于这些旨在服务于环境规划的计算机信息系统，可统称为环境规划支持系统。虽然这些应用系统所面对的环境问题多样，其用户需求与开发目标也不尽相同，但本质上，它们都是以环境规划编制、实施与管理全过程为对象，围绕评价、预测、决策等环境规划核心活动提供技术支持的信息系统。就信

息流的过程看,环境规划支持系统都具有下述基本功能:

(1) 信息获取,是指能够对各种数据、信息进行感知、测量、采集和输入,包括一些重要信息的直接获取。

(2) 信息传输,是指跨越空间的数据、信息共享,以实现数据和信息快速、可靠、安全的转移。

(3) 信息加工,是指应用电子计算机与网络对数据、信息进行分类、转换、计算和分析。

(4) 信息存储,是指应用数据库或数据仓库等工具跨越时间保存数据信息,实现数据信息快速、准确的识别、定位和检索。

积极发展各种计算机信息技术的集成应用,大力促进环境规划支持系统及其应用软件的设计、开发,通过人机交互方式充分发挥信息要素和资源的重要作用,正成为提高环境规划效率与治理能力的重要内容。

二、环境规划支持系统的发展及其特征

目前的环境规划支持系统,从其发展脉络与功能特征看,可认为整体上包括 3 个主要构成。

(一) 环境规划决策支持系统

环境规划决策支持系统(EPDSS),这里是指直接应用计算机决策支持系统(decision support system,DSS)的概念原理与技术方法,针对环境规划的基本内容环节,开发建立的功能程度不同的规划支持系统。

计算机信息系统的产生,最早源于对组织的事务管理。至今大体经历了电子数据处理系统(electronic data processing systems,EDPS)、管理信息系统(management information systems,MIS)、决策支持系统 3 个主要发展阶段。EDPS 是早期使用计算机代替人工进行事务性数据处理的系统。从 20 世纪 50 年代初,商界第一次用计算机处理工资单、财务报表和账单等开始,EDPS 把人们从烦琐的事务处理中解脱出来,大大提高了效率。但受限于当时计算机的能力和人们对计算机的认知,EPDS 往往仅涉及一个部门内的操作性活动,制约了信息的交换和资源的共享。在这种情况下,MIS 应运而生,使信息系统进入了一个新的阶段。

MIS 更强调管理方法和技术的应用。它试图将孤立的、零碎的信息变成一个比较完整的、有组织的信息系统,将信息处理的速度和质量扩大到组织机构的所有部门,从而增强了组织机构中各职能部门的管理效率和能力。但由于刻板的结构化系统分析方法和漫长的研发生命周期,MIS 难以适应复杂多变的管理环境,因此常常无法胜任对组织高层管理与决策问题的需要。

DSS 是在 MIS 的基础上发展而来的新型信息系统。它是指针对组织中、高层管理者所面对的半结构化/非结构化管理问题,运用数据库、模型库、知识库等更新的信息技术解决的管理决策支持问题,如企业生产计划调度、产品市场营销与定价、宏观经济趋势预测等。自 20 世纪 70 年代计算机对决策的支持概念认识被提出以来,DSS 取得长足的发展。从面向模型的 DSS,到群决策支持系统(Group-DSS),乃至智能决策支持系统(intelligent decision support system,IDSS)等,解决问题的能力和范围得到了极大的提升。

随着大数据、云计算、人工智能以及网络系统等新一代信息技术的兴起,与传统决策支持系统用模型和知识辅助决策的机制功能不同,从数据中获取辅助决策信息和知识的 IDSS

正成为决策支持系统发展的新趋势。IDSS,是 AI 逐渐兴起后发展起来的重要领域,它应用数据科学、社会科学和管理科学,通过逻辑推理来帮助解决复杂的决策问题,使决策支持系统能够更充分地应用人类的知识,如关于决策问题的描述性知识、决策过程中的过程性知识、求解问题的推理性知识,从而提高决策效率。

计算机信息系统本身的发展及其结果,迅速成就、推动了其他各应用领域中的信息系统开发实践与探索。包括环境规划在内的环境保护领域,即其应用对象之一。目前我国的环境规划支持系统中,相当一批系统,都是属于面对自身的问题需求,直接运用 DSS(或结合 MIS)的原理、技术方法所开发建立的 EPDSS。由于环境规划的层次、类型繁多,及其局地特征,实际中所建立的 EPDSS 系统,多为以某一具体规划对象或某类问题作为应用场景。各种 EPDSS,目前整体功能水平介于 MIS 与 DSS。除部分较大型的模型计算系统外,可供推广应用的普适性 EPDSS 不多。

(二) 地理信息系统

地理信息系统,作为环境规划支持系统依托的构成之一,可以认为是目前环境规划领域中最成熟的信息系统工具。自 20 世纪 60 年代初,加拿大建成世界上第一个地理信息系统,即加拿大地理信息系统(CGIS)以来,GIS 的设计、研究与应用迅速兴起,并有着各种各样的商业化系统软件。出于不同学科或应用目的,对地理信息系统有多种视角的描述与定义。一般可认为,地理信息系统是在计算机软硬件的支持下,运用系统工程科学的理论和方法,综合地、动态地获取、存储、传输、管理、分析和利用地理信息的空间信息系统。

本质上,GIS 也是一种信息系统,但与 EPDSS(或 DSS)有不同,主要表现为:首先,系统数据具有地理参照,即通过某个坐标系统与地球表面中的特定位置发生了联系。其次,系统主要表现为数据的采集、储存、显示和一般性的数据运算分析等功能,而对环境规划的核心活动,如预测、决策分析缺少应有的支持,如模型方法等。因而,GIS 更多体现着的是 MIS 的系统功能特征,是一种基于空间数据管理的信息系统,或说 GIS 是空间分析方法和数据库系统的结合。虽然 GIS 对环境规划的支持作用有待提升,但源于地理学科的影响,使其能以对自然、人文现象的空间分布与组合信息,表征地理现象的数量、质量、内在联系和运动规律,以及其与社会、经济的关系,从而使得 GIS 的建立别具风格。进一步,数字地图数据库、数字高程模型库和地理信息数据库等的设计,也使得基于这些数据库的信息管理、查询检索、空间分析、可视化和制图输出等支持功能得到大大发展。所以,在以整个或部分地球表层(包括大气层)空间中的有关地理分布数据管理为主要对象的计算机信息系统中,GIS 脱颖而出,应用广泛。

环境问题与地理因素紧密相关,通常带有很强的地理分布空间特征。因此,利用 GIS 已具有的一套全面的数据储存管理与处理分析功底,可有效处理环境规划领域中大量复杂的空间数据问题,从而能直接实现对环境规划各种数据信息的管理及其初步分析。由于 GIS 具有良好的可扩展性和跨平台特性,既可与遥感等系统结合使用,也可利用已开发的许多成熟的通用性模型工具软件系统,因而可使其作为环境规划中系统深度开发的依托平台。从我国目前的环境规划支持系统开发运行状况看,结合环境规划的体系建设,依托 GIS 进行规划支持系统的开发,有助于整体提高环境规划支持系统的效能。

(三) 规划支持系统

规划支持系统(planning support system,PSS),这是城市(镇)规划领域中,在计算机辅助设计(computer aided design,CAD)广泛运用的基础上,以城市规划为对象推动发展信息系统所采用的概念与实践。20 世纪 60 年代,美国城市规划界的 Britton Harris 率先提出了建立一套将专业模型与规划方案生成进行集成的 PSS 理念。之后于 1989 年,他进一步把 PSS 明确定义为:是一个将一系列基于计算机的方法、模型组合成的综合平台系统,以实现支持空间规划功能的模式。1999 年,L.D.Hopkins 专门讨论了将计算机技术和模型工具相结合的 PSS 系统框架结构,及其核心的地理模型和规划要素,包括居民、工作流、投资、设施、法规、GIS 功能组件等。伴随城市规划界对 PSS 的逐步认可与积极回应,特别是地理信息系统(GIS)的推广普及,PSS 技术在城市规划实践中逐渐得以应用,并成为城市规划研究与业界非常流行的支持工具。2003 年,PPS 的概念引入国内,也推动着我国对 PSS 的研究与应用探索。

与以环境规划为对象的支持系统有别,PSS 是以城市规划为对象建立的。鉴于环境问题在城市建设发展中具有的重要地位,有关城市环境保护的规划事项日益渗透嵌入到城市规划中,从而环境规划的内容成为 PSS 要开发建立的重要组成。实际上,利用 PSS 的系统模型预测人口和经济增长及其带来的环境影响,分析气候变化给城市带来的不确定性如海平面上升,评价与规划污水、垃圾处理处置基础设施等问题,已广泛融入 PSS 的设计、应用中。嵌入了城市环境规划问题的 PSS 已成为环境规划支持系统发展中的一个重要组成。已深入到日常城市规划研究和设计领域中的 GIS 技术,为 PSS 的发展发挥了重要的促进作用。但是,正如有关对 PSS 的总结研究所说:通用的 GIS 功能并不是按照城市规划的任务来组织的,也没有单独提供适合区域规划、总体规划、详细规划、城市设计等应用界面。所以,为实现适合城市规划需求的 PSS 开发建设目标,一方面应从需求角度出发,开发各个规划阶段的需求功能模块;另一方面是从现有 GIS 功能出发,挖掘其在规划领域的应用方式。总之,虽然就 PSS 的应用对象看,环境规划内容只是城市规划的部分构成,但从 PSS 的开发目标与系统功能特征看,它与 DSS 的内涵更为接近。可以认为,PSS 就是城镇规划领域中 DSS 的典型实践,但它兼顾了 GIS 的优势,而向着空间决策支持系统(SDSS)建设发展。

目前欧美国家已开发了一些用于实际操作的实用 PSS,例如美国,广泛用于土地利用规划的 INDEX,基于情景分析方法的土地利用规划、城市规划的 WHAT IF? 等。概括而言,美国业界常用的 PSS 软件系统可以分为两大类型:① 草图型,亦被称作情景规划工具(scenario planning tools),源于情景规划理念,用户多为专业规划从业人员、政府职员、普通市民。此类软件系统较易学习及运用,数据需求相对简单,但多为专业公司开发,通常不是免费系统。② 研究型,亦被称作空间分析工具(spatial analysis tools)。该系统主要源于量化的空间分析理念,可在对人的行为模拟、仿真基础上分析城市与区域空间的发展进化规律及其产生的影响。我国的城市(镇)规划界,近年也在结合规划需求,进行使用 PSS 的系统架构研发。如根据《中华人民共和国城乡规划法》《城市规划编制办法》,以及有关部门的《城市、镇控制性详细规划编制审批办法》等法律法规,按照战略规划、总体规划、详细规划、专项规划、市政专题和交通专题 6 类(每一类又细分为若干子类),进行了 PSS 总体框架的设计、开发与应用研究。实践表明,PSS 的应用已在提高规划编制效率、改善规划的表达效果等方面,显现出传统信息系统无法比拟的优势。

借鉴 PSS 的发展实践与经验,不仅有助于环境规划领域的决策支持系统(EPDSS)开发建设,而且对城市规划与环境规划之间的信息共享、匹配协调,以及城乡区域的国土空间治理和多规合一发展都具有重要的促进作用。

三、环境规划支持系统对环境规划的作用

实施将环境基础时空数据，环境规划的理论、方法及计算机信息系统技术结合在一起的环境规划支持系统开发建设，对促进环境规划各流程与整体全覆盖的信息化建设、提升环境规划效能具有重要的技术保障作用，主要表现在对环境规划的数据信息管理、环境规划的数据分析与可视化应用，以及环境规划体系的数据信息共享与规划体系协调几个方面。

（一）环境规划的数据信息管理

数据是环境规划的基础。任何规划，都离不开对规划相关资料信息的获取存储，以为后继的数据分析与应用提供有效输入。环境规划，同样如此。特别是作为一项复杂的系统工程，环境规划涉及的数据资料更是方方面面、庞杂多样，且来源广泛分散，结构格式不一。例如，气象、水文、地质等自然地理状况数据；经济总量、产业结构与产品技术水平、产业园区布局、城乡人口、能源、交通等经济社会发展数据；森林草原、水、气、土壤、噪声等生态环境要素质量数据；大气污染物、污废水、工业固体废物与生活垃圾等污染物产生、排放及其处理、处置设施数据；各种环保法律法规、政策标准等管理数据等。

对此多源、海量、异构的环境规划数据的收集、存储、传输等，基于信息系统技术的环境规划支持系统，已不断展现出其人工难以能及的强大功力。例如，数据获取中，遥感系统作为一种空间数据采集手段，其明显的特点：① 探测范围广，可以提供综合宏观的视野，数据获取量大；② 数据捕获手段多样，并可根据不同目的任务要求，选用不同波段与传感仪器；③ 获取信息快，更新周期短，并可实施动态监测；④ 不受气象条件影响，可以全天候作业等，使之成为生态环境调查评价的重要数据来源。数据存储中，数据库已成为对复杂的环境数据存储、处理等组织管理的有效手段。近来的数据仓库系统，在对分散数据库进行数据抽取、清理基础上，通过系统地加工、汇总和整理，可建立面向主题集成并随时间变化的数据集合，进一步支持后继的联机分析处理、数据挖掘等技术应用。带有各种数据库特别是 GIS 的环境规划支持系统，可为环境规划本身提供科学、准确、高效的数据信息管理和数据处理分析手段，正极大地改进着环境规划数据信息的组织及其管理效率和技术水平。

（二）环境规划的数据分析

规划方案，都是根据组织的总体战略，在对组织外部环境与内部条件的分析、判断基础上形成的。这一复杂的决策过程，需要在数据收集的基础上，借助人的智力与信息手段的结合来实现。例如，早先战争中，指挥将领利用情报实施的沙盘推演。

环境规划支持系统最核心的作用，就是要扮演运用所收集的规划数据进行“沙盘推演”，即通过数据分析，进行数据的信息提取与应用，实现数据的增值服务。环境规划的各内容环节，其核心活动是围绕评价、预测、决策等问题展开的。对于这些环节、活动，利用环境科学、运筹学、管理科学等多学科的知识方法，目前已开发建立了大量富有成效的评价、预测、决策分析模型、算法，用于环境规划问题的量化分析，进行环境规划目标、方案的模拟选择、筛选确定。但这些众多方法、模型，其使用都难以离开计算机信息技术的支撑与系统的组织，如第四章描述的三维地表水水质数学模型（EFDC）。正是借助于专门开发的计算机软件，这一能实现河流、湖泊、水库、湿地系统、河口和海洋等多种水体的水动力学和水质模拟，具有多参数的模型才得以应用、推广。进一步，也正是通过对各种承载数据、模型、算法

的数据库、方法库和模型库等综合集成、深入开发,建立起环境规划支持系统,形成强大的时空分析和模拟预测能力,才能为环境规划的编制、实施与管理提供系统性的功能手段。

(三) 环境规划的可视化应用

通常图形更利于人们的记忆感知。因而,源于计算机图形学的数据可视化,正成为环境规划支持系统中的应用热点。从数据的应用流程看,可视化作为一特殊的数据加工过程,本质上仍属于数据处理、分析的范畴。但随着数据可视化平台的拓展,表现形式的不断变化,以及增加了实时动态效果、用户交互功能等,其正广泛应用于环境规划、管理的实践中。

以图形、颜色等可视化形式动态地呈现规划的工作过程和结果,对于环境规划具有两个典型作用。第一,数据可视化并非仅仅是简单地将数据变为图表,而是以数据为视角,促进环境规划的数据挖掘和可视化分析,探索和识别数据中隐含的有用信息。例如,利用地理信息系统中的个性化地图设计功能或 ECharts、Power BI 等可视化工具对情景模拟的计算结果,以图形、图像、数据、报表等形式输出,可帮助规划参与者识别数据异常及其模式等,从而有助于产生新的规划方案、改进决策。第二,结合人机交互和多媒体技术搭建的友好且易操作的用户界面,利于各种背景的人员,特别是跨部门的管理人员、缺乏环境规划专业知识的社会公众等,接受与理解规划问题,并积极地参与环境规划工作的方案分析制定、实施过程中。当前,可视化工具和功能已经成为环境规划支持系统中不可缺少的典型构成。

(四) 环境规划体系的数据信息共享与规划体系协调

环境规划支持系统对环境规划的支持作用,不只表现于单一的规划过程,而且体现于系统整体的规划,即其组织的协调配合与环境治理水平上。我国的环境规划系统或体系,是伴随我国环境管理发展,在纳入国民经济和社会发展规划的多年实践过程中逐渐形成的。2015 年,环境规划被正式规定在《中华人民共和国环境保护法》中。就系统本身看,它是一以国家级、省(区、市)级、市县级等多个行政层次组成的规划体系。同时按规划属性,包括综合环境规划与专项环境规划;按时间长短,包括远期、中期、近期规划;按环境要素或规划对象,有水环境保护规划、大气环境保护规划、土壤环境保护规划、固体废物污染控制规划、生态保护规划等。此外,在这一纵横交叉的环境规划体系中,还会穿插有跨行政区或针对特定问题的综合性或专项环境规划,如流域水环境规划、京津冀区域环境规划、地方的生态产业园区规划等。从系统外部看,2010 年,我国第一个围绕国土空间开发的《全国主体功能区规划》发布,标志着我国开始向国土空间开发规划的体系转变。2019 年,国家下发了《关于建立国土空间规划体系并监督实施的若干意见》,提出我国分级分类建立的国土空间规划体系框架。国土空间规划是对一定区域国土空间开发保护在空间和时间上作出的安排,包括总体规划、详细规划和相关专项规划。相关专项规划是指在特定区域(流域)、特定领域,为体现特定功能,对空间开发保护利用作出的专门安排。生态环境保护规划,作为空间利用保护的专项规划之一,是全国国土空间规划体系的一个子系统。

我国环境规划的发展,正面对着系统内外的双重要求与挑战。一方面需要加大力度,构建长效治理机制,提高规划实施效能,进一步改善生态环境质量的重任压力;另一方面是在国土空间规划体系建设中,实现以国家发展规划为统领、空间规划为基础,与详细规划统一衔接,与其他专项规划功能互补、相互协调的创新挑战。对此,我国在《关于建立国土空间规划体系并监督实施的若干意见》中,明确要求以整合各类空间关联数据,建立全国统一的国土空间基础信息平台,作为推进政府部门之间的数据共享及政府与社会之间的信息交互,实施国土空间规划建设的技术保障。生态环境部的《生态环境大数据建设总体方案》更专门提出了要充分运用大数据、云计算等现代信息技术手段，加快转变环境管理方式和工作方式，全面提升监管治理和公共服务水平的对策要求。所以，开发建立基于大数据等新一代信息技术为突破的环境规划支持系统，推动环境规划体系的创新应用，正是体现、贯彻落实国家的重大举措，从根本上为环境规划体系变革注入新动能的重要依托。对改进环境规划工作的规划理念，提高系统治理能力和整体效率，促进生态环境保护的综合决策，夯实生态环境信息化基础设施与服务，建设国土空间规划体系，形成不同规划衔接协调、高效运行的新局面，都具有极其重要的创新支持作用。

第二节 遥感与地理信息系统

本节系统地介绍遥感技术的基本功能、常用遥感影像数据源、数据处理与解译分析方法，和地理信息系统的组成、基本功能、空间数据的编辑与处理技术。结合环境规划中的典型场景，分析阐述这两大空间信息技术系统在环境规划工作中的应用。

一、遥感

（一）遥感系统概述

1. 遥感系统及其工作原理

遥感，是一种非接触的远距离快速探测技术。任何物品都有反射、吸收、透射及辐射电磁波的特性。当地物与电磁波发生相互作用时，会形成目标地物的电磁波信息。遥感就是运用电磁波的特性原理，利用传感器，记录被测地物发射、反射或散射的电磁波信息，处理为图像或计算机用磁带数据，以支持应用的一套技术。目前，遥感技术已被广泛应用于农业、地质、海洋、水文、气象测绘、环境保护、防灾救灾、军事等领域。

作为一通过将地物与环境的电磁波特性转换为图像或数字形式信息的综合技术系统，遥感由遥感器、遥感平台、信息传输设备、接收装置以及图像处理设备等组成。系统依托飞机或卫星等作运载平台，配以照相机、扫描仪、雷达等传感器设备，进行信息收集，传输至地面接收设施（信息获取）。利用光学仪器或/和计算机设备，将地物辐射信息转化为可进一步分析与解译的数据格式（信息处理），以按不同目的将遥感信息应用于各业务领域（信息应用），用以揭示地物空间分布和变化规律。

2. 遥感系统分类

（1）根据遥感平台类型

遥感平台是搭载传感器，从一定高度或距离进行遥感作业的运载系统，例如，气球、飞机、人造卫星、车载、高架平台等。根据遥感平台设置的高度，可将遥感分为：地表平台的地面遥感、航空器上的航空遥感、航天器上的航天遥感 3 类。

（2）根据传感器类型

传感器是遥感系统中用于收集、探测、记录地物电磁波辐射能量的装置，是决定遥感数据内容的关键。主要有光学机械扫描仪、推扫式扫描仪和成像光谱仪 3 种。据此，可将遥感分为：主动发射一定形式的电磁波并接收地物反射波的主动遥感、仅接收地物发射和自然辐射源反射能量的被动遥感、将目标电磁辐射信号转换成图像的成像遥感、接收的目标电磁辐射信号无法形成图像的非成像遥感4类。

（3）根据传感器探测波段

根据传感器探测的波段，可将遥感分为：可见光－近红外遥感（波长范围在0.38～0.9 μm）、热红外（波长范围在0.76～1 000 μm）遥感、微波（波长范围在1 mm～1 m）遥感。其中，可见光－近红外遥感及热红外遥感统称为光学遥感，属于被动遥感，记录地球表面对太阳辐射能的反射辐射能及发射辐射能。微波遥感主要使用无线电技术，记录地球表面对人为微波辐射能的反射辐射能（主动遥感）及地球表面发射的微波辐射能（被动遥感）。

3. 遥感功能作用

环境规划、管理中，常规监测方法常受设备和经费等多方面的限制，当调研的区域偏远且范围宽广，或实地调研和采样难度大、具有危险性时，不仅会消耗大量的人力、物力和财力，还难以获得较高质量的数据。此外，对于需要结合过往情况进行现状研判时，常规监测手段也较难获取这类数据，即使已获取的长期数据，也可能存在口径不一等问题。但是，遥感技术能够在不接触的情况下获取、接受、再现、分析和识别地物的空间属性、辐射特性及光谱特性信息，从而可以解决数据获取难、耗时耗力、质量差等问题；并可结合地理信息系统进行空间分析，从而为环境规划管理工作提供长期且较稳定、全面且精确、安全且迅速的数据支撑。

其次，一般环境监测方法，通常需要提前设计采样点位置和样品检验项目，致使工作易受局限。遥感技术则具有高空间、高光谱、高时间分辨率的特点，能够提供空间、光谱、时间多个维度的信息，弥补传统对地监测项目种类少的局限性，且提升了数据的精确度。例如，WorldView-2卫星全色图像空间分辨率是0.5 m，能够目视解译出实际地面大小为0.5 m×0.5 m的地物（如一块地砖）；结合遥感影像数据多个波段的信息（如近红外波段和绿光波段），可以反演植被生长状态及植被覆盖度，同时还可进一步推算并预测区域净初级生产力；使用高时间分辨率和高光谱遥感影像数据，能够定性和定量监测水中叶绿素、悬浮物等成分，获取水华爆发的信息并推断污染来源，实现水体质量的实时监控。凭借着快速获取数据、数据覆盖范围广、数据价值高等特点，遥感技术已成为环境规划管理中难以替代的数据获取工具。

（二）遥感影像数据

遥感影像数据是指由遥感平台搭载的传感器获取的反映地物特征的原始数据，它是进一步进行数据分析解译与遥感应用的基础。截至2017年，仅全球对地观测卫星这类遥感平台，已超过了4 500个，成为环境保护工作中丰富的信息来源。卫星遥感影像数据的质量，通常由传感器对电磁波段的响应能力、获取地物电磁波信息量的大小和可靠程度决定，其覆盖范围与数据获取时间取决于遥感卫星平台的运行轨道。一般而言，卫星遥感影像数据以搭载卫星和传感器联合命名，如Landsat 8/OLI或Landsat 8/TIRS遥感影像数据、Terra/MODIS遥感影像数据等。以下介绍几个用于环境规划管理中常见的遥感影像数据源。

1. Landsat陆地卫星遥感影像数据

美国陆地卫星（Landsat）系列，由美国国家航空航天局（NASA）和美国地质调查局（USGS）共同管理，其遥感影像数据是当前资源环境业务中最常用的数据源之一。Landsat系列卫星的主要任务是服务调查地下矿藏、海洋资源和地下水资源，监视和协助管理农、林、畜牧业和水资源的合理使用，研究和预警各种严重的自然灾害（如地震）和环境污染，以及绘制各种专题图(如地质地貌图)等。由于 Landsat 7 在役期间出现过异常,最常用的数据来源于 Landsat 5 和 Landsat 8。① Landsat 5:发射于 1984 年 3 月,重返周期为 16 天,载有多光谱扫描仪 MSS(multi-spectral sensor)和专题制图仪器 TM(thematic mapper)两个传感器,于 2011 年 11 月 18 日终止数据获取任务。② Landsat 8 为目前在役卫星,发射于 2013 年 2 月 11 日,重返周期为 16 天,载有陆地成像仪(operational land imager,OLI)和热红外传感器(thermal infrared sensor,TIRS)两个传感器,共有 11 个波段(表 11-1)。OLI 传感器被动接收地表反射的太阳辐射和散发的热辐射,覆盖了从红外到可见光的波长范围。TIRS 传感器是目前性能最好的热红外传感器,主要用于收集地球热量信息,尤其关注干旱地区。Landsat 卫星遥感影像数据已广泛应用于农、林、牧、土地利用、地质、水文、海岸带研究、环境监测等领域。例如,使用长时间的 Landsat 遥感影像数据,能够绘制城市扩张图,明确城市增长速度;利用 Landsat 数据高精度的优势,无须耗费时间和金钱搜索海域,即可绘制全球珊瑚礁地图,并按结构和类型对其进行分类,支持长期观测。

表 11-1 Landsat 8 卫星遥感数据介绍

传感器	波段/μm	空间分辨率/m	主要作用
陆地成像仪	1-海岸波段(0.433~0.453)	30	观测海岸带
	2-蓝光波段(0.450~0.515)	30	穿透水体、分辨土壤植被等
	3-绿光波段(0.525~0.600)	30	分辨植被
	4-红光波段(0.630~0.680)	30	处于叶绿素吸收光谱区域,观测道路、裸露土壤、植被种类等
	5-近红外波段(0.845~0.885)	30	估算生物量,分辨潮湿土壤
	6-中红外波段(1.560~1.660)	30	分辨道路、裸露土壤、水体、大气和云雾
	7-中红外波段(2.100~2.300)	30	识别岩石和矿物
	8-全色波段(0.500~0.680)	15	用于图像融合,提高空间分辨率和发挥辐射优势
	9-水汽吸收波段(1.360~1.390)	30	水汽强吸收特征,云监测
热红外传感器	10-热红外波段(10.60~11.19)	100	监测观测地带水分消耗和地球热量流失
	11-热红外波段(11.50~12.51)	100	

2. Terra 探测卫星遥感影像数据

Terra 探测卫星搭载了多种传感器,能够同时采集地球大气、陆地、海洋和太阳辐射信息,为环境规划管理工作提供多维信息。Terra 卫星发射于 1999 年 12 月 18 日,重返周期为 1 天,扫幅宽度为 2 330 km,共搭载了 5 个传感器,包括① 云与地球辐射能量系统(clouds and the earth radiant energy system,CERES):用于地球辐射收支测算和热带区域雨量测量。② 中分辨率成像光谱仪(moderate resolution imaging spectroradiometer,MODIS):可获取 36 个离散光谱波段,覆盖从可见光到热红外全光谱,用于测量云的属性(如液态水和冰云中云滴的分布和大小)、气溶胶的特性、大气中的水蒸气量、温度和水蒸气的垂直分布,以及监测冬季风暴和严寒温度带来的冰雪面积分布、火山爆发、洪水、干旱、风暴等发生的地点和时间、海面浮游植物种群的变化等。③ 多角度成像光谱仪(multiangle imaging spectroradiometer,MISR):使用 9 个不同角度的摄像机以 4 种波长(蓝、绿、红和近红外)对地球表面的每个区域连续成像,能够明确自然条件下太阳光沿不同方向散射量,区分不同类型的云、气溶胶颗粒和地物表面,实现大气气溶胶颗粒的数量和类型、地表覆盖分布及云的数量、类型和高度的月、季节性和长期趋势的监测。④ 先进星载热辐射与反射辐射计(advanced spaceborne thermal emission and reflection radiometer,ASTER):可获取 14 种不同波长的电磁波谱(从可见光到热红外光)的高分辨率(每像素 15～90 m^2)的地球图像。利用 ASTER 数据,可创建详细的地表温度、反射率和高程图。⑤ 对流层污染测量仪(measurement of pollution in the troposphere,MOPITT),该传感设备旨在深入了解对流层及观察陆地和海洋生物圈的相互作用,重点关注对流层中 CO 的分布、运移及源和汇。

3. 重力恢复与气候试验卫星遥感影像数据

重力恢复与气候试验卫星(gravity recovery and climate experiment,GRACE),主要任务是获取地球重力场和有关地球及其周围环境中质量分布和流动信息。其强大的地球内部细节刻画能力,可为环境规划管理工作及水资源和地理探测工作提供关键地下数据(如地下水储量)。该卫星发射于 2002 年 3 月,由两个相同的航天器组成,通过使用 GPS 和微波测距系统可对两颗卫星之间的距离进行精确测量,并对距离差进行分析。现已应用于:地球内部结构勘探、全球地表及地下水储量的变化监测、高山冰川融化率估算、海平面上升等研究中。

4. NOAA 气象观测卫星遥感影像数据

美国国家海洋大气管理局(national oceanic and atmospheric administration,NOAA)卫星,属第三代使用的气象观测卫星,主要用于获取大气温度、湿度等数据,可为环境规划等提供海量高分基础气象数据。NOAA 气象观测卫星包括在轨两颗卫星,每颗卫星每天至少可对地面同一地区进行两次观测,两个卫星可进行每日 4 次以上的观测。NOAA 卫星上携带的探测仪器主要有:① 高级特高分辨率辐射仪(advanced very high resolution radiometer,AVHRR),它是一种多光谱通道的扫描辐射仪,地面分辨率为 1.1 km,包括可见光红色波段、近红外波段、中红外波段和两个热红外波段,以观测云的分布、地表(主要是海域)的温度分布为主要任务。② 泰罗斯垂直分布探测仪(TIROS operational vertical sounder,TOVS),它是一种多通道分光计,由 20 通道的高分辨率红外垂直探测仪、3 通道的平流层垂直探测仪和 4 通道的微波垂直探测仪组成,能够反演出气象参数的垂直分布信息。由于周期短、覆盖面广等特点,NOAA 在天气预报方面有着重要的应用价值。

5. 高分辨率对地观测卫星遥感影像数据

高分辨率对地观测卫星遥感影像数据,是我国开展生态环境保护工作的重要基础数据来源之一。我国的高分辨率对地观测卫星遥感影像数据获取能力,是伴随着高分辨率对地观测重大专项的实施建设逐步形成的。该专项是我国国务院发布的《国家中长期科学和技术发展规划纲要(2006—2020年)》中确定的16个重大专项之一,其计划研制和发射7~9颗对地观测卫星(表11-2),建设目标为实现基于卫星、平流层飞艇和飞机的高分辨率先进观测系统,与其他观测手段结合,形成全天候、全天时、全球覆盖的对地观测能力,以及整合并完善地面资源,建立数据与应用专项中心。至2020年,已初步建成我国自主的陆地、大气、海洋先进对地观测系统,可按照相关法规政策申请与使用。表11-2为中国部分高分辨率对地观测卫星。

表11-2 中国部分高分辨率对地观测卫星

卫星名	发射时间	传感器	主要应用
高分一号	2013.04.26	2 m全色、8 m多光谱和16 m宽幅多光谱相机	我国首个民用高分辨率光学卫星,数据产品已帮助发现多处罂粟或大麻种植区、非法越境通道、走私油库、海洋中异常漂浮物等
高分二号	2014.08.19	1 m全色、4 m多光谱相机	我国分辨率最高的民用陆地观测卫星(可达0.8 m),已为厄瓜多尔提供震区受灾情况资料,协助地震救援
高分三号	2016.08.10	1 m C-SAR合成孔径雷达	我国高分专项民用领域中目前唯一的合成孔径雷达成像卫星,具有不受光照和气候限制,全天候、全天时工作的特性,特别是对云层、地表植被、松散沙层和冰雪具有一定的穿透能力
高分四号	2015.12.29	50 m地球同步轨道凝视相机、400 m可见短波红外高光谱相机、全谱段光谱成像仪	我国第一颗地球同步轨道遥感卫星,用于观测道路、裸露土壤、植被种类等
高分五号	2018.05.09	大气痕量气体差分吸收光谱仪、主要温室气体探测仪、大气多角度偏振探测仪、大气环境红外甚高分辨率探测仪、可见短波红外高光谱相机、全谱段光谱成像仪	世界首颗实现对大气和陆地综合观测的全谱段高光谱卫星,可对大气气溶胶、SO_2、NO_2、CO_2、CH_4、水华、水质、核电厂温排水、陆地植被、秸秆焚烧、城市热岛等多个环境要素问题进行监测
高分六号	2018.06.02	2 m全色、8 m多光谱高分辨率相机、16 m多光谱中分辨率宽幅相机	我国首颗精准农业观测的高分卫星,增加了能够有效反映作物特有光谱特性的"红边"波段,大幅提高对农业、林业、草原等资源监测的能力
高分七号	2019.11.03	高空间立体测绘	我国首颗亚米级高分辨率光学传输型立体测绘卫星,能为我国甚至全球绘制误差在1 m以内的地形地貌立体地图

在国外,目前常用的高分辨率对地观测卫星遥感影像数据来源有:

（1）WorldView 系列卫星（美国）：WV3——0.31 m，WV2/WV1——0.46 m；

（2）GeoEye-1（美国）：0.41 m；

（3）QuickBird（美国）：0.6 m；

（4）IKONOS（美国）：0.8 m；

（5）Pleiades（法国）：0.7 m；

（6）SPOT6/7（法国）：1.5 m 等。

6. 无人机遥感影像数据

相较于卫星平台的高成本和集中管理，无人机遥感系统具有机动、快速、经济费用低等优势，可满足环境规划工作的多样性应用。无人机遥感影像数据获取流程主要包括收集辅助资料、获取飞行许可、现场踏勘、设计航线、飞机检查 5 个步骤，数据质量主要由无人机的稳定性、飞行高度及速度、电池续航时间、内置导航精度与起降方式等决定。常见的无人机平台搭载的传感器有可见光数码相机、多光谱传感仪、高光谱传感器、热红外相机、激光雷达等。与卫星遥感平台相比，无人机遥感影像具有① 数据分辨率高（可高达 3 mm 分辨率），能够满足高精度数字地面模型的建立和三维立体图的制作。② 机动灵活且操作简单，无人机拆卸组装容易且轻便，能够按照设定的航线自主飞行，不受云的影响。③ 飞行成本较低，可满足不同用户的需求，特别适合于小范围的多频率、全天候、高精度的环境监测。例如，中国科学院大气物理所设计了搭载臭氧传感器、粒子探测仪及温度湿度传感器的无人机，实现了城市大气环境指标监测。此外，应用无人机遥感技术于环境应急事务处理（如污染物泄漏），可实现实时勘查和人员及时调度。近年来，伴随各领域对数据获取要求的不断增加，无人机平台让遥感数据获取进入便捷、便宜、高效的大众化时代。

实践中，各种遥感影像数据的使用，需要综合考虑时间、空间和光谱 3 个因素，适当选取。例如，可分别利用空间分辨率为 80 m 的 Landsat 5/MSS 和空间分辨率为 30 m 的 Landsat 8/TM 数据识别土地利用/覆盖二级分类和三级分类。选取春末、夏初和秋中时间段的遥感影像数据能够更好地区分林地、耕地、草地等。涉及 NDVI 计算的工作，遥感影像数据选取应具有红光和近红外波段数据。此外，应尽量选取来源于同一个遥感系统的遥感影像数据监测区域变化，避免不同的遥感系统所带来的系统误差。

（三）遥感影像数据处理

遥感影像数据处理是将原始遥感影像数据转变为可进一步分析和计算的数据资源的过程，是将遥感技术应用至其他领域的前提与必要步骤。原始遥感影像数据只是观测地物的图像表示，或所谓地物的照片。由于受到系统、光线、气象等因素影响，原始影像数据会存在变形、扭曲、模糊和噪声等问题。因此，在进一步进行解译和分析前，需要根据工作要求与数据特征，通过制定具体的遥感影像数据处理流程与方案，使影像更为清晰、目标地物更为突出。遥感影像处理虽不能增加影像数据的信息量，但可以提升影像的信息挖掘潜力，改善影像的视觉效果以提高解译成效。常用的方法遥感数据的处理方法包括图像辐射校正、几何纠正、镶嵌、增强、融合、掩膜等。

1. 图像辐射校正

遥感影像数据为数字图像，由一系列像元（pixel）组成，每个像元对应一个由传感器获取的具体数值，称为像元的亮度值或灰度值（digital number，DN），范围在 0~255。但由于遥感图像成像过程中受到太阳位置和角度、大气条件、地形等的影响，导致卫星传感器所接收的电磁能量（DN 值）与地物本身辐射或反射的能量存在偏差，因此，需要通过图像校正，对失真图像进行复原性处理，主要方法包括：① 辐射定标。通过建立传感器各通道记录的 DN 值与入瞳辐射值之间的联系，将传感器记录的电压或数字量化值转化为绝对辐射亮度值（辐射率）。② 大气校正。基于遥感影像数据和实测数据，运用大气模拟模型估计和修正参数，以消除大气和光照等因素对地物反射的影响，从而获得地物反射率、辐射率、地表温度等真实物理模型参数，以反演地物真实反射率。

2. 图像几何纠正

图像几何纠正是将图像数据投影到平面上，使其符合地图投影系统的过程，是保证数据分析质量的关键步骤。原始遥感影像数据会受到系统性和非系统性因素的影响，发生一定几何变形，如相对平移、旋转、比例缩放等。图像几何纠正需要基于地面控制点和数学模型，对遥感影像各像元进行坐标变换、重新定位，并对 DN 值进行重采样和内插计算等步骤，建立全新的像元矩阵，使畸变图像中像元点的位置和基准图像对应的像元在同一个位置。

3. 图像镶嵌

图像镶嵌是指将两幅或以上遥感影像数据拼接在一起，是对遥感影像数据常用的处理方法之一。由于传感器扫描范围有限，单幅遥感影像数据可能无法覆盖全部研究区域，需要利用图像镶嵌手段，处理相邻影像数据间获取时间、太阳光强和大气状态等差异，形成整个研究区域可进一步分析和计算的数据。图像镶嵌过程涉及控制点选取、辐射校正与几何纠正、图像配准、图像拼接等步骤（图 11-1）。由于相邻数据间会存在部分重合区域，需要进行色调调整（如图像融合方法），以均衡镶嵌后图像的亮度值和对比度。

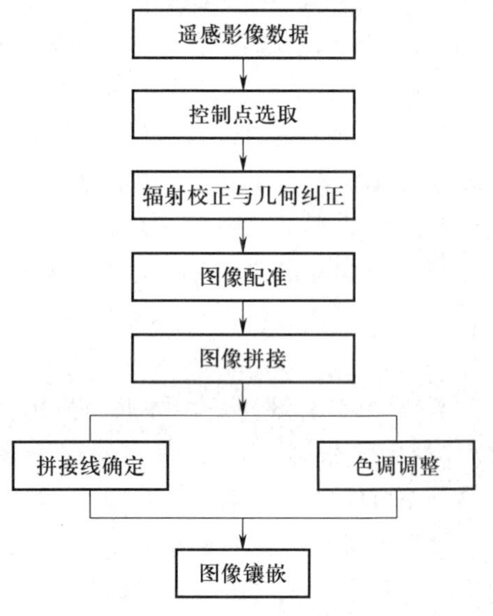

图 11-1　图像镶嵌流程

4. 图像增强

图像增强是改善图像视觉效果的处理方法，能够帮助遥感影像数据的解译。通过增强处理可以突显图像中对研究有意义的数据信息，削弱或去除某些不需要的信息，提高图像的清晰度和可编辑性，其实质是增强感兴趣目标和周围背景图像间的反差，图像增强方法可分为：① 光谱增强，包括对比度增强、指标提取、光谱转换等；② 空间增强，主要集中于图像的空间特征，考虑像元间的亮度关系，如傅立叶变换、小波变换等。最常见的图像光谱增强的方法为波段组合，即组合不同的波段并合成显示，以增强地物的识别特征。例如，将近红外、红光和绿光波段对应 RGB 的 3 个通道进行组合，图像中显示红色的部分为植被，能够帮助目视解译；将中红外波段、近红外波段、蓝光波段进行 RGB 组合，结合了中红外、近红外及可见光波段数据，能够帮助挖掘地质和地表环境信息，如褶皱与断裂、地质构造和边界、岩性、火山结构。

5. 图像融合

图像融合是将多源信道所采集到的关于同一目标的图像数据经过图像处理和计算机技

术等,最大限度地提取各自信道中的有利信息,最后综合成高质量的图像。图像融合根据一定规则对图像进行运算处理,能够提高图像空间分辨率、改善图像几何精度、增强特征显示能力、改善分类精度和增添互补信息等,以生成一幅具有新的空间、波谱、时间特征的更为精确和丰富的融合图像。此方法的关键在于空间配准、融合模型的建立与优化,以及融合方法的选择。图 11-2 为图像数据融合方法。以图像变换为例,利用主成分分析方法对遥感影像数据的 DN 值进行处理,将含有多波段信息的数据压缩至仅含有部分有效波段的数据,节省后续处理时间与提升数据分析效率。如数学运算中,将图像的 DN 值进行加权平均,利用平均的方法对图像进行融合,提高融合图像的信噪比。此外,HIS 变换方法能够综合彩色空间 RGB 模型和 HIS 模型各自在显示与定量计算方面的优势,将图像的 RGB(红、绿、蓝)模型转换成 HIS(色调、亮度、饱和度)模型,在 HIS 空间进行光强替换,对多幅图像进行融合,将融合结果反变换回 RGB 空间进行显示。

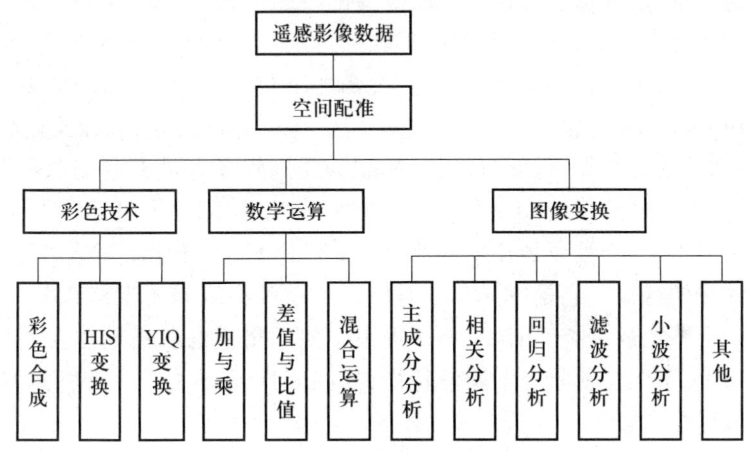

图 11-2 图像数据融合方法

6. 图像掩膜

图像掩膜(mask)是指用选定的图像、图形或物体,对待处理的图像进行部分或全部遮挡。利用图像掩膜通过控制图像处理的区域或过程,减少相似物的干扰和运算量,以提升遥感影像数据分析效率。例如,在监测水体蓝藻、水华中,遥感影像数据中有时会含有云,沿岸水草等像元会干扰水体中蓝藻、水华的识别。为避免蓝藻、水华的误判,需要形成监测水体区域的水体区域掩膜、云掩膜和水草掩膜等辅助数据,提取区域内的水体并单独计算水体的 NDVI 值。再基于含有蓝藻水华的水体像元的 NDVI 要高于纯水体像元的事实,以识别水体中发生蓝藻水华现象的像元并计算其面积和占比。

(四)遥感影像数据解译分析

遥感影像数据解译分析是将遥感技术应用至各领域的关键。遥感技术是以影像的形式记录了能够反映地物特征的地物电磁波特性,因此,对遥感影像数据进行解译和分析常被视为遥感成像过程的逆过程,即通过建立地球系统各要素与解译标志的关系,从遥感影像数据特征中挖掘地物特征,以推断和获取目标地物和周围环境的信息。实践中,常见的遥感影像数据解译分析方法多种多样,以下概括介绍定性分析的图像分类,与定量分析的数值反演、混合像元分解、地学相关分析、变化检测等方法。

1. 图像分类

图像分类是依据地物的光谱特征,即地物电磁波辐射的测量值,对地物进行类别区分,是遥感定性分析的主要方法。其原理是利用图像模式识别技术实现对各个像元进行人工或自动分类。在图像分类之前,往往要做些预处理,如校正、增强、滤波等,以突出目标物特征或消除同一类型目标的不同部位因照射条件不同、地形变化、扫描观测角的不同而造成的亮度差异等。常用的图像分类的方法可分为目视解译、基于统计分析的分类方法和改进的分类方法 3 类:

(1) 目视解译

目视解译是遥感应用最常用、最基本的方法之一。它根据遥感影像目视解译标志(位置、形状、大小、色调、阴影、纹理、图形及相关布局等)和解译经验,与多种非遥感信息资料相结合,运用相关知识,采用对照分析的方法,进行由此及彼、由表及里、去伪存真、循序渐进的综合分析和逻辑推理,从遥感影像中获取需要的专题信息。目前,目视解译一般多采用人机交互方式。在解译前先通过遥感影像处理软件对图像进行必要的预处理,包括图像增强、图像融合等,有效地改善图像的可识别能力,突出主要信息,提高判读的精度。常用的目标解译方法,有直接解译法、对比分析法、信息复合法、综合分析法等。目视解译方法虽然具有简单易操作、灵活性强等特点,但耗时较长,往往会受到解译人员专业知识水平及解译经验的影响,致使不同人员的解译结果存在差异。

目视解译过程中,一个重要的技术环节是建立解译标志,即建立遥感影像上能反映和判别地物或现象的影像特征。它是解译者在对目标地物各种解译要素综合分析的基础上,结合成像时间、季节、图像的种类、比例尺等多种因素整理出来的目标地物在图像上的综合特征。在遥感影像上,不同的地物有不同的特征,这些影像特征是判读识别各种地物的依据,常称为判读或解译标志。

案例

明确区域生态系统结构类型的分布是生态环境规划的基础,建立解译标志,常常成为生态遥感影像解译的重要内容。

(2) 基于统计分析的分类方法

基于统计分析的分类方法是使用数理统计的方法实现遥感影像自动分类的方法,主要包括监督分类法和非监督分类法两种:

① 监督分类法,需要选取代表性区域的地物光谱特性作为训练样本数据,并建立学习地物判别函数或模式(如均值、方差、判别域等),以此将未知区域的像元分类归入到已知具有最大相似度的类别中。常见的监督分类方法有平行六面体分类(parallelepiped classifier)、最大似然法(maximum likelihood classifier)、马氏距离法(Mahalanobis distance)、最小距离法等。以土地利用类型分类为例,先根据国家土地利用现状分类标准确定耕地、园地、林地、草地、住宅用地、水域及水利设施用地等共 12 个一级类别,再选取训练区域和合适的分类算法(如马氏距离法),通过计算各个像元到各训练样本的协方差距离,将像元划分至距离最近的类别。进而可在像元分类的基础上,核算、统计各土地利用类型面积。监督分类方法需要利用先验知识,预先确定分类类别,因而人为主观因素较强且需要反复检验训练样本的质量,通常需要耗费较多的人力与时间。

② 非监督分类法,也称为聚类分析法,是在缺乏训练数据的条件下,根据像元间的光谱特性计算相似度进行归类合并处理的方法,如,最邻近法、K-means、迭代自组织的数据分析

方法。以 K-Means 方法进行分类为例，为达到最佳的分类精度，应注意基于专业知识选取合适的遥感影像数据分类波段，如 Landsat/TM 遥感影像数据的红光和热红外波段，并确定样本分类数量 K 和总迭代次数 M。K-Means 算法将随机选择 K 个初始聚类中心，计算各个像元与聚类中心的距离，将像元归为距离最近的聚类中心所属类别。每计算完一次将重新计算聚类中心（如质心），重复以上步骤 M 次（图 11-3）。

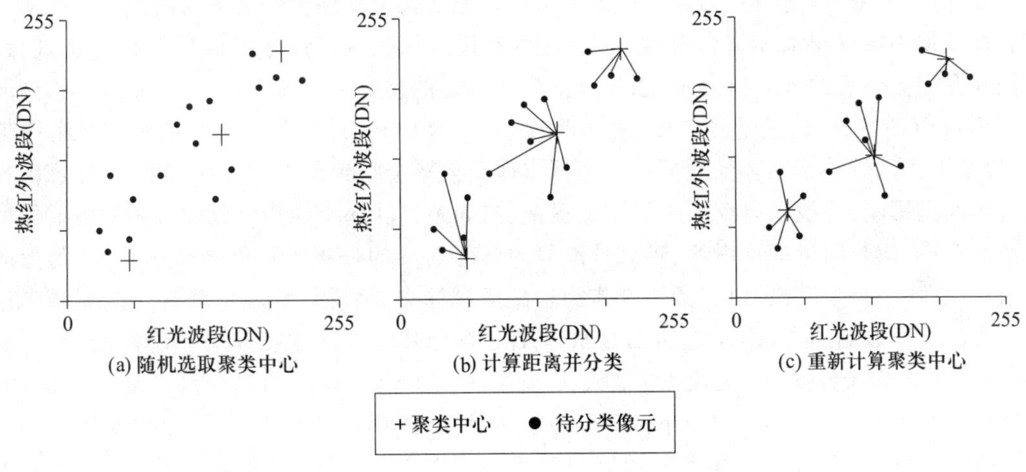

图 11-3　K-Means 非监督分类方法步骤

（3）改进的分类方法

基于统计的分类方法仅依靠地物的光谱特征，常会导致分类效果不够理想。随着计算机技术的不断发展，遥感的分类方法也在逐步改进，向着更高层次的智能化方向发展，常用的改进算法包括但不限于：

① 决策树：基于树结构对训练样本的若干属性进行判定，并不断迭代更新判别规则。② 分层分类法：根据各类目标的光谱、时间、空间等不同特征，采取相应的信息提取方法，分别建立不同的专题信息层，最后把各专题层合并汇总得到整体分类图。③ 面向对象的分类方法：集成遥感图像和数字化的矢量数据，将栅格图像和矢量图形或矢量数据进行联合处理，通过将影像分割成同质影像对象（斑块），再进行分类，以实现较高层次的遥感图像分类和目标地物提取。④ 基于影像纹理信息结构的分类法：为解决地物分类中“同物异谱”和“同谱异物”的问题，结合高空间分辨率遥感影像，利用影像纹理信息结构来提高土地利用/覆盖分类精度的方法，例如结构方法、小波分析法等。⑤ 基于时相信息的频谱分析法：不同的植被有不同的物候节律，可以通过将原始的时间序列从时域变换到频域，基于频域特点（如植被生长物候变化）进行土地利用/覆盖的分类。

2. 数值反演

与图像分类这种定性识别地物的方法不同，遥感数值反演是将数学物理理论与遥感实践相结合，通过构建定量描述目标地物的物理或化学性质的模型，建立地物辐射数据与目标地物属性数据具体数值（如叶绿素浓度、叶面积指数、净初级生产力）之间联系的技术方法。通常，这类模型可分为经验统计模型、物理模型及半经验模型。经验模型具有很好的描述性但缺乏普适性，而物理模型依赖完善的理论知识，参数和假设过多，二者实用性不高。因此，实践中常结合以上两类模型各自的优势，构建使用少量经验参数描述部分物理过程的半经验模型。

环境领域工作中，经常需要大量、长时间序列的监测数据为支撑。以评价湖泊水环境富营养化状况的工作为例，叶绿素 a 的浓度是衡量水体富营养化程度的一个重要指标，需要长期精确监测。然而，传统的水质监测，虽可精确测定水体局部叶绿素 a 浓度，但成本高、耗时长，且相对于大范围水体，其空间代表性不足。反之，遥感及其反演方法则以其大范围、多时相、高动态及低成本等优势，为大面积湖泊水质动态变化识别评价拓展了新的途径。为从遥感影像数据中解译出水体富营养化状态，这可利用叶绿素 a 浓度半经验反演模型来进行。我国在鄱阳湖开展的有关研究中，水质反演模型构建的主要过程如下。首先，获取工作区域各采样点的基本数据，包括经纬度、海拔高度、采样日期和时间、各个波长的水体反射率信息，以及工作区域的遥感影像数据等。根据水体反射率会受到藻类种类和密度、水体悬浮物浓度等因素影响，寻找水体反射率异常波段范围，如藻类叶绿素的弱吸收和细胞的散射作用导致 580 nm 波长附近的反射峰，近红外波段内叶绿素 a 的强吸收可能导致 760 nm 附近的反射谷（图 11-4）。其次，以光谱特性作为遥感解译标志，将反射峰和反射谷对应遥感影像数据中的波段数据结合，建立能够凸显水体反射率与叶绿素 a 浓度间关系的模型指数，如 Terra/MODIS 影像数据，x=波段 1/（波段 2+波段 3+波段 4），以此构建光谱指数与叶绿素 a 浓度的回归关系，如 $y=19.148\exp(-3.325x)$，其中，x 为模型指数，y 为叶绿素 a 浓度。最后，通过计算模型模拟值与真实测量值间的相对误差，不断验证并修正模型，如更换模型指数。

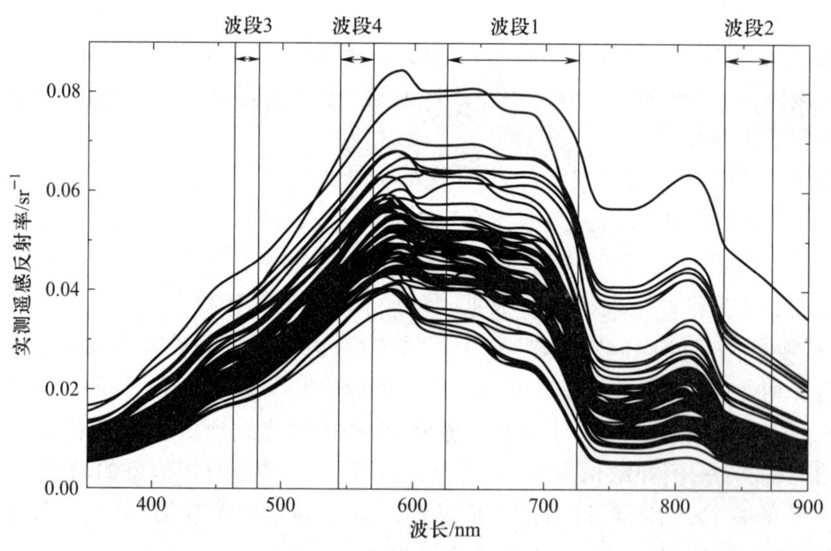

图 11-4　鄱阳湖实测遥感反射率光谱曲线与模型指数对应波段区间

3. 混合像元分解

混合像元分解是提升遥感图像分类精度的分析方法之一。传感器获取的地面光谱信号是以像元为单位记录的，但同一个像元可能涵盖对应不同的光谱响应特征的多种地物类型，也称为异质成分。若像元包含着不止一种地物类型则称为混合像元（mixed pixel），其记录的光谱信号为不同地物类型光谱响应的综合特性，则需要将混合像元分解为不同的“基本组成单元”（end member），常用分解方法有：① 假设各个基本组成单元的光谱反射率为线性组合的线性模型,② 基于分析景观几何特征的几何光学模型与随机几何模型,③ 基于概率统计方法的概率模型。

4. 地学相关分析

地学相关分析是将遥感技术拓展至其他领域的关键方法。遥感影像数据反映的是某一区域的自然和人文景观的综合体,构成景观的各要素相互依存和制约。遥感信息能够综合反应要素间的相互作用和关联关系,因此,要素间的遥感信息特征或光谱信息也存在一定的相关性。据此,可通过分析与目标相关性明显且容易提取和识别的相关要素,推断在遥感影像上不明显和难以解译的目标地物信息。例如,通过获取像元植被、地貌等要素推断土壤的性质,甚至地下矿物等。此过程先将遥感技术应用至基本植被和地貌的定性识别(生态学和地理学)中,通过相关分析,延伸至土壤定性研究(土壤学)中。最后根据所发现异常的植被光谱特征(生态学),进行区域金属矿化或油气渗漏现象(地质学)的推断。

5. 变化检测

变化检测是指从不同时期的遥感数据中定量分析地表变化的特征与过程,是评价环境规划工作成效的方法之一。变化检测的关键在于消除遥感系统因素、数据源的选择以及环境因素的影响。用于变化检测的遥感影像数据最好来源于同一个遥感系统,若无法满足,则应选择遥感参数与光谱波段相近的遥感系统数据。变化检测需要在图像校正和配准的基础上,选取适当的检测算法以增强和区分相对变化的区域,常用方法有:① 基于不同时相遥感影像数据的光谱分类和计算,以确定变化分布和类型特征的光谱类型特征分析方法。② 基于不同时间图像之间的辐射变化,以分析波段差异的光谱变化向量分析方法。③ 基于连续观测遥感影像数据,以检测地物变化过程与趋势的时间序列分析方法。

二、地理信息系统

20 世纪 60 年代以来,地理信息系统(geographic information system,GIS)凭借集成了时间-空间-属性一体化数据的管理、处理和分析功能,逐渐成为环境规划工作中重要的平台工具。GIS 是在计算机软、硬件系统支持下,对整个或部分地球表层(包括大气层)空间中的有关地理分布数据进行采集、存储、管理、运算、分析、显示和描述的空间信息系统。与其他类型的信息系统有所不同,其他信息系统是通过分析实体的非空间语义属性来实现的数据查询与分析,GIS 的处理对象则为空间或地理实体,查询与分析过程主要是通过分析实体的空间位置与相互空间关系来实现的。当前,GIS 以其强大的空间数据处理和分析功能、二次开发、与遥感等技术有机结合的能力,能够满足在各个层面开展的全要素、多领域、全覆盖的空间型探索的环境规划需要,因而被广泛应用于环境现状调查和评估、环境影响评价等任务中。

(一) 地理信息系统的组成

GIS 由数据库、空间数据管理与分析系统、用户接口、网络系统 4 个基本部分组成(图 11-5)。① 数据库包含空间数据库与属性数据库两部分,空间数据库以文件组织方式存储点、线和面状空间实体的位置与分布信息,而属性数据库则利用关系型数据库系统存储空间数据库中相应空间实体的专题属性数据。② 空间数据管理与分析系统是地理信息系统的核心,不仅能够支持空间和属性数据的关联、分析、查询、运算及结果输出,还能够实现系统与外部信息系统及输入输出设备间的交互。③ 用户接口为系统提供友好的用户界面,负责

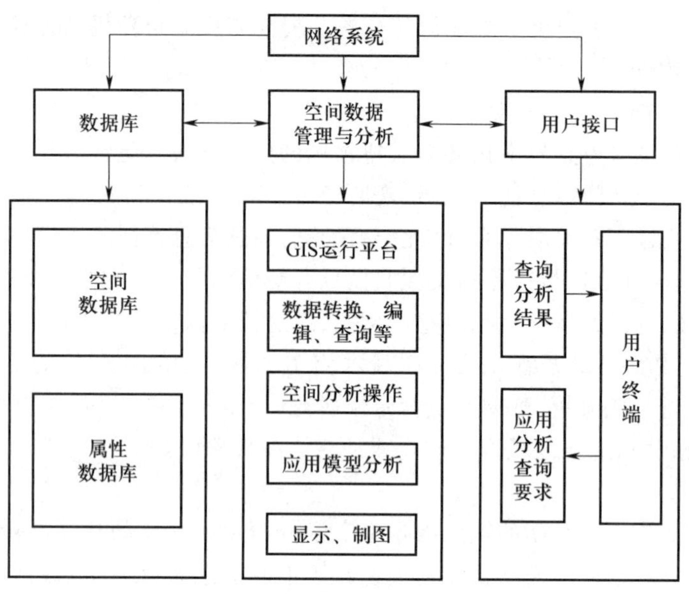

图 11-5 地理信息系统的基本组成

终端用户与空间数据管理之间的信息传递。④ 网络系统实现了地理信息系统信息共享的应用目标。从总体上看,数据库为信息提供者,空间数据管理与分析系统为系统功能的实现者,用户接口则为信息接受部分,这 3 部分的不同组合在网络管理系统环境中构成了多种客户-服务器分布模式。

一个 GIS 及其应用必须建立在有效的地理数据基础上。一般,系统数据来自室内数字化、野外采集,以及其他数据源的转换。概念上,作为空间数据的一种特殊类型,其数据属于地理空间数据,即指带有地理坐标的数据,包括资源、环境、经济和社会等领域的一切带有地理坐标的数据,它是基于地理实体的空间特征和属性特征的数字描述。空间数据表现了地理空间实体的位置、大小、形状、方向及几何拓扑关系。属性数据表现了空间实体的空间属性以外的其他属性特征,是对空间数据的说明,用于定性或定量描述地物的自然或人文社会属性,如一个城市点,它的人口、GDP、绿化率等。此外,对于地理数据采集或地理现象发生的时刻或时段的描述,称为时态特征数据或时态数据。同一地物的多时段数据,可以动态地表现该地物的发展变化。近年来,时态数据日益受到 GIS 学界的重视。伴随时态空间数据模型(简称时空数据模型)或时态空间数据库技术的发展,也在推动着 GIS 向动态、多维化方向发展。尽管时空数据模型及技术发展较快,但当下使用的 GIS 一般仍为静态或准静态的。这样的 GIS 系统中,时态数据通常被处理为属性数据的一部分。数据结构的选择相当程度上决定了系统所能执行的功能。GIS 中空间数据的组织,采用了栅格数据与矢量数据两种最基本的结构方式。数据结构确定后,在空间数据的存储与管理中,关键是确定应用系统空间与属性数据库的结构以及空间与属性数据的连接。目前广泛使用的 GIS 软件,大多数采用空间分区、专题分层的数据组织方法,用 GIS 管理空间数据,用关系数据库管理属性数据。

(二) 地理信息系统的功能

1. 空间数据输入

空间数据输入是 GIS 的基本功能之一。按照对空间实体各要素相互关系描述的方式,空间数据结构可分为矢量结构和栅格结构两种，主要与数据采集方式有关。① 矢量结构数据的基本元素包括点、结点、矢量、线段、多边形，以坐标编码和拓扑编码两种空间数据编码结合的形式存储。坐标编码仅表示各空间数据元素的具体位置，拓扑编码则用于描述各基本元素的空间相互关系及属性联系（邻接关系、包含关系及连通关系）。例如，由人工绘制的行政边界、交通干线等数据。由于利用点、线、面形式来表达现实世界，矢量数据结构具有定位明显，属性隐含的特点，且数据结构紧凑，冗余度低，表达精度高，图形显示质量好，利于网络和检索分析，目前在 GIS 中得到广泛的应用。② 栅格结构数据表现为规则的、形态均匀的格网矩阵，每个矩阵单位称为一个栅格单元（cell）。通常由扫描数字化仪按行和列逐像元扫描，将扫描数据进行重采样和再编码而得。例如，由矩形网格构成的遥感影像栅格数据。每个格网单元为信息存储和处理单元，由行、列号表示其空间位置，格网单元记录其所属空间实体的属性值。以二维矩阵的形式来表示空间地物或现象分布的数据组织方式，使得栅格数据有属性明显，定位隐含的特点。

2. 空间数据转换

空间数据转换，能将多源数据的格式进行统一以便开展深入分析，是 GIS 最常用的功能。两种数据类型在数据管理、应用分析方面的能力各有优势与局限性，例如，矢量结构适合以实体为单元的分析与运算，栅格结构数据对系统存储与处理能力带来挑战。GIS 通过实现栅格与矢量结构数据间的转换，即栅格化和矢量化过程，可为空间分析与支持应用提供更为便利的数据分析处理工具。例如，将遥感影像分类数据进行矢量化，方便计算相邻土地利用类型间的连通关系；通过栅格化点数据，将结果与遥感影像结合处理与分析，可融合多源数据，提升分析与支持决策能力。

3. 空间数据编辑

空间数据编辑是丰富和完善空间数据及改正错误的方式。地理信息系统提供修改数据录入错误的功能，利于保证数据的准确性，包括点、线的增加、删除与移动，线段的分割与合并，多边形生成，属性类型的修改等。此外，通过删除、修改、再插入等一系列操作实现使用新的数据项或记录，替代数据文件或数据库中相对应的数据项或记录，可以建立与动态分析地理数据的时间序列。例如，利用 GIS 同时管理水文和气象站位置（点）、河流（线）、地形地貌（面）、行政区划（面）等空间数据，以及监测的水质与水量等属性数据。依据实地勘查结果，通过 GIS 切分河段并添加相应属性参数（如河流下垫面参数、河道形状等）。将以上数据作为模型基础数据输入水污染物迁移模型，结合遥感影像气象数据（如区域温度、降水等），模拟区域生态水文和污染物扩散过程，能够为水环境规划提供便捷的模拟操作。

4. 空间数据操作

空间数据操作是对空间数据进行加工以帮助实施空间信息的分析和挖掘，这些加工操作包括裁剪、拼接、多边形合并、信息选取、多边形叠合、缓冲区分析、网络分析等，以及各种数学运算关系，包括算数运算、关系运算、逻辑运算、函数运算、字符运算等。例如，对环境质量、污染源、地理与气象等数据进行插值、计算以及栅格化，并统一数据间的比例、空间分辨率和投影方式等数据操作。又如，根据模型输入参数的需求，利用 GIS 对数据进行标准化与处理等。

5. 空间数据分析

空间数据分析是地理信息系统最为核心的功能，是将空间数据转变为信息的过程。GIS

的空间数据分析功能为环境规划工作提供了重要的空间分析手段,例如,基于固体废物处理场位置(点)、兴趣点(点)、道路(线)和街区划分(面)等相关数据,以成本进行衡量时,可利用 GIS 空间分析技术对点间的区域进行成本划分,生成成本权重图,同时考虑各决策要素进行建模,得出成本距离图和成本方向图,由此优化筛选固体废物最佳转运路线。根据空间模式,空间数据分析可分为空间点模式分析、面模式分析和连续模式分析 3 类。

(1) 空间点模式

空间点模式是根据事件的空间坐标的分析方法,事件也可纳入属性信息。数据的点模式可以是基于所有点事件的完全地图或者是样本点分布的模式,主要有聚集、随机及均匀 3 种分布方式。

(2) 空间面模式

面状数据描述整个空间单元的总体特征,与面积单元内的空间位置无关,例如土壤类型区、行政区等。面状空间模式研究的则是面积单元的空间关系作用下的变量值的空间分析,需考虑的是面积单元间的邻接与否、距离远近等影响下的问题。

(3) 空间连续模式

许多问题呈现连续分布形式,例如空气污染浓度、土壤有机质含量、降水量的空间分布等。对此,分析方法主要是利用有限的采样点数据,分析要素的空间特征,推测或预测无采样区域的属性值。

6. 空间数据查询

空间数据查询是 GIS 广泛应用于环境规划的关键功能之一。地理信息系统能为用户提供交互式信息查询及二维和三维的动态显示界面,同时支持由用户接口提出的查询要求,经系统对其查询条件的解释与确认,向数据库发出数据检索指令,并将满足查询条件的空间与属性数据提供给应用接口。查询条件包括:空间范围、专题属性类型、空间关系。例如,将河流污染物迁移模型应用于环境规划预测时,需将模型计算单元划分至行政管辖区域。对此,可将模型模拟结果导入 GIS 中,利用 GIS 相邻、相交等复杂空间关系查询功能,如,查找穿越某市的一级河流或距离某河流 5 km 的县市,并结合空间分析的功能,确定污染物浓度最高点周围区域内的潜在污染源以及污染地段所属行政区。此外,还可以利用 GIS 系统管理污染物排放点、国有和省界断面位置(点)与河流(线)空间数据以及各断面长期水质监测指标属性数据,如 COD、TP、NH_3-N。利用 GIS 的查询功能识别断面超标项,结合行政区划信息,快速完成水质评价。

7. 空间数据制图

地理信息系统具有多种多样的可视化制图功能。通过提供结构统一、可扩充和修改的地图符号库,包含不同字体、尺寸、颜色、排列方式的汉字库,以及提供地图画面交互设计、图例设计与指定、文字和数字注记等功能,满足个性化需求的地图绘制。另外,GIS 具有多种数据输出格式,可与其他制图软件配合使用。例如,将模型预测结果导入 GIS 中,结合划定的环境功能区边界矢量数据进行分析,评价功能区大气环境质量控制成效,并利用 GIS 统计污染物浓度处于某一区间范围的区域,结合 GIS 空间和属性查询功能,以图形、图像、数据、报表等多种可视化方式输出分析结果,为环境规划工作提供良好的结果可视化工具支撑。

(三) 地理信息系统的应用

GIS 以其强大的数据管理、空间分析及二次开发能力,已成为环境规划领域的有力工具。以下从 GIS 的几个基本技术功能视角，结合典型场景，展示 GIS 在环境规划中的应用实践。

1. GIS 功能的直接运用

环境规划涉及大量空间基础信息，如涵盖水、大气等环境质量、污染源，以及相应的区域和城镇发展、产业布局、环境基础设施等空间分布数据。因此，将 GIS 直接引入环境规划工作，最简单的应用方式，就是基于 GIS 具有的对空间数据的储存管理、运算、结果的输出、显示等功能操作，对获取的有关输入数据资料进行分类存储、基本的处理分析（图 11-6）。例如，前文中进行的涵盖自然环境、社会环境、生态、相关评价指标的流域环境影响预测分析，区域产业结构、规模、空间分布及相应污染排放的统计分析与结果的图形展现等有关内容。

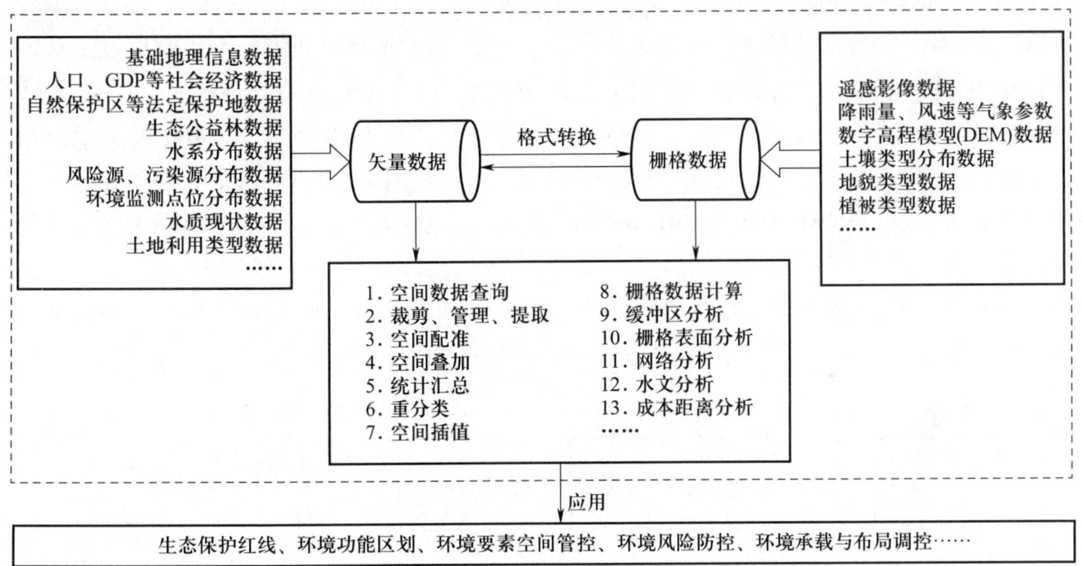

图 11-6　GIS 在环境规划中的直接应用

GIS 中操作功能丰富，简单操作的巧妙运用，可有效支持许多环境规划中应用型问题的分析。例如，累积影响是流域水环境规划中应考虑的重要问题之一。针对流域梯级开发的累积影响，有研究将其归纳为：① 一个梯级的环境影响与另一个梯级的环境影响以协同的方式结合，如对水温的影响；② 若干个梯级对环境系统产生的影响在空间上的累积，如对产卵场、栖息地、保护区的影响等。进而在此基础上，利用 GIS 具有的层功能，将不同的图层叠加，进行了累积影响分析，并直观形象地描述与探讨了流域梯级开发规划布局对区域水环境要素的空间作用影响。该研究利用 GIS 进行流域环境累积影响分析的主要过程如下：

（1）选用地形图或经过精校正的遥感影像图作为工作底图。

（2）生成环境现状信息图层，在底图上描绘主要环境要素信息，如产卵场分布区域、保护区分布范围、保护物种分布区域等。

（3）生成规划信息图层，在底图上描绘规划布局基本信息，如梯级电站地理位置、枢纽工程施工区、水库淹没范围等。

(4) 将环境现状信息图层和规划信息图层叠加,生成评价成果图,直观反映流域梯级规划布局与影响区域环境要素的空间作用关系。

2. 基于 GIS 的二次开发

在环境规划中,常常要用到一些专门的大型复杂模型或方法,以支持涉及环境评价、预测与决策等规划核心问题的处理分析。虽然 GIS 所具备的通用空间数据处理和分析功能多样,但也难以应对环境规划中复杂繁多的问题需求。因此,需要实施 GIS 的二次开发,即在原 GIS 平台或组件库的基础上,对其进行定制修改或功能扩展,乃至开发建立新的规划支持系统。

一般而言,有两种 GIS 二次开发方法:① 在 GIS 与应用模型、算法间建立数据管道,GIS 提供数据源,通过数据传输、格式转换后,在 GIS 引擎之外的模型算法系统中进行处理分析,并将结果返回 GIS,通过其制图模块输出规划结果。② 在 GIS 引擎的基础上,在 GIS 内部嵌入建立环境规划的模型、算法工具模块。第一类本质上是将 GIS 引擎作为数据来源和数据展示使用,核心环节是外部计算模型与 GIS 的数据交换,二次开发全部外生于 GIS,非常适合相关的空间算法模型已编写完成,需要 GIS 引擎协同空间数据输入与可视化的情况。相较而言,第二类开发方法应用更为广泛。以 ArcGIS 为例(图 11-7),展示了第二类方法的两种开发方式:其一是使用 ArcGIS 中的 Model Builder 工具搭建模型或脚本以服务的形式(如 RESTful API)发布于各种终端,供用户通过 API 接口直接调用;其二是将 GIS 功能应用至外部搭建的模型中,系统开发人员根据工作需求,通过软件开发工具包(software development kit,SDK)设计和开发各项功能和服务并提供给不同终端的用户。

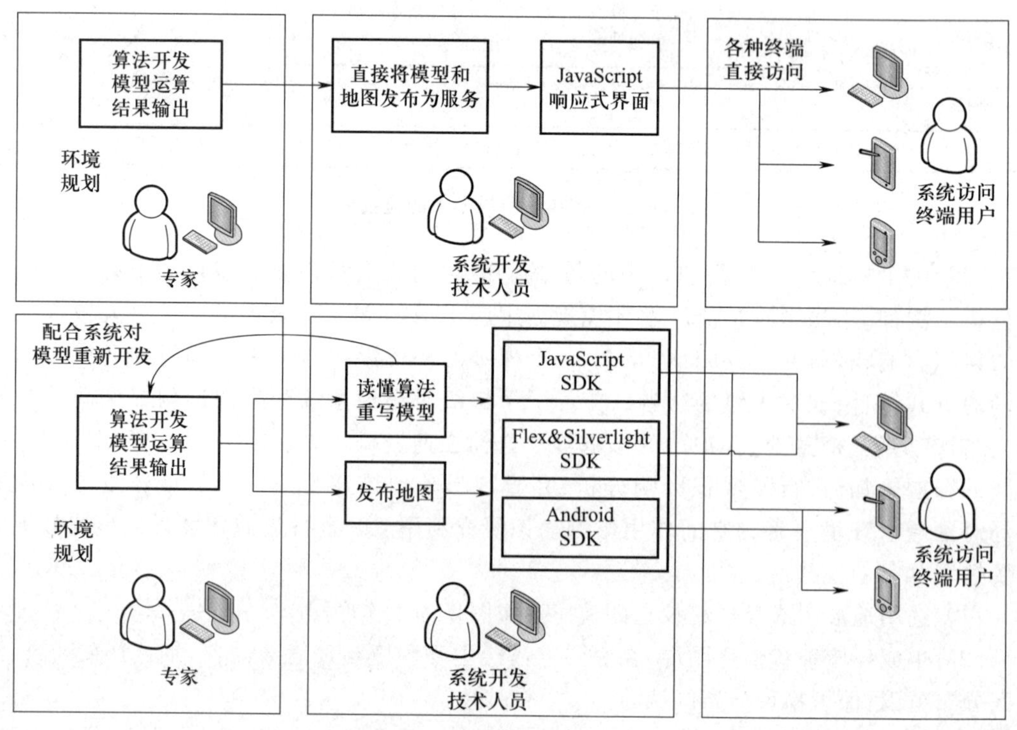

图 11-7 GIS 引擎二次开发

总之,基于 GIS 的二次系统开发,目标需求多样,既有典型问题的系统深化建设,也有不同业务问题的系统综合集成。充分的需求功能分析,是取得系统二次开发低成本高效益的关键。例如,生态系统红线工作,涉及气象、土壤、生态等多个环境因子,数据量大、方法模型复杂。因此可基于 GIS 空间分析技术,二次开发生态系统评价模块,通过栅格与矢量数据的转换、归一化、分级、计算等标准化处理,综合环境功能区划与生态保护红线等系统评价过程来进行。又如,基于 GIS 二次开发的"多规合一"支持系统平台(图 11-8),针对国土、规划、环保、林业等多部门数据,开发数据共享模块,以满足"多规合一"平台对各部门的信息共享要求。在此基础上,进一步设计开发出兼顾多种行政管理业务功能、"多规合一"的辅助决策 GIS 系统,实现涵盖浏览、查询、检索、统计分析、冲突检测等功能的多源数据在 GIS 上的集成,支持环境规划工作中数据管理和空间叠加分析工作。

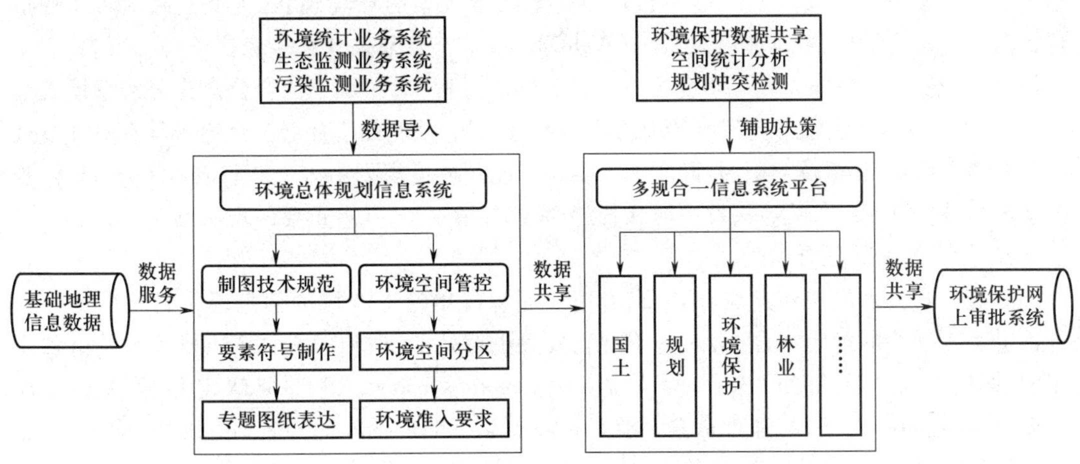

图 11-8　基于 GIS 二次开发的"多规合一"系统平台衔接路线

3. 支持公众参与的 GIS 平台

环境规划的制定与实施,与全社会公众密切相关。然而,我国长期以来环境规划相关工作,无论规划的前期准备、规划起草、制定,还是规划的审查、实施等,主要依赖政府、专家,并由相关部门执行。随着全社会的环境保护意识不断加强,社会公众正成为我国多元环境治理体系中的重要力量。2015 年,新修订的《中华人民共和国环境保护法》,专章规定了信息公开和公众参与的要求。2019 年,国家又专门下发了《关于构建现代环境治理体系的指导意见》,在开篇总体要求的指导思想中明确:"以更好动员社会组织和公众共同参与为支撑",为推动生态环境根本好转、建设生态文明和美丽中国提供有力制度保障。

将计算机信息技术与系统工具引入环境治理的社会活动行为领域,促进群策群力,支持多元共治的公众参与及其机制建设,正成为 GIS 应用的重要实践。起源于 1996 年的公众参与的 GIS(public participation GIS,PPGIS)系统开发,就是这样一个应用 GIS 的新颖尝试。PPGIS 是一个具有政策制定展示、咨询、反馈建议等多种功能,面向公众而专门打造的地理信息系统应用平台。虽然它仍属于对 GIS 的二次开发,但与传统的 GIS 不同,PPGIS 是以用户为中心的设计理念而对 GIS 的改进,它将重心置于公众参与的活动上,是技术与社会行为在特定地理区域的融合。首先,PPGIS 整体上并非是自上而下的政令宣告或意见表达工具,而是一个以过程为导向的多方讨论和协商平台,具有强大的互动性。其次,传统 GIS 依靠

GUI 实现系统与用户间的交互，而 PPGIS 则是基于网络，能够利用信息网络完成地理信息获取、分享及交互处理，使参与者可交互地在网络上处理地理信息数据和地图，或通过网络浏览器和其他网络功能进行各种空间检索和空间分析等。此外，PPGIS 技术强调利用直观、适宜的地图表达地理信息，帮助公众投入到具有地理空间特性问题的分析及解决过程中。因此，PPGIS 要求：利用知识库和数据挖掘技术为不同背景的用户提供规划相关信息，利用协同式空间决策技术保证多个用户同时在线编辑，利用可视化技术为用户提供直观的结果展现，利用人机交互和多媒体技术搭建友好且易操作的用户界面。

目前，PPGIS 也引起我国学者的关注，并以环境规划编制为对象，进行了应用的探讨。分析表明，利用 PPGIS 数据库系统，可以向公众提供丰富的区域规划空间信息，并通过图片展示功能、空间分析功能、图层技术和缓冲区技术，将环境规划方案清晰、全面、完整地展示给公众。公众参与者通过 PPGIS 平台可以了解区域规划的环境现状，尤其是晦涩难懂的指标数据分析，并利用网络地理信息系统（WebGIS）技术与其他公众或专家交流，提出相关意见建议。组织社会公众积极参与环境规划的编制形成过程中，并赋予社会公众充分的意见表达机会，利于不断发挥公众参与完善规划方案的积极作用，并有助于社会公众逐步具有对环境规划专业知识认知、分析及辨识、判断文本内容的技能。环境规划引入 PPGIS 技术平台，对便利公众参与，提升社会认知水平，发挥群众智慧，完善环境规划，具有重要的现实意义。

4. “3S”技术的联合运用

随着信息技术的快速发展与普及，应用于环境规划管理领域的信息系统日益广泛。多种信息系统手段的配套结合，会对环境规划发挥更有效的支持作用。“3S”技术正是这种应用的典型之一。早期的“3S”，是对遥感（remote sensing，RS）、全球定位系统（global positioning system，GPS）和地理信息系统（geographic information system，GIS）的简称，如今更广泛的说法则是指遥感、地理信息系统和全球导航卫星系统（global navigation satellite system，GNSS）。其中 GNSS 泛指所有卫星定位系统，例如包括我国的北斗卫星系统。“3S”是空间技术、传感器技术、卫星定位与导航技术和计算机技术、通信技术的相互结合，成为多学科高度集成、对空间信息进行采集、处理、管理、分析、表达、传播和应用的现代信息技术的总称。

根据已有 GIS 与 RS、GPS 相结合使用的实践看，“3S”技术能够在 GPS 的卫星导航及其目标地物空间定位的基础上，借助 RS 技术大范围、综合性、同步性的信息获取能力，充分发挥 GIS 的数据组织、管理、处理和分析功能。因而使得 GIS 不仅具有了海量的数据来源，并且提升了对环境问题的概化/建模与复杂现象的可视化作用。反之，“3S”技术也为 GPS 与 RS 所采集的大规模空间数据，提供了一个挖掘、分析和利用的良好平台（图 11-9）。

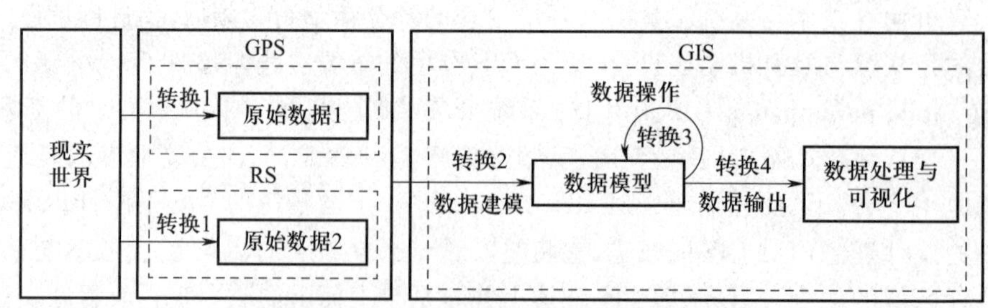

图 11-9 GPS、RS 与 GIS 的关系与空间数据的流向

以环境现状的调查和评价为例，利用“3S”技术能够有机结合搜集资料、现场调查和遥感3类环境现状的调查方法，迅速获取与整合所需数据（图11-10）。在基于GPS的实地勘测、对大气、水、土壤等环境质量现状数据收集基础上，结合RS技术，获取评价区域的地貌、地质和土壤情况，水系分布、土地利用和植被等基本情况及其空间分布信息。进而通过GIS的空间数据管理功能建立评价区域内的空间数据库和属性数据库，利用GIS的空间分析功能结合相应的评价准则对评价区域内的环境质量进行评价，最后以GIS可视化方式将环境现状和评价结果表现出来。“3S”技术的集成使用，能够从信息收集到分析并获得结果的全过程、各环节，大大提升环境规划的工作效率。

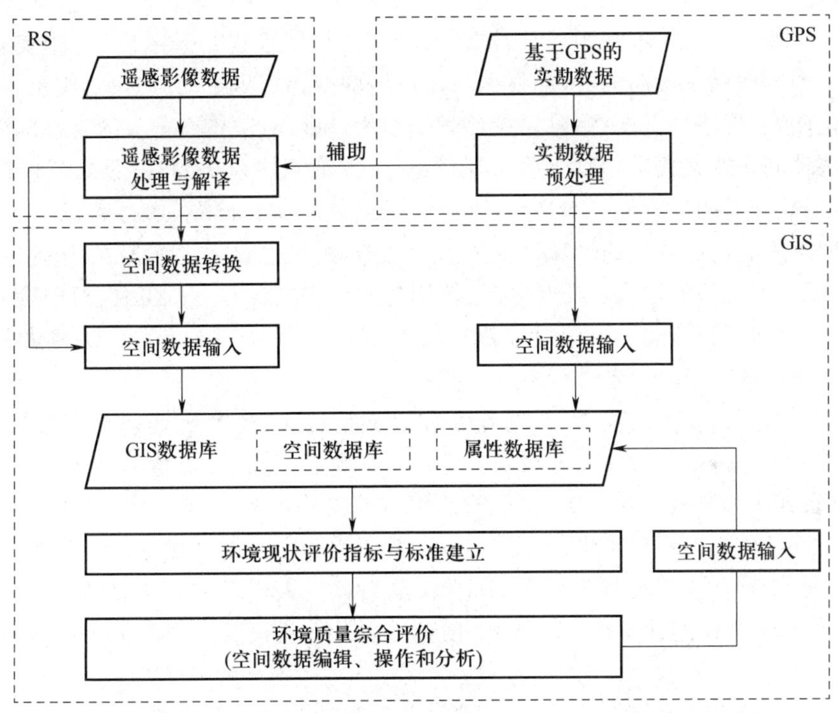

图11-10　“3S”技术在环境质量评价中的应用

第三节　环境规划决策支持系统

本节基于环境规划的计算机支持系统开发建立，在概述决策支持系统的发展、概念和功能架构的基础上，重点阐述了环境规划决策系统的基本构成、作用分类和数据流程，并结合实例说明了环境规划决策支持系统的典型功能模块设计，及其开发方法与工具。

一、决策支持系统概述

（一）DSS的概念认识

管理科学的观点认为，一个组织的管理活动主要就是决策活动。决策，依赖于两个方面：① 决策者的经验、智慧、洞察力和魄力；② 科学方法与技术。由此，为克服人的弱点和计算机的机械性,综合人的分析判断能力与计算机强大的信息处理能力,决策支持系统的思想孕育而生。1971年,Scott Morton在《管理决策系统》中,探讨了计算机对决策的支持作用,首次提出决策支持系统(decision support system,DSS)的概念,将其定义为"基于数据和模型的,辅助决策者解决非结构化问题的交互式计算机系统"。

早期的DSS实践,主要源自企业管理或经济等领域,大多表现为基于纯数学建模与推理,如:利用数学规划法、数据包络分析和层次分析法等,以图直接获得决策。但是,很多实际应用场景下,这些方法表现并非理想且略显朴素。20世纪80年代末90年代初,DSS开始与专家系统等技术相结合,并成为计算机信息技术、管理科学、行为科学等交叉领域十分活跃的研究议题。随着DSS的发展,应用对象也从企业事务性处理转向管理、预测和规划等高层次决策问题。随着决策问题的日益复杂,DSS的局限性也日趋突出,具体表现在:系统在决策支持中的作用是被动的,未能根据决策环境的变化提供主动应对;对决策中普遍存在的非结构化问题,无法提供支持;以定量数学模型为基础,对决策中常见的定性问题、模糊问题和不确定性问题缺乏相应的量化手段等。于是,决策支持系统,演进形成了它是"充分运用可供利用的、合适的计算机技术,针对半结构化或非结构化问题,通过人机交互方式帮助和改善管理决策制定有效性的计算机系统"的普遍性的概念认识。换言之,DSS本身并不能解决决策问题,不过是通过人机交互方式,调用各种信息资源和分析工具,对问题分析、模型建立、模拟优化和方案筛选等决策过程提供技术支持。即DSS不能取代决策者,只能以系统分析的结果信息辅助决策者进行决策。

当前,人工智能、分布式技术、数据仓库和数据挖掘、联机分析处理等信息技术深入发展,大数据、网络等新一代信息技术爆发兴起,与DSS迅速结合,促进着智能决策支持系统(IDSS)、分布式决策支持系统(DDSS)、群/组织决策支持系统(GDSS/ODSS)的应用实践,计算机决策支持系统正向着智能化、高度交互式、集成化和丰富的可视化方向发展。

概括上述DSS的发展与概念认识,DSS就是为解决人们各种管理活动中半结构/非结构化决策问题,综合运用计算机信息技术,所建立的计算机信息处理系统。其主要功能特征如下:

(1) 结合人的判断力与信息系统(平台),支持解决半结构化与非结构化的决策问题。

(2) 能够收集、管理并提供与决策问题有关的组织外部信息,以及各项决策方案执行情况的反馈信息。

(3) 能以一定的方式存储和管理与决策问题有关的数学模型、常用方法及算法。

(4) 对所收集、存储的数据、模型与方法等,能容易地修改和增删。

(5) 能灵活地运用模型与方法对数据进行加工、分析等处理,得出所需的综合信息与预测信息。

(6) 具有方便的人机交互和图像显示功能,满足随机的数据检索查询要求,能回答"如果……,则……"之类的智能型问题。

(7) 能提供良好的数据通信功能,以保证及时收集所需数据并将加工结果传送给多个使用者。

(8) 适应多种不同决策者的风格,容许用户能够修改或自行开发构建DSS,并提供不同的分析模式,协助用户确定决策。

（二）DSS 的功能架构

1980 年，Sprague 首次明确了 DSS 的 3 部件结构，即数据库、模型库和用户界面。之后，通过将决策方法从模型库中分离并单独成库，DSS 发展为以方法库、数据库、模型库和用户界面为基础的 4 部件结构系统。随着智能决策的发展，知识库成为 DSS 的主要部件之一，与方法库、数据库、模型库和用户界面构成 DSS 的 5 部件结构。当前，应用最广泛的 DSS 结构是在 5 部件结构的基础上，增添了各部件对应的管理系统，即数据库管理系统、方法库管理系统、模型库管理系统、知识库管理系统和用户界面管理系统。

（1）数据库及其管理系统

数据库是建立 DSS 的基础，它包含了 DSS 用于支持决策分析所需要的内部和外部数据。数据库管理系统提供了对数据库的维护和控制功能，简化了 DSS 和数据之间的接口。将数据库和相应的数据库管理系统作为 DSS 的基础，能够减少数据冗余，降低建设和使用 DSS 的成本，更有效地控制和共享数据。

（2）方法库及其管理系统

方法库是建模活动的技术支持，是运用系统分析技术等原理，开发、存储的一些通用的、规范的算法模块，常以函数（子程序）功能形式存储和表示，以便用户进行模型组合、更新和提取等操作。同时，由于模型是由方法构成的，因此方法库及其管理系统也是 DSS 的模型库的基础。

（3）模型库及其管理系统

模型库及其管理系统是 DSS 的核心，不仅因为 DSS 中的数据需求大多是以模型运行为服务对象，而且是否具有模型及其管理也是 DSS 区别于其他管理系统的重要特征之一。DSS 中，模型是为决策者在决策活动中提供的一套分析、判断、处理信息及其模拟决策活动的基本工具。DSS 借助于模型与决策者的思维判断和综合，不断调整主观判断的趋向性，从而可为做出合理的决策提供支持。通常，DSS 的模型库能够生成、存取、继承和管理模型，支持各层次用户利用模型对问题进行分析，并且能够在知识层面上将模型进行关联。

（4）知识库及其管理系统

知识库指存储各种规则、规律、因果关系及决策人员经验等相关知识的系统，是数据库概念在知识处理领域的拓广和延伸。对于半结构化和非结构化问题，由于难以用定量的方法解决，因此需要利用知识库存放相关知识，采用推理算法对数据进行深入求解。

（5）用户界面及其管理系统

用户界面又称对话系统、人机接口等，是用户与 DSS 通信的工具，连接人与系统的中间纽带，DSS 运行成功的必要保证。用户界面可以将用户与数据库、方法库、模型库和知识库联系在一起，实现将 DSS 输出提供给用户，并且把用户的输入收集起来提供给 DSS 的交互过程。通过允许用户向系统提供信息和提出任务要求，将相应的解答方案和有助于决策的信息反馈给客户，以此支持决策的不断优化。

用户界面管理系统则是一种用来描述、设计、实现和评价 DSS 人机界面的管理系统。

二、环境规划决策支持系统

20 世纪 70 年代起，DSS 开始应用于环境规划工作中，形成了环境规划决策支持系统（environmental planning decision support system，EPDSS）。最早的 EPDSS 是美国普渡大学研发的河流净化规划决策支持系统 GPLAN。随后，日本、西班牙、澳大利亚、土耳其、德国和意大利等国家分别开发了涵盖水质管理、大气环境质量改善、环境影响评价和固体废物管理等主题的 EPDSS。我国典型的 EPDSS 聚焦于流域水环境规划、大气污染防治综合规划两个主题，如松花江流域水污染防治规划决策支持系统、大气污染防治综合科学决策支持系统、大气污染总量控制规划智能决策支持系统、国家质量决策支持系统等。

（一）EPDSS 的基本组成

EPDSS 是由规划决策者（包括管理者/专家/公众）、环境系统、DSS 软件（包括数据库及其管理系统、模型库及其管理系统、方法库及其管理系统等）、DSS 硬件（包括计算机主机、打印机和绘图仪等）和用户系统界面 5 部分组成（图 11-11），其中规划决策者是最活跃、最本质的要素。从支持环境规划的系统功能角度来看，EPDSS 一般需要耦合若干支持规划核心内容环节的子系统，如环境现状评价子系统、环境经济趋势预测子系统、环境功能区划子系统、环境目标制定子系统、环境方案制定及优选子系统、环境规划费用效益分析子系统等，涵盖了环境规划业务流程中的多项功能，如数据输入输出、数据查询、预测分析、空间分析、推理判断、决策成果展示和比较等。

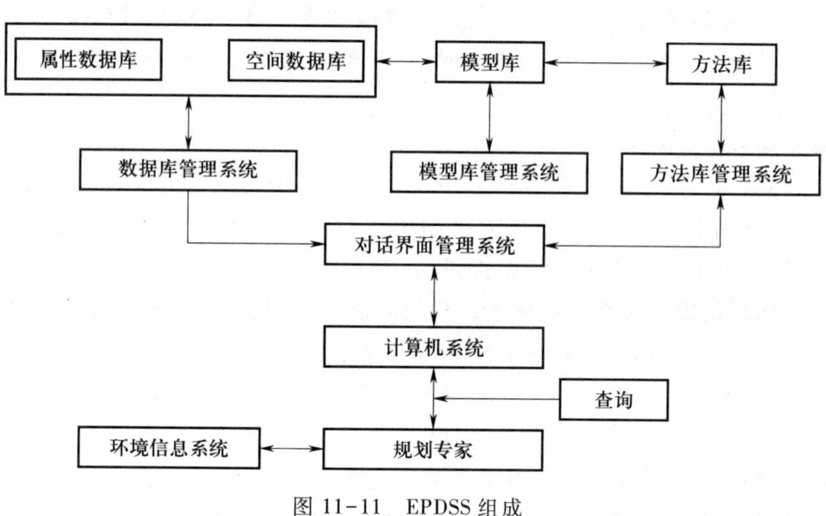

图 11-11 EPDSS 组成

（二）EPDSS 的类型

面对决策问题与决策者管理层次等需求或应用场合、条件等不同，EPDSS 呈现着多样性的驱动作用特征。一般，对于具有更多定性信息的规划高层决策者，EPDSS 需要利用计算机资源和分析工具，具备更宏观的问题解析或更长期大范围的预测能力，以便为规划决策提供更多的情景与信息支持。而对一般规划管理或编制人员，EPDSS 可能更需要进行实际状况与未来发展的具体数据处理分析，如利用模型对扰动造成的环境影响进行预测、评估，提出有效对策，并在必要时进行修订。此外，随着信息技术的发展，EPDSS 自身功能也会不同，如具备智能决策辅助功能的 EPDSS，可生成一系列的决策备选方案，进一步启发决策者产生更优决策方案。

基于上述对 EPDSS 支持作用的工作“驱动因素”认识，目前可将 EPDSS 大体分为 5 类：模型驱动的环境规划决策支持系统、数据驱动的环境规划决策支持系统、文件驱动的环境规划决策支持系统、知识驱动的环境规划决策支持系统和基于群体协作的环境决策支持系统。

1. 模型驱动的环境规划决策支持系统

模型驱动的环境规划决策支持系统(model-driven EPDSS)需要综合运用有关模型,如环境评价模型、环境预测模型、数学规划模型、统计模型及费用效益分析模型等。模型驱动的EPDSS通常不需要大规模的数据库和密集的数据进行支撑,主要利用模型库中的各种模型和决策者提供的数据和参数进行辅助决策分析。例如,基于水质模型的流域水环境规划决策支持系统,能够分析预测水质状况,及时掌握水质变化规律,从而实现合理使用水资源和控制水污染的目标。该类决策系统的核心是建立系统模型,对多种可能方案进行模拟,应用模拟结果为管理与决策提供支持。

2. 数据驱动的环境规划决策支持系统

数据驱动的环境规划决策支持系统(data-driven EPDSS)是基于大量数据进行环境分析、评价、预测、决策和管理的决策支持系统,强调以时间序列访问和操纵组织的内部或外部数据。环境信息化的快速发展积累了海量的环境数据,数据的存储呈分散、维度繁多、信息共享度低及冗余度高等特点,难以有效转换为支持管理决策的信息。数据仓库和联机分析处理技术的发展和应用,为数据驱动的决策支持系统的发展带来新的活力。数据仓库可将大量用于事务处理的传统数据进行清理、抽取和转换,并按决策主体的需要,重新组织为侧重于存储和管理面向决策主体的数据;联机分析处理侧重于数据仓库中的数据分析,将其转化成辅助决策信息,能够进行多维分析和数据处理,帮助分析人员迅速、一致、交互地从各个方面观察信息,达到对数据的深入理解。因此,基于数据仓库及联机处理技术的 data-driven EPDSS 能够对不同时期、不同地域、不同行业的数据进行多维分析,从不同的角度提取有关数据,提高规划决策的科学性和效率。

3. 文件驱动的环境规划决策支持系统

文件驱动的环境规划决策支持系统(document-driven EPDSS)是基于文档检索、分析、存储和处理技术的一类较新的决策支持系统。通过提供文档(如通过网络获取的超文本、图像、声频和视频等各种文件)及相关处理和分析功能,帮助决策者挖掘信息、进行决策。与 data-driven EPDSS 相似,此类系统也需要使用包含大量信息的数据库来驱动或创建决策支持功能,定义源数据,使用组织框架或模型清洗和提取数据,并加载到数据管理系统中。但两者的不同之处在于,文档驱动的 EPDSS 能够帮助管理人员和决策者处理定性的信息(也称为“软”信息),而数据驱动的 EPDSS 处理的是数字数据(也称为“硬”信息)。

4. 知识驱动的环境规划决策支持系统

知识驱动的环境规划决策支持系统(knowledge-driven EPDSS)是指专门为环境规划工作设计和开发的具有环境规划领域知识库的决策支持系统。此处,“知识”是指以各种不同方式把多个信息关联在一起的信息结构,也可概括为多个信息之间的关联,包括事实、规则、规律和模式等。与知识相关的概念是数据挖掘工具,即在数据库中搜寻隐藏模式的用于分析的应用程序,可对大量数据进行筛选,以产生数据内容之间的关联。经过发现、表达、更新和解释后得到的知识可直接应用在 EPDSS 系统,同时亦可作为新的知识转存到 EPDSS 的知识库中,修正已有的知识体系。knowledge-driven EPDSS 是智能决策支持系统在环境规划决策支持领域的应用,与传统 EPDSS 的关键区别在于知识库的构建,是 EPDSS 发展新的方向和趋势之一。

5. 基于群体协作的环境决策支持系统

基于群体协作的环境决策支持系统(group-based EPDSS)是指在系统环境中,能够允许多个利益相关决策者共同进行信息交流、并能可视化多源数据和决策结果的决策支持系统。该类决策支持系统限制了小团体对群体决策活动的控制，有效地避免了个体决策的片面性和可能出现的独断专行等弊端。group-based EPDSS 的目的是让协同合作的环境规划决策人员及利益相关者能够跨越时间与空间的限制而进行协调与决策，以利于发挥决策成员的群体思维和能力。

EPDSS 驱动类型的"多样性"，意味着决策支持中的系统功能作用会有不同。实际中，EPDSS 也很难是纯粹的某种单一类型，多为不同驱动作用的混合体。因此，对 EPDSS 的开发建设，应特别注意对用户需求与支撑条件的准确分析、把握，才能有效发挥 EPDSS 对决策的支持功能作用。

（三）EPDSS 的数据处理流程

从为提供决策信息的数据流全过程看，一个典型的 EPDSS 数据处理流程，主要包括数据收集、数据预处理、数据存储、数据分析、数据可视化及智能启发 6 个阶段（图11-12）。系统将现实世界中的各类数据借助计算机信息技术进行全流程的管理，应用各类模型和方法进行运算模拟，最终通过友好的人机交互界面为使用者提供决策辅助信息。各阶段概述如下（其中有关数据预处理、存储、分析和可视化等亦可参见本章第四节）。

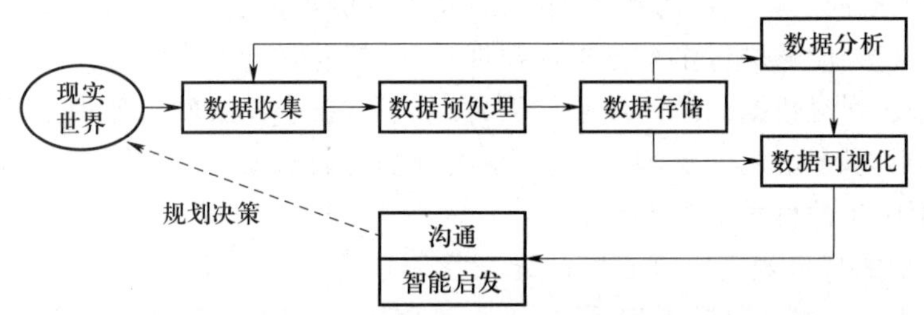

图 11-12　EPDSS 数据处理流程

1. 数据收集

数据收集是指通过各种媒介、数据采集技术、方式，如统计年鉴、现场调查，乃至遥感、无线网络、互联网等，收集获取环境规划全过程涉及的相关数据，如环境监测类数据（气象观测数据、空气质量监测数据、水体质量监测数据、污染源数据等）、环境政务类数据（社会经济数据、人口信息数据、环境统计数据等）、互联网数据（企业登记数据、平台/系统操作日志数据等）等。

2. 数据预处理

数据预处理是指对所收集的原始数据进行分析挖掘前所做的审核、筛选、排序与格式等必要的处理，以提高数据分析的效率和质量。环境规划中，数据预处理主要涵盖时间维度预处理、空间维度预处理和属性维度预处理 3 部分工作。

3. 数据存储

数据存储是指通过建立相应的数据库，对预处理后的数据进行管理和调用。通常，可选用关系型数据库存储和管理二维表形式的结构化数据，选用非关系型数据库 NoSQL 存储和管理半结构和非结构化数据。

4. 数据分析

数据分析是指采用多种技术方法，通常可通过模型、方法库、推理机制等，对收集获得的数据进行加工处理与分析。EPDSS 的设计、运行核心,本质就在于通过数据分析,将隐藏在大量数据中的信息提取出来,从而帮助环境规划决策者使用与判断、实现决策确定。

5. 数据可视化

数据可视化,是指对经处理、分析的有关数据信息,通过简化数据维度与复杂度,以图形、颜色等形式动态展示的过程。数据可视化,便于各种决策相关者对数据分析结果的直观理解,同时有助于进一步深化数据挖掘、信息分析和知识推理等过程的信息质量内涵,有效支持环境规划的决策。

6. 智能启发

基于数据分析与数据可视化过程提供的信息,以及可能自动生成的备选数据处理信息等,启发决策者等对环境规划决策的认知发现与可能的改进建议。否则进入终止状态。

三、环境规划决策支持系统的开发建立

(一) EPDSS 的开发方法

目前,主流的 EPDSS 开发方法包括生命周期法、快速开发法、最终用户开发法和适应性设计开发法。这些方法的基本思想是:开发者通过分析决策者的需求,设计并开发出能够满足需求的 EPDSS,在 EPDSS 运行一段时间后,对其进行评价、维护和完善,以支持所需要的决策。

1. 生命周期法

生命周期法强调开发过程的整体性和全局性,强调在整体优化的前提下考虑具体的分析设计问题,即自顶向下的观点。该法将整个 EPDSS 开发过程划分为独立的 5 个阶段,包括系统规划、系统分析、系统设计、系统实施和系统维护,是目前 EPDSS 开发方法中应用最普遍、最成熟的一种。

2. 快速开发法

快速开发法适用于小型专用 EPDSS。应用快速开发法的前提条件是:开发者已经了解用户问题,有明确开发目标,知道开发出的 EPDSS 将要用于做什么工作,以及这个系统具有哪些功能上的局限性,即系统需求非常明确,不需要进行复杂的需求分析;同时,开发者对于解决这类问题的开发工具及数学模型非常熟悉。快速完成一个专用的 EPDSS 是其主要目的。

3. 最终用户开发法

最终用户开发法是指由数据处理及信息系统专业人员之外的系统最终用户,即环境规划人员,进行的 EPDSS 开发。运用最终用户开发法,避免了沟通产生的误解,使得 EPDSS 用户的信息需求通常能够正确反映在系统中。然而,由于最终用户不是计算机信息技术专家,开发出的系统通常易存在较大的技术性风险与适应性风险,如系统文档不完善、质量难以保证,进行共享和功能扩充时难度较大等。

4. 适应性设计开发法

适应性设计开发法强调在较短时间内对 EPDSS 开发的主要过程进行多次循环,第一个周期开发出的系统仅仅只是个初步的版本,即原型。在用户使用原型的过程中,开发者的主要任务是发现问题,针对这些问题设计开发出新版本的系统,如此经过多次循环,逐渐使得系统能够满足环境规划决策者的需求。

(二) EPDSS 的开发步骤

以生命周期法为例,EPDSS 开发步骤包括 5 个阶段:① 系统规划,确定 EPDSS 的目标

和范围,形成系统需求说明书。② 系统分析,确定 EPDSS 用户对规划决策信息的需求,以及系统应具备的功能,形成系统分析报告。③ 系统设计,设计数据库、模型库、方法库、知识库及用户界面,明确数据库、模型库、方法库、知识库的逻辑结构和相互调用关系,在此基础上确定知识的表示和推理方式。④ 系统实施,根据系统设计方案,应用程序编码、调试和测试建立数据库表、模型计算工具库、方法库及系统功能等。同时,开展系统安装、测试以及人员培训,形成系统操作说明书。⑤ 系统维护,记录 EPDSS 的日常运转情况,开展系统错误检查和维护(图 11-13)。

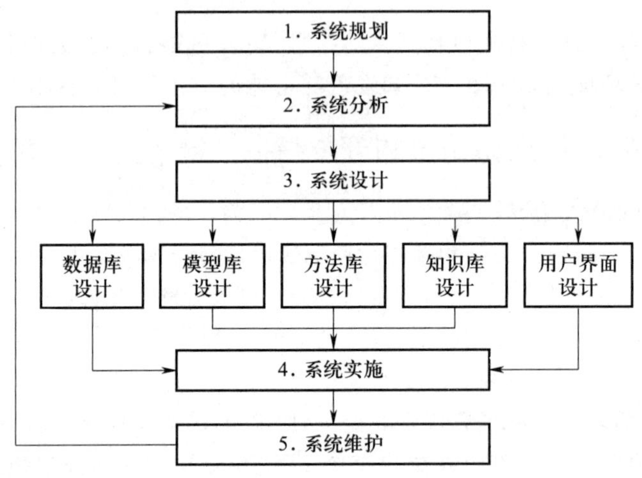

图 11-13 EPDSS 的开发步骤

其中,系统设计和系统实施是 EPDSS 开发的核心环节。以下结合大气污染防治综合科学决策支持系统(ABaCAS-OE 系统,图 11-14)和大气污染总量控制规划智能决策支持系统(IDSSAPTECP 系统,图 11-15)两个 EPDSS 研究与应用实例,阐述 EPDSS 的系统设计和实施问题。

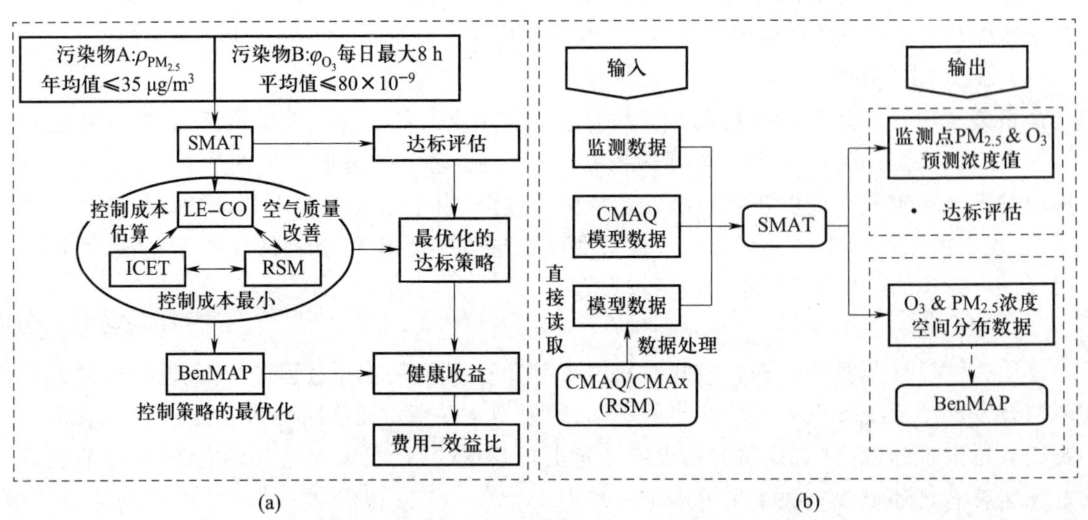

图 11-14 大气污染防治综合科学决策支持系统

(a)ABaCAS-OE 系统结构;(b)ABaCAS-OE 系统 SMAT 评估原理及数据流

1. 数据库设计和实施

数据库及其管理系统是建立 EPDSS 的基础,用于存储环境规划工作所收集获得的基础数据。数据库的构建是通过对现实事物进行分类、聚集和概括,建立抽象的概念数据模型,进而根据数据结构、数据量、查询和更新频率等,选用对应的数据库并完成数据库的物理实现。通常,可选用关系型数据库存储和管理二维表形式的结构化数据,选用非关系型数据库 NoSQL 存储和管理半结构和非结构化数据。此外,数据库的设计中还需要考虑数据库的完整性和安全性等要求。

ABaCAS-OE 系统中,其数据库设计目标在于存储 ICET、RSM、SMAT、BenMAP 和 LECO 等模型系统计算所需的大气监测数据、污染物的空间高分辨率排放数据、人口数据、发病率数据、模型参数数据和模拟数据等。进而应用数据融合技术,对监测数据、模拟及相关数据进行数据融合运算,以为决策者提供由“点”到“面”的污染物浓度分布时空数据,并可应用 GIS、MAP 进行空间地理信息分析和展示。

2. 模型库设计和实施

模型库及其管理系统是 EPDSS 的核心,主要用于存取、集成和管理各类模型,实现污染源现状评价、环境质量现状评价、环境质量预测,并辅助规划人员建立和优化目标和方案。模型库系统是决策者在环境规划工作中开展定量分析的基本工具,用于解决数据量化比较明确的规划决策问题。对于简单的规划决策问题,可以设计采用单个模型。对于复杂的规划决策问题,可以设计耦合多个模型。

ABaCAS-OE 系统中,通过耦合多类模型构建模型库,包括空气质量达标评估系统(software of model attainment test, SMAT)、成本最小化的控制决策模型(least-cost control strategy optimization, LE-CO)、成本评估系统(international cost estimate tool, ICET)、减排与空气质量快速响应模型(response surface model, RSM)和环境效益评估系统(environmental benefits mapping and analysis program, BenMAP)等,进而从环境、社会和经济 3 个角度支持大气环境规划。

SMAT 应用 CMAQ 和 WRF 等空气质量模型,进行未来污染物空间分布浓度及是否达到空气质量标准的模拟。该系统以 RSM 模拟结果和监测数据作为输入,计算的输出结果可直接作为 BenMAP 系统的输入,进行健康收益评估(图 11-14 右图)。

RSM 以空气质量模型 SMAQ 模拟结果作为输入,通过响应曲面模型(式 11-1)和高维克里金插值模型建立污染物浓度与减排控制间的实时响应,计算结果输入到 LE-CO、ICET 和 SMAT 系统进行迭代计算,以找出最小成本满足环境目标的优化控制成本策略。

$$\Delta X = \left[\sum_{i=1}^{a} A_i \times (E_{\mathrm{P1}})^i + \sum_{j=1}^{a'} A'_j \times (E_{\mathrm{P2}})^j + \sum_{i=1}^{b} B_i \times (E_{\mathrm{P1}})^{a_i^1} \times (E_{\mathrm{P2}})^{a_i^2} \right] + C_i \times E_{\mathrm{PM}} \tag{11-1}$$

式中: ΔX——$\rho_{\mathrm{PM}_{2.5}}$和ρ_{O_3}为对排放源变化的响应,μg/m^3;

E_{P1}、E_{P2}——两种前体物相对基准情景的排放变化率,%,两种前体物为 NO_x、SO_2、NH_3、VOCs 中的任意两种;

a、a'——两种前体物的最高阶数;

E_{PM}——一次 PM 排放的变化率;

A_i、A'_j、B_i、C_i——多项式中对应不同污染物组合的系数;i、j 分别为两种前体物的非线性程度；

a_i^1、a_i^2——两种前体物的相关程度；

b——两种前体物的相互作用项的总数。

在 ABaCAS-OE 系统中，通过将模型算法编写为对应的代码，将上述的 RSM 进行集成。通过输入文件、配置文件或直接给定参数在 ABaCAS-SE 系统中进行模型运算，并将运算结果经由系统的图表可视化功能进行呈现。

类似地，系统以同样的方式实现了 LE-CO 和 BenMAP 等其他功能模块的开发设计。

3. 方法库设计和实施

方法库及其管理系统是 EPDSS 的基本支持，用于存储环境规划决策过程中常用的算法模块，提高各类通用计算、分析、加工处理的能力及模型运行效率，实现软件资源的共享。EPDSS 方法库中的规划方法通常可以包括线性规划、整数规划、目标规划、动态规划和多目标线性规划等。此外，方法库及其管理系统应具有与数据库及其管理系统、模型库及其管理系统进行交互的能力以及为用户选择算法提供灵活方便的交互功能，这在一定程度上增加了开发成本。因此，并非所有 EPDSS 都涵盖方法库及其管理系统。

4. 知识库设计和实施

知识库及其管理系统是 EPDSS 数据库在知识处理领域的延伸，用于解决难以或无法完全用定量方法解决的半结构化或非结构化问题。常见的推理方法：演绎法、归纳法、联想和类比等。知识库的构建需注意：① 保持知识库在 EPDSS 中的相对独立性；② 在同一个知识库中尽量采用一种知识表示；③ 知识库与推理机应分开；④ 推理机应尽量简单；⑤ 知识库的开发应与 EPDSS 整个系统的开发要相协调。

以 IDSSAPTECP 系统为例，其知识库主要包括 4 个部分：① 知识获取：应用神经网络技术实现知识的自动获取，以提高知识获取效率和质量；② 知识推理：采用正向推理和逆向推理相结合的混合推理，即根据既定目标对问题进行逐步求解与求证；③ 知识解释：对推理过程中参数的使用和推理结果两部分内容进行解释；④ 知识管理：通过设计用户权限，实现不同用户对知识的增加、修改、删除或查询（图 11-15）。

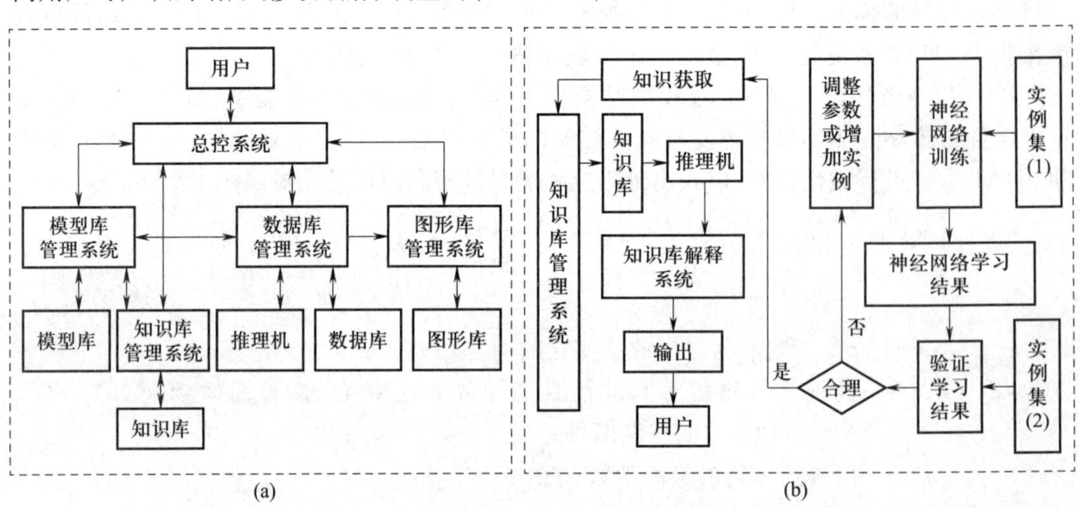

图 11-15 大气污染总量控制规划智能决策支持系统

（a）IDSSAPTECP 系统结构；（b）IDSSAPTECP 系统知识推理流程

基于上述 IDSSAPTECP 知识库设计，在系统实施过程中，将大气污染总量控制规则中涉及的繁多的知识根据不同的用途分类，不同类的知识构成一个子知识库，如大气稳定度子知识库、功能分区子知识库、扩散参数子知识库、大气扩散模式子知识库、污染控制措施子知识库等。通过集成各类算法模型，梳理并融合子知识库中的知识，从而构成了领域级知识。

5. 用户界面设计和实施

用户界面及其管理系统是 EPDSS 与环境规划决策者的人机接口界面，用于接收和检查决策者的各种要求，协调数据库管理系统、模型库管理系统和方法库管理系统之间的通讯，向决策者提供图形、菜单、报表等信息获取的可视化手段，需要具备容易掌握、便于使用和灵活 3 个特点。

通常，对于 EPDSS 的输出，系统的使用者关心的往往并不是具体的数据，而是由这些数据呈现出的整体走向或变化趋势，可视化的输出会更适宜。ABaCAS-OE 系统，是通过提供模型可视化分析工具（model-visualization and analysis tool，Model-VAT）进行的，它能够从时间和空间两个尺度上对空气质量、气体流场等模型结果进行直接的可视化展示，此外还提供了多种模型数据解析及对比功能，为用户进行可视化分析和挖掘提供了工具（图 11-16）。

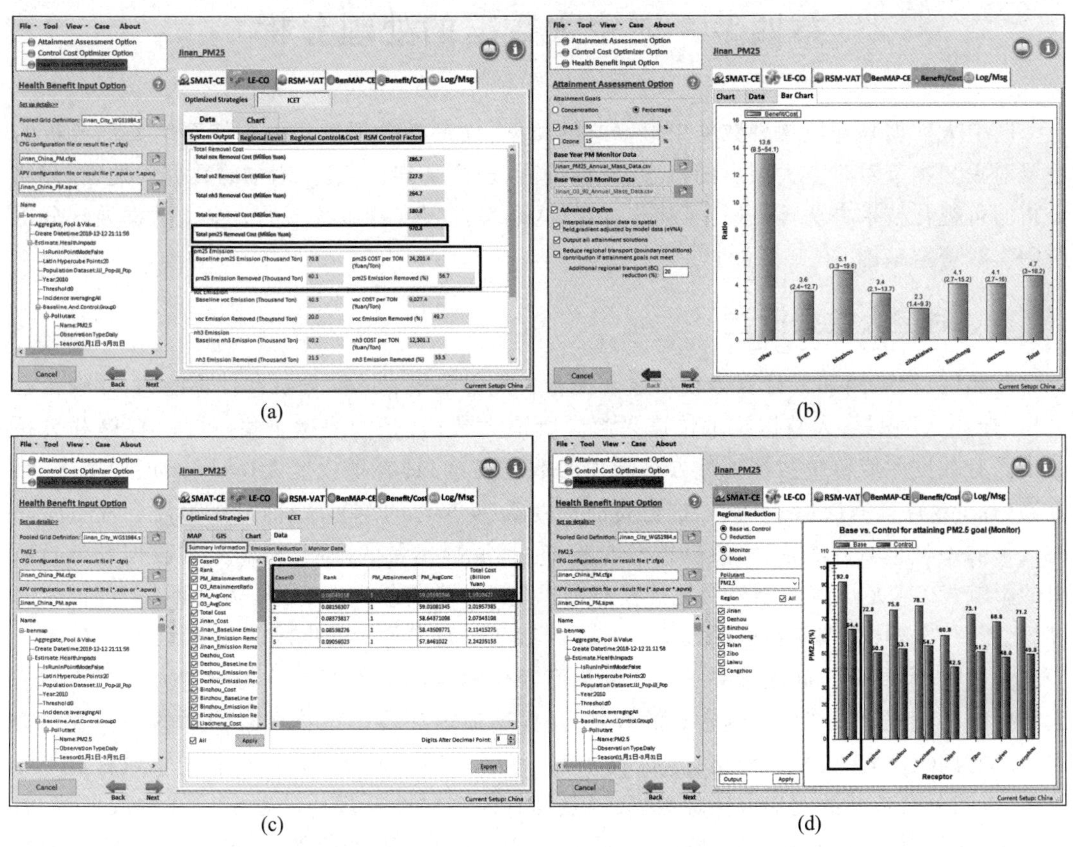

图 11-16　ABaCAS-OE 系统用户界面

（a）RSM 输入界面；（b）RSM 模拟结果；（c）BenMAP 输入界面；（d）BenMAP 分析结果

（三）EPDSS 的开发工具

无论采用哪种开发方法，EPDSS 的开发工具通常可以分为两类：一类是使用程序设计语言;另一类是使用低代码或零代码工具。离开开发工具的支持,EPDSS 的开发将是非常困难的。

1. 使用程序设计语言开发

Java、C#、Python 等是目前 EPDSS 开发的主流程序设计语言。利用这些程序设计语言,开发者能够按照自身实际需求对细节进行调整,以实现更高效的 EPDSS 开发。然而,直接编程进行开发,要求开发者熟悉程序设计语言的语法规则并通晓计算机网络,及软、硬件基础知识,对非计算机相关专业的人员来说,难度较大。

2. 使用低代码或零代码工具开发

OutSystems、Kony Quantum 和 Zoho Creator 等低代码或零代码工具可提供一整套快速构建各类 EPDSS 的解决方案。使用这类工具开发出来的系统更便于非计算机相关专业的环境领域人员进行修改和维护。一般而言,此类生成工具的主要功能包括:对话管理系统、数据库管理和查询处理、系统分析和设计、报表生成器、图形生成器、模型库管理系统、标准统计和管理科学模型、特定模型化工具及持续开发与集成。

第四节　时空大数据的处理分析

时空大数据是环境规划数据中最普遍的类型,也是各种环境规划支持系统处理分析的主要对象。本节对时空大数据的概念、三维特征、理论基础,与其应用中的数据预处理、存储分析与可视化技术方法等,进行了初步介绍,为环境规划支持系统中的时空大数据处理分析应用实践奠定基础。

一、时空大数据概述

互联网、物联网和云计算等技术显著提升了数据采集、处理、分析和计算能力,导致当前数据“爆炸式”积累,大数据技术快速兴起。所谓大数据,是指快速采集、处理、存储和分析超出已有数据库或传统数据处理方法能力的数据集合,具有规模庞大(volume)、种类多/维度高(variety)、增速快(velocity)、价值高但密度低(value)的“4V”特征。作为信息社会变革时代下的一种全新方法论,大数据技术能够:① 摆脱样本量的限制,减弱异常数据对分析结果的影响;② 满足迅速和剧烈变化的任务需求(如环境应急)。大数据无处不在,包括生态环境、能源、金融、医疗等在内的社会各行各业都已经融入了大数据的印迹。

大数据中,具有时间元素并随时间变化而变化的空间大数据被称为时空大数据。时空大数据是环境规划工作中最为常见的数据,是描述地球环境中地物要素信息的一种表达方式,包括时间、空间、属性三维信息(图 11-17),涵盖了描述地球环境中地物要素数量、形状、纹理、空间分布特征的图形或图像数据,以及具有内在联系及规律的数字或文本数据等,具有多源、海量、更新快速的综合特点。以运送生活垃圾的车辆数据为例,其每一条数据记录,都会包含有经纬度等空间维度信息、车辆运行时间等时间维度信息,以及废物种类数量等属性维度信息(图 11-18)。对于这类环境规划中随手可及的数据,若从不同维度进行时空大数据的处理分析,可为环境规划提供更深入的信息支持。

一般来看,时空大数据,其时间维度的关注点是时间变量,空间维度的关注点是地理位

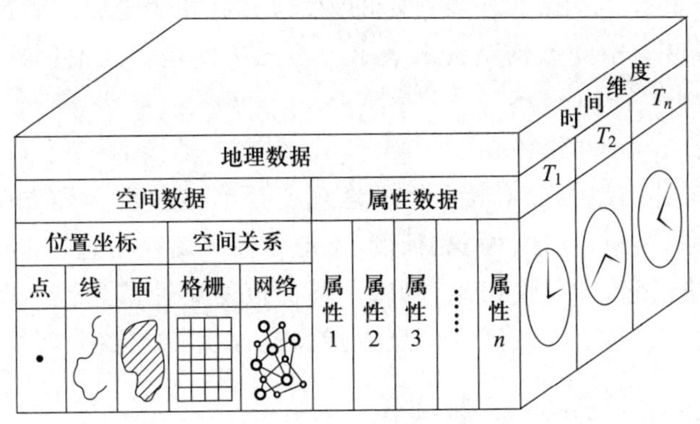

图 11-17 时空数据三维特征

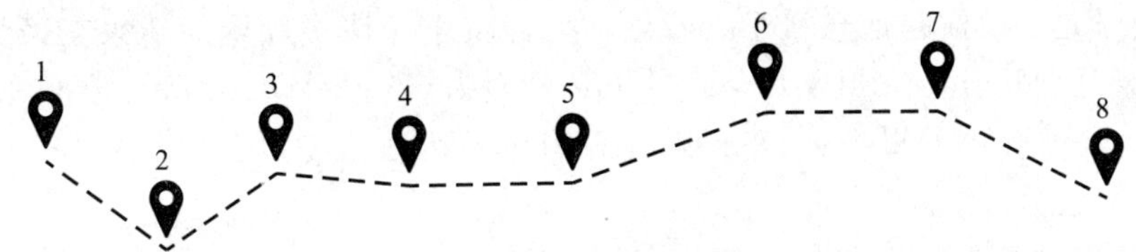

序号	经度/(°)	纬度/(°)	当前集装容积/m^3	时间戳
1	115.3151	37.2116	0.56	20200503110100
2	115.3153	37.2118	0.70	20200503112530
3	115.3155	37.2210	0.88	20200503120000
…	…	…	…	…

图 11-18 生活垃圾运输车辆的轨迹数据

置变量,而属性维度的关注点则是某个时间序列与某个空间位置上地物要素的属性特征。

(一) 时间维度

时间维度用于表现目标事件随时间不同而发生的变化。现实中的数据常常与时间有关,时间维度反映了某一事物、现象等随时间的变化状态或程度。很多情况下,对于一些更多关注的是时间特征的事物,虽然也存在有空间维度信息,但多视作常量,而不认为随时间而变化的数据,可称其为时间序列数据,如环境监测数据。根据环境规划问题对数据的实际应用要求,时间维度一般是以年、季、月、周、天等为单位。随着大数据技术的不断发展,数据存储与分析的时间维度可进一步细化至以时、分、秒、毫秒等为单位。

(二) 空间维度

空间维度用于表达空间实体的地理位置和分布特征等方面的信息,它描述了现实世界中空间实体或目标事件随地理位置的不同而发生的变化,具有定位、定性时间和空间关系等特性。如土地利用数据就是强调空间地理特征的数据。环境规划中,强调空间维度的数据一般用图形、图像来表示,即用点(代表特定的地址)、线(代表道路或者河流)、面(代表国家或者地区)及实体等基本空间数据结构来表示。地图文件是空间地理特征突出的时空数据的主要表达形式。

(三)属性维度

属性维度用于描述与地物要素相联系的地理变量或地理意义等方面的信息,涵盖了时空数据记录中的名称、类型、特性、面积、长度、土地等级等属性信息。地图文件上,常有描述图中对象特性的背景信息,即属性信息。如,一条街道的属性信息包括街道的大小、名称或者一些道路等级等;一个城市点的属性信息包括人口、GDP、绿化率、污染排放量等。

二、时空大数据处理的基础理论

大数据潮流的兴起催生了数据科学(data science)这门新的学科,成为大数据的理论基础。数据科学是一门横跨信息科学、网络科学、经济学等诸多领域的新兴交叉学科。1968年,国际信息处理联合会(IFIP)大会通过了一份题为《数据科学:数据与数据处理的科学,及其在教育中的地位》的报告。2002年,国际科学技术数据委员会(CODATA)创办了第一本期刊——《数据科学》。

目前,数据科学尚未有明确的定义,通常可简单地将数据科学理解为研究从数据中提取知识的技术与方法的科学。在众多对数据科学的定义中,Drew Conway 的韦恩图是一个传播较广的定义(图11-19)。Drew Conway 的韦恩图表示数据科学涉及知识、数学/统计学及编程3个基本领域,其中知识是指理解问题所在的领域,数学/统计学是指使用方程和公式进行分析的领域,编程是指通过代码用计算机生成结果的领域。这3个基本领域交叉得到了建模与机器学习、数据工程/软件工程、分析研究等领域。基于该定义,数据科学在环境规划领域的应用可以理解为决策者基于环境领域相关知识,应用数学/统计学等方法或模型对环境数据进行分析,进而通过应用计算机编程生成结果的问题领域。

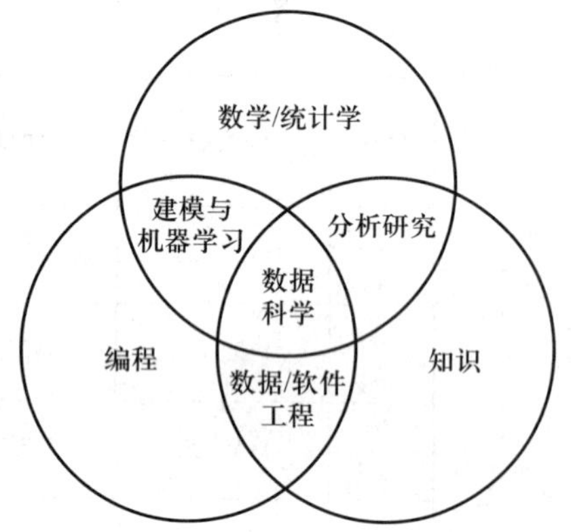

图 11-19 Drew Conway 的韦恩图

也有人将数据科学定义为一门关于数据的工程,需要同时具备理论基础、工程经验及掌握各种工具的使用方法。数据科学在汇集了上述这些认识、方法和技术的基础上,改进了以往从原始数据中提取信息、知识的认识,而代之以形成了演进到见解与智能的新范式,如图11-20所示。

绝大多数环境规划的编制工作中,理想情况是通过大量工作收集必需的数据,但现实中所掌握的数据往往与所需数据相距甚远,数据科学为解决此类问题提供了新的重要思路、途径,如:

(1) 利用部分数据通过经典统计理论的推断,做出某个重要的预决策,并在该决策的基础上补充适量的信息,以逐步逼近更满意的决策结果。

(2) 利用贝叶斯统计,基于具备因果关系的数据,合理地将已有规划决策迭代为更优或更满意解。

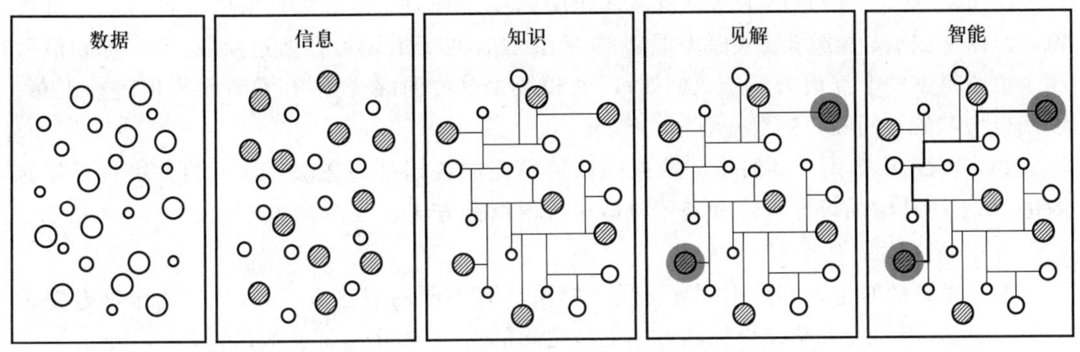

图 11-20　从数据到智能的途径

(3) 依据大数据的实质是用强相关替代了因果关系的考虑,直接利用海量历史数据所表现出来的强相关性作为支持决策的依据。

(4) 利用机器学习和人工智能技术自动生成一系列的规划决策备选方案,将之前从未见过的东西转换成最接近的东西,为决策者提供选择或进一步启发决策者得出更满意决策。

环境规划中,数据科学作为时空大数据处理的理论基础,不仅能够更准确地回答“已经发生过什么事情”,即更精准地反映现实情况,还能为环境规划工作带来技术方法的变革,以其高度自动化、实时计算与展示、多因素分析、智能决策等特点促进规划编制流程的更新。此外,通过将数据科学模型和方法集成入 EPDSS,可有效整合之前各孤立的经济、社会、公共管理以及环境规划各子领域的智能,从而更有效地自动生成决策备选方案,为规划决策者提供新的视角和思路,以助其摆脱自身认知与知识领域的局限。

三、时空大数据处理方法

时空大数据处理是指从大量的原始数据中抽取出有价值的信息,即数据转换成信息的过程。对所输入的各种形式的时空数据进行加工整理,实质是从大量的、可能是杂乱无章的、难以理解的数据中抽取并推导出对于特定问题来说有价值、有意义的信息。时空大数据的处理方法随着计算机技术的发展而不断变化和更新,其每一阶段都要受到当前计算机软硬件水平、数据规模特征、实际应用需求等因素的影响。因此时空大数据的处理模式会不断演化,如从常规的遥感技术和地理信息系统,发展到集中式数据处理模式,再到当前分布式大数据处理模式。

(一) 时空大数据预处理

时空大数据涵盖了物联网、移动互联网、遥感系统、地理信息系统等设备随时随刻输出的时间和空间数据。数据结构复杂且来源多样,在充分理解了时间维度、空间维度和属性维度的特征及其之间的关联关系的基础上,如何处理与融合不同来源的时空数据,使得它们符合特定环境规划问题的要求,是时空数据处理面临的首要问题。

1. 时间维度预处理

不同来源时空数据的时间起点及时间间隔不尽相同,想要基于时间维度合并多个时空数据,就必须要求各个时间数据都具有相同的时间间隔,这需要对时间数据进行预处理,方法主要有汇总和填充。

① 汇总是一个经常用于减少数据冗余的数据处理方法。连续性时间变量可以通过均值、合计、众数、最小值和最大值来汇总，而离散型时间变量则可以通过众数、第一个和最后一个汇总组中的非空值来汇总。例如，以周和月为单位的混合数据，可以对周值进行汇总，以获得均匀的月间隔数据。

② 填充是一个用于字段值替换或空白值填充的数据处理方法。常见的方法有直接删除法、基于统计学的填充方法和基于机器学习的填充方法。

2. 空间维度预处理

不同来源的时空数据的空间坐标及坐标系具有不同的表达方式，基于空间维度合并多个时空数据，需要完成单维坐标和多维坐标之间的转换、多个坐标系间的转换。

① 单维坐标和多维坐标之间的转换是指将多个单维坐标字段组合成一个多维坐标字段的过程，如将 3 个单独字段 x、y、z 表示的三维坐标转换为用一个字段 $[x,y,z]$ 表示的三维坐标。

② 坐标系的转换通常有地图投影坐标转换和量测系统坐标转换两种意义的坐标转换。前者是从一种地图投影转换到另一种地图投影，地图上各点坐标均发生变化；后者是从大地坐标系转换到地图坐标系、数字化仪坐标系或绘图仪坐标系等。

3. 属性维度预处理

基于属性维度的预处理通常是指以时间或空间信息为基础，对属性维度数据进行合并的过程。数据合并的方法很多，如：按记录顺序合并，或通过多个数据共有的关键字来合并，还可以根据自定义的条件进行合并，最终获得可以直接应用于解决环境规划问题的数据。以城市空气质量监测为例，可以通过关键字，如时间节点、经纬度，获取已有站点的实时和历史空气质量读数、该时间序列内及地理位置附近气象指标、车辆与人员的移动性以及道路结构等属性信息，进而构建城市空气质量模型，该模型能够同时对一个地方的空气质量的时间相关性以及不同地方的空气质量的空间相关性进行建模，以满足空气质量控制规划决策的需求。

（二）时空大数据存储与计算

1. 时空大数据存储

（1）集中式关系型数据库存储

集中式存储是指建立一个庞大的数据库，把各种信息存入其中，各种功能模块围绕信息库的周围并对信息库进行录入、修改、查询、删除等操作的组织方式。关系型数据库是集中式存储的主要方法，是指采用了关系模型来组织数据的数据库，以行和列的形式存储数据。其在处理结构化数据中有着很大优势，可用于存储环境监测类数据、环境政务类数据和互联网数据。

集中式关系型数据库存储能够在一定程度上解决海量时空数据存储和管理所面临的问题。然而，随着数据获取途径多样化、快速化的发展，数据逐渐呈现出非结构化、高时效性的特点，同时对多用户高并发访问能力提出了更高的要求。因此，传统集中、单一的数据存储方式越来越不能满足大数据时代下非结构化数据存储和管理的实际应用需求。

（2）分布式时空大数据存储

目前，时空大数据存储已从传统的集中式存储模式转向集中式存储与分布式存储相结合的存储模式，基于分布式集群架构实现时空大数据的存储和管理，具有高扩展性和高可靠性。主流分布式存储技术有分布式文件系统、分布式非关系型数据库、数据湖等。

① 分布式文件系统,主要面向大文件和读操作较多的场景,支持数据分块存储。然而,随着用户访问数量激增,分布式文件系统通常无法提供统一的访问接口以及高效的数据查询检索能力。

② 分布式非关系型数据库,即 NoSQL,用于存储半结构化或非结构化时空数据,解决多用户高并发场景下海量、快速增长的半结构化和非结构化数据的高效、灵活的存储和管理问题。

③ 数据湖,以数据块、对象和文件的形式存储大量结构化、半结构化和非结构化的原始数据,支持所有数据类型,能够进行大规模并行运算。

2. 分布式时空大数据计算

自 2004 年 Google 发表的 MapReduce 论文以来,涌现出一系列的大数据技术方法。然而,大数据这个概念的出现,不仅代表了新技术的演进与发展,更重要的是带来了思维模式与解决问题范式的一次巨大更迭。在 RS、GIS(见本章第二节相关内容)及集中式时空数据处理的基础上,利用分布式存储的相关方法和技术,可以把传统决策支持系统里需要推理的问题(推理机)转换为大数据的计算问题。同时,可以通过大数据的方法和技术,发现之前不知道的规律。更重要的是,通过对全量数据进行模型的实时并行计算,会使动态调整决策成为可能。

作为一大数据分布式计算模式,MapReduce 采用了“分而治之”策略,将一个分布式文件系统中的大规模数据集,通过切分映射(map)过程分成许多独立的小块存储。同时把程序分发到各个存储的位置进行计算,将计算结果通过汇聚缩减(reduce)过程进行整合,如图 11-21 所示。MapReduce 计算模式的领域中,Hadoop 框架是经典技术之一,最初应用最为广泛,具有较高的可靠性、扩展性、灵活性和高容错性。虽然 Hadoop 因其自身的实时计算能力与内存使用效率等瓶颈,正逐步被快速通用的计算引擎(如 Spark、Storm、Flink)等新一代框架所取代,但这些新的框架仍是基于 MapReduce 的基本原理,通过优化算法与技术手段实现更高的性能和更广泛的应用场景。

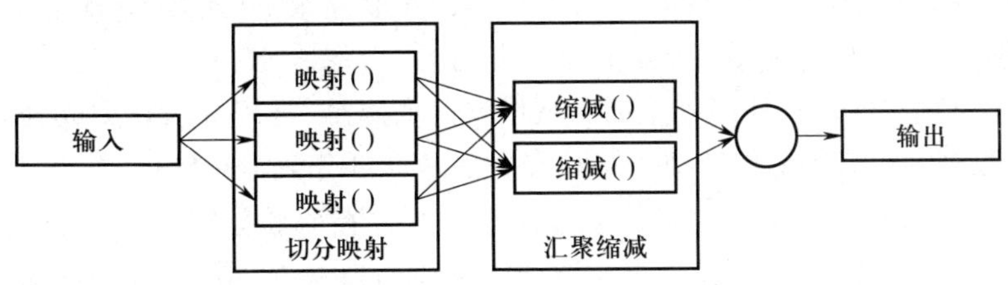

图 11-21　MapReduce 原理

（三）时空大数据可视化分析

1. 时空大数据可视化概述

人类的左脑控制数字、逻辑推理等功能,而右脑则在图像、整体把握能力等方面具有掌控能力。通常而言,决策者可以通过对时空大数据的挖掘分析和可视分析(visualization analytics)两种方法,发现模式或知识,从而进行决策(图 11-22)。环境规划工作要求编制人员基于结果数据(数字)进行模型评估与参数率定,进行“数据—模型—知识”的反馈循环,充分发挥左脑优势。不同的是,可视分析方法是让编制人员通过与数据和模型的可视化结果

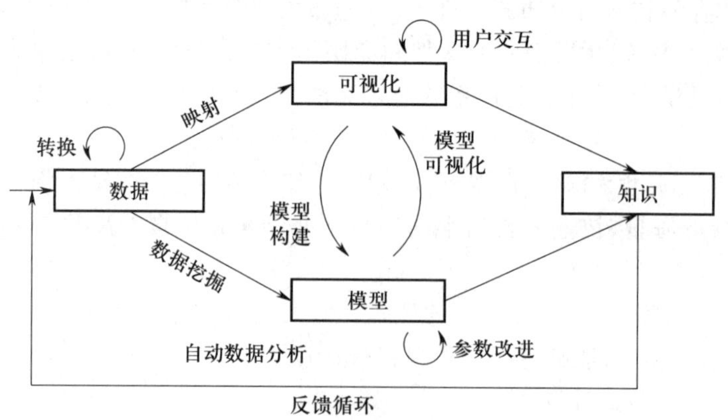

图 11-22 可视分析学标准流程

交互,不断地改善可视化方法并验证结果。通过将数据或文本转化为可感知的图形、符号、颜色、纹理等,利用人眼的感知能力解码信息并增强认知,同时发挥左右脑的机能,协助平衡逻辑与想象,以挖掘更深层次和有价值的知识。诸如"万花丛中一点绿"或者"鹤立鸡群"等场景,就是利用颜色、图形的突变对视觉造成冲击以识别异常的典型例子。随着计算机、人机交互等技术的迅猛发展,可视分析方法已开始应用于各类研究和工作中。

对于环境规划的决策者而言,时空大数据可视化技术能以图形、颜色等形式动态展示各类信息。例如,可为其展现环境质量的时空分布,利用多视图协作的方式帮助人员识别出环境质量要素间相互的影响。作为一典型的 EPSS 或 EPDSS 中应用,时空大数据可视化还可通过简化大数据维度与复杂度,提高数据挖掘、信息分析和知识推理效率,有效辅助决策。

2. 时空大数据可视化方法

(1) 数据预处理

时空大数据获取途径多样,不同来源数据的语义表达等有所不同。为在不改变数据本质的情况下提升有效信息传达效果,通常需要对数据进行预处理,主要方法包括:① 合并两个及以上的属性或对象以简化数据,如从乡村起合并形成城镇、地区、省份等;② 采集部分具有原始数据特征的数据,常用方法有简单随机抽样、分层采样、欠采样、过采样等;③ 通过线性或非线性映射实现样本从高维空间到低维空间的降维,常用方法有主成分分析、局部线性嵌入、等度量映射等;④ 运用特征子集选择方法选取部分数据属性值,常用方法有暴力枚举法、特征重要性选择等;⑤ 通过特征生成的方法可以在原始数据基础上构建新的能够反映数据重要信息的属性,常用方法有特征抽取、特征构造法等;⑥ 其他方法还包括指数变换、离散化、二值化等。

(2) 可视化呈现

同一个数据集可对应多种可视化呈现形式,因此对一数据的可视化任务,需根据数据本身的属性与数据可视化的目标,选取最为合适的数据可视化方法。可视化的基本图表是数据可视化方法的基础组成元素,用于服务复杂的大型可视化系统,包括但不限于折线图、柱状图、饼图、等值线图、走势图、散点图、热力图、桑基图、河流图。具体环境规划中,如针对周期性强的大气污染物浓度和水环境质量等数据,可选用螺旋图、日历图等展示方法,用颜色表现数值差异,能迅速捕捉排放异常点。绘制污染物浓度与传播距离的分布图,可采用柱状或折线直方图、散点图、3D 区域图等，易于厘清环境污染物在不同空间维度的分布情况，并制定管理措施。针对时间序列数据，如水质、水量、空气质量指数 AQI 等，使用柱状图、折线图、河流图等，能够反映长期变化趋势和明显的突变等，有助于发现问题和评价管理结果。同时，结合不同位置的同一指标/实测数据，通过比较指标/实测数据间关联关系，可进一步解析区域间环境质量差异并探究原因，以帮助规划决策者进行决策（图 11-23）。

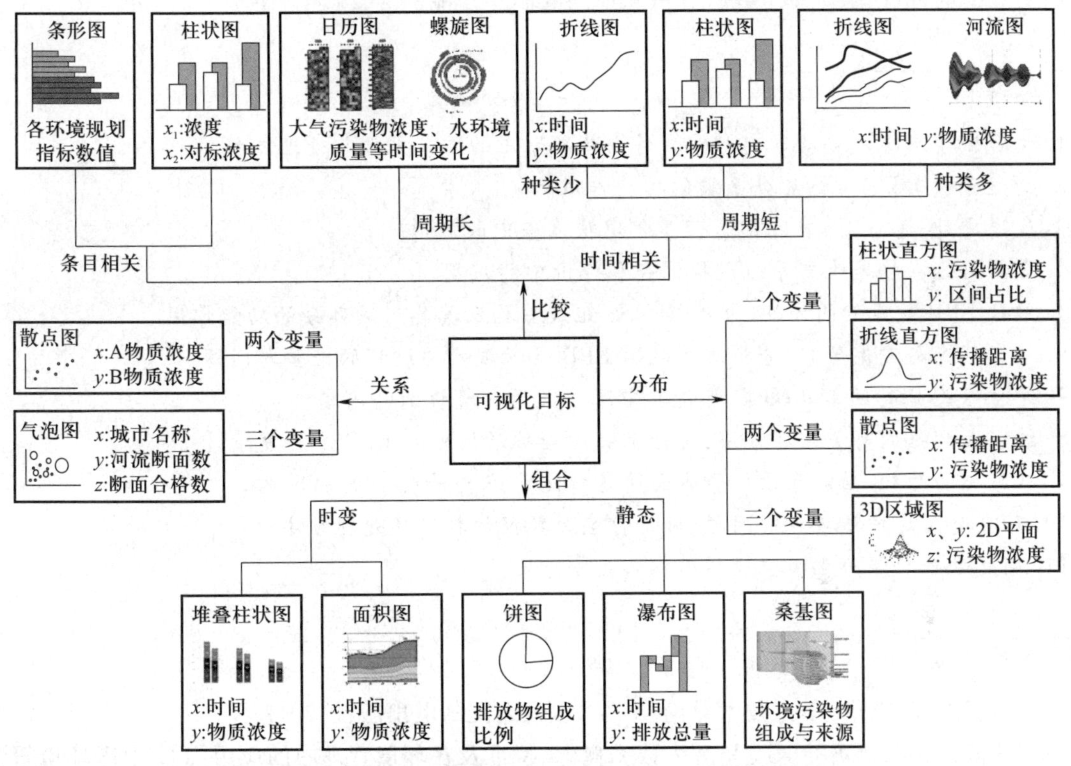

图 11-23 环境规划数据可视化的基本图表选取规则

（3）用户交互

交互是用户与信息系统间交流的方式，可以通过可编程接口（API）、可视化界面等方式进行人机交互。可视化界面的人机交互技术包含选择、探索、再布局、视觉编码、抽象化/具体化、过滤、链接等，可划分为拖拽式和搜索式两类人机界面交互方法。拖拽式方法即根据数据类型等先预选图表类型，再将数据列拖拽至相应的坐标轴，无须编写代码即可进行可视分析，代表性工具为 Tableau。搜索式方法即用户在搜索框输入对应的字段和关键字，不需设计图表和填入数据，系统会自动挑选合适的图表进行展示，无需任何代码，代表性工具为 DataFocus。目前，拖拽式交互方法是 EPDSS 系统中可视化分析的主要方式。

3. 时空大数据可视化工具

目前，常用于环境规划支持系统、集成到 EPDSS 的数据可视化工具，主要包括：

① ECharts 与 D3.js：开源 Java Script 库，支持区域图、柱状图、河流图、地图等多种常用类别的图表，提供图例、时间轴、值域等交互组件，并支持图表和组件的联动及混搭展现；

② Tableau：具有无须代码操作的拖拽式可视化分析、元数据管理及地图绘制与分析功能；

③ Power BI:涵盖了超过 60 种预置的常用图表和自定义可视化图表库,同时实现了多表关系的快速建立、图表问答、数据自动更新等功能;

④ Plotly:开源,支持基本图表、科学图表、财务图表、地图等超过 80 种图表,提供 Python、Java Script、MATLAB、R 语言等多种编程软件 RESTful API;

⑤ Quantum GIS:又称为 QGIS,开源,支持多种矢量、栅格等几十种数据格式及数据库,具有数据的可视化、管理、编辑、分析和地图的制作功能等。

复习思考题

1. 结合城市水环境整治案例,分析、讨论其规划中的信息来源与处理流程。
2. 简述分析 RS 与 GIS 组合系统的功能作用。
3. 通过文献,总结 RS 在湖泊富营养化现状调查中的应用。
4. 分析 GIS 在陆地生态系统现状调查和评价中的应用。
5. 结合 EPDSS 案例的文献,分析 EPDSS 组成结构及其各组成部分的功能作用。
6. 结合调查与案例研究,分析总结我国 EPDSS 开发实施过程的经验与问题。
7. 结合有关 PSS 的工具软件,评价其中所涉及的环境规划的内容。
8. 结合大数据的有关处理方法,讨论土壤污染防治规划的 EPDSS 开发设计。
9. 从系统的结构、功能及设计等方面简述智能 DSS 与传统 DSS 的区别。
10. 结合有关环境质量评价问题,讨论时空大数据的特征及处理方法。
11. 简述数据科学对于环境规划工作的指导意义。

参考文献

[1] 黄正洪,赵志华. 信息技术导论[M]. 北京:人民邮电出版社,2017.

[2] 常杪,冯雁,郭培坤,等. 环境大数据概念、特征及在环境管理中的应用[J]. 中国环境管理,2015,7(06):26-30.

[3] 孙家抦. 遥感原理与应用[M]. 2 版.武汉:武汉大学出版社,2009.

[4] 赵英时. 遥感应用分析原理与方法[M]. 北京:科学出版社,2003.

[5] 史泽鹏,马友华,王玉佳,等. 遥感影像土地利用/覆盖分类方法研究进展[J]. 中国农学通报,2012,28(12):273-278.

[6] 管磊,杨晏立,彭培好,等. 西藏四江流域生态环境遥感解译标志的建立及应用[J]. 地理空间信息,2011,9(2):103-105.

[7] 韦安娜,田礼乔,陈晓玲,等. 基于穷举法的鄱阳湖叶绿素 a 浓度高光谱反演模型与应用研究——以 GF-5 卫星 AHSI 数据为例[J]. 华中师范大学学报 (自然科学版),2020,54(3):447-453.

[8] 王卷乐,张永杰,杨飞,等. 鄱阳湖叶绿素 a 浓度数据集(2009—2012)[J]. 全球变化数据学报(中英文),2017,1(2):208-215,227-234.

[9] 王远飞,何洪林. 空间数据分析方法[M]. 北京:科学出版社,2007.

[10] 巴亚东,潘德元,雷明军. 地理信息系统在流域规划环境影响评价中的应用[J]. 人民长江,2013,44(15):77-79.

[11] 王成新,万军,于雷,等. 浅谈 GIS 在城市环境总体规划中的应用与探索[J]. 中国环境管理,2017,9(2):86-90.

[12] 贾海峰. 环境规划与 3S 技术[J]. 小城镇建设,2001(7):20-21.

[13] 吴巧云. 公众参与地理信息系统(PPGIS)在环境规划中的应用研究[J]. 环境与发展,2019 (6):10.

[14] 高洪深. 决策支持系统(DSS):理论·方法·案例[M]. 北京:清华大学出版社,1996.

[15] 陈晓红. 决策支持系统理论和应用[M]. 北京:清华大学出版社,2000.

[16] 罗贺,杨善林,丁帅. 云计算环境下的智能决策研究综述[J]. 系统工程学报,2013,28(1):134-142.

[17] March S T,Hevner A R. Integrated decision support systems:A data warehousing perspective[J]. Decision support systems,2007,43(3):1031-1043.

[18] Alter S. A taxonomy of decision support systems[J]. Sloan Management Review (pre-1986),1977,19(1):39.

[19] Power D J. Decision support systems: concepts and resources for managers[M]. Faculty Book Galler,2002.

[20] 宋彦,李超骕,陈炎,等.规划支持系统(PSS)在城市规划与决策中的应用路径——美国的经验与启示[J]. 城市发展研究,2017,24(10):11-18.

[21] 龙瀛,黄晓春,张永平,等.规划支持系统框架及其应用[J]. 国际城市规划,2016,32(1):65-70.

[22] 王金南,蒋洪强. 环境规划学[M]. 北京:中国环境出版社,2014.

[23] 谢榕. 数据挖掘与决策支持系统[J]. 计算机系统应用,1999,8(8):9-11.

[24] 邢佳,王书肖,朱云,等. 大气污染防治综合科学决策支持平台的开发及应用[J]. 环境科学研究,2019,32(10):1713-1719.

[25] 陈文颖,侯盾. 大气污染总量控制规划智能决策支持系统的开发与研究[J]. 中国环境科学,1997,017(001):30-33.

[26] 关雪峰,曾宇媚. 时空大数据背景下并行数据处理分析挖掘的进展及趋势[J]. 地理科学进展,2018,37(10):1314-1327.

[27] 陈为,沈则潜,陶煜波. 数据可视化[M]. 北京:电子工业出版社,2013.

[28] Keim D,Andrienko G,Fekete J D,et al. Visual analytics:Definition,process,and challenges[J]. Information visualization,2008:154-175.

[29] Yi J S,Kang Y A,Stasko J,et al. Toward a deeper understanding of the role of interaction in information visualization[J]. IEEE transactions on visualization and computer graphics,2007,13(6):1224-1231.